普通高等教育新工科创新系列教材

机械精度设计与检测
（第二版）

主　编　蒋全胜　齐文春

副主编　郭丽华　刘鑫培　李江澜

科学出版社

北　京

内 容 简 介

为了满足培养工程技术人才的需求,适应教育部新工科教育理念,本书采用案例版的模式编写而成。

本书内容共 10 章,包括绪论、测量技术基础、尺寸精度设计与检测、几何精度设计与检测、表面粗糙度与检测、量规设计基础、典型件结合的精度设计与检测、渐开线圆柱齿轮的精度设计与检测、尺寸链的精度设计、机械精度设计综合工程实例。本书编写时采用最新国家标准。为使学生能较好地理解和巩固所学内容,本书每章设置有思考题。另外,还出版了便于师生使用的《机械精度设计与检测习题册》,可与本书配套使用。本书可为使用本书及配套习题册的任课教师提供多媒体课件及习题册参考答案。

本书可作为高等院校机械类或近机械类专业的相应教材,也可供相关工程技术人员学习和参考。

图书在版编目(CIP)数据

机械精度设计与检测 / 蒋全胜, 齐文春主编. 2 版. -- 北京 : 科学出版社,
2024. 11. -- (普通高等教育新工科创新系列教材). -- ISBN 978-7-03-079331-7

I. TH122; TG801

中国国家版本馆 CIP 数据核字第 2024TK5298 号

责任编辑:邓 静 / 责任校对:王 瑞
责任印制:赵 博 / 封面设计:马晓敏

科学出版社出版
北京东黄城根北街 16 号
邮政编码:100717
http://www.sciencep.com
三河市骏杰印刷有限公司印刷
科学出版社发行 各地新华书店经销
*
2016 年 6 月第 一 版   开本:787×1092 1/16
2024 年 11 月第 二 版   印张:18 3/4
2024 年 11 月第十次印刷   字数:468 000
定价:69.00 元
(如有印装质量问题,我社负责调换)

前　　言

2022 年 10 月，党的二十大报告指出，我国"制造业规模、外汇储备稳居世界第一"，"基础研究和原始创新不断加强，一些关键核心技术实现突破，战略性新兴产业发展壮大，载人航天、探月探火、深海深地探测、超级计算机、卫星导航、量子信息、核电技术、新能源技术、大飞机制造、生物医药等取得重大成果，进入创新型国家行列。"制造业的发展和大飞机制造等关键核心技术都离不开机械精度设计与检测。

"机械精度设计与检测"课程即"互换性与测量技术基础"课程，是高等工科院校本科、专科机械类和近机械类各专业的一门重要的技术基础课，涉及机械产品及其零部件的设计、制造、检验、维修和质量控制等多方面技术问题。本书是根据全国高等学校"互换性与测量技术"课程教学大纲和《中国机械工程学科教程(2023)》要求，结合工程教育课程体系改革和对学生工程能力多元化培养的需求编写而成。

为了满足培养工程技术人才的需求，适应教育部新工科教育理念，本书采用了案例版的编写模式，旨在充分调动学生学习的积极性和创新性，激发学生学习的内在动机和热情，使学生感到学有所用，从而提高学生的实践能力和创新能力，培养具有国际竞争力的工程技术人才。

本书的编写理念和模式具有以下特点。

(1) 理论联系实际，在每章开始，用工程应用作为引子，提高学生的学习兴趣。

(2) 各章中设置了工程案例来综合重要的知识点，辅助学生理解抽象的理论知识，学会运用理论知识解决实际问题。

(3) 正文中融入了课程思政元素，注重培养学生的个人素养。

(4) 在最后一章中，用典型减速器系统教会学生综合运用本书所学知识，以达到让学生"会运用"的目的。

为满足教学需求，作者在总结多年教学、科研和生产实践经验的基础上，汲取同类教材的优点及本学科国内外最新的教学和科研成果，精心编写了本书。

本书的内容特点如下。

(1) 本书以精度设计与检测为主线，注重知识的科学性和系统性，强调传授知识和能力培养的紧密结合。

(2) 本书采用最新国家标准。

(3) 在内容安排上，本书包含了传统教材的基本教学内容，但各章内容相对独立，适用面广，便于教师根据不同专业教学要求选用。

本书第二版由苏州科技大学蒋全胜、齐文春担任主编，苏州科技大学郭丽华、苏州大学刘鑫培和苏州科技大学天平学院李江澜担任副主编。感谢常州大学华同曙和李晓艳、苏州大学汪彬参与了本书第一版的编写工作。

限于作者的水平，书中难免有不足之处，恳请广大读者批评和指正。

作　者

2023 年 8 月

目　　录

第1章 绪 论

机械产品主要是由具有一定几何形状的零部件装配而成的。由于零部件在加工、装配过程中存在加工误差和装配误差，这种误差就是产品的实际几何参数与设计给定的理想几何参数之间的偏离程度，可以用"公差"来控制这种偏离程度，即通过合理设计产品的精度来控制误差的大小，通常误差的大小与产品质量的优劣及制造成本密切相关。因此，在设计机械产品时，不仅需要进行总体方案设计，运动设计，结构设计，强度、刚度计算，还要进行精度设计。研究机器的精度时，要处理好机器的使用要求与制造工艺的矛盾。解决的方法是规定合理的公差，并用检测手段保证其贯彻实施。由此可见，"公差"在生产中是非常重要的。

图 1-1 所示为单级圆柱齿轮减速器，它由箱座、箱盖、轴承盖、轴承、高速轴、低速轴、挡油环、大齿轮、小齿轮、油塞、定位销、调整垫片和各种螺栓等许多零部件组成，这些零部件是由不同的工厂和车间制造的。在产品结构设计完成以后，就要进行精度设计计算，确定并标注与精度有关的减速器装配技术要求、零件技术要求，画出相应的工程图纸。制造厂按零件图纸技术要求进行加工制造并检验合格。装配时，将这些零件按图纸装配技术要求安装连接在一起，达到规定的功能要求，就构成一台减速器。在进行精度设计时，如果精度要求定得过高，减速器的制造成本将会很高；精度要求定得过低，减速器将达不到规定的功能要求。

> **小思考 1-1**
>
> 在设计减速器时，结构设计完成以后，为什么要进行机械精度设计？机械精度设计包括哪些内容？

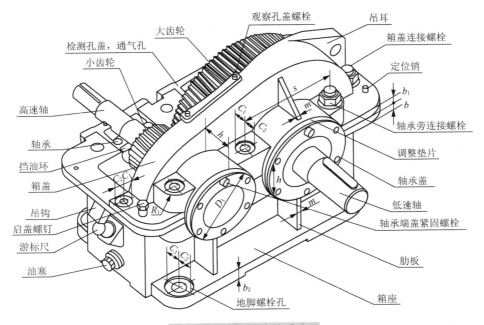

图 1-1 单级圆柱齿轮减速器

机械产品质量与精度设计是什么样的关系？机械精度设计包括哪些内容？机械精度设计的原则是什么？机械精度设计与互换性又是一种什么样的关系？互换性是一个什么样的概念？互换性在机械制造中有什么作用？如何检测产品的制造精度？答案就在本章。

本章知识要点 ▶▶

(1)掌握机械精度设计的基本概念及机械产品精度设计的原则。
(2)掌握互换性的概念，了解互换性在机械制造中的重大意义。
(3)掌握优先数系及其构成的特点。
(4)了解标准化的意义及标准化与互换性的关系。
(5)了解质量保证和检测技术的发展概况。

兴趣实践 ▶▶

观察产品装配或修配(如自行车更换内外胎)过程中如何选用零件，分析相同规格不同零件对产品装配质量的影响效果。

探索思考 ▶▶

机床设计生产过程中，为什么采用相同传动方案和结构设计的机床，会有精密机床与普通机床之分？这与机床的机械精度设计存在什么样的内在关系？

预习准备 ▶▶

请预先复习投影几何与机械制图基本知识，金属材料以及其他工程材料的物理力学性能、金属切削加工的基本知识，机械原理与机械设计等基础知识。

1.1 机械产品质量与精度设计

1.1.1 机械产品质量

现代机电产品的质量特性指标包括功能、性能、工作精度、耐用性、可靠性、效率等。机械精度是衡量机电产品性能最重要的指标之一，也是评价机电产品质量的主要技术参数。

机械产品质量是指机械产品满足明确和隐含要求的能力和特性的总和，包括以下三个方面。

(1)最终产品质量，即成品质量。它是实体质量状态与产品设计技术性能指标的符合程度以及是否满足设计要求的具体表现。

(2)过程质量，即半成品质量。它反映了生产系统的技术状态水平与生产图样、技术文件等的一致性。

(3)质量体系运行质量。它是一项保证过程质量和最终产品质量的重要质量活动，是改善和提高过程质量和最终产品质量的有效手段。

产品质量是通过制造过程实现的，制造质量控制是保证机电产品质量的重要环节，其主要任务是将机电产品零部件的加工误差控制在允许的范围内，而允许范围的确定则是机械精度设计的任务。

机械制造质量包含几何参数方面的质量和物理、力学等参数方面的质量。物理、力学等参数方面的质量是指机械加工表面因塑性变形引起的冷作硬化、因切削热引起的金相组织变化和残余应力等。机械加工表面质量（表面结构）是指表面层物理、力学性能参数及表面层微观几何形状误差。

几何参数方面的质量即机械精度，通常包括构成机械零件几何形体的尺寸精度、几何形

 案例1-1

对一台数控精密机床进行测绘仿制时，在进行了大量的分析解剖工作以后，终于制造出工作原理、机械结构相同，主要零部件的材料也相同的仿制样机，但其能达到的加工精度却与原型机有较大的差距。

问题：

(1) 为什么仿制样机的加工精度与原型机有较大的差距？

(2) 仿制样机在机械精度设计方面可能存在哪些问题？

状精度、相对位置精度和表面粗糙度。机械精度是指零件经过加工后几何参数的实际值与设计要求的理论值相符合的程度，而它们之间的偏离程度则称为加工误差。加工精度在数值上通常用加工误差的大小来反映和衡量。零件的几何形体一定时，误差越小则精度越高，误差越大则精度越低。

1.1.2 机械精度设计

本课程以精度设计为核心培养目标，精度设计是产品可靠性、品质和价值的重要保证。"精益求精"语出南宋朱熹的《论语集注》"治之已精，而益求其精也。"，意为精雕细琢、追求卓越。精益求精是工程师职业素养的重要体现。先进性、可靠性和安全性，每一项机械产品设计的卓越指标背后，都离不开工程师精益求精、科学严谨的工作作风。在本课程学习中需要树立精益求精的价值观念和对工匠精神的职业追求。工匠精神是职业道德、职业能力和职业品质的体现，不仅体现了对产品精心打造、精工制作的理念和追求，更要不断吸收最前沿的技术，创造出新的成果。

1. 机械产品设计的过程

任何机械产品从有市场需求开始到使用报废的全生命周期过程是：市场需求→概念设计→工程设计→生产制造→使用维修→报废。

根据市场使用需求在进行机械产品的概念设计之后，转入产品的工程设计阶段，进行产品的系统设计、参数设计和精度设计。

(1) 系统设计：主要是根据产品的功能和性能要求确定机械产品的基本工作原理和总体布局，以保证总体方案的合理性与先进性。机械系统的系统设计主要是运动学设计，如传动系统、位移、速度、加速度等，故又称为运动设计，主要由"机械原理"课程研究。

(2) 参数设计：主要是根据产品的功能和性能要求确定机构各零部件的几何结构和几何尺寸，即产品几何形体的几何要素结构参数标称值（或公称值），故又称结构设计。结构设计的主要依据是保证系统的能量转换和工作寿命，如零件结构、强度、刚度、寿命等，由"机械设计"课程研究。

(3)精度设计：主要是根据产品的使用性能要求和加工制造误差确定机械各零件几何要素的允许误差，因为允许误差称为公差，所以精度设计也称公差设计。精度设计的主要依据是产品性能对机械的静态精度和动态精度的要求及制造的经济性。因为任何加工方法都不可能没有误差，而零件几何要素的误差都会影响其功能要求的实现和性能的好坏，允许误差的大小又与生产的经济性和产品的无故障使用寿命密切相关，因此，精度设计是机械设计不可分割的重要组成部分，是机械工程永恒的主题。本书的基本内容便是研究机械产品的机械精度设计。

2. 机械精度设计的任务

机械精度设计的主要任务如下。

(1)确定并标注与精度有关的产品或部件装配技术要求。在机械产品的总装配图上和部件图上，确定各零件配合部位的配合代号和其他技术要求，并将配合代号和相关技术要求标注在装配图上。

(2)确定并标注与精度有关的零件技术要求。确定组成产品的各零件上各处尺寸公差、形状和位置公差、表面粗糙度以及典型表面(如键、圆锥、螺纹、齿轮)公差要求等内容，并在零件图样上进行正确标注。

3. 机械精度设计的基本原则

机械精度设计的基本原则是经济地满足功能需求。精度设计时，应考虑使用功能、精度储备、经济性、互换性、精度匹配等主要因素。

1)满足使用功能要求

机械零件上的几何要素基本上可以分为结合要素、传动要素、导引要素、支承要素和结构要素等几类。不同几何要素具有不同的功能要求，例如，结合要素要求实现一定的配合功能，应根据不同松紧的功能要求选择配合精度；传动要素要求实现一定的传递与运动和载荷功能，一般有较高的机械精度和粗糙度要求；导引要素要求实现一定的运动功能，其工作表面一般有形状精度要求；支承要素主要是实现承载功能，一般有平面度和粗糙度要求；结构要素是构成零件外形的要素，精度要求一般较低。

在进行零件的机械精度设计时，首先要对构成零件的几何要素的性质和功能进行分析，然后对各要素给出不同类型和大小的公差，保证功能要求的满足。

2)足够的精度储备

零件的机械精度越低，其工作寿命也相应越短，因此，在评价精度设计的经济性时，必须考虑产品的无故障工作时间，适当提高零件的机械精度，以获得必要的精度储备。

3)良好的经济性

在进行机械精度设计时，首先要保证产品的使用要求，在此前提下，还要考虑产品的经济性，即要经济地满足使用要求，也称为经济性原则。从精度的角度来说，设计时应选用满足使用要求的最低精度等级，以使生产过程中有关几何参数具有较大的制造公差，从而达到降低制造难度和制造成本的目的。

4)满足互换性要求

满足互换性要求是现代化工业生产的一个基本原则，也是现代化生产中一项普遍遵守的重要技术经济原则，称为互换性原则。目前，互换性原则已经在各个行业被广泛采用。在机械制造中，遵循互换性原则，大量使用具有互换性的零部件，不仅能有效保证产品质量，而且能提高劳动生产率，降低制造成本。

5）精度匹配

在机械总体精度设计的基础上进行结构精度设计，需要解决总体精度要求的恰当和合理分配问题，也称为匹配性原则。精度匹配就是根据各个组成环节的不同功能和性能要求，分别规定不同的精度要求，分配不同的精度，并且保证相互衔接和适应。

4. 机械精度设计的方法

机械精度设计的方法主要有类比法、计算法和试验法三种。

1）类比法

类比法就是与经过实际使用证明合理的类似产品上的相应要素相比较，确定所设计零件几何要素的精度。

采用类比法进行精度设计时，必须正确选择类比产品，分析它与所设计产品在使用条件和功能要求等方面的异同，并考虑到实际生产条件、制造技术的发展、市场供求信息等多种因素。

采用类比法进行精度设计的基础是资料的收集、分析与整理。

类比法是大多数零件几何要素精度设计采用的方法。类比法也称经验法。

2）计算法

计算法就是根据由某种理论建立起来的功能要求与几何要素公差之间的定量关系，计算确定零件要素的精度。

例如，根据液体润滑理论计算确定滑动轴承的最小间隙；根据弹性变形理论计算确定圆柱结合的过盈；根据机构精度理论和概率设计方法计算确定传动系统中各传动件的精度等。

目前，用计算法确定零件几何要素的精度，只适用于某些特定的场合。而且，用计算法得到的公差，往往还需要根据多种因素进行调整。

3）试验法

试验法就是先根据一定条件，初步确定零件要素的精度，并按此进行试制。再将试制产品在规定的使用条件下运转，同时，对其各项技术性能指标进行监测，并与预定的功能要求相比较，根据比较结果再对原设计进行确认或修改。经过反复试验和修改，就可以最终确定满足功能要求的合理设计。

试验法的设计周期较长且费用较高，因此主要用于新产品设计中个别重要因素的精度设计。

迄今为止，机械精度设计仍处于以经验设计为主的阶段。大多数要素的机械精度都是采用类比法凭实际工作经验确定的。

案例 1-1 分析

(1) 仿制样机能达到的加工精度主要取决于该样机主要零部件的机械设计制造精度、各零部件之间的精度匹配性。通常机械精度的合理确定所涉及的因素较为复杂，有时需要做大量的试验，由于缺少必要的技术支撑，通常仿制样机不容易达到原型机的精度要求。

(2) 仿制样机在机械精度设计方面可能存在的问题主要有：主要零部件的尺寸精度设计是否合理？形状与位置精度设计是否合理？装配尺寸精度设计是否合理？表面粗糙度设计是否合理？

计算机科学的兴起与发展为机械设计提供了先进的手段和工具。但是，在计算机辅助设计(CAD)的领域中，计算机辅助公差设计(CAT)的研究才刚刚开始。其中，不仅需要建立和完善精度设计的理论与精度设计的方法，而且要建立具有实用价值和先进水平的数据库以及相应的软件系统。只有这样才可能使计算机辅助公差设计进入实用化的阶段。

1.2　互换性与几何量公差

1.2.1　互换性与公差的含义

1. 互换性的含义

互换性是指在同一规格的一批零件或部件中任取一件，不经任何选择、修配或调整，就能装在机器或仪器上并满足原定使用功能要求的特性。例如，机器或仪器上掉了一个螺钉，找相同的规格买一个装上就行了；电灯泡坏了，买一个相同规格的安上即可；计算机、自行车、缝纫机、手表、汽车、拖拉机及机床中某个机件磨损了，换上一个新的就行。上述这些零件或部件就具有互换性。若零部件具有互换性，则应同时满足以下两个条件。

(1)不需要任何选择、修配或调整便能进行装配或维修更换。

(2)装配或更换后能满足原定的使用性能要求。

2. 公差的含义

在加工零件的过程中，由于各种因素的影响，零件各部分的尺寸、形状、方向和位置以及表面粗糙度等几何量难以达到理想状态，总是有大或小的误差。而从零件的使用功能看，不必要求零件几何量制造得绝对准确，只要求零件的几何量在某一规定的范围内变动，即保证同一规格零部件彼此接近。通常把这个允许几何量变动的范围称为几何量公差。几何量公差主要是指机械零件的尺寸、几何形状、方向、相互位置公差以及表面粗糙度。

为了保证零件的互换性，要用公差来控制误差。由于零件在加工时不可避免会产生误差，因此设计时要按标准规定公差，将公差标注在图样上，把加工完成的零件误差控制在规定的公差范围之内，这样就可以使零件具有互换性。设计者的任务就是要正确地确定公差，并把它在图样上明确地表示出来。公差是机械精度设计的具体数值体现，是互换性的保证。在满足功能要求的前提下，公差应尽量规定得大些，以获得最佳的技术经济效益。

1.2.2　互换性分类

1. 功能互换性和几何参数互换性

按照使用要求，互换性可分为功能互换性与几何参数互换性。

1)功能互换性

功能互换性是指产品在力学性能、物理性能、化学性能等方面的互换性，如强度、刚度、硬度、使用寿命、抗腐蚀性、导电性等，又称广义互换性。产品功能性能不仅取决于几何参数互换性，而且还取决于其物理、化学和力学性能等参数的一致性。功能互换性往往着重于保证除尺寸配合要求以外的其他功能和性能要求。

2)几何参数互换性

几何参数互换性是指机电产品的同种零部件在几何参数(包括尺寸、几何形状、方向、相互位置和表面粗糙度)方面能够彼此互相替换的性能,属于狭义互换性。

机械制造领域的互换性通常包括产品及其零部件几何参数的互换性和功能互换性,本课程仅研究几何参数的互换性。

通常,把仅满足可装配性要求的互换性称为装配互换性,而把满足各种使用功能要求的互换性称为功能互换性。

2. 完全互换与不完全互换

按照互换程度和范围,互换性分为完全互换和不完全互换。

1)完全互换(绝对互换)

完全互换是指同一规格的零部件,在装配或更换时,既不需要选择,也不需要任何辅助加工与修配,装配后就能满足预定的使用功能及性能要求。完全互换常用于厂际协作及批量生产。螺钉、螺母、键、销等标准件的装配大都属于完全互换。

2)不完全互换(有限互换)

不完全互换允许零部件在装配前可以有附加选择,如预先分组挑选,或者在装配过程中进行调整和修配,装配后能满足预期的使用要求。

当产品的使用性能要求、装配精度要求很高时,采用完全互换会使零件制造公差减小,制造精度提高,加工困难,加工成本提高,甚至无法加工。通常,可以通过分组装配法、调整法或修配法来进行不完全互换。不完全互换一般用于中小批量生产的高精度产品,通常用于厂内生产的零部件的装配。

零部件厂际协作应采用完全互换,零部件在同一工厂制造和装配时,可采用不完全互换。

3. 外互换与内互换

按照应用场合,互换性分为外互换与内互换。

1)外互换

外互换是指部件与其相配件间的互换性,例如,滚动轴承内圈内径与轴颈的配合,外圈外径与机座孔的配合。

2)内互换

内互换是指在厂家内部生产的部件内部组成零件间的互换,例如,滚动轴承内、外圈滚道与滚动体之间的装配。

为使用方便,一般内互换才采用不完全互换,且局限在厂家内部进行;而外互换采用完全互换,适用于生产厂家之外广泛的范围。

1.2.3 互换性原则的技术意义

互换性原则始于古代兵器制造,早在中国战国时期生产的兵器便能符合互换性要求,西安秦始皇陵兵马俑坑出土的大量弩机的组成零件都具有互换性。古代青铜制品的批量生产、秦朝统一度量衡、西汉的铜制卡尺、北宋活字印刷术均蕴含着现代互换性的方法和原理。互换性制度与现代制造业的百年发展史休戚相关,是规模化制造和质量体系的根基,1913 年亨利·福特设计的第一条汽车生产自动化流水线就得益于互换性制度的确立,1992 年 ISO9001 进入中国开始推行,2013 年中国标准化专家委员会委员张晓刚当选 ISO 主席,国家标准与国际标准化全面接轨。互换性在高效组织社会化分工生产、提高产品质量和可靠性、提高经济效益等方面具有重要意义。

互换性在产品设计、制造、使用和维修等方面有着极其重要的作用。

从使用和维修方面看，由于零部件具有互换性，不仅可以及时更换失效的零部件，而且能够减少机器维修的时间和费用，保证机器设备能够快速投入正常运转，从而提高了机器的利用率，延长了机器的使用寿命。

从制造及装配方面看，互换性是组织专业化协作生产的重要基础，而专业化生产便于采用高科技和高生产率的先进工艺和装备，从而提高了生产率和产品质量，降低了生产成本。

从设计方面看，互换性可以简化制图、计算工作，缩短设计周期，并且便于采用计算机辅助设计，这对发展系列产品十分重要。

从生产组织管理方面看，零部件具有互换性，无论是技术和物资供应、计划管理，还是生产组织和协作，均便于实行科学化管理。

总之，互换性原则给产品的设计、制造、使用、维护以及组织管理等各个方面带来巨大的经济效益和社会效益，而生产水平的提高、科学技术的进步又促进互换性的不断发展。因此，互换性原则是组织现代化生产中极为重要的技术经济原则。

1.2.4 保证互换性生产的三大技术措施

1. 精度(公差)设计

若同一规格零部件的几何参数和功能参数完全一致，则这些零部件一定具有互换性。但要使产品及其零部件的几何参数和功能参数完全一致，既不可能，也没必要。在工程实际中，要使同种产品及其零部件具有互换性，只能使其几何参数、功能参数充分近似。其近似程度可按产品质量要求的不同而不同，根据产品不同的质量要求合理地设置公差是保证互换性生产的一项基本技术措施。机械精度设计的重要任务就是给机械零部件的几何参数设置合适的公差数值。

2. 检测测量

机械产品及其零部件在加工制造完成之后，只有通过正确的、准确的检测测量，才能判定零部件是否满足设计公差要求。若没有相应的检测测量措施，几何参数及其公差数值则形同虚设。检测测量还对制造过程的主动质量控制具有积极作用。设置合理的公差及正确的检测是保证机电产品及其零部件质量、实现互换性生产的两个必不可缺的条件和手段。

3. 标准化

现代互换件生产还要求广泛的标准化。为了开展专业化协作生产，各生产部门之间、各生产环节之间必须保持协调一致，保持技术上必要的统一。这种协调、统一和联系只能通过标准化来实现。

1.3 标准化与优先数系

1.3.1 标准和标准化

1. 标准

所谓标准是指对需要协调统一的重复性事物(如产品、零部件)和概念(如术语、规则、方法、代号、量值)所做的统一规定。标准以科学技术和实践经验的综合成果为基础，经有关方面协商一致，由主管机构批准，以特定形式发布，作为共同遵守的准则和依据。

1) 标准的种类

标准的范围极广，种类繁多，涉及人类生活的各个方面。按照标准的地位和作用，标准通常分为技术标准、管理标准和工作标准三大类。按照标准化对象的特性，技术标准又分为基础标准、产品标准、工艺标准、方法标准、检测试验标准，以及安全、卫生、环境保护标准等。基础标准是指在一定范围内作为其他标准的基础并普遍使用、具有广泛指导意义的标准。在每个领域中，基础标准是覆盖面最广的标准，它是该领域中所有标准的共同基础。基础标准是机电产品设计和制造中必须采用的工程语言和技术数据，也是机械精度设计和检测的依据。本课程涉及的极限配合标准、检测器具和方法标准等，大多属于基础标准。

2) 标准的级别

按照级别和作用范围，标准分为国家标准、行业标准(或专业标准)、地方标准、企业标准四级。

(1) 国家标准。国家标准是指由国家标准化主管机构批准、发布，在全国范围内统一的标准。我国的国家标准分为国标(GB)和国军标(GJB)。按照标准的法律属性，标准又分为强制性标准和推荐性标准两大类。强制性国家标准的代号为 GB，推荐性国家标准的代号为 GB/T。

(2) 行业标准(或专业标准)。对没有国家标准而又需要在全国某个行业范围内统一的技术要求，可制定行业标准。专业标准是指由专业标准化主管机构或专业标准化组织批准、发布，在某专业范围统一的标准，如机械行业标准(JB)、航空工业标准(HB)等。

(3) 地方标准。对没有国家标准和行业标准而需要在各省市范围内统一的技术要求，可以制定地方标准(DB)，如江苏省地方标准(DB32)、北京市地方标准(DB11)等。

(4) 企业标准。企业标准(QB)是指由企(事)业或其上级有关机构批准发布的标准。企业生产的产品没有相应的国家标准、行业标准和地方标准的，应当制定相应的企业标准；对已有国家标准、行业标准或地方标准的，鼓励企业制定严于前三级标准要求的企业标准。

3) 国际标准

国际标准是指由国际标准化团体制定的标准。国际标准化组织(ISO)、国际电工委员会(IEC)与国际电信联盟(ITU)是三大权威的国际标准化机构。

随着贸易的国际化，标准也日趋国际化。以国际标准为基础制定本国标准，已成为世界贸易组织(WTO)对各成员的要求。各成员可自愿而不是强制采用国际标准，但由于国际标准往往集中了先进工业国家的技术经验，从本国的利益出发，也应当积极采用国际标准。

2. 标准化

标准化是指标准的制定、发布和贯彻实施的全部活动过程，包括从调查标准化对象开始，经试验、分析和综合归纳，进而制定和贯彻标准，以后还要修订标准，等等。标准化是以标准的形式体现的，也是一个不断循环、不断提高的过程。标准化的主要形式有简化、统一化、系列化、通用化和组合化。

标准化覆盖面很广，它包括产品规格的标准化、尺寸和参数的标准化、公差配合的标准化、测量检验的标准化。为了全面保证互换性，不仅要合理确定零部件的制造公差，还要对影响制造精度及质量的各个生产环节、阶段和方面实施标准化，它是科学管理的重要组成部分。

标准化对人类进步和科学技术发展起着巨大的推动作用，是国家现代化水平的重要标志之一。标准化是组织现代化生产的重要手段，是实现互换性生产的必要前提。

我国政府十分重视标准化工作，从 1958 年发布第一批 120 个国家标准起，至今已制定 10000 多个国家标准。自 1978 年我国恢复为国际标准化组织成员以来，陆续地修订了我国的各种标准，并以国际标准为基础制定了新的公差标准，以向国际标准化组织靠拢。可以预见，在我国现代化建设过程中，我国标准化的水平和公差标准的水平将大大提高，并对国民经济的发展起到更为有力的支撑作用。

1.3.2　优先数和优先数系

在机械产品设计中，常常需要确定许多功能参数、性能参数和几何参数。而这些参数往往不是孤立的，一旦选定，该参数数值就会按照一定规律，向一切有关的参数传播，此即参数数值的传播扩散特性。例如，螺栓的尺寸一旦确定，将会传播和影响螺母的尺寸，丝锥、板牙的尺寸，检测螺纹的量具，螺栓孔的尺寸以及加工螺栓孔的钻头的尺寸等。由于数值会如此不断关联、传播，机械产品中的各种技术参数便不能随意确定。为使产品的参数选择能遵守统一的规律，使参数选择一开始就纳入标准化轨道，就必须对各种技术参数的数值做出统一规定。

优先数系是一种科学的数值制度，它对各种技术参数的数值进行协调、简化和统一，适合于各种数值的分级，是国际上统一的数值分级制度。

《优先数和优先数系》(GB/T 321—2005)国家标准是一个重要的基础标准，工业产品技术参数尽可能采用它。国家标准规定的优先数系分档合理，疏密均匀，有广泛的适用性，简单易记，便于使用。常见的量值，如长度、直径、机床转速及功率等，基本都是按一定的优先数系的数值排列的。在本课程所涉及的有关标准中，如尺寸分段、公差分级及表面粗糙度的参数系列等，也都采用优先数系。

国家标准(GB/T 321—2005)规定：优先数系是由公比为 $\sqrt[5]{10}$、$\sqrt[10]{10}$、$\sqrt[20]{10}$、$\sqrt[40]{10}$、$\sqrt[80]{10}$，且项值中含有 10 的整数幂的常用圆整值。各数列分别用符号 R5、R10、R20、R40、R80 表示，并分别称为 R5 系列、R10 系列、R20 系列、R40 系列、R80 系列，其中 R5、R10、R20、R40 这 4 个系列是优先数系中的常用系列，也称基本系列。R80 作为补充系列，仅用于参数分级很细或基本系列中的优先数不能适应实际情况时。在优先数系的 5 个系列中任一个项值均为优先数。

优先数系的主要优点如下：

(1)在同一系列中相邻的两项相对差均匀，疏密适中，而且运算方便，简单易记；

(2)在同一系列中优先数(理论值)的积、商、整数幂等仍为该系列的优先数；

(3)优先数可以向两端延伸或中间插入，以满足将来发展的需要。

优先数系在各项公差标准中得到了广泛的应用。公差标准中的许多值都是按照优先数系选定的，例如，《极限与配合》国家标准中的公差值就是用 R5 优先数系来确定的，即每后一个数是前一个数的 1.60 倍。

GB/T 321—2005 中范围 1～10 的优先数系的基本系列(常用值)见表 1-1，所有大于 10 的优先数均可按表列数乘以 10、100……求得；所有小于 1 的优先数，均可按表列数乘以 0.1、0.01……求得。

优先数系在国际上也得到了广泛的应用，并成为国际上统一的数值制度。

表 1-1 优先数系基本系列的常用值(摘自 GB/T 321—2005)

基本系列	1～10 的常用值									
R5	1.00		1.60		2.50		4.00		6.30	10.00
R10	1.00	1.25	1.60	2.00	2.50	3.15	4.00	5.00	6.30	8.00	10.00
R20	1.00	1.12	1.25	1.40	1.60	1.80	2.00	2.24	2.50	2.80	3.15
	3.55	4.00	4.50	5.00	5.60	6.30	7.10	8.00	9.00	10.00	
R40	1.00	1.06	1.12	1.18	1.25	1.32	1.40	1.50	1.60	1.70	1.80
	1.90	2.00	2.12	2.24	2.36	2.50	2.65	2.80	3.00	3.15	3.35
	3.55	3.75	4.00	4.25	4.50	4.75	5.00	5.30	5.60	6.00	6.30
	6.70	7.10	7.50	8.00	8.50	9.00	9.50	10.00			

1.4 检测技术及其发展概述

1.4.1 检测技术

要把设计精度转换成为现实,除了选择合适的加工方法和加工设备,还必须进行测量和检测。机械零部件的加工结果是否满足设计精度要求,只有通过检测才能知道。检测是检验和测量的总称。

测量就是将被测量和一个作为测量单位的标准量进行比较,从而确定二者比值的过程。测量的作用是确定物理量的特征,它是认识和分析物理量的基本方法。只有通过测量才能获得精确和量化的信息。测量过程包括以下四要素:①测量对象;②计量单位;③测量方法;④测量准确度。检验是指判断被测量是否在规定范围内的过程,不一定要得到被测量的具体数值。

几何量检测和测量隶属于长度计量,计量学是指保证量值统一和准确性的测量学科。计量比测量的范畴更广,它包含计量单位的建立,基准与标准的建立、传递、保存、使用,测量方法与测量器具,测量精度,观测者进行测量的能力及计量法制、管理等。

在机电产品检测中,几何量检测占的比重最大。几何量检测是指在机电产品整机及零部件制造中对几何量参数所进行的测量和验收过程。实践证明,有了先进的公差标准,对机械产品零部件的几何量分别规定了合理的公差,还要有相应的技术测量措施,才能保证零件的使用功能、性能和互换性。

检测技术是保证机械精度、实施质量管理的重要手段,是贯彻几何量公差标准的技术保证。几何量检测有两个目的,一是可用于对加工后的零件进行合格性判断,评定是否符合设计技术要求;二是可获得产品制造质量状况,进行加工过程工艺分析,分析产生不合格品的原因,以便采取相应的调整和改进措施,实现主动质量控制,以减少和消除不合格品。

提高检测精度(检测准确度)和检测效率是检测技术的重要任务。而检测精度的高低取决于所采用的检测方法。工程应用中,应当按照零部件的设计精度和制造精度要求,选择合理的检测方法。检测精度并不是越高越好,盲目追求高的检测精度将加大检测成本,造成浪费;但是降低检测精度则会影响检测结果的可信性,使检测无法起到质量把关作用。

检测方法的选择,关键在于分析测量误差及其对检测结果的影响。因为测量误差将可能导致误判,或将合格品误判为不合格品(误废),或将不合格品误判为合格品(误收)。误废将增加生产成本,误收则影响产品的功能要求。检测准确度的高低直接影响误判的概率,与检测成本密切相关,而验收条件与验收极限将影响误收和误废在误判概率中所占的比重。因此,检测准确度的选择和验收条件的确定，对于保证产品质量和降低制造成本十分重要。

1.4.2 检测技术的发展概述

检测技术的水平在一定程度上反映了机械制造的精度和水平。机械加工精度水平的提高与检测技术水平的提高是相互依存、相互促进的。根据国际计量大会统计，零件的机械加工精度大约每 10 年提高 1 个数量级，这都与测量技术的发展密切相关。例如，1940 年有了机械式比较仪，使加工精度从过去的 3μm 提高到 1.5μm；1950 年有了光学比较仪，使加工精度提高到 0.2μm；1960 年有了电感、电容式测微仪和圆度仪，使加工精度提高到 0.1μm；1969 年激光干涉仪的出现，使加工精度提高到 0.01μm；1982 年发明的扫描隧道显微镜(STM)，1986 年发明的原子力显微镜(AFM)，使加工精度达到纳米级，已经接近加工精度的极限。

测量仪器的发展已经进入自动化、数字化、智能化时代。测量的自动化程度已从人工读数测量发展到自动定位、瞄准和测量，计算机处理评定测量数据，自动输出测量结果。测量空间已由一维、二维空间发展到三维空间。进入 21 世纪以来，测量精度正在从万分之一毫米、十万分之一毫米稳步迈入百万分之一毫米，即纳米级精度。

总之，互换性是现代化生产的重要生产原则和有效技术措施；标准化是广泛实现互换性生产的前提；检测技术和计量测试是实现互换性的必要条件和手段，是工业生产中进行质量管理、贯彻质量标准必不可少的技术保证。因此，互换性、标准化、检测技术三者形成了一个有机整体，质量管理体系则是提高产品质量的可靠保证和坚实基础。

【先进事例】"匠心逐梦、精益求精"，中国航天科技集团九院十三所的一名航天工匠李峰，30 余年只干过一个工种——铣工，他坚守三尺铣台只为磨出一把好"剑"，刻苦钻研、精益求精，练就了在高倍显微镜下边检测边手工精磨刀具的绝活，完成微米级精密加工，不断提升火箭惯导部件的精度。2021 年李峰获得了第十五届"中华技能大奖"，他以一颗匠心追求极致，传承发扬了航天精神和工匠精神，为航天强国建设贡献了力量。

思 考 题

1-1 为什么要进行几何参数的精度设计？精度设计的基本原则和基本方法有哪些？

1-2 何谓互换性？互换性分成哪几类？保证互换性生产的条件是什么？

1-3 互换性的意义和作用如何？举例说明在日常生活中具有互换性的零件、部件给我们带来的便利。

1-4 在机械制造中，按互换性原则组织生产有何优越性？是否在任何情况下均按互换性原则组织生产？

1-5 何谓标准？何谓标准化？加强标准化工作的意义何在？

1-6 何谓优先数和优先数系？国家标准为什么要规定优先数和优先数系？

第2章　测量技术基础

众所熟知的机械零件产品，如齿轮(图 2-1(a))等，被广泛地应用在人们的日常生活和工作实际中。它们大小不一，尤其是尺寸精度的差异明显。为了能够正确获得这些产品的尺寸与精度值，就必须采用各种不同的设计和制造技术。本章就是介绍在机械工程中所采用的各种测量方法(图 2-1(b))，为后面学习精度设计打下基础。

(a)齿轮变速器

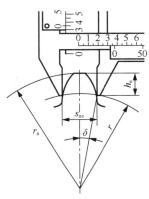

(b)齿厚的测量

图 2-1　齿轮及其测量方法

本章的学习能使大家明白：在机械工程中，①什么是测量；②工件的检验对生产有什么重要意义；③测量过程的四要素是什么。

📖 本章知识要点 ▶▶

主要介绍包括量值传递系统，量块基本知识，测量用仪器和量具的基本计量参数，测量误差的特点及分类，测量误差的处理方法，测量结果的数据处理步骤等。要求了解有关几何量测量技术方面的基本知识。

📖 兴趣实践 ▶▶

注意观察日常生活中人们是通过什么工具和方法进行测量的。

📖 探索思考 ▶▶

如何测量图 2-1 中齿轮的参数？

📖 预习准备 ▶▶

(1)掌握测量的必要性；
(2)了解几何量测量的主要参数。

2.1 测量的基本概念

对于几何量测量来说，其实质就是将被测几何量与作为计量单位的标准量进行比较，从而确定被测产品量值的一种实验过程。检测机械产品和零件的机械精度是实际生产中合格产品入库前一项不可缺少的重要工序。检测首先需要测量，设被测几何量为 x，所采用的计量单位为 E，则它们的比值 q 为

$$q = \frac{x}{E} \tag{2-1}$$

从而，被测几何量的量值为

$$x = q \cdot E \tag{2-2}$$

由式(2-2)得知，产品的几何量量值 x 一般包括两部分：①数值 q；②计量单位 E。

 案例 2-1

请你细心观察并认真思考，在我们的周围，哪些是有关几何量的值？需要测量吗？为什么要测量？怎样测量？

问题：

(1)测量的实质是什么？

(2)一个完整的测量过程包括哪几个要素？

经过分析可知，在测量产品几何量量值之前，首先要明确被测对象；再由被测对象的大小，确定使用的计量单位；确定采用与被测对象相适应的测量方法；根据设计要求，测量结果还须达到所要求的测量精度。因此，一个完整的测量过程应包括被测对象、计量单位、测量方法、测量精度四个要素。

1. 被测对象

机械精度设计研究的被测对象是机械产品零件的几何量，即产品零件的尺寸，包括它的长度、角度、表面轮廓粗糙度、形状和位置误差，以及螺纹、齿轮的各个几何参数等。

2. 计量单位

用来描述机械产品几何量的单位主要有长度和角度单位，在 ISO 的计量单位中，长度以"米"(m)、角度以"弧度"(rad)、"度"(°)为基本单位。表 2-1 为基本单位与常用单位及其换算关系。

表 2-1　基本单位与常用单位及其换算关系

项目	基本单位	常用单位	换算关系
长度	米(m)	毫米(mm)、微米(μm)、纳米(nm)	$1mm = 10^{-3}m$，$1\mu m = 10^{-3}mm$，$1nm = 10^{-3}\mu m$
角度	弧度(rad)、度(°)	微弧度(μrad)、分(′)、秒(″)	$1\mu rad = 10^{-6}rad$，$1° = 0.0174533rad$，$1° = 60′$，$1′ = 60″$

3. 测量方法

测量方法指的是测量过程中依据的测量原理、采用的计量器具，以及所要求的温度、湿度等各种外界条件的综合。在测量之前，应当针对具体被测对象拟定测量方案，规定测量条件；再根据被测对象的外形尺寸、硬度等特点选择计量器具。

4. 测量精度

在测量过程中，不可避免地会出现误差，如此获得的测量结果只能近似地反映被测对象的真值，测量误差越大则越远离真值，测量误差越小则越接近真值，而近似程度的大小，或者说测量结果与真值相一致的程度，就是测量精度。测量误差的大小反映测量精度的高低，可以说不知测量精度的测量是毫无意义的。

2.2　长度、角度量值的传递

2.2.1　长度基准

测量机械产品零件，必须要有一个标准量，所体现值是由基准提供的。因此，应当建立起统一、可靠的计量单位基准。在我国法定计量单位制中，长度的基本单位是米(m)。1983 年，第 17 届国际计量大会上定义"米"为："1 米是光在真空中于 1/299792458 秒的时间间隔内所经过的距离。"

"米"的定义采用稳频激光来复现。以稳频激光的波长作为长度基准具有极好的稳定性和复现性，可以保证计量单位稳定、可靠和统一，使用方便，而且可提高测量精度。

> **案例 2-1 分析**
> (1) 测量的实质是将被测几何量与作为计量单位的标准量进行比较，从而获得两者比值的过程。
> (2) 一个完整的测量过程包括被测对象、计量单位、测量方法和测量精度四个要素。

2.2.2　长度量值传递系统

在实际测量时，一般不便于直接采用光波波长，需要把复现的长度基准量值逐级准确地传递到实际所使用的计量器具和被测工件上，建立长度量值传递系统，如图 2-2 所示。

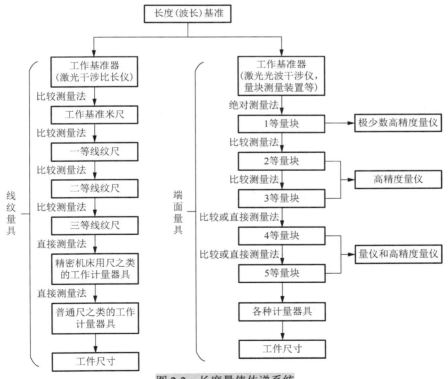

图 2-2　长度量值传递系统

从长度(波长)基准开始，长度量值以两个平行的系统进行传递：①端面量具(量块)系统；②线纹量具(线纹尺)系统。在量块和线纹尺中，量块的应用更为广泛。

案例 2-2

在几何量检测中，广泛应用的量块为长方六面体。

问题：

(1)量块有何特殊性？如何保证量块测量精度的稳定性？

(2)量块如何分级、分等？

2.2.3　量块

量块是一种用耐磨材料制造，横截面为矩形，并具有一对相互平行测量面的实物量具，如图 2-3 所示，其外形为长方六面体，其中有两个相互平行且极为光滑平整的测量面。量块的测量面可以和另一量块的测量面相研合而组合使用，也可以和具有类似表面质量的辅助体表面相研合而用于量块长度的测量。作为测量器具，应当保证测量精度的稳定性，因此量块选用性能稳定、线膨胀系数小、不易变形、耐磨性好的特殊合金钢制造，以确保测量面之间具有精确、稳定的尺寸。

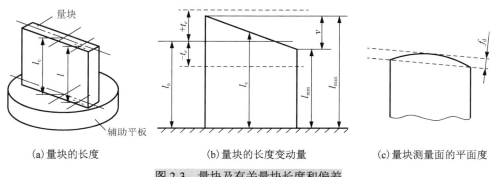

(a)量块的长度　　　　　(b)量块的长度变动量　　　　　(c)量块测量面的平面度

图 2-3　量块及有关量块长度和偏差

1. 量块的术语

图 2-3 中，与量块相研合的辅助体可以是平晶或平台等，图中所示各种符号为与量块有关的长度和偏差。

量块长度和偏差的术语及解释见表 2-2。

表 2-2　量块长度和偏差的术语

编号	名称	含义
1	量块长度 l	指量块一个测量面上的任意点到与其相对的另一测量面相研合的辅助体表面之间的垂直距离
2	量块中心长度 l_c	对应于量块未研合测量面中心点的量块长度
3	量块标称长度 l_n	标记在量块上，用以表明其与主单位(m)之间关系的量值，也称为量块长度的示值
4	量块长度偏差 e	指任意点的量块长度 l 与其标称长度 l_n 的代数差。在图 2-3(b)中，t_e 为极限偏差。合格条件为 $-t_e \leqslant e \leqslant +t_e$
5	量块长度变动量 v	指量块任意点中的最大长度 l_{max} 与最小长度 l_{min} 之差。量块长度变动量的允许值用 t_v 表示。合格条件为 $v \leqslant t_v$
6	量块测量面的平面度 f_d	指包容测量面且距离为最小的两个相互平行平面之间的距离。其公差为 t_d。合格条件为 $f_d \leqslant t_d$

2. 量块的精度等级

JJG 146—2011《量块检定规程》对量块规定了精度等级，以满足不同应用场合的需要。

1）量块的分级（classes）

按 JJG 146—2011《量块检定规程》的规定，量块的制造精度分为五级：K、0、1、2、3 级（表 2-3），其中 K 级的精度最高，精度依次降低，3 级的精度最低。量块分"级"的主要依据是量块长度极限偏差 t_e、量块长度变动量 v 的最大允许值 t_v（表 2-3）和量块测量面的平面度公差 t_d（表 2-5）。

2）量块的分等（grades）

按 JJG 146—2011《量块检定规程》的规定，量块的检定精度分为五等：1、2、3、4、5 等（表 2-4），其中 1 等的精度最高，精度依次降低，

> **案例 2-2 分析**
>
> 　　为了保证测量精度的稳定性，量块作为测量器具应当满足其特殊要求。
>
> 　　（1）量块应当选用性能稳定、线膨胀系数小、不易变形、耐磨性好的特殊材质合金钢制造。测量面要求要极为光滑平整，测量面之间应具有研合性。
>
> 　　（2）①量块分为五级：K、0、1、2、3 级，K 级精度最高；②量块分为五等：1、2、3、4、5 等，1 等精度最高。

5 等的精度最低。量块分"等"的主要依据是量块测量的不确定度允许值、量块长度变动量 v 的最大允许值 t_v（表 2-4）和量块测量面的平面度公差 t_d（表 2-5）。

表 2-3　量块测量面上任意点的长度极限偏差 t_e 和长度变动量最大允许值 t_v（摘自 JJG 146—2011）

（单位：μm）

标称长度 l_n/mm	K 级		0 级		1 级		2 级		3 级	
	t_e	t_v	t_e	t_v	t_e	t_v	t_e	t_v	t_e	t_v
$l_n \leq 10$	±0.20	0.05	±0.12	0.10	±0.20	0.16	±0.45	0.30	±1.0	0.50
$10 < l_n \leq 25$	±0.30	0.05	±0.14	0.10	±0.30	0.16	±0.60	0.30	±1.2	0.50
$25 < l_n \leq 50$	±0.40	0.06	±0.20	0.10	±0.40	0.18	±0.80	0.30	±1.6	0.55
$50 < l_n \leq 75$	±0.50	0.06	±0.25	0.12	±0.50	0.18	±1.00	0.35	±2.0	0.55
$75 < l_n \leq 100$	±0.60	0.07	±0.30	0.12	±0.60	0.20	±1.20	0.35	±2.5	0.60
$100 < l_n \leq 150$	±0.80	0.08	±0.40	0.14	±0.80	0.25	±1.6	0.40	±3.0	0.65
$150 < l_n \leq 200$	±1.00	0.09	±0.50	0.16	±1.00	0.25	±2.0	0.40	±4.0	0.70
$200 < l_n \leq 250$	±1.20	0.10	±0.60	0.16	±1.20	0.25	±2.4	0.45	±5.0	0.75
$250 < l_n \leq 300$	±1.40	0.10	±0.70	0.18	±1.40	0.25	±2.8	0.50	±6.0	0.80
$300 < l_n \leq 400$	±1.80	0.12	±0.90	0.20	±1.80	0.30	±3.6	0.50	±7.0	0.90
$400 < l_n \leq 500$	±2.20	0.14	±1.10	0.25	±2.20	0.35	±4.4	0.60	±9.0	1.00
$500 < l_n \leq 600$	±2.60	0.16	±1.30	0.25	±2.6	0.40	±5.0	0.70	±11.0	1.10
$600 < l_n \leq 700$	±3.00	0.18	±1.50	0.30	±3.0	0.45	±6.0	0.70	±12.0	1.20
$700 < l_n \leq 800$	±3.40	0.20	±1.70	0.30	±3.4	0.50	±6.5	0.70	±14.0	1.30
$800 < l_n \leq 900$	±3.80	0.20	±1.90	0.35	±3.8	0.50	±7.5	0.90	±15.0	1.40
$900 < l_n \leq 1000$	±4.20	0.25	±2.00	0.40	±4.2	0.60	±8.0	1.00	±17.0	1.50

注：距离测量面边缘 0.8mm 范围内不计。

　　量块按"等"使用的测量精度比按"级"使用的测量精度高。由《量块检定规程》的规定可知，当按"级"使用量块时，是以量块的长度标称值作为工作尺寸，该尺寸包含了量块的制造误差；而按"等"使用量块时，却是以检定后所获得的量块中心长度实测值作为工作尺寸，该尺寸排除了量块制造误差的影响，只包含检定时较小的测量误差。

表2-4　各等量块长度测量不确定度和长度变动量最大允许值（摘自 JJG 146—2011）

（单位：μm）

标称长度 l_n/mm	1 等		2 等		3 等		4 等		5 等	
	测量不确定度	长度变动量	测量不确定度	长度变动量	测量不确定度	长度变动量	测量不确定度	长度变动量	测量不确定度	长度变动量
$l_n \leqslant 10$	0.022	0.05	0.06	0.10	0.11	0.16	0.22	0.30	0.6	0.50
$10 < l_n \leqslant 25$	0.025	0.05	0.07	0.10	0.12	0.16	0.25	0.30	0.6	0.50
$25 < l_n \leqslant 50$	0.030	0.06	0.08	0.10	0.15	0.18	0.30	0.30	0.8	0.55
$50 < l_n \leqslant 75$	0.035	0.06	0.09	0.12	0.18	0.18	0.35	0.35	0.9	0.55
$75 < l_n \leqslant 100$	0.040	0.07	0.10	0.12	0.20	0.20	0.40	0.35	1.0	0.60
$100 < l_n \leqslant 150$	0.05	0.08	0.12	0.14	0.25	0.20	0.5	0.40	1.2	0.65
$150 < l_n \leqslant 200$	0.06	0.09	0.15	0.16	0.30	0.25	0.6	0.40	1.5	0.70
$200 < l_n \leqslant 250$	0.07	0.10	0.18	0.16	0.35	0.25	0.7	0.45	1.8	0.75
$250 < l_n \leqslant 300$	0.08	0.10	0.20	0.18	0.40	0.25	0.8	0.50	2.0	0.80
$300 < l_n \leqslant 400$	0.10	0.12	0.25	0.20	0.50	0.30	1.0	0.50	2.5	0.90
$400 < l_n \leqslant 500$	0.12	0.14	0.30	0.25	0.60	0.35	1.2	0.60	3.0	1.00
$500 < l_n \leqslant 600$	0.14	0.16	0.35	0.25	0.7	0.40	1.4	0.70	3.5	1.10
$600 < l_n \leqslant 700$	0.16	0.18	0.40	0.30	0.8	0.45	1.6	0.70	4.0	1.20
$700 < l_n \leqslant 800$	0.18	0.20	0.45	0.30	0.9	0.50	1.8	0.80	4.5	1.30
$800 < l_n \leqslant 900$	0.20	0.20	0.50	0.35	1.0	0.50	2.0	0.90	5.0	1.40
$900 < l_n \leqslant 1000$	0.22	0.25	0.55	0.40	1.1	0.60	2.2	1.00	5.5	1.50

注：(1)距离测量面边缘 0.8mm 范围内不计。

(2)表内测量不确定度置信概率为 0.99。

表2-5　各个精度等级的量块的平面度最大允许值 t_d（摘自 JJG 146—2011）

（单位：μm）

标称长度 l_n/mm	精度等级						
	1 等	K 级	2 等	0 级	3 等，4 等	1 级	5 等	2 级，3 级
$0.5 < l_n \leqslant 150$	0.05		0.10		0.15		0.25	
$150 < l_n \leqslant 500$	0.10		0.15		0.18		0.25	
$500 < l_n \leqslant 1\,000$	0.15		0.18		0.20		0.25	

注：(1)距离测量面边缘 0.8mm 范围内不计。

(2)距离测量面边缘 0.8mm 范围内，表面不得高于测量面的平面。

3. 量块的组合使用

一般情况下，将若干不同尺寸的量块组合，形成所需的工作尺寸，在一定的尺寸范围内使用。按 GB/T 6093—2001《几何量技术规范（GPS）　长度标准　量块》的规定，成套量块有 91 块、83 块、46 块、38 块等几种规格。表2-6 列出了一套 83 块量块的尺寸构成系列。

表2-6　83 块一套的量块组成（摘自 GB/T 6093—2001）

尺寸范围 / mm	间隔 / mm	小计 / 块
0.500	—	1
1.00	—	1
1.005	—	1
1.01～1.49	0.01	49
1.50～1.90	0.1	5
2.00～9.50	0.5	16
10.00～100.00	10	10

量块在组合使用时会带来累积误差，且组合数量越多，误差越大。所以为了减小误差，力求使用最少的块数。在计算组成量块组时，是从所需工作尺寸的尾数开始，自右向左逐一选取，一般不超过 4 块。

【例 2-1】所需的工作尺寸为 74.765mm，试从 83 块一套的量块中组合得到量块组。

【解】选取过程如下：

$$
\begin{array}{rl}
74.765\text{mm} & \\
-)\quad\ 1.005\text{mm} & \quad\text{第 1 量块}\\
\hline
73.760\text{mm} & \\
-)\quad\ 1.260\text{mm} & \quad\text{第 2 量块}\\
\hline
72.500\text{mm} & \\
-)\quad\ 2.500\text{mm} & \quad\text{第 3 量块}\\
\hline
70.000\text{mm} & \quad\text{第 4 量块}
\end{array}
$$

因此，可选取 1.005mm、1.26mm、2.50mm、70.00mm 这 4 块量块组成量块组。

2.2.4　角度量值传递系统

理论上，对任意一个圆周只要进行细致的等分，可以获得精确的任意角度平面角，形成封闭的 360°中心平面角，故任意一个圆周都可看成角度的自然基准。但在实际测量时，要方便地测量一个特定角度值，且便于检定测角量具量仪，仍须建立角度量值基准。同样为了保证计量单位稳定、可靠，常用的角度量值实物基准是用特殊合金钢或石英玻璃制成的多面棱体作为角度量值的基准，以多面棱体为基准的角度量值传递系统如图 2-4 所示。机械制造中的角度标准一般是角度量块、测角仪或分度头等。

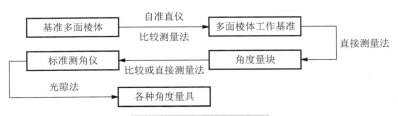

图 2-4　角度量值传递系统

作为角度量值基准的多面棱体有 4 面、6 面、8 面、12 面、24 面、36 面及 72 面等，可作为角度量值传递系统。

图 2-5 所示的多面棱体为正八面棱体，所谓正多面棱体是指各个相邻两工作面法线之间构成的夹角的标称值都相等的多面棱体。因此，正八面棱体所有相邻两工作面法线间的夹角均为 45°，用它作为角度基准可以测量任意 $n\times45°$ 的角度（n 为正整数）。

用多面棱体测量时，可以把它直接安放在被检定量仪上使用，也可以利用它中间的圆孔，把它安装在心轴上使用。

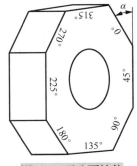

图 2-5　正八面棱体

2.3　测量方法与计量器具

2.3.1　计量器具的分类

按照本身的结构特点进行分类，计量器具可分为：量具、量规、计量仪器和计量装置这四类。

1. 量具

量具类计量器具是通用的有(或无)刻度的量块和器具，有单值的和多值的，如量块、直角尺、线纹尺、游标卡尺等。

2. 量规

量规类计量器具一般是没有刻度的，且为专用的计量器具，用以检验零件要素实际尺寸和形位误差的综合结果。使用量规检验的结果只能确定被检验工件是否为合格产品，不能得到被检验工件的具体实际尺寸和形位误差值。

 案例 2-3

计量器具在测量过程中起着重要作用，按照本身的结构特点可分为：量具、量规、计量仪器和计量装置四类。

问题：

(1)主要基本度量指标有哪些？

(2)什么是直接测量？

3. 计量仪器

计量仪器为可将被测工件的几何量值转换成能提供直接观测示值或等效信息的一类计量器具。按照原始信号转换的原理分类见表 2-7。

表 2-7　计量仪器分类和特点

编号	名称	特点
1	机械量仪	用机械方法实现信号转换，具有机械测微机构。结构简单，性能稳定，使用方便，如指示表、杠杆比较仪等
2	光学量仪	用光学方法实现信号转换，具有光学放大(测微)机构。精度高，性能稳定，如光学比较仪、工具显微镜、干涉仪等
3	电动量仪	能将信号转换为电量信号，具有放大、滤波等电路。精度高，易实现测量和数据处理的自动化，如电感比较仪、电动轮廓仪等
4	气动量仪	以压缩空气为介质，经气动系统流量或压力的变化转换信号。结构简单，测量精度和效率都高，操作方便，但示值范围小，如水柱式气动量仪等

4. 计量装置

计量装置是指为确定被测几何量量值所必需的计量器具和辅助设备的总体。它能够测量同一工件上较多的几何量和形状比较复杂的工件，有助于实现检测自动化或半自动化。

2.3.2　计量器具的基本技术性能指标

为了合理选择和正确使用计量器具，需要了解和熟悉计量器具的基本技术性能指标。

小思考 2-1

请思考：为什么说度量指标是选择、使用和研究计量器具的依据？

1)标尺刻度间距

标尺刻度间距指计量器具标尺或其分度盘上相邻两刻线中心之间的距离或圆弧长度。根据人眼观察的要求，标尺刻度间距一般取 1～2.5mm 为佳。

2) 标尺分度值

标尺分度值指计量器具标尺或其分度盘上每一刻度间距的量值。在长度计量器具上的分度值有 0.1mm、0.05mm、0.02mm、0.01mm、0.005mm、0.002mm、0.001mm 等。一般分度值越小，计量器具的测量精度越高。

3) 分辨力

分辨力指计量器具能表征的最右端末位数所代表的量值。由于在一些量仪中，特别是数字式量仪，其读数采用非标尺或非分度盘显示，不能使用分度值的概念，而称为分辨力。

4) 标尺示值范围

计量器具所能显示或指示的被测几何量起始值至终止值的范围，即标尺示值范围。

5) 计量器具测量范围

计量器具在允许的误差限内所能测量的被测几何量值的下限值至上限值的范围，即计量器具测量范围。这个范围上限值与下限值的差称为量程。

6) 灵敏度

计量器具对被测工件几何量变化的响应能力称为灵敏度。

7) 示值误差

示值误差指计量器具上的示值与被测几何量的真值的代数差。一般来说，示值误差越小，计量器具的测量精度越高。

8) 修正值

修正值是为了消除或者减小存在的系统误差，用代数法加到未修正测量结果上的数值，大小与示值误差的绝对值相等，而符号相反。

9) 测量重复性

在相同的测量条件下，多次测量同一被测工件几何量时，各次测量结果之间的一致性，即测量重复性。

10) 不确定度

由于测量误差的存在而对被测工件几何量值不能肯定的程度，即不确定度。

2.3.3 测量方法的分类

测量方法是测量原理、计量器具和测量条件三方面的综合，具体的测量方法可以从不同角度进行分类。

1. 按实测工件几何量是否为被测量来分

1) 直接测量

直接测量是指被测工件的几何量值可以直接由计量器具读出，过程简单，测量精度只与测量过程有关。

2) 间接测量

间接测量是指测量的几何量值不能直接由计量器具读出，而是通过若干个实测几何量值依据一定函数关系运算而得，测量精度不仅取决于实测几何量的测量精度，还与计算公式和计算的精度有关。

> **案例 2-3 分析**
>
> (1) 主要基本度量指标有：标尺刻度间距、标尺分度值、分辨力、标尺示值范围、计量器具测量范围、灵敏度、示值误差、修正值、测量重复性、不确定度。
>
> (2) 直接测量是指被测工件的几何量值可以直接由计量器具读出，过程简单，测量精度只与测量过程有关。

一般来说，直接测量精度比间接测量精度高，故而实际测量时应尽量采用直接测量。

2．按示值是否为被测几何量的量值分类

1）绝对测量

绝对测量是指计量器具显示或指示的示值，即被测几何量的量值。

2）相对测量

当计量器具显示被测几何量相对于已知标准量的偏差，被测几何量的量值为已知标准量与该偏差值的代数和。

3．按测量时被测表面与计量器具的测头是否接触分类

1）接触测量

测量时，计量器具的测头与被测表面接触。

2）非接触测量

非接触测量时，计量器具的测头不与被测表面接触。

计量器具测头与被测表面接触与否的依据为：有无机械作用力，有作用力为接触测量，否则为非接触测量。

4．按工件上是否有多个被测几何量一起测量分类

1）单项测量

单项测量是指分别对被测工件上各个几何量进行无关联的独立测量。

2）综合测量

综合测量是指在测量过程中，根据工件上若干相关几何量的综合效应，测量得到综合指标，以判断综合结果是否合格。

2.4　测　量　误　差

2.4.1　测量误差的基本概念

在一个具体的测量过程中，由于受到各种条件的限制，总是会出现一些无法避免的测量误差。因此，实际测得值都只是不同程度地近似被测几何量的真值，近似程度在数值上则表现为测量误差。

测量误差可用绝对误差或相对误差表示。

1．绝对误差定义

绝对误差是指被测几何量实际测量所得到的量值与其真值之差，即

$$\delta = x - x_0 \qquad (2\text{-}3)$$

式中，δ 为绝对误差；x 为被测几何量实际测量所得到的量值；x_0 为被测几何量的真值。

案例 2-4

在具体的测量时，实际所测得值，只能是程度不同地近似于被测几何量的真值，近似程度在数值上则表现为测量误差。

问题：

(1)什么是真值，什么是实际值?

(2)测量误差可分为哪几类?

根据定义，绝对误差可能是正值，也可能是负值，即有 $x \geq x_0$ 和 $x < x_0$ 两种情况。因此真值 x_0 可以表示成：

$$x_0 = x \pm |\delta| \qquad (2\text{-}4)$$

由式(2-4)，可以估算真值 x_0 所在的范围，$|\delta|$ 越小，x 就越接近 x_0，所获得测量精度就越高；反之，测量精度就越低。

2. 相对误差定义

相对误差是指绝对误差的绝对值与真值之比，即

$$f = \frac{|\delta|}{x_0}$$

式中，f 为相对误差。

实际上，被测几何量真值是无法得到的，而以被测几何量实测值代替真值进行计算，即

$$f \approx \frac{|\delta|}{x} \tag{2-5}$$

由式(2-5)可知，相对误差为一无量纲数值，一般用百分比表示。对于不同被测工件的几何量值，大小是不相同的，需要用相对误差来评定或比较被测几何量的测量精度。

【例 2-2】 测得两个孔的直径大小分别为 ① $\phi 80.89$mm，② $\phi 30.38$mm，已知其绝对误差分别为 ① - 0.02mm，② + 0.01mm，试比较两者的测量精度。

【解】 由式(2-3)计算两者的相对误差分别为

$$f_① = |-0.02| / 80.89 = 0.02/80.89 \approx 0.0247 \%$$

$$f_② = 0.01 / 30.38 \approx 0.0329 \%$$

由上式可见，虽然①的绝对误差量值大于②，但是从相对误差的综合考虑结果可知：①的测量精度比②高。

2.4.2　测量误差的来源

虽然测量误差与所使用测量器具的精确性、采用测量方法的可靠性有关，但是无论如何都不可避免，测得值只能近似地反映被测几何量的真值。为了减小测量误差及其影响，应当分析产生测量误差的原因。

1. 计量器具的误差

计量器具的误差是指计量器具本身所具有的误差。包括：①设计原理误差，设计量仪时不得不采用近似机构代替理论精确机构，用均匀刻度的刻度尺近似代替理论上的非均匀刻度尺；②制造、装配调整误差，是由计量仪器零件的制造误差和装配调整误差引起的；③使用误差，计量器具在使用过程中零件的变形、滑动表面的磨损等会产生测量误差。这些误差的总和反映在示值误差和测量的重复性误差上。

2. 方法误差

由于计算公式不准确，测量方式选择不当，工件安装、定位不准确等，总之在测量时采用了不完善的测量方法而引起的误差称为方法误差，采用不同测量方法产生的测量误差也不一样。

3. 环境误差

测量时由于环境因素(包括温度、湿度、压力、振动、磁场等)变化获得不一样的测量结果而产生的测量误差。在这些环境因素中，以温度的影响尤为突出。测量时应根据测量精度的要求，合理控制环境温度等各项环境因素，以减小对测量精度的影响。

> **案例 2-4 分析**
>
> (1)真值为被测件真实存在的几何尺寸，由于存在误差，真值难以得到；实际值为被测件经实际测量后所得几何尺寸，包含测量误差。
>
> (2)测量误差的来源有：计量器具的误差、方法误差、环境误差、人员误差。

4. 人员误差

因测量人员技术熟练程度不同，人为引起差错而产生的测量误差。

综上所述，影响测量误差的因素很多，应当了解产生测量误差的原因，进行分析，熟悉并掌握其规律，设法消除或减小其对测量结果的影响，保证被测工件的测量精度。

2.4.3 测量误差的分类

测量误差的来源较为复杂，按其特点和性质来看，可分为：系统误差、随机误差、粗大误差三类。

1. 系统误差

在相同条件下多次测量同一量值时，大小和符号保持不变(称为定值系统误差)，或者按一定规律变化的误差(称为变值系统误差)统称系统误差。例如，在比较仪上用相对法测量零件尺寸，以量块作为基准，量块的误差属于定值系统误差；测量过程中温度的均匀变化引起的测量误差属于变值系统误差。

系统误差主要是由测量仪器本身性能不完善、测量方法不完善、测量者对仪器使用不当、环境条件的变化等造成的。系统误差对测量结果影响较大，要尽量减小或消除系统误差，提高测量精度。

2. 随机误差

随机误差是指在相同的测量条件下，多次测取同一量值时，绝对值和符号以不可预定的方式变化着的测量误差。随机误差的数值通常不大，主要是由测量过程中各种随机因素引起的。随机误差产生的根源：①偶然性因素，②不确定因素。例如，测量仪本身传动机构的间隙、摩擦、振动、测量力的不稳定以及温度变化等引起的测量误差，都属于随机误差。

虽然某一次测量的随机误差大小、符号不能预料，但是进行多次重复测量后，对测量结果进行统计、预算就可以看出随机误差符合一定的统计规律，因此，可以应用概率论与数理统计的方法，估计出随机误差的大小和规律，对误差进行处理。

3. 粗大误差

由某种反常原因造成的、歪曲测得值的测量误差称为粗大误差。粗大误差值一般被称为异常值，与其他的正常值相比较来看，数值相对显得较大或相对较小。粗大误差产生的原因有许多，总的来说是：①主观原因，如测量人员异常造成的读数误差；②客观原因，如外界条件突变引起的测量误差。由于粗大误差明显歪曲测量结果，在处理测量数据时，应根据判别粗大误差的准则将其设法剔除。

2.4.4 测量精度的分类

测量精度是指被测工件的几何量测得值与其真值的接近程度，显然这是与测量误差分别从两个不同的角度说明同一概念的术语。因此，测量误差越大，测量精度就越低；测量误差越小，测量精度就越高。为了反映系统误差和随机误差对测量结果的不同影响，测量精度可分为以下三种。

1. 正确度

正确度反映测量结果中系统误差的影响程度。若系统误差小，则正确度高。

2. 精密度

精密度反映测量结果中随机误差的影响程度。它是指在一定测量条件下连续多次重复测量所得的测得值之间相互接近的程度。若随机误差小，则精密度高。

3. 准确度

准确度反映测量结果中系统误差和随机误差的综合影响程度。若系统误差和随机误差都小，则准确度高。

对于具体的测量，精密度高的测量，正确度不一定高；正确度高的测量，精密度也不一定高；精密度和正确度都高的测量，准确度就高。现以打靶为例加以说明，如图 2-6 所示，小圆圈代表靶心，黑点表示弹孔。图 2-6(a)中，随机误差小而系统误差大，表示打靶精密度高正确度低；图 2-6(b)中，系统误差小而随机误差大，表示打靶正确度高精密度低；图 2-6(c)中，系统误差和随机误差大，表示打靶准确度低；图 2-6(d)中，系统误差和随机误差都小，表示打靶准确度高。

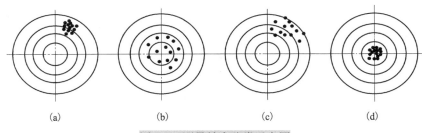

图 2-6　测量精度分类示意图

2.5　测量误差的数据处理

通过对某一被测量进行连续多次的重复测量，得到的一系列的测量数据(测得值)称为测量列。可以对测量列进行数据处理，以消除或者减少测量结果的影响，提高测量精度。

2.5.1　测量列中随机误差的处理

1. 随机误差的特性及分布规律

通过对大量的测试实验数据进行统计后发现，随机误差通常服从正态分布规律。其正态分布曲线如图 2-7 所示，横坐标 δ 表示随机误差，纵坐标 y 表示随机误差的概率密度。

它具有如下四个基本特性。

(1)单峰性：绝对值越小的随机误差出现的概率越大，反之越小。

(2)对称性：绝对值相等的正、负随机误差出现的概率相等。

(3)有界性：在一定测量条件下，随机误差的绝对值不会超过一定的界限。

(4)抵偿性：随着测量次数的增加，各次随机误差的算术平均值趋于零，即各次随机误差的代数和趋于零。该特性是由对称性推导而来的，它是对称性的必然反映。

正态分布曲线的数学表达式为

$$y = \frac{1}{\sigma\sqrt{2\pi}}\, e^{-\frac{\delta^2}{2\sigma^2}} \tag{2-6}$$

式中，y 为概率密度；σ 为标准偏差；δ 为随机误差。

从式(2-6)可以看出，概率密度 y 的大小与随机误差 δ、标准偏差 σ 有关。当 $\delta = 0$ 时，概率密度 y 最大，$y_{\max} = \dfrac{1}{\sigma\sqrt{2\pi}}$，概率密度最大值随标准偏差大小的不同而异。图 2-8 所示的三条正态分布曲线 1、2 和 3 中，$\sigma_1 < \sigma_2 < \sigma_3$，则 $y_{1\max} > y_{2\max} > y_{3\max}$。由此可见，$\sigma$ 越小，则曲线就越陡，随机误差的分布就越集中，测量精度就越高；反之，σ 越大，曲线就越平坦，随机误差的分布就越分散，测量精度就越低。

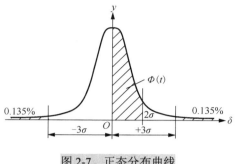

图 2-7　正态分布曲线

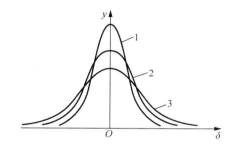

图 2-8　标准偏差大小对随机误差分布的影响

随机误差的标准偏差 σ 可用下式计算得到：

$$\sigma = \sqrt{\frac{\delta_1^2 + \delta_2^2 + \cdots + \delta_N^2}{N}} \tag{2-7}$$

式中，$\delta_1, \delta_2, \cdots, \delta_N$ 为测量列中各测得值相应的随机误差；N 为测量次数。

标准偏差 σ 是反映测量列中测得值分散程度的一项指标，它是测量列中单次测量值(任一测得值)的标准偏差。

由于随机误差具有有界性，因此它的大小不会超过一定的范围。随机误差的极限值就是测量极限误差。

由概率论可知，正态分布曲线和横坐标轴间所包含的面积等于所有随机误差出现的概率总和，若随机误差区间落在 $-\infty \sim +\infty$，则其概率为

$$P = \int_{-\infty}^{+\infty} y \, \mathrm{d}\delta = \int_{-\infty}^{+\infty} \frac{1}{\sigma\sqrt{2\pi}} \mathrm{e}^{-\frac{\delta^2}{2\sigma^2}} \mathrm{d}\delta = 1$$

如果随机误差区间落在 $(-\delta, +\delta)$，则其概率为

$$P = \int_{-\infty}^{+\infty} y \, \mathrm{d}\delta = \int_{-\delta}^{+\delta} \frac{1}{\sigma\sqrt{2\pi}} \mathrm{e}^{-\frac{\delta^2}{2\sigma^2}} \mathrm{d}\delta$$

为了化成标准正态分布，将上式进行变量置换，设

$$t = \frac{\delta}{\sigma}, \quad \mathrm{d}t = \frac{\mathrm{d}\delta}{\sigma}$$

则上式化为

$$P = \frac{1}{\sqrt{2\pi}} \int_{-t}^{+t} \mathrm{e}^{-\frac{t^2}{2}} \mathrm{d}t = \frac{2}{\sqrt{2\pi}} \int_0^{+t} \mathrm{e}^{-\frac{t^2}{2}} \mathrm{d}t$$

令 $P = 2\Phi(t)$，则

$$\Phi(t) = \frac{1}{\sqrt{2\pi}} \int_0^{+t} \mathrm{e}^{-\frac{t^2}{2}} \mathrm{d}t$$

函数 $\Phi(t)$ 称为拉普拉斯函数，也称正态概率积分。在已知 t 时，可从现成的拉普拉斯函数表中查得 $\Phi(t)$ 值。

表 2-8 给出 $t = 1$、2、3、4 四个特殊值所对应的 $2\Phi(t)$ 值和 $[1 - 2\Phi(t)]$ 值。由此表可见，当

$t=3$ 时，在 $\delta=\pm3\sigma$ 范围内的概率为 99.73%，δ 超出该范围的概率仅为 0.27%，即连续 370 次测量中，随机误差超出 $\pm3\sigma$ 的只有一次。即在仅有符合正态分布规律的随机误差的前提下，如果用某仪器对被测工件只测量一次，或者显然测量多次，但只任取其中一次的测量值作为测量结果,可认为该单次测量值与被测量真值(或算术平均值)之差不会超过 $\pm3\sigma$ 的概率为 99.73%。

表2-8　四个特殊 t 值对应的概率

t	$\delta=\pm t\sigma$	不超出 $|\delta|$ 的概率 $P=2\Phi(t)$	超出 $|\delta|$ 的概率 $\alpha=1-2\Phi(t)$
1	1σ	0.6826	0.3174
2	2σ	0.9544	0.0456
3	3σ	0.9973	0.0027
4	4σ	0.99936	0.00064

在实际测量中，测量次数一般不会太多。随机误差超出 $\pm3\sigma$ 的情况实际很难出现，因此，可取 $\delta=\pm3\sigma$ 作为随机误差的极限值，记作

$$\delta_{\lim}=\pm3\sigma \tag{2-8}$$

显然，$\delta_{\lim}$ 也是测量列中单次测量值的测量极限误差。选择不同的 t 值，就对应有不同的概率，测量极限误差的可信程度也就各不一样。随机误差在 $\pm3\sigma$ 范围内出现的概率称为置信概率，t 称为置信因子或置信系数。在几何量测量中，通常取置信因子 $t=3$，则置信概率为 99.73%。例如，多次测量的测得值为 40.002mm，若已知标准偏差 $\sigma=0.0003$，置信概率取 99.73%，则测量结果为

$$(40.002\pm3\times0.0003)mm=(40.002\pm0.0009)mm$$

即被测量的真值有 99.73% 的可能性在 40.0011～40.0029mm 内。

2. 测量列中随机误差的处理步骤

在相同的测量条件下，对某一被测几何量进行连续多次测量，得到一测量列。假设其中不存在系统误差和粗大误差，则对随机误差的处理首先按式(2-7)计算单次测量值的标准偏差，然后再由式(2-8)计算随机误差的极限值。但是，由于无法得知被测几何量的真值，所以不能按式(2-7)计算标准偏差 σ 的数值。在实际测量时，当测量次数 N 充分大时，根据随机误差正态分布的对称性，随机误差的算术平均值趋于零，因此可以用测量列中各个测得值的算术平均值代替真值，并用一定的方法估算出标准偏差，进而确定测量结果。具体处理过程如下。

1)计算测量列中测得值的算术平均值

设测量列的各个测得值分别为 $x_1, x_2, \cdots, x_N$，则算术平均值 $\bar{x}$ 为

$$\bar{x}=\frac{1}{N}\sum_{i=1}^{N}x_i \tag{2-9}$$

式中，N 为测量次数。

2)计算残差

用算术平均值代替真值后，各个测得值 x_i 与算术平均值 $\bar{x}$ 之差，称为残余误差(简称残差)，记为 v_i，即

$$v_i=x_i-\bar{x} \tag{2-10}$$

(1)残差的代数和等于零，即 $\sum_{i=1}^{N}v_i=0$，这一特性可用来校核算术平均值和残差计算的准确性。

(2)残差的平方和为最小,即 $\sum_{i=1}^{N} v_i^2 = \min$ 。由此可以说明,用算术平均值作为测量结果是最可靠且最合理的。

3)估算测量列中单次测量值的标准偏差

用测量列中各个测得值的算术平均值代替真值计算得到各个测得值的残差后,可按贝塞尔(Bessel)公式计算出单次测量值的标准偏差的估算值。贝塞尔公式为

$$\sigma = \sqrt{\frac{\sum_{i=1}^{N} v_i^2}{N-1}} \tag{2-11}$$

该式根号内的分母为(N-1),而不是 N,这是因为有 N 个测得值的残差代数和等于零这个条件的约束,所以 N 个残差只能等效于(N-1)个独立的随机变量。

这时,单次测量值的极限偏差可表示为

$$x_0 = x_i \pm 3\sigma \tag{2-12}$$

4)计算测量列算术平均值的标准偏差

若在相同的测量条件下,对同一被测几何量进行多组测量(每组皆测量 N 次),则对应每组 N 次测量都有一个算术平均值,各组的算术平均值不相同。不过,它们的分散程度要比单次测量值的分散程度小得多。根据误差理论,多组测量列算术平均值的标准偏差与单组测量列单次测量值的标准偏差存在如下关系:

$$\sigma_{\bar{x}} = \frac{\sigma}{\sqrt{N}} \tag{2-13}$$

式中,N 为每组的测量次数。

由式(2-13)可知,多组测量列算术平均值的标准偏差 $\sigma_{\bar{x}}$ 为单组测量列单次测量值的标准偏差的 $1/\sqrt{N}$。测量次数越多,$\sigma_{\bar{x}}$ 越小,测量精密度就越高。但根据 $\sigma_{\bar{x}}/\sigma = 1/\sqrt{N}$ 的关系可知:当 σ 为一定值时,$N > 10$ 以后,$\sigma_{\bar{x}}$ 的减小已很缓慢,故测量次数不必过多。一般情况下,取 $N = 10 \sim 15$ 次即可。

测量列算术平均值的测量极限误差为

$$\delta_{\lim(\bar{x})} = \pm 3\sigma_{\bar{x}} \tag{2-14}$$

多次(组)测量所得算术平均值的测量结果可表示为

$$x_0 = \bar{x} \pm 3\sigma_{\bar{x}} \tag{2-15}$$

【例 2-3】在测量仪器上对一个零件尺寸进行 10 次等精度测量,得到表 2-9 的测量值。已知在测量中不存在系统误差,试计算测量列的标准偏差、算术平均值的标准偏差,并分别给出以单次测量值作为结果和以算术平均值作为结果的测量精度。

表 2-9　测量数据

测量序号 i	测量值 x_i / mm	$x_i - \bar{x}$ / μm	$(x_i - \bar{x})^2$ / μm²
1	20.008	+1	1
2	20.004	−3	9
3	20.008	+1	1
4	20.009	+2	4
5	20.007	0	0
6	20.008	+1	1

续表

测量序号 i	测量值 x_i /mm	$x_i - \overline{x}$ /μm	$(x_i - \overline{x})^2$ /μm²
7	20.007	0	0
8	20.006	−1	1
9	20.008	+1	1
10	20.005	−2	4
	$\overline{x} = \dfrac{1}{10}\sum\limits_{i=1}^{10} x_i = 20.007$	$\sum\limits_{i=1}^{10}(x_i - \overline{x}) = 0$	$\sum\limits_{i=1}^{10}(x_i - \overline{x})^2 = 22$

【解】根据式(2-9)、式(2-11)和式(2-13)计算出测量列的算术平均值 $\overline{x}$、测量列的标准偏差 σ 和算术平均值的标准偏差 $\sigma_{\overline{x}}$ 分别为

$$\overline{x} = \frac{1}{10}\sum_{i=1}^{10} x_i = 20.007$$

$$\sigma = \sqrt{\frac{\sum\limits_{i=1}^{10}\left(x_i - \overline{x}\right)^2}{N-1}} = \sqrt{\frac{22}{10-1}} \approx 1.6(\mu m)$$

$$\sigma_{\overline{x}} = \frac{\sigma}{\sqrt{N}} = \frac{1.6}{\sqrt{10}} \approx 0.5(\mu m)$$

因此以单次测量值作为结果的精度为 $\pm 3\sigma \approx \pm 4.8\ \mu m$，以算术平均值作为结果的精度为 $\pm 3\sigma_{\overline{x}} \approx \pm 1.5\ \mu m$。

2.5.2　测量列中系统误差的处理

往往系统误差值比较大时，会对测量精度造成一定的影响，需要找出系统误差，并消除和减小系统误差。在实际测量中，系统误差很难完全发现和消除，这里介绍两种适于发现系统误差的常用方法和四种消除系统误差的方法。

1. 发现系统误差的方法

在测量过程中，当随机误差和系统误差同时存在时，定值系统误差仅改变随机误差的分布中心位置，不改变误差曲线的形状；变值系统误差不仅改变随机误差的分布中心位置，也改变误差曲线的形状。

1) 实验对比法

实验对比法是通过改变产生系统误差的条件，进行不同条件下的测量以发现系统误差，这种方法适用于发现定值系统误差。例如，量块按标称尺寸使用时，在测量结果中就存在由于量块的尺寸偏差而产生的定值系统误差，重复测量也无法发现这一误差，只能用另一块等级更高的量块进行对比测量才能发现。

2) 残差观察法

残差观察法是指根据测量列的各个残差大小和符号的变化规律，直接由残差数据或残差曲线来判断有无系统误差，这种方法主要适用于发现大小和符号按一定规律变化的变值系统误差。按测量先后次序，根据测量列的残差作图，如图 2-9 所示，观察残差的变化规律。若各残差大体上正、负相同，又没有显著变化，如图 2-9(a)所示，则不存在变值系统误差；若各残差按近似的线性规律递增或者递减，如图 2-9(b)所示，则可判断存在线性系统误差；若各残差的大小和符号有规律地周期变化，如图 2-9(c)所示，则可判断存在周期性系统误差；若各残差如图 2-9(d)所示，则可判断存在线性系统误差和周期性系统误差。

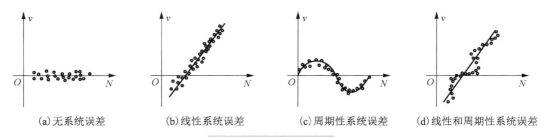

(a)无系统误差　　(b)线性系统误差　　(c)周期性系统误差　　(d)线性和周期性系统误差

图 2-9　残差的变化规律

2. 消除系统误差的方法

系统误差的消除方法与具体的测量对象、测量方法、测量人员的经验有关。这里介绍最基本的四种方法。

1)从误差产生的根源上消除系统误差

这就要求测量人员对测量过程中可能产生系统误差的各个环节进行仔细的分析，并在测量前就将系统误差从产生根源上加以消除。例如，为了防止测量过程中仪器示值零位的变动，测量开始和结束时都需要检查示值零位。

2)用修正法消除系统误差

这种方法是预先将测量仪器的系统误差检定或计算出来，做出误差表或误差曲线。然后取与系统误差数值相同而符号相反的值作为修正值，将测得值加上相应的修正值，即可得到不含系统误差的测量结果。

3)用抵消法消除定值系统误差

这种方法要求在对称位置上分别测量一次，在两次测量中测得的数据出现的系统误差大小相等、符号相反，取这两次测量数据的平均值作为测得值，即可消除定值系统误差。例如，在工具显微镜上测量螺纹螺距时，为了消除螺纹轴线与测量仪器工作台移动方向倾斜而引起的系统误差，可分别测取螺纹左、右牙侧的螺距，然后取它们的平均值作为螺距测得值。

4)用半周期法消除周期性系统误差

对周期性系统误差，可以每相隔半个周期进行一次测量，以相邻两次测量的数据的平均值作为一个测得值，这样即可有效消除周期性系统误差。例如，仪器刻度盘安装偏心、测量表指针回转中心与刻度盘中心有偏心距等引起的周期性误差皆可用半周期法予以消除。

消除和减小系统误差的关键是找出误差产生的根源和规律。实际上，系统误差不可能完全消除，但一般来说，若能将系统误差减小到使其影响相当于随机误差的程度，则可认为其已被消除。

2.5.3　测量列中粗大误差的处理

粗大误差的数值(绝对值)相当大，其明显歪曲了测量结果，在测量中应尽可能避免。如果粗大误差已经产生，则应根据判断粗大误差的准则予以剔除，粗大误差的判断准则有 3σ 准则、狄克松准则、罗曼诺夫斯基准则和格罗布斯准则。这里只介绍常用的 3σ 准则。

根据 3σ 准则，当测量列服从正态分布时，残余误差落在 $\pm 3\sigma$ 外的概率仅有 0.27%，即在连续测量 370 次中只有 1 次测量的残差超出 $\pm 3\sigma$，而实际上连续测量的次数不可能超出 370 次，测量列中残差超出 $\pm 3\sigma$ 的概率非常小。因此，当测量列中出现绝对值大于 3σ 的残差，即

$$|v_i| > 3\sigma \tag{2-16}$$

时，则认为该残差对应的测得值含有粗大误差，应予以剔除。该准则是以测量次数充分大为前提的，如果测量次数 $N \leqslant 10$，不能使用 3σ 准则，则可使用罗曼诺夫斯基准则，这里不再介绍。

2.5.4　测量误差的合成

对于较重要的测量，一个完整测量结果既要给出正确的测量值，还应该给出该测量值的准确程度，即给出测量方法的极限误差。对于较为简单的测量，可以从测量仪器的使用说明书或检定规程中查得仪器的测量不确定度作为测量极限误差；而对于比较复杂的测量或专门设计的测量装置，一般没有现成可供查阅的资料，只能依靠分析测量误差的组成项并计算其数值，按一定方法综合成测量方法极限误差，这个过程就是测量结果的数据处理。测量误差的合成包括两类：①直接测量法测量误差的合成；②间接测量法测量误差的合成。

1. 直接测量法测量误差的合成

直接测量法测量误差的主要来源是仪器误差、测量方法误差、基准件误差等，这些误差都称为测量总误差的误差分量。这些误差按其性质区分，既有已定系统误差，又有随机误差和未定系统误差，通常它们可以按下列方法合成。

(1) 已定系统误差按代数和法合成，即

$$\Delta_{系总} = \Delta_{系1} + \Delta_{系2} + \cdots + \Delta_{系n} = \sum_{i=1}^{n} \Delta_{系i} \tag{2-17}$$

式中，$\Delta_{系i}$ 为各误差分量的系统误差。

(2) 对于符合正态分布、彼此独立的随机误差和未定系统误差，按方和根法合成，即

$$\Delta_{\text{lim}} = \pm\sqrt{\Delta_{1\text{lim}}^2 + \Delta_{2\text{lim}}^2 + \cdots + \Delta_{n\text{lim}}^2} = \pm\sqrt{\sum_{i=1}^{n} \Delta_{i\text{lim}}^2} \tag{2-18}$$

式中，$\Delta_{i\text{lim}}$ 为各误差分量的随机误差或未定系统误差。

2. 间接测量法测量误差的合成

1) 已定系统误差的合成

若间接测量被测量 Y 与间接测量值 $x_i (i = 1, 2, \cdots, n)$ 之间的函数关系为 $Y = f(x_i)$，间接测量值 x_i 存在已定系统误差 Δx_i，则可求得被测量 Y 的系统误差为

$$\Delta Y = \frac{\partial f}{\partial x_1}\Delta x_1 + \frac{\partial f}{\partial x_2}\Delta x_2 + \cdots + \frac{\partial f}{\partial x_n}\Delta x_n = \sum_{i=1}^{n} \frac{\partial f}{\partial x_i}\Delta x_i \tag{2-19}$$

式中，$\dfrac{\partial f}{\partial x_i}$ 为间接测量值 x_i 的误差传递系数。

2) 随机误差与未定系统误差的合成

同样，设被测量 Y 和间接测量值 x_i 之间的函数关系为 $Y = f(x_i)$，且各间接测量值 x_i 的随机误差或未定系统误差 $\Delta x_{i\text{lim}}$ 之间彼此独立，符合正态分布，则可求得被测量 Y 的测量极限误差 ΔY_{lim} 为

$$\Delta Y_{\text{lim}} = \pm\sqrt{\left(\frac{\partial f}{\partial x_1}\right)^2 \Delta x_{1\text{lim}}^2 + \left(\frac{\partial f}{\partial x_2}\right)^2 \Delta x_{2\text{lim}}^2 + \cdots + \left(\frac{\partial f}{\partial x_n}\right)^2 \Delta x_{n\text{lim}}^2} = \pm\sqrt{\sum_{i=1}^{n} \left(\frac{\partial f}{\partial x_i}\right)^2 \Delta x_{i\text{lim}}^2} \tag{2-20}$$

2.6 测量误差的数据处理解题示例

【例 2-4】在立式光学计上，用四等量块做基准测量公称尺寸为 100mm 的量规。测量室温为(23±2)℃，量规与量块温差不超过 1℃，已知光学计有+0.5μm 的零位误差，100mm 的量块有-0.6μm 尺寸误差，量块材料的线膨胀系数为 10×10⁻⁶/℃，量规的线膨胀系数为 11.5×10⁻⁶/℃。光学计的示值误差不大于 0.5μm，光学计的读数为+2.5μm。求量规的实际尺寸及极限偏差。

【解】(1)已定系统误差。

光学计：$\varDelta_{系1} = +0.5\mu m$；量块：$\varDelta_{系2} = -0.6\mu m$。

测量温度偏离标准温度引起的误差为

$$\varDelta_{系3} = 100 \times [11.5 \times (23-20) - 10 \times (23-20)] \times 10^{-6} = +0.00045 = +0.45(\mu m)$$

$$\varDelta_{系总} = \sum_{i=1}^{3} \varDelta_{系i} = +0.5 + (-0.6) + 0.45 = +0.35(\mu m)$$

被测量规的实际尺寸： $100 + 0.0025 + (-0.00035) = 100.0022(mm)$。

(2)随机误差。

光学计：$\varDelta_{1lim} = \pm 0.5\mu m$；量块：$\varDelta_{2lim} = \pm 0.4\mu m$（由表 2-4 可查得）。

未定系统误差：室温 $\Delta t = \pm 2℃$；被测件与基准件温差：$t_2 - t_1 = 1(℃)$。

$$\varDelta_{3lim} = \pm 100[(11.5-10)^2 \times 4^2 + 10^2 \times 1^2]^{1/2} \times 10^{-6} \approx \pm 0.0012 = \pm 1.2(\mu m)$$

所以 $$\varDelta_{总lim} = \pm(0.5^2 + 0.4^2 + 1.2^2)^{1/2} = \pm 1.36(\mu m) \approx \pm 1.4(\mu m)$$

测量结果：100.0022±0.0014。

【例 2-5】在立式光学计上对某一轴径等精度测量 15 次，按测量顺序将各测得值依次列于表 2-10 中，试计算测量列的标准偏差 σ、算术平均值的标准偏差 $\sigma_{\bar{L}}$，分别给出以单次测量值作为结果和以算术平均值作为结果的精度。

【解】假设测量仪器已检定，测量环境得到控制，认为测量列中不存在定值系统误差。

(1)求测量列的算术平均值 $\bar{L}$。根据式(2-9)得

$$\bar{L} = \frac{1}{N} \sum_{i=1}^{N} x_i = \frac{1}{15} \sum_{i=1}^{15} x_i = 24.990$$

(2)求测量列的残差 v_i。根据式(2-10)计算每次测量值的残差，并列于表 2-10 中。

(3)判断系统误差。根据残差的计算结果，误差符号大体上正、负相同，且无显著变化规律，因此可认为测量列中不存在变值系统误差。

(4)计算测量列单次测量值的标准偏差 σ。根据式(2-11)得

$$\sigma = \sqrt{\frac{\sum_{i=1}^{N} v_i^2}{N-1}} = \sqrt{\frac{\sum_{i=1}^{15} v_i^2}{14}} \approx 2.95(\mu m)$$

(5)判断粗大误差。按照 3σ 准则，$3 \times 2.95\mu m = 8.85\mu m$。见表 2-10，测量列中没有出现绝对值大于 3σ 的残差 v_i。因此，判断测量列中不存在粗大误差。

(6)计算测量列算术平均值的标准偏差 $\sigma_{\bar{L}}$。根据式(2-13)得

$$\sigma_{\bar{L}} = \frac{\sigma}{\sqrt{N}} = \frac{2.95}{\sqrt{15}} \approx 0.762(\mu m)$$

表 2-10　数据处理计算表

测量序号	测得值 x_i/mm	残差 $v_i = x_i - \bar{x}$ /μm	残差的平方 v_i^2 /μm^2
1	24.990	0	0
2	24.987	−3	9
3	24.989	−1	1
4	24.990	0	0
5	24.992	2	4
6	24.994	4	16
7	24.990	0	0
8	24.993	3	9
9	24.990	0	0
10	24.988	−2	4
11	24.989	−1	1
12	24.986	−4	16
13	24.987	−3	9
14	24.997	7	49
15	24.988	−2	4
算术平均值	$\bar{L}$ =24.990	$\sum_{i=1}^{N} v_i = 0$	$\sum_{i=1}^{N} v_i^2 = 122$

(7) 计算测量列单次测得值的测量极限偏差。根据式 (2-14) 得
$$\delta_{\lim} = \pm 3\sigma = \pm 3 \times 2.95 = \pm 8.85 \,(\mu m)$$

(8) 计算测量列算术平均值的测量极限偏差。根据式 (2-14) 得
$$\delta_{\lim(\bar{L})} = \pm 3\sigma_{\bar{L}} = \pm 3 \times 0.762 = \pm 2.286 \,(\mu m)$$

(9) 以单次测量值为测量结果，测量不确定度为
$$\pm 3\sigma = \pm 8.85 \mu m$$

(10) 以算术平均值为测量结果，测量不确定度为
$$\pm 3\sigma_{\bar{L}} = \pm 2.286 \mu m \approx \pm 2.3 \mu m$$

所以，该零件的最终测量结果表示为
$$L = \bar{L} \pm \delta_{\lim(\bar{L})} = (24.99 \pm 0.0023) \, mm$$

这时的置信概率为 99.73%。

【例 2-6】　如图 2-10 所示，在万能工具显微镜上用弓高弦长法间接测量圆弧样板的半径 R。测得弓高 $h = 4mm$，弦长 $b = 40mm$，它们的系统误差和测量极限误差分别为 $\Delta h = +0.0012mm$，$\delta_{\lim(h)} = \pm 0.0015mm$，$\Delta b = -0.002mm$，$\delta_{\lim(b)} = \pm 0.002mm$，试确定圆弧半径 R 的测量结果。

【解】　(1) 计算圆弧半径 R 为
$$R = \frac{b^2}{8h} + \frac{h}{2} = \left(\frac{40^2}{8 \times 4} + \frac{4}{2} \right) = 52 \,(mm)$$

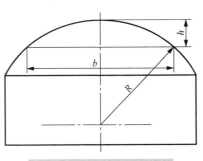

图 2-10　间接测量圆弧半径

（2）按式（2-19）计算圆弧半径 R 的系统误差 ΔR 为

$$\Delta R = \frac{\partial R}{\partial b}\Delta b + \frac{\partial R}{\partial h}\Delta h = \frac{b}{4h}\Delta b - \left(\frac{b^2}{8h^2} - \frac{1}{2}\right)\Delta h$$

$$= \frac{40 \times (-0.002)}{4 \times 4} - \left(\frac{40^2}{8 \times 4^2} - \frac{1}{2}\right)0.0012 = -0.0194\,(\text{mm})$$

（3）按式（2-20）计算圆弧半径 R 的测量极限误差 $\delta_{\lim(R)}$ 为

$$\delta_{\lim(R)} = \pm\sqrt{\left(\frac{b}{4h}\right)^2 \delta_{1\lim(b)}^2 + \left(\frac{b^2}{8h^2} - \frac{1}{2}\right)\delta_{1\lim(h)}^2}$$

$$= \pm\sqrt{\left(\frac{40}{4 \times 4}\right)^2 \times 0.002^2 + \left(\frac{40^2}{8 \times 4^2} - \frac{1}{2}\right) \times 0.0015^2}$$

$$= \pm 0.0187\,(\text{mm})$$

（4）按式（2-15）确定测量结果 R' 为

$$R' = (R - \Delta R) \pm \delta_{\lim(R)} = [52 - (-0.0194)] \pm 0.0187 = (52.0194 \pm 0.0187)\text{mm}$$

此时的置信概率为 99.73%。

思　考　题

2-1　测量的实质是什么？一个完整的测量过程包括哪些要素？长度测量的基本单位及其定义如何？

2-2　量块的作用是什么？其结构上有何特点？量块的"等"和"级"有何区别？并说明按"等"和"级"使用时，各自的测量精度如何？

2-3　试说明分度值、分度间距和灵敏度三者有何区别。

2-4　试举例说明测量范围与示值范围的区别。

2-5　试说明绝对测量方法与相对测量方法、绝对误差与相对误差的区别。

2-6　测量误差分哪几类？产生各类测量误差的主要因素有哪些？

2-7　试说明系统误差、随机误差和粗大误差的特性和不同点。

2-8　为什么要用多次重复测量的算术平均值表示测量结果？这样表示测量结果可减少哪一类测量误差对测量结果的影响？

第3章 尺寸精度设计与检测

在生活实践和机械产品中，零件尺寸的精度要求，以及零件与零件之间的配合关系随处可见。例如，旋转门的转轴与孔，图 3-1 所示的 CA6140 车床主轴与支承轴承结构等，都涉及零件孔和轴的精度要求和尺寸配合。尺寸精度设计直接影响零件的精度要求，且影响设备的性能和成本。本章主要讲述的是零件孔、轴的精度设计，为后续学习打下基础。

(a) CA6140 车床

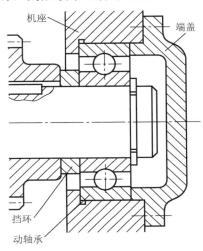

(b) 支承轴承结构

图 3-1　CA6140 车床及其主轴支承结构

📖 **本章知识要点** ▶▶

(1) 正确理解有关尺寸、公差与偏差、配合的术语及定义。

(2) 熟练掌握基孔制、基轴制、公差与配合的选用、极限间隙或过盈的计算。

(3) 掌握标准公差的制定原则，理解轴的基本偏差的制定和孔的基本偏差换算规则。

(4) 掌握常用和优先使用的公差带与配合的标准化。

(5) 掌握基准制的选用、公差等级的选用和配合的选用的原则、方法。

(6) 掌握尺寸精度的主要检测方法。

📖 **兴趣实践** ▶▶

图 3-1(a) 为机械加工中最为常用的设备——CA6140 型车床，根据机床的运动设计、结构设计、强度和刚度设计后计算出了公称尺寸，接下来就要进行尺寸精度设计。例如，主轴需要旋转，如何确定主轴支撑端的精度设计，如图 3-1(b) 所示。

3.1　极限与配合概述

对于机械产品的设计，首先要根据原理进行运动设计、结构设计以及必要的强度和刚度设计，得到零件的公称尺寸；其次要进行零件精度设计，这是必不可少的。

零件精度设计是为了保证零件的尺寸、几何形状、相互位置以及表面特征技术要求的一致性，使零件具有互换性。对于相互结合的零件，一是要保证相互结合的尺寸之间形成一定的关系，以满足不同的使用要求；二是要在制造上是经济可行的，形成了"极限与配合"的概念。"极限"协调了机器零件使用要求与制造经济性之间的矛盾，"配合"则反映零件组合时相互之间的关系。

由于历史原因，我国机械行业的标准基本上是按苏联标准来制定的。随着科学技术的进步与发展，1979 年至今，结合我国的实际情况，参照国际标准，我国颁布了一系列新的国家标准。标准化的极限与配合制度，既有利于机器的设计、制造、使用与维修，又有利于保证产品质量和精度、使用性能和寿命等，也有利于刀具、量具、夹具和机床等工艺装备的标准化。

新修订的"极限与配合"标准由以下几个标准组成：

(1) GB/T 2822—2005《标准尺寸》。

(2) GB/T 1800.1—2020《产品几何技术规范(GPS)　线性尺寸公差 ISO 代号体系　第 1 部分：公差、偏差和配合的基础》。

(3) GB/T 1800.2—2020《产品几何技术规范(GPS)　线性尺寸公差 ISO 代号体系　第 2 部分：标准公差带代号和孔、轴的极限偏差表》。

(4) GB/T 1803—2003《极限与配合　尺寸至 18 mm 孔、轴公差带》。

(5) GB/T 1804—2000《一般公差　未注公差的线性和角度尺寸的公差》。

(6) GB/T 6093—2001《几何量技术规范(GPS)长度标准　量块》。

(7) JJF 1001—2011《通用计量术语及定义技术规范》。

案例 3-1

请你细心观察并认真思考，在我们的周围，有哪些孔、轴？这些孔、轴在生活中有什么作用？

问题：

(1) 孔、轴的定义是什么？

(2) 哪些孔和轴是连接在一起的？

3.2　极限与配合的基本术语与定义

为了统一设计、工艺、检验等人员对极限与配合标准的正确理解，熟练掌握极限与配合国家标准，明确规定了有关极限与配合的基本概念、术语及定义。术语及定义的统一是极限制的重要内容。

3.2.1　尺寸方面的术语与定义

1. 孔和轴的定义

在工程实践中，孔、轴随处可见，例如，有旋转轴的轴承座，如图 3-2 所示，涉及轴承孔和轴；连接部件用的螺栓连接，如图 3-3 所示，涉及螺栓孔和螺栓。

图 3-2　轴承座

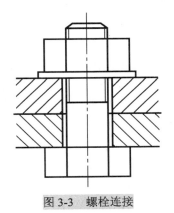

图 3-3　螺栓连接

孔与轴这两个术语有其特定的含义，在极限与配合标准中它们的定义如下。

1) 孔

孔通常是指工件的内尺寸要素，包括非圆柱面形的内尺寸要素。典型的孔有圆柱形内表面、键槽、凹槽的宽度表面。

2) 轴

轴通常是指工件的外尺寸要素，包括非圆柱形的外尺寸要素。典型的轴有圆柱形外表面、平键的宽度表面、凸肩的厚度表面。

极限与配合标准中的孔、轴都是由单一的主要尺寸构成的。

孔和轴的区别：从装配关系上看，孔是包容面，轴是被包容面；从加工过程上看，随着切削余量的减少，孔的表面加工尺寸 A_s 由小变大，轴的表面加工尺寸 A_s 由大变小，如图 3-4 所示；孔、轴在测量上也有所不同，例如，用内卡尺测量孔，而用外卡尺测量轴。

> **案例 3-1 分析**
>
> 孔、轴随处可见，用作紧固件的螺钉和螺母；用作支承件的滚动轴承，内圈为孔、外圈为轴。
>
> (1) 孔通常是指两平行平面或切面形成包容面的圆柱形、非圆柱形内表面。轴通常是指两平行平面或切面形成被包容面的圆柱形、非圆柱形外表面。
>
> (2) 上述紧固件的螺钉和螺母；支承件的滚动轴承，都是连接在一起的。

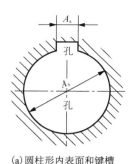

(a)圆柱形内表面和键槽

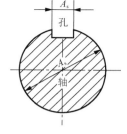

(b)圆柱形外表面和键槽

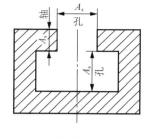

(c)凹槽和凸肩

图 3-4　孔和轴的定义示意图

2. 尺寸

尺寸是指以特定单位表示线性尺寸值的数值。

一般情况下，尺寸只表示长度量(线值)，如直径、半径、长度、宽度、深度、高度、厚度及中心距等。标准规定，图样上的尺寸以毫米(mm)为单位时，无须标注单位的名称或符号。

3. 公称尺寸

公称尺寸是由图样规范定义的理想形状要素的尺寸，是设计时给定的尺寸。公称尺寸是根据零件的设计原理，先经过必要的强度、刚度等设计和计算，然后经过机械结构设计、加工工艺设计后确定的取标准值的尺寸；在极限配合中，它是计算上、下极限偏差的起始尺寸。孔、轴的公称尺寸代号分别用 D、d 表示。

由于在加工过程中存在着制造误差，而且不同的应用条件对孔与轴的配合有不同的松紧要求，因此工件加工完成后所得的实际尺寸一般不等于其公称尺寸。

4. 极限尺寸

允许尺寸变化的上、下两个界限值称为极限尺寸，它是由公称尺寸为基数来确定的。两个界限值中上界值称为上极限尺寸，下界值称为下极限尺寸。孔和轴的上、下极限尺寸分别用 D_{max}、D_{min} 和 d_{max}、d_{min} 表示。

5. 实际尺寸

实际尺寸是指零件加工后通过测量所得到的某一尺寸，分别用 D_a 和 d_a 表示孔和轴的实际尺寸。

由于在测量过程中存在着测量误差，所以实际尺寸并非被测工件尺寸的真值。例如，有一个孔，通过测量所得的尺寸为 $\phi 59.989mm$，而测量误差在 $\pm 0.001mm$ 范围，因此该工件尺寸的真值应在 $\phi 59.988 \sim \phi 59.990mm$。

公称尺寸和极限尺寸都是在设计时确定的，由此可见，孔、轴的合格条件应当是其实际尺寸在极限尺寸范围内，也可达到极限尺寸，即

$$D_{min} \leqslant D_a \leqslant D_{max}$$
$$d_{min} \leqslant d_a \leqslant d_{max}$$

3.2.2　偏差、公差方面的术语与定义

1. 尺寸偏差

尺寸偏差(简称偏差)是指某一尺寸减去公称尺寸所得的代数差，该代数差可能是正值、负值或零。除零外，偏差值前面必须冠以正、负号。偏差分为极限偏差和实际偏差。

1) 极限偏差

极限偏差是指极限尺寸减去公称尺寸所得的代数差，有上极限偏差和下极限偏差。

上极限偏差：上极限尺寸减去公称尺寸所得的代数差。孔和轴的上极限偏差分别用符号 ES 和 es 表示，计算公式为

$$ES = D_{\max} - D , \qquad es = d_{\max} - d \qquad (3\text{-}1)$$

下极限偏差：下极限尺寸减去公称尺寸所得的代数差。孔和轴的下极限偏差分别用符号 EI 和 ei 表示。计算公式为

$$EI = D_{\min} - D , \qquad ei = d_{\min} - d \qquad (3\text{-}2)$$

图中上、下极限偏差标注在公称尺寸的右侧。

2) 实际偏差

实际偏差是指实际尺寸减去公称尺寸所得的代数差。孔和轴的实际偏差分别用符号 Ea 和 ea 表示，计算公式为

$$Ea = D_{a} - D , \qquad ea = d_{a} - d \qquad (3\text{-}3)$$

孔、轴合格条件是实际偏差应限制在极限偏差范围内，或达到极限偏差，即

$$EI \leqslant Ea \leqslant ES , \qquad ei \leqslant ea \leqslant es$$

2. 尺寸公差

尺寸公差(简称公差)指上极限尺寸减去下极限尺寸所得的差值，或上极限偏差减去下极限偏差所得的差值，它是尺寸允许的变动量。孔、轴的尺寸公差分别用符号 T_h、T_s 表示。公差与极限尺寸、极限偏差关系的计算公式为

$$T_h = |D_{\max} - D_{\min}| = |ES - EI| , \qquad T_s = |d_{\max} - d_{\min}| = |es - ei| \qquad (3\text{-}4)$$

因为公差仅表示尺寸允许变动的范围，也就是指某一个区域大小的数量指标，所以公差不是代数值，而是一个没有符号的绝对值。因此公差没有正、负值之分，也不可能为零。

3. 公差带及公差带示意图

图 3-5 清楚而直观地表示出了一对相互结合的孔、轴的公称尺寸、极限尺寸、极限偏差以及公差之间的相互关系。将图 3-5 中一对相互结合孔、轴的实体删去，而只留下表示孔、轴上、下极限偏差那部分，如图 3-6 所示，利用这样的简化图仍可以正确表示结合的孔、轴之间的相互关系，被称为孔、轴公差带示意图。

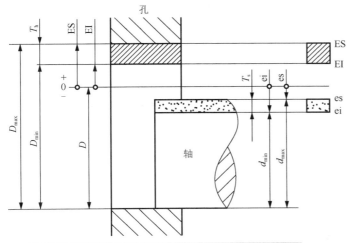

图 3-5　公称尺寸、极限尺寸和极限偏差、尺寸公差

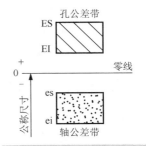

图 3-6　孔、轴公差带示意图

在公差带示意图(图3-6)中,孔、轴的公称尺寸作为零线。以零线作为上、下极限偏差的起点;零线以上为正偏差,零线以下为负偏差;位于零线上的偏差为零。将代表孔、轴的上极限偏差和下极限偏差或者上极限尺寸和下极限尺寸的两条直线所限定的区域称为公差带。

公差带在零线垂直方向上的宽度代表公差值,作图时,公差带的位置和大小应按恰当比例绘制。沿零线横向宽度没有实际意义,长度可适当选取。一般用斜线表示孔公差带,用网点表示轴公差带。图中,公称尺寸和上、下极限偏差的量纲可省略,默认公称尺寸的量纲是毫米(mm),上、下极限偏差的量纲是微米(μm)。公称尺寸书写在标注零线的公称尺寸线左方,字体方向与图3.6中"公称尺寸"一致。上、下极限偏差的书写(零可以不写)必须带正、负号。

4. 极限制

公差带组成要素:①公差带"大小",由公差值确定;②公差带"位置",由极限偏差中的任一个偏差(上极限偏差或下极限偏差)来确定。

用标准化的公差与极限偏差组成标准化的孔、轴公差带的制度称为极限制。GB/T 1800.1—2020 把标准化的公差统称为标准公差,把标准化的极限偏差(其中的上极限偏差或下极限偏差)统称为基本偏差。GB/T 1800.1—2020 规定了标准公差和基本偏差的具体数值。

5. 标准公差

标准公差是指国家标准线性尺寸公差 ISO 代号体系中的任一公差。

6. 基本偏差

基本偏差是指国家标准定义了与公称尺寸最近的极限尺寸的那个极限偏差,可以是上极限偏差或下极限偏差,一般为靠近零线或位于零线的那个极限偏差。

【例3-1】公称尺寸为50mm 的相互结合的孔和轴的极限尺寸分别为:$D_{max} = 50.025$mm,$D_{min} = 50$mm 和 $d_{max} = 49.950$mm,$d_{min} = 49.934$mm。它们加工后测得一孔和一轴的实际尺寸分别为 $D_a = 50.010$mm 和 $d_a = 49.946$mm。求孔和轴的极限偏差、公差和实际偏差,并画出该孔、轴的公差带示意图。

【解】由式(3-1)、式(3-2)计算孔和轴的极限偏差:

$$ES = D_{max} - D = 50.025 - 50 = +0.025(mm);EI = D_{min} - D = 50 - 50 = 0$$

$$es = d_{max} - d = 49.950 - 50 = -0.050(mm);ei = d_{min} - d = 49.934 - 50 = -0.066(mm)$$

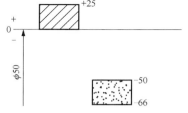
图 3-7 孔、轴公差带示意图

由式(3-4)计算孔和轴的公差:

$$T_h = D_{max} - D_{min} = 50.025 - 50 = 0.025(mm)$$

$$T_s = d_{max} - d_{min} = 49.950 - 49.934 = 0.016(mm)$$

由式(3-3)计算孔和轴的实际偏差:

$$Ea = D_a - D = 50.010 - 50 = +0.010(mm)$$

$$ea = d_a - d = 49.946 - 50 = -0.054(mm)$$

本例的孔、轴公差带示意图如图3-7所示。

3.2.3 配合方面的术语与定义

1. 配合

配合是指类型相同且待装配的外尺寸要素(轴)和内尺寸要素(孔)之间的关系。

形成配合要有两个基本条件:一是孔和轴的公称尺寸相同;二是具有包容和被包容的特

性，即孔和轴的结合。利用孔和轴公差带位置不同，可以形成不同的配合性质。

2. 间隙或过盈

间隙或过盈是指孔的尺寸减去相配合的轴的尺寸所得的代数差。用该代数差的"正"与"负"来判定配合的间隙与过盈。代数差为正值时称为间隙，用符号 X 表示；代数差为负值时，称为过盈，用符号 Y 表示。

3. 配合的分类

根据相互结合的孔、轴的公差带不同的相对位置关系，配合可以分为以下三类。

1) 间隙配合

间隙配合是指相互配合孔的尺寸减去轴的尺寸所得代数差大于或等于零的配合。在公差带示意图上，孔公差带位于轴公差带的上方，如图 3-8 所示。孔、轴极限尺寸或极限偏差的关系为 $D_{\min} \geq d_{\max}$ 或 $\mathrm{EI} \geq \mathrm{es}$。

最大间隙：孔的上极限尺寸减去轴的下极限尺寸所得的代数差。用 $X_{\max}$ 表示，即

$$X_{\max} = D_{\max} - d_{\min} = \mathrm{ES} - \mathrm{ei} \tag{3-5}$$

最小间隙：孔的下极限尺寸减去轴的上极限尺寸所得的代数差。用 $X_{\min}$ 表示，即

$$X_{\min} = D_{\min} - d_{\max} = \mathrm{EI} - \mathrm{es} \tag{3-6}$$

平均间隙：间隙配合中的平均间隙规定如下，用 X_{av} 表示，即

$$X_{\mathrm{av}} = (X_{\max} + X_{\min})/2 \tag{3-7}$$

间隙数值的前面必须冠以正号。

间隙公差：由式 (3-5) 与式 (3-6) 之差，得到配合中允许变动量称为间隙公差，用 T_{f} 表示，即

$$T_{\mathrm{f}} = |X_{\max} - X_{\min}| = T_{\mathrm{h}} + T_{\mathrm{s}} \tag{3-8}$$

式 (3-8) 中的"$X_{\max} - X_{\min}$"表示使用要求，右边的"$T_{\mathrm{h}} + T_{\mathrm{s}}$"表示满足此要求的孔、轴应达到的精度。相互结合的孔和轴公差之和 T_{f} 称为配合公差。

2) 过盈配合

过盈配合是指相互配合孔的尺寸减去轴的尺寸所得代数差小于或等于零的配合。在公差带示意图上，孔公差带位于轴公差带的下方，如图 3-9 所示。孔、轴极限尺寸或极限偏差的关系为 $D_{\max} \leq d_{\min}$ 或 $\mathrm{ES} \leq \mathrm{ei}$。

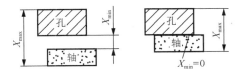

图 3-8　间隙配合的示意图

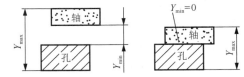

图 3-9　过盈配合的示意图

最小过盈：孔的上极限尺寸减去轴的下极限尺寸所得的代数差。用 $Y_{\min}$ 表示，即

$$Y_{\min} = D_{\max} - d_{\min} = \mathrm{ES} - \mathrm{ei} \tag{3-9}$$

最大过盈：孔的下极限尺寸减去轴的上极限尺寸所得的代数差。用 $Y_{\max}$ 表示，即

$$Y_{\max} = D_{\min} - d_{\max} = \mathrm{EI} - \mathrm{es} \tag{3-10}$$

小思考 3-1

请你细心观察并认真思考，在我们的日常生活中，有哪些孔、轴之间属于配合关系？分别是哪种类型的配合？

平均过盈：过盈配合中的平均过盈规定如下，用 Y_{av} 表示，即

$$Y_{av} = (Y_{max} + Y_{min})/2 \qquad (3\text{-}11)$$

过盈数值的前面必须冠以负号。

过盈公差：将式(3-9)减去式(3-10)，得到过盈配合中过盈的允许变动量，称为过盈公差，用符号 T_f 表示，即

$$T_f = |Y_{min} - Y_{max}| = T_h + T_s \qquad (3\text{-}12)$$

式(3-12)中的"$Y_{min} - Y_{max}$"表示使用要求，右边的"$T_h + T_s$"表示满足此要求的孔、轴应达到的精度。相互结合的孔和轴公差之和 T_f 称为配合公差。

3) 过渡配合

过渡配合是指可能具有间隙或过盈的配合。此时，孔公差带与轴公差带相互交叠，如图 3-10 所示。孔、轴的极限尺寸或极限偏差的关系为 $D_{max} > d_{min}$ 且 $D_{min} < d_{max}$，或 ES > ei 且 EI < es。

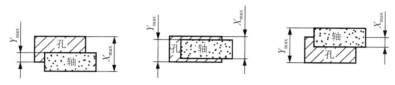

图 3-10　过渡配合的示意图

在过渡配合中，孔的上极限尺寸减去轴的下极限尺寸所得的代数差也称为最大间隙，其计算公式与式(3-5)相同。而孔的下极限尺寸减去轴的上极限尺寸所得的代数差也称为最大过盈，其计算公式与式(3-10)相同。

过渡配合中的平均间隙或平均过盈规定为

$$X_{av}(或 \ Y_{av}) = (X_{max} + Y_{max})/2 \qquad (3\text{-}13)$$

按式(3-13)计算所得的数值为正值时是平均间隙，为负值时是平均过盈。

过渡配合中的最大间隙减去最大过盈，得

$$T_f = |X_{max} - Y_{max}| = T_h + T_s \qquad (3\text{-}14)$$

式(3-14)左边和右边的含义与式(3-8)、式(3-12)相同。孔公差 T_h 与轴公差 T_s 之和也称为配合公差，用符号 T_f 表示。

鉴于最大间隙代数值总是大于最小间隙，最小过盈代数值总是大于最大过盈，所以配合公差总为正值。

式(3-8)、式(3-12)、式(3-14)表明，配合中间隙或过盈的允许变动量越小，则满足此要求的孔、轴公差就应越小，孔、轴的精度要求就越高。反之，则孔、轴的精度要求就越低。

【例 3-2】组成配合的孔和轴在零件图上标注的公称尺寸和极限偏差分别为 $\phi 50_{0}^{+0.025}$ mm 和 $\phi 50_{+0.002}^{+0.018}$ mm。试计算配合的最大间隙、最大过盈、平均间隙或平均过盈及配合公差，并画出孔、轴公差带示意图。

【解】由式(3-5)计算最大间隙

$$X_{max} = ES - ei = (+0.025) - (+0.002) = +0.023 \, (mm)$$

由式(3-10)计算最大过盈

$$Y_{max} = EI - es = 0 - (+0.018) = -0.018 \, (mm)$$

由式(3-13)计算平均间隙或平均过盈

$$X_{av} = (X_{max} + Y_{max})/2 = ((+0.023) + (-0.018))/2 = +0.0025 \, (mm) \quad (平均间隙)$$

由式(3-14)计算配合公差

$$T_f = X_{max} - Y_{max} = (+0.023) - (-0.018) = 0.041\,(mm)$$

绘制出孔、轴公差带示意图如图 3-11 所示。

【例 3-3】 有一过盈配合，孔、轴的公称尺寸为 $\phi 45mm$，要求过盈在 $-0.045 \sim -0.086mm$ 范围内。试应用式(3-12)，并采用基孔制，取孔公差等于轴公差的 1.5 倍，确定孔和轴的极限偏差，画出孔、轴公差带示意图。

【解】(1)求孔公差和轴公差。

按式(3-12)得：$T_f = Y_{min} - Y_{max} = T_h + T_s = (-0.045) - (-0.086) = 0.041\,(mm)$。为了使孔、轴的加工难易程度大致相同，一般取 $T_h = (1 \sim 1.6)T_s$，本例取 $T_h = 1.5T_s$，则 $1.5T_s + T_s = 0.041mm$，因此

$$T_s = 0.016mm, \quad T_h = 0.025mm$$

(2)求孔和轴的极限偏差。

按基孔制，则基准孔 $EI = 0$，因此 $ES = T_h + EI = 0.025 + 0 = +0.025\,(mm)$。

由式(3-9)，$Y_{min} = ES - ei$，得非基准轴 $ei = ES - Y_{min} = (+0.025) - (-0.045) = +0.070\,(mm)$，而 $es = ei + T_s = (+0.070) + 0.016 = +0.086\,(mm)$。

绘制孔、轴公差带示意图如图 3-12 所示。

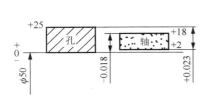

图 3-11　过渡配合的孔、轴公差带示意图

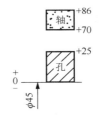

图 3-12　过盈配合的孔、轴公差带示意图

3.3　极限与配合标准的基本规定

3.3.1　配合制

在机械产品中，配合要求各有不同，可以用各种不同的孔、轴公差带来实现。为了获得最佳的技术经济效益，实现所需要的各种配合，一般是先固定其中孔公差带(或轴公差带)的位置，而改变轴公差带(或孔公差带)的位置。

用标准化的孔、轴公差带(即同一极限制的孔和轴)组成各种配合称为配合制。GB/T 1800.1—2020 规定了基孔制、基轴制两种配合制来获得各种配合。

1. 基孔制

基孔制是指基本偏差为确定的孔公差带与不同基本偏差的轴公差带形成各种配合的一种

 案例 3-2

标准公差 IT 是在国家标准极限与配合制中所规定的公差。

问题：

(1)公差等级共有多少？等级大小如何排列？

(2)零件的公差等级确定了零件的什么？

制度，如图 3-13 所示。基孔制的孔为基准孔，它的基本偏差是下极限偏差，且 EI = 0。基孔制的轴为非基准轴。

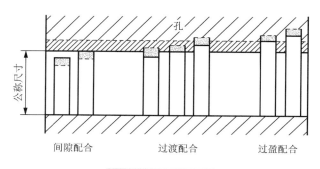

图 3-13　基孔制配合

2. 基轴制

基轴制是指基本偏差为确定的轴公差带与不同基本偏差的孔公差带形成各种配合的一种制度，如图 3-14 所示。基轴制的轴为基准轴，它的基本偏差是上极限偏差，且 es = 0。基轴制的孔为非基准孔。

基孔制和基轴制是两个等效的配合制度，当两种制度进行转换时，不改变配合性质。

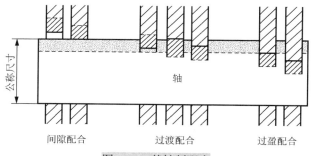

图 3-14　基轴制配合

3.3.2　标准公差系列

标准公差系列是 GB/T 1800.1—2020 制定的一系列标准公差值。标准公差 IT 是线性尺寸公差 ISO 代号体系中的任一公差，由公差等级和公称尺寸共同决定。

1. 公差等级及其代号

公差等级：确定尺寸精确程度的等级，是公差数值的分级。

标准公差等级代号：由符号 IT 和阿拉伯数字两部分组成。

国标关于公差等级的规定，孔、轴的标准公差等级各分为 20 个等级：IT01，IT0，IT1，IT2，IT3，…，IT12，IT13，…，IT17，IT18，其中 IT01 最高，等级依次降低，IT18 最低。

2. 标准公差因子

公差用于限制加工过程中的允许变动范围，与公称尺寸有一定的关系，这种关系可以用标准公差因子的形式来表示。

标准公差因子是计算标准公差的基本单位，也是制定标准公差数值系列的基础。标准公差数值与标准公差等级的高低有关，也与公称尺寸的大小有关。

标准公差因子是通过专门的试验和大量的统计数据分析，得到孔、轴的加工误差和测量误差随公称尺寸 D 变化的规律来确定的。公称尺寸 $D \leqslant 500mm$，IT5～IT18 的标准公差因子 i 用下式表示：

$$i = 0.45\sqrt[3]{D} + 0.001D \qquad (3\text{-}15)$$

在式(3-15)中，右边第一项表示加工误差范围与公称尺寸大小的关系为抛物线，第二项表示测量误差与公称尺寸大小的关系是线性关系。

> **案例 3-2 分析**
> (1)国标规定孔、轴的标准公差等级各分为 20 个等级：IT01, IT0, IT1, IT2, IT3, …, IT12, IT13, …, IT17, IT18；IT01 最高，等级依次降低，IT18 最低。
> (2)零件的公差等级确定了零件的加工精度。

3. 标准公差数值的计算

根据表 3-1 给出的计算公式，可以计算出各个标准公差等级的标准公差数值。

(1)对于 IT5～IT18 的标准公差等级，标准公差数值 IT 计算公式为

$$IT = a \cdot i \qquad (3\text{-}16)$$

式中，a 为标准公差等级系数。

a 采用 R5 系列中的化整优先数(公比为 1.60)。标准公差等级越高，a 值越小；反之，标准公差等级越低，a 值越大。从 IT6 级开始，每增五个等级，a 值增大到 10 倍。

(2)IT01、IT0、IT1 这三个标准公差等级在工业中应用极少，一般是考虑测量误差的影响。由表 3-1 中计算公式可知，标准公差数值与公称尺寸的关系为线性关系，这三个标准公差等级之间的常数和系数均采用优先数系的派生系列 R10/2 中的优先数。

(3)对于 IT2、IT3、IT4 这三个标准公差等级，它们的标准公差数值在 IT1～IT5 间呈等比数列，该数列的公比 $q = (IT5 / IT1)^{1/4}$。

表 3-1　标准公差数值的计算公式

标准公差等级	公式	标准公差等级	公式	标准公差等级	公式
IT01	$0.3 + 0.008D$	IT5	$7i$	IT12	$160i$
IT0	$0.3 + 0.012D$	IT6	$10i$	IT13	$250i$
IT1	$0.3 + 0.020D$	IT7	$16i$	IT14	$400i$
IT2	$(IT1)(IT5/IT1)^{1/4}$	IT8	$25i$	IT15	$640i$
IT3	$(IT1)(IT5/IT1)^{2/4}$	IT9	$40i$	IT16	$1000i$
IT4	$(IT1)(IT5/IT1)^{3/4}$	TI10	$64i$	IT17	$1600i$
		IT11	$100i$	IT18	$2500i$

4. 尺寸分段

由式(3-15)可知，标准公差因子 i 是公称尺寸 D 的函数。如果每给一个公称尺寸，就按表 3-1 所列的公式计算相对应的公差数值，那么编制的公差表格显然非常庞大，且在工程实际中也并不适用。为了减少公差数值的数目到最低限度，简化公差表格，统一公差数值，便于实际生产需要，人们按一定规律将尺寸分成若干段，即尺寸分段。

尺寸经分段后，对于同一尺寸分段范围内(≥)各个公称尺寸的标准公差相同。按式(3-15)计算标准公差因子 i 时，公式中的公称尺寸以尺寸分段首、末两个尺寸($D_首$、$D_末$)的几何平均值 D_j 代入，即

$$D_j = \sqrt{D_首 \times D_末} \qquad (3\text{-}17)$$

根据式(3-15)～式(3-17)及表 3-1，即可分别计算出各个尺寸段的各个标准公差等级的标准公差数值，圆整尾数，编制成 GB/T 1800.1—2020 中的标准公差数值表。表 3-2 中给出了公称尺寸至 3150mm、标准公差等级 IT01～IT18 标准公差数值。

表 3-2 公称尺寸至 3150mm 的标准公差数值(摘自 GB/T 1800.1—2020)

公称尺寸/mm		标准公差等级																		
		IT01	IT0	IT1	IT2	IT3	IT4	IT5	IT6	IT7	IT8	IT9	IT10	IT11	IT12	IT13	IT14	IT15	IT16	IT17	IT18
		标准公差数值																		
大于	至	μm												mm						
—	3	0.3	0.5	0.8	1.2	2	3	4	6	10	14	25	40	60	0.1	0.14	0.25	0.4	0.6	1	1.4
3	6	0.4	0.6	1	1.5	2.5	4	5	8	12	18	30	48	75	0.12	0.18	0.3	0.48	0.75	1.2	1.8
6	10	0.4	0.6	1	1.5	2.5	4	6	9	15	22	36	58	90	0.15	0.22	0.36	0.58	0.9	1.5	2.2
10	18	0.5	0.8	1.2	2	3	5	8	11	18	27	43	70	110	0.18	0.27	0.43	0.7	1.1	1.8	2.7
18	30	0.6	1	1.5	2.5	4	6	9	13	21	33	52	84	130	0.21	0.33	0.52	0.84	1.3	2.1	3.3
30	50	0.6	1	1.5	2.5	4	7	11	16	25	39	62	100	160	0.25	0.39	0.62	1	1.6	2.5	3.9
50	80	0.8	1.2	2	3	5	8	13	19	30	46	74	120	190	0.3	0.46	0.74	1.2	1.9	3	4.6
80	120	1	1.5	2.5	4	6	10	15	22	35	54	87	140	220	0.35	0.54	0.87	1.4	2.2	3.5	5.4
120	180	1.2	2	3.5	5	8	12	18	25	40	63	100	160	250	0.4	0.63	1	1.6	2.5	4	6.3
180	250	2	3	4.5	7	10	14	20	29	46	72	115	185	290	0.46	0.72	1.15	1.85	2.9	4.6	7.2
250	315	2.5	4	6	8	12	16	23	32	52	81	130	210	320	0.52	0.81	1.3	2.1	3.2	5.2	8.1
315	400	3	5	7	9	13	18	25	36	57	89	140	230	360	0.57	0.89	1.4	2.3	3.6	5.7	8.9
400	500	4	6	8	10	15	20	27	40	63	97	155	250	400	0.63	0.97	1.55	2.5	4	6.3	9.7
500	630			9	11	16	22	32	44	70	110	175	280	440	0.7	1.1	1.75	2.8	4.4	7	11
630	800			10	13	18	25	36	50	80	125	200	320	500	0.8	1.25	2	3.2	5	8	12.5
800	1000			11	15	21	28	40	56	90	140	230	360	560	0.9	1.4	2.3	3.6	5.6	9	14
1000	1250			13	18	24	33	47	66	105	165	260	420	660	1.05	1.65	2.6	4.2	6.6	10.5	16.5
1250	1600			15	21	29	39	55	78	125	195	310	500	780	1.25	1.95	3.1	5	7.8	12.5	19.5
1600	2000			18	25	35	46	65	92	150	230	370	600	920	1.5	2.3	3.7	6	9.2	15	23
2000	2500			22	30	41	55	78	110	175	280	440	700	1100	1.75	2.8	4.4	7	11	17.5	28
2500	3150			26	36	50	68	96	135	210	330	540	860	1350	2.1	3.3	5.4	8.6	13.5	21	33

注：(1)公称尺寸大于 500mm 的 IT1～IT5 的标准公差数值为试行的。

(2)公称尺寸小于或等于 1mm 时，无 IT1～IT5。

【例 3-4】求公称尺寸为 95mm 的 IT6 标准公差数值。

【解】95mm 在 80～120mm 段内，这一尺寸分段的几何平均值 D_j 和标准公差因子 i 分别由式(3-17)式(3-15)计算得到：

$$D_j = \sqrt{80 \times 120} \approx 97.98 \,(\text{mm})$$

$$i = 0.45\sqrt[3]{D_j} + 0.001D_j \approx 2.173 \mu m$$

由表 3-1 知 IT6 = $10i$，因此

$$\text{IT6} = 10i = 10 \times 2.173 = 21.73 \,(\mu m)$$

经尾数圆整，则得 IT6 = 22μm。

在实际生产设计中不需要再进行计算公差数值，可以直接从表 3-2 中查取一定公称尺寸和标准公差等级的标准公差数值；另外，也能根据已知公称尺寸和公差数值，利用此表确定它们对应的标准公差等级。

 案例 3-3

机器中需要不同性质的配合，这要求一系列不同位置的公差带组成各种不同的配合。公差带位置由基本偏差确定。

问题：

(1)什么是基本偏差？

(2)零件在公差带中的位置是由什么确定的？

3.3.3　基本偏差系列

基本偏差是指 GB/T 1800.1—2020 中，用来确定公差带相对零线位置的那个极限偏差，一般是靠近零线或位于零线的那个极限偏差，可以是上极限偏差或下极限偏差。

公差带由公差带"大小"和公差带"位置"构成。其大小由标准公差决定，位置由基本偏差确定。在各种机器中，需要各种不同性质和不同松紧程度的配合，进而要求一系列不同位置的公差带组成各种不同的配合。

1. 基本偏差的代号及规律

孔、轴的基本偏差皆有 28 种，每种基本偏差的代号用一个或两个英文字母表示。孔用大写英文字母表示，轴用小写英文字母表示。

在 26 个英文字母中，将 5 个字母 I(i)、L(l)、O(o)、Q(q)、W(w) 去掉，这些字母易于混淆，另增加 7 组双字母 CD(cd)、EF(ef)、FG(fg)、JS(js)、ZA(za)、ZB(zb)、ZC(zc)，共计 28 种，组成孔、轴基本偏差系列。

1) 孔的基本偏差系列

孔的基本偏差系列如图 3-15 所示。

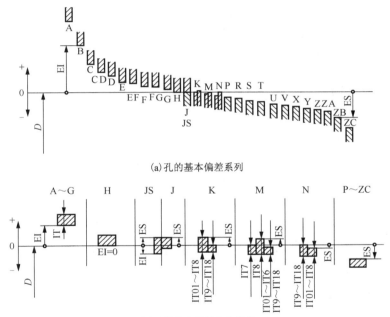

(a)孔的基本偏差系列

(b)孔的基本偏差和公差带

图 3-15　孔的基本偏差系列示意图

(1) 代号为 A～G，基本偏差为下极限偏差，且 EI>0，依次按 A→G 顺序，基本偏差数值逐渐减少。

(2) 代号为 H，基本偏差为下极限偏差，EI = 0，是基孔制中基准孔的基本偏差代号。

(3) 代号为 JS，基本偏差孔的公差带相对于零线对称分布，基本偏差数值可取为上极限偏差 ES = + IT/2，或取为下极限偏差 EI = −IT/2。根据 GB/T 1800.1—2020 的规定，当标准公差等级为 IT7～IT11 时，若公差数值是奇数，则按±(IT−1)/2 计算。

(4) 代号为 J～ZC，基本偏差为上极限偏差，ES<0(除 J、K 为正值外)，依次按 K→ZC 的顺序，基本偏差的绝对值逐渐增大。

2)轴的基本偏差系列

轴的基本偏差系列如图 3-16 所示。

（1）代号为 a～g，基本偏差为上极限偏差，且 es＜0，依次按 a→g 顺序，基本偏差绝对值逐渐减少。

（2）代号为 h，基本偏差上极限偏差 es = 0，是基轴制中基准轴的基本偏差代号。

（3）代号为 js，基本偏差轴的公差带相对于零线对称分布，基本偏差可取为上极限偏差 es = + IT/2，或取为下极限偏差 ei = −IT/2。根据 GB/T 1800.1—2020 的规定，当标准公差等级为 IT7～IT11 时，若公差数值是奇数，则按±(IT−1)/2 计算。

（4）代号为 j～zc，基本偏差为下极限偏差 ei＞0（除 j 为负值外），依次按 k→zc 的顺序，基本偏差的数值逐渐增大。

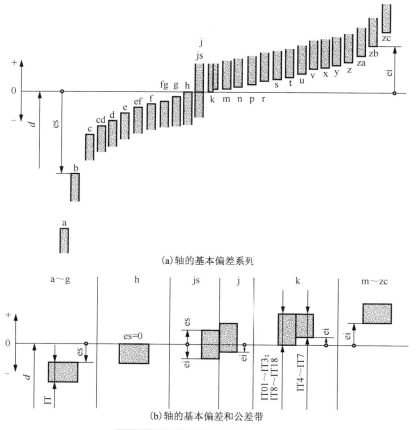

(a)轴的基本偏差系列

(b)轴的基本偏差和公差带

图 3-16　轴的基本偏差系列示意图

2. 各种配合的特征

1)间隙配合

基准孔基本偏差 H(或基准轴基本偏差 h)与轴 a～h(或孔 A～H) 等 11 种基本偏差形成间隙配合。由基本偏差的规律可知，a 与 H(或 A 与 h)配合的间隙最大。随着 a→h(或孔 A→H)，间隙量逐渐减小，当基本偏差 h 与 H 形成配合时，最小间隙为零。

2)过渡配合

轴 js、j、k、m、n(或孔 JS、J、K、M、N)等 5 种基本偏差与基准孔基本偏差 H(或基准轴基本偏差 h)形成过渡配合。在过渡配合中,js 与 H(或 JS 与 h)最松,实际所获得的间隙配合概率较大;此后,配合渐渐由松变紧,直到 n 与 H(或 N 与 h)最紧,实际所获得的过盈配合概率较大。而标准公差等级很高的 n 与 H(或 N 与 h)形成的配合则为过盈配合。

案例 3-3 分析

(1)国标规定靠零线较近的偏差为基本偏差,是确定公差带相对零线位置的极限偏差,可以是上极限偏差或下极限偏差。

(2)零件在公差带中的位置是由基本偏差确定的。

3)过盈配合

基准孔基本偏差 H(或基准轴基本偏差 h)与轴 p~zc(或孔 P~ZC)等 12 种基本偏差形成过盈配合。由基本偏差的规律可知,p 与 H(或 P 与 h)配合的过盈最小。随着 p→zc(或孔 P→ZC)过盈量逐渐增大,zc 与 H(或 ZC 与 h)形成的配合的过盈最大。

3. 孔、轴公差带代号及配合代号

1)孔、轴公差带代号

公差带代号由孔、轴基本偏差代号和标准公差等级代号中阿拉伯数字组成。例如,孔公差带代号 K6、H7、F8 等,轴的公差带代号 k5、h6、f7 等,标注在零件图上。

2)孔、轴配合代号

孔、轴的公差带组合在一起,就构成配合代号。用分数形式表示,分子为孔公差带,分母为轴公差带。例如,配合代号 $\phi 50\dfrac{H7}{g6}$、$\phi 50H7/g6$,配合代号 $\phi 50\dfrac{G7}{h6}$、$\phi 50G7/h6$,标注在装配图上。

4. 轴的基本偏差数值的确定

以基本偏差代号 H 基孔制为基础,按照不同基本偏差轴形成的各种配合要求,根据生产实践和大量试验结果,经统计分析、整理出一系列公式(表 3-3),从而计算出轴的基本偏差数值。

表 3-3　常用尺寸轴的基本偏差计算公式

基本偏差代号	极限偏差	公称尺寸 大于	公称尺寸 至	计算公式/μm	基本偏差代号	极限偏差	公称尺寸 大于	公称尺寸 至	计算公式/μm
a	es	1	120	$-(265+1.3D)$	k	ei	0	500	$+0.6\sqrt[3]{D}$
a	es	120	500	$-3.5D$	m	ei	0	500	$+(IT7\sim IT6)$
b	es	1	160	$-(140+0.85D)$	n	ei	0	500	$+5D^{0.34}$
b	es	160	500	$-1.8D$	p	ei	0	500	$+[IT7+(0\sim5)]$
c	es	0	40	$-52D^{0.2}$	r	ei	0	500	$+\sqrt{p\cdot s}$
c	es	40	500	$-(95+0.8D)$	s	ei	0	50	$+[IT8+(1\sim4)]$
cd	es	0	10	$\sqrt{c\cdot d}$	s	ei	50	500	$+(IT7+0.4D)$
d	es	0	500	$-16D^{0.44}$	t	ei	24	500	$+(IT7+0.63D)$
e	es	0	500	$-11D^{0.41}$	u	ei	0	500	$+(IT7+D)$
ef	es	0	10	$-\sqrt{e\cdot f}$	v	ei	14	500	$+(IT7+1.25D)$
f	es	0	500	$-5.5D^{0.41}$	x	ei	0	500	$+(IT7+1.6D)$
fg	es	0	10	$-\sqrt{f\cdot g}$	y	ei	18	500	$+(IT7+2D)$
g	es	0	500	$-2.5D^{0.34}$	z	ei	0	500	$+(IT7+2.5D)$
h	es	0	500	基本偏差 = 0	za	ei	0	500	$+(IT8+3.15D)$
j	ei	0	500	无公式	zb	ei	0	500	$+(IT9+4D)$
js	es ei	0	500	$\pm0.5ITn$	zc	ei	0	500	$+(IT10+5D)$

注: (1)表中公式的 D 为式(3-17)中公称尺寸分段的几何平均值 D_j(mm)。
(2)表中 k 的计算公式仅适用于标准公差等级 IT4~IT7,其余标准公差等级的基本偏差 k = 0。

利用表 3-3，首先由式(3-17)，计算出尺寸分段的几何平均值 D_j，代入表中对应的基本偏差计算公式，求得数值并圆整尾数，编制出轴的基本偏差数值表。表 3-4 给出了轴的基本偏差数值表。在工程应用中，若已知工件的公称尺寸和基本偏差代号，从表 3-4 中可查出相应轴的基本偏差数值。

轴的基本偏差确定后，根据式(3-4)，即可计算出另一个极限偏差。

【例 3-5】 利用 GB/T 1800.1—2020 标准公差数值表和轴的基本偏差数值表，确定 $\phi 60g7$ 轴的极限偏差数值。

【解】 查表 3-2 得公称尺寸为 60mm 的标准公差数值 IT7 = 30μm；查表 3-4 得公称尺寸为 60mm，且代号为 g 的轴基本偏差为上极限偏差 es = −10μm。因此，轴的另一极限偏差为下极限偏差 ei = es− IT7 = − 10− 30 = −40(μm)；轴的极限偏差在图样上的标注为 $\phi 60^{-0.010}_{-0.040}$ mm。

5. 孔的基本偏差数值的确定

确定孔的基本偏差数值时，应当保证配合性质不变，因此可将相同字母代号轴的基本偏差数值做换算，使得基孔制配合变成同名的基轴制配合。主要采取两种规则换算。

1)通用规则

同名代号孔的基本偏差数值与轴的基本偏差数值，相对于零线对称，绝对值相等，符号相反。

$$EI = -es(A\sim H) \tag{3-18}$$

或

$$ES = -ei(K\sim ZC)$$

适用范围：①A~H；②公差等级低于 IT8 级的 K、M、N；③公差等级低于 IT7 级的 P~ZC。

注意： 公称尺寸>3~500mm，且标准公差等级>IT8，代号为 N 的孔基本偏差，ES = 0，通用规则不适用；标准公差等级较高的孔与轴过盈配合、过渡配合，则应采用轴比孔高一级配合，通用规则也不适用。

2)特殊规则

当公称尺寸>3~500mm，标准公差等级≤IT8，代号为 K、M、N，以及标准公差等级≤IT7，代号为 P→ZC 的孔基本偏差数值应按特殊规则进行计算。

在同名基孔制和基轴制配合中，给定某一标准公差等级的孔与高一级的轴相配合，保证配合性质相同，基轴制孔的基本偏差数值由式(3-18)确定的数值加Δ值，即

$$ES = -ei + \varDelta \tag{3-19}$$

式(3-19)中，Δ等于尺寸分段内孔的标准公差数值 ITn 与高一级轴的标准公差数值 $IT(n-1)$ 之差，即

$$\varDelta = ITn - IT(n-1) = T_h - T_s \tag{3-20}$$

按上述通用规则或特殊规则，即可计算出孔的基本偏差数值，经圆整尾数编制出孔的基本偏差数值表。表 3-5 给出了孔的基本偏差数值表。

表 3-4　轴的基本偏差数值（摘自 GB/T 1800.1—2020）

上极限偏差 es/μm（a～h 为所有公差等级）；js 偏差 = ±ITn/2，式中 ITn 是 IT 数值

公称尺寸/mm（大于～至）	a	b	c	cd	d	e	ef	f	fg	g	h	js	j (5、6)	j (7)	j (8)	k (4~7)	k (≤3>7)
—～3	-270	-140	-60	-34	-20	-14	-10	-6	-4	-2	0	±ITn/2	-2	-4	-6	0	0
3～6	-270	-140	-70	-46	-30	-20	-14	-10	-6	-4	0	±ITn/2	-2	-4	—	+1	0
6～10	-280	-150	-80	-56	-40	-25	-18	-13	-8	-5	0	±ITn/2	-2	-5	—	+1	0
10～14	-290	-150	-95	-70	-50	-32	-23	-16	-10	-6	0	±ITn/2	-3	-6	—	+1	0
14～18	-290	-150	-95	-70	-50	-32	-23	-16	-10	-6	0	±ITn/2	-3	-6	—	+1	0
18～24	-300	-160	-110	-85	-65	-40	-25	-20	-12	-7	0	±ITn/2	-4	-8	—	+2	0
24～30	-300	-160	-110	-85	-65	-40	-25	-20	-12	-7	0	±ITn/2	-4	-8	—	+2	0
30～40	-310	-170	-120	-100	-80	-50	-35	-25	-15	-9	0	±ITn/2	-5	-10	—	+2	0
40～50	-320	-180	-130	-100	-80	-50	-35	-25	-15	-9	0	±ITn/2	-5	-10	—	+2	0
50～65	-340	-190	-140	—	-100	-60	—	-30	—	-10	0	±ITn/2	-7	-12	—	+2	0
65～80	-360	-200	-150	—	-100	-60	—	-30	—	-10	0	±ITn/2	-7	-12	—	+2	0
80～100	-380	-220	-170	—	-120	-72	—	-36	—	-12	0	±ITn/2	-9	-15	—	+3	0
100～120	-410	-240	-180	—	-120	-72	—	-36	—	-12	0	±ITn/2	-9	-15	—	+3	0
120～140	-460	-260	-200	—	-145	-85	—	-43	—	-14	0	±ITn/2	-11	-18	—	+3	0
140～160	-520	-280	-210	—	-145	-85	—	-43	—	-14	0	±ITn/2	-11	-18	—	+3	0
160～180	-580	-310	-230	—	-145	-85	—	-43	—	-14	0	±ITn/2	-11	-18	—	+3	0
180～200	-660	-340	-240	—	-170	-100	—	-50	—	-15	0	±ITn/2	-13	-21	—	+4	0
200～225	-740	-380	-260	—	-170	-100	—	-50	—	-15	0	±ITn/2	-13	-21	—	+4	0
225～250	-820	-420	-280	—	-170	-100	—	-50	—	-15	0	±ITn/2	-13	-21	—	+4	0
250～280	-920	-480	-300	—	-190	-110	—	-56	—	-17	0	±ITn/2	-16	-26	—	+4	0
280～315	-1050	-540	-330	—	-190	-110	—	-56	—	-17	0	±ITn/2	-16	-26	—	+4	0
315～355	-1200	-600	-360	—	-210	-125	—	-62	—	-18	0	±ITn/2	-18	-28	—	+4	0
355～400	-1350	-680	-400	—	-210	-125	—	-62	—	-18	0	±ITn/2	-18	-28	—	+4	0
400～450	-1500	-760	-440	—	-230	-135	—	-68	—	-20	0	±ITn/2	-20	-32	—	+5	0
450～500	-1650	-840	-480	—	-230	-135	—	-68	—	-20	0	±ITn/2	-20	-32	—	+5	0

下极限偏差 ei/μm（m～zc 为所有公差等级）

公称尺寸/mm（大于～至）	m	n	p	r	s	t	u	v	x	y	z	za	zb	zc
—～3	+2	+4	+6	+10	+14	—	+18	—	+20	—	+26	+32	+40	+60
3～6	+4	+8	+12	+15	+19	—	+23	—	+28	—	+35	+42	+50	+80
6～10	+6	+10	+15	+19	+23	—	+28	—	+34	—	+42	+52	+67	+97
10～14	+7	+12	+18	+23	+28	—	+33	—	+40	—	+50	+64	+90	+130
14～18	+7	+12	+18	+23	+28	—	+33	+39	+45	—	+60	+77	+108	+150
18～24	+8	+15	+22	+28	+35	—	+41	+47	+54	+63	+73	+98	+136	+188
24～30	+8	+15	+22	+28	+35	+41	+48	+55	+64	+75	+88	+118	+160	+218
30～40	+9	+17	+26	+34	+43	+48	+60	+68	+80	+94	+112	+148	+200	+274
40～50	+9	+17	+26	+34	+43	+54	+70	+81	+97	+114	+136	+180	+242	+325
50～65	+11	+20	+32	+41	+53	+66	+87	+102	+122	+144	+172	+226	+300	+405
65～80	+11	+20	+32	+43	+59	+75	+102	+120	+146	+174	+210	+274	+360	+480
80～100	+13	+23	+37	+51	+71	+91	+124	+146	+178	+214	+258	+335	+445	+585
100～120	+13	+23	+37	+54	+79	+104	+144	+172	+210	+254	+310	+400	+525	+690
120～140	+15	+27	+43	+63	+92	+122	+170	+202	+248	+300	+365	+470	+620	+800
140～160	+15	+27	+43	+65	+100	+134	+190	+228	+280	+340	+415	+535	+700	+900
160～180	+15	+27	+43	+68	+108	+146	+210	+252	+310	+380	+465	+600	+780	+1000
180～200	+17	+31	+50	+77	+122	+166	+236	+284	+350	+425	+520	+670	+880	+1150
200～225	+17	+31	+50	+80	+130	+180	+258	+310	+385	+470	+575	+740	+960	+1250
225～250	+17	+31	+50	+84	+140	+196	+284	+340	+425	+520	+640	+820	+1050	+1350
250～280	+20	+34	+56	+94	+158	+218	+315	+385	+475	+580	+710	+920	+1200	+1550
280～315	+20	+34	+56	+98	+170	+240	+350	+425	+525	+650	+790	+1000	+1300	+1700
315～355	+21	+37	+62	+108	+190	+268	+390	+475	+590	+730	+900	+1150	+1500	+1900
355～400	+21	+37	+62	+114	+208	+294	+435	+530	+660	+820	+1000	+1300	+1650	+2100
400～450	+23	+40	+68	+126	+232	+330	+490	+595	+740	+920	+1100	+1450	+1850	+2400
450～500	+23	+40	+68	+132	+252	+360	+540	+660	+820	+1000	+1250	+1600	+2100	+2600

注：公称尺寸小于或等于 1mm 时，基本偏差 a 和 b 均不采用，公差带 js7～js11，若 ITn 值数是奇数，则取偏差 = ±(ITn-1)/2。

表 3-5 孔的基本偏差数值(摘自 GB/T 1800.1—2020)

基本偏差	下极限偏差 EI/μm											JS	上极限偏差 ES/μm							
	A	B	C	CD	D	E	EF	F	FG	G	H		J			K		M		N
公称尺寸/mm	公差等级																			
大于 至	所有等级												6	7	8	≤8	>8	≤8	>8	≤8	>8
— 3	+270	+140	+60	+34	+20	+14	+10	+6	+4	+2	0		+2	+4	+6	0	0	−2	−2	−4	−4
3 6	+270	+140	+70	+46	+30	+20	+14	+10	+6	+4	0		+5	+6	+10	−1+Δ	—	−4+Δ	−4	−8+Δ	0
6 10	+280	+150	+80	+56	+40	+25	+18	+13	+8	+5	0		+5	+8	+12	−1+Δ	—	−6+Δ	−6	−10+Δ	0
10 14	+290	+150	+95	+70	+50	+32	+23	+16	+10	+6	0		+6	+10	+15	−1+Δ	—	−7+Δ	−7	−12+Δ	0
14 18																					
18 24	+300	+160	+110	+85	+65	+40	+28	+20	+12	+7	0		+8	+12	+20	−2+Δ	—	−8+Δ	−8	−15+Δ	0
24 30																					
30 40	+310	+170	+120	+100	+80	+50	+35	+25	+15	+9	0		+10	+14	+24	−2+Δ	—	−9+Δ	−9	−17+Δ	0
40 50	+320	+180	+130																		
50 65	+340	+190	+140		+100	+60		+30		+10	0		+13	+18	+28	−2+Δ	—	−11+Δ	−11	−20+Δ	0
65 80	+360	+200	+150																		
80 100	+380	+220	+170		+120	+72		+36		+12	0		+16	+22	+34	−3+Δ	—	−13+Δ	−13	−23+Δ	0
100 120	+410	+240	+180																		
120 140	+460	+260	+200																		
140 160	+520	+280	+210		+145	+85		+43		+14	0		+18	+26	+41	−3+Δ	—	−15+Δ	−15	−27+Δ	0
160 180	+580	+310	+230																		
180 200	+660	+340	+240																		
200 225	+740	+380	+260		+170	+100		+50		+15	0		+22	+30	+47	−4+Δ	—	−17+Δ	−17	−31+Δ	0
225 250	+820	+420	+280																		
250 280	+920	+480	+300		+190	+110		+56		+17	0		+25	+36	+55	−4+Δ	—	−20+Δ	−20	−34+Δ	0
280 315	+1050	+540	+330																		
315 355	+1200	+600	+360		+210	+125		+62		+18	0		+29	+39	+60	−4+Δ	—	−21+Δ	−21	−37+Δ	0
355 400	+1350	+680	+400																		
400 450	+1500	+760	+440		+230	+135		+68		+20	0		+33	+43	+66	−5+Δ	—	−23+Δ	−23	−40+Δ	0
450 500	+1650	+840	+480																		

基本偏差	上极限偏差(ES)												Δ/μm					
	P~ZC	P	R	S	T	U	V	X	Y	Z	ZA	ZB	ZC					
公称尺寸/mm	公差等级																	
大于 至	≤7	>7												3	4	5	6	7	8
— 3		−6	−10	−14	—	−18	—	−20	—	−26	−32	−40	−60	0					
3 6		−12	−15	−19	—	−23	—	−28	—	−35	−42	−50	−80	1	1.5	1	3	4	6
6 10		−15	−19	−23	—	−28	—	−34	—	−42	−52	−67	−97	1	1.5	2	3	6	7
10 14		−18	−23	−28	—	−33	—	−40	—	−50	−64	−90	−130	1	2	3	3	7	9
14 18							−39	−45	—	−60	−77	−108	−150						
18 24		−22	−28	−36	—	−41	−47	−54	−63	−73	−98	−136	−188	1.5	2	3	4	8	12
24 30					−41	−48	−55	−64	−75	−88	−118	−160	−218						
30 40		−26	−34	−43	−48	−60	−68	−80	−94	−112	−148	−200	−274	1.5	3	4	5	9	14
40 50					−54	−70	−81	−97	−114	−136	−180	−242	−325						
50 65		−32	−41	−53	−66	−87	−102	−122	−144	−172	−226	−300	−405	2	3	5	6	11	16
65 80			−43	−59	−75	−102	−120	−146	−174	−210	−274	−360	−480						
80 100		−37	−51	−71	−91	−124	−146	−178	−214	−258	−335	−445	−585	2	4	5	7	13	19
100 120			−54	−79	−104	−144	−172	−210	−254	−310	−400	−525	−690						
120 140			−63	−92	−122	−170	−202	−248	−300	−365	−470	−620	−800						
140 160		−43	−65	−100	−134	−190	−228	−280	−340	−415	−535	−700	−900	3	4	6	7	15	23
160 180			−68	−108	−146	−210	−252	−310	−380	−465	−600	−780	−1000						
180 200			−77	−122	−166	−236	−284	−350	−425	−520	−670	−880	−1150						
200 225		−50	−80	−130	−180	−258	−310	−385	−470	−575	−740	−960	−1250	3	4	6	9	17	26
225 250			−84	−140	−196	−284	−340	−425	−520	−640	−820	−1050	−1350						
250 280		−56	−94	−158	−218	−315	−385	−475	−580	−710	−920	−1200	−1550	4	4	7	9	20	29
280 315			−98	−170	−240	−350	−425	−525	−650	−790	−1000	−1300	−1700						
315 355		−62	−108	−190	−268	−390	−475	−590	−730	−900	−1150	−1500	−1900	4	5	7	11	21	32
355 400			−114	−208	−294	−435	−530	−660	−820	−1000	−1300	−1650	−2100						
400 450		−68	−126	−232	−330	−490	−595	−740	−920	−1100	−1450	−1850	−2400	5	5	7	13	23	34
450 500			−132	−252	−360	−540	−660	−820	−1000	−1250	−1600	−2100	−2600						

JS 列: 偏差=±ITn/2,式中 n 为标准公差等级数

P~ZC 列(≤7): 在大于 IT7 的相应数值上增加一个 Δ 值

注:(1)公称尺寸小于或等于 1mm 时,基本偏差 A 和 B 及大于 IT8 的 N 均不采用。公差带 JS7~JS11,若 ITn 值数是奇数,则取偏差=±(ITn−1)/2。

　　(2)对于小于或等于 IT8 的 K、M、N 和小于或等于 IT7 的 P~ZC,所需 Δ 值从表内右侧选取。例如,18~30mm 段的 K7,Δ=8μm,所以 ES=−2μm+8μm=+6μm。

【例 3-6】 利用标准公差数值表和孔的基本偏差数值表确定 $\phi 30P8 / h8$ 的极限偏差。

【解】 查表 3-2 得公称尺寸为 30mm 的标准公差数值 IT8 = 33μm。

基轴制配合 $\phi 30P8 / h8$ 中的基准轴 $\phi 30h8$ 的基本偏差 es = 0，另一极限偏差为 ei = es−IT8 = −33μm。

查表 3-5 得 $\phi 30P8$ 孔的基本偏差 ES = −22μm，另一极限偏差为 EI = ES−IT8 = −55μm。

于是得 $\phi 30P8 \binom{-0.022}{-0.055} / h8 \binom{0}{-0.033}$。

【例 3-7】 利用标准公差数值表和轴、孔的基本偏差数值表，确定 $\phi 30H7 / p6$ 和 $\phi 30P7 / h6$ 的极限偏差。

【解】 查表 3-2 得公称尺寸为 30mm 的标准公差数值 IT7 = 21μm，IT6 = 13μm。

(1) 基孔制配合 $\phi 30H7 / p6$。

$\phi 30H7$ 基准孔的基本偏差 EI = 0，另一极限偏差为 ES = EI+IT7 = +21μm。

查表 3-4 得 $\phi 30$ p6 轴的基本偏差 ei = +22μm，另一极限偏差为 es = ei+IT6 = +35μm。

于是得 $\phi 30H7 \binom{+0.021}{0} / p6 \binom{+0.035}{+0.022}$。

(2) 基轴制配合 $\phi 30P7 / h6$。

$\phi 30h6$ 基准轴的基本偏差 es = 0，另一极限偏差为 ei = es−IT6 = −13μm。

由表 3-5 查得 $\phi 30P7$ 孔的基本偏差 ES = [(−22)+Δ]μm，而 Δ = IT7−IT6 = 8μm，因此 ES = (−22)+8 = −14（μm）；另一极限偏差为 EI = ES−IT7 = −35μm。

于是得 $\phi 30P7 \binom{-0.014}{-0.035} / h6 \binom{0}{-0.013}$。

6. 极限与配合在图样上的标注

1) 装配图

公称尺寸后面标注孔、轴配合代号，如 $\phi 25 \dfrac{H7}{s6}$、$\phi 25H7/s6$，如图 3-17 所示。

2) 零件图

在公称尺寸后面标注孔或轴的公差带代号，或者标注上、下极限偏差数值，或者同时标注公差带代号及上、下极限偏差数值。例如，$\phi 25H7$ 的标注可换为 $\phi 25^{+0.021}_{0}$ 或 $\phi 25H7\binom{+0.021}{0}$；$\phi 25s6$ 的标注可换为 $\phi 25^{+0.048}_{+0.035}$ 或 $\phi 25s6\binom{+0.048}{+0.035}$，如图 3-18 所示。

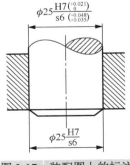

图 3-17 装配图上的标注

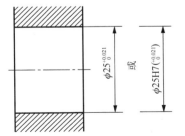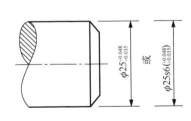

图 3-18 零件图上的标注

3.3.4 公差带与配合的标准化

GB/T 1800.1—2020 规定了 20 个标准公差等级和 28 种基本偏差，因此，轴公差带共有 $(28-1)\times 20+4=544$ 种，孔公差带共有 $(28-1)\times 20+3=543$ 种，且孔、轴公差带还可组成更多的配合。若不加任何限制全部应用，显然既不经济也不合理，应当考虑优化使用。

为了避免定值刀具、光滑极限量规以及工艺装备的品种和规格的不必要的繁杂，获得最佳经济效益，应按优先、常用、一般，这三种公差带的顺序选用公差带。

1. 孔、轴的常用公差带

国家标准 GB/T 1800.1—2020 列出孔的常用公差带共 45 种，轴的常用公差带共 50 种，如图 3-19 和图 3-20 所示。选择时，应优先选用粗线框中所示的公差带代号。

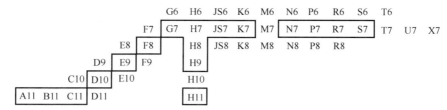

图 3-19　孔的常用和优先公差带(GB/T 1800.1—2020)

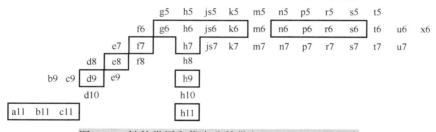

图 3-20　轴的常用和优先公差带(GB/T 1800.1—2020)

2. 孔、轴的优先配合和常用配合

为了满足实际工作的需要，优化配合的选择，国家标准 GB/T 1801—2020 给出：

(1)基孔制优先配合有 16 种，常用配合 45 种，如表 3-6 所示。

(2)基轴制优先配合有 18 种，常用配合 50 种，如表 3-7 所示。

基于经济因素，如果有可能，配合应优先选用表 3-6 和表 3-7 中的粗线框中所示的公差带代号。

表 3-6　基孔制配合的优先配合

基准孔	轴公差带代号																		
	间隙配合							过渡配合				过盈配合							
H6						g5	h5	js5	k5	m5		n5	p5						
H7					f6	**g6**	**h6**	**js6**	**k6**	m6	**n6**		**p6**	**r6**	**s6**	t6	u6	x6
H8				e7	**f7**		**h7**	js7	k7	m7				s7			u7	
H9			d8	**e8**	f8		h8											
H9			d8	**e8**	f8		h8											
H10			d8	e9			h9											
H11	**b11**	**c11**	d10				h10											

表 3-7　基轴制配合的优先配合

基准轴	孔公差带代号																
	间隙配合							过渡配合				过盈配合					
	B11	C10	D	E	F	G	H	JS	K	M	N	P	R	S	T	U	X
h5						G6	H6	JS6	K6	M6	N6	P6					
h6					F7	**G7**	**H7**	**JS7**	**K7**	M7	**N7**	**P7**	**R7**	**S7**	T7	U7	X7
h7				E8	**F8**		**H8**										
h8			D9	E9	F9		H9										
h9				E8	**F8**		**H8**										
			D9	**E9**	F9		**H9**										
	B11	C10	**D10**				H10										

【例 3-8】有一过盈配合，孔、轴的公称尺寸为 $\phi45$mm，要求过盈在 $-45\mu m$ 至 $-86\mu m$ 范围内。试查表确定孔、轴的配合代号和极限偏差数值。

【解】(1)采用基孔制。

查表 3-6 得公称尺寸为 $\phi45$mm，且满足最小过盈为 $-45\mu m$，最大过盈为 $-86\mu m$，要求的基孔制配合的代号为 $\phi45$H7/u6。

查表 3-5 得 $\phi45$H7 孔的极限偏差为 ES = $+25\mu m$，EI = 0。

查表 3-4 得 $\phi45$u6 轴的极限偏差为 es = $+86\mu m$，ei = $+70\mu m$。

比较本例查表结果和例 3-3 计算结果，两者相同。

(2)采用基轴制。

查表 3-7 得公称尺寸为 $\phi45$mm，且满足最小过盈 $-45\mu m$，最大过盈为 $-86\mu m$，要求的基轴制配合的代号为 $\phi45$U7/h6。

查表 3-4 得 $\phi45$h6 轴的极限偏差为 es = 0，ei = $-16\mu m$。

查表 3-5 得 $\phi45$U7 孔的极限偏差为 ES = $-61\mu m$，EI = $-86\mu m$。

3.4　极限与配合标准的应用

在设计工作中尺寸极限与配合标准的应用主要包括选择配合制、公差等级和配合种类。

为了能正确地应用极限与配合标准，要掌握极限与配合国家标准；掌握分析产品的技术要求、工作条件以及生产制造条件的方法；还要不断地积累生产实践经验，不断地总结和反思，才能逐步提高实际工作能力。

极限与配合标准应用方法如下。

(1)类比法：对同类或近似机器和零部件及其图样进行分析，参考生产技术资料，对比产品的技术要求，从而确定极限与配合。

案例 3-4

为了正确地应用极限与配合标准，要不断地积累经验，不断总结和反思，逐步地提高实际工作能力。认真思考配合制、公差等级以及配合种类的选择。

问题：

(1)如何选择配合制？

(2)如何选择公差等级？

(2)计算法：根据理论分析结果和给定的计算公式确定极限间隙或过盈，从而确定极限与配合。随着计算机的广泛应用，计算法越来越完善，应用逐渐增多。

(3)试验法：对于重要的配合，采用试验或统计分析确定所需要的极限间隙或过盈，从而确定极限与配合。

3.4.1 配合制的选用

在选择配合制时，应当主要考虑产品的结构、工艺性、经济性等，来分析确定配合制。配合制一般有两种：①基孔制；②基轴制。这是两种平行等效的配合制度，对各种使用要求的配合，既可用基孔制配合也可用基轴制配合来实现。具体做法如下。

1. 优先选用基孔制

一般情况下应优先选用基孔制。工艺上，在加工和检验高精度的中小尺寸孔时，采用定值刀具和量具。加工轴时可以采用车刀、砂轮等通用刀具，便于使用普通计量器具测量。通常孔加工比轴加工困难，采用基孔制可以减少定值刀具和量具的规格、数量，因而经济合理，使用方便，有利于刀具和量具的标准化、系列化。

【例 3-9】在表 3-8 所示的三种配合类型中，试比较采用基孔制与基轴制所需刀具和量具的异同。

表 3-8 基孔制和基轴制所需刀具和量具的比较

	基孔制				基轴制			
	孔	轴	轴	轴	轴	孔	孔	孔
工件								
刀具	铰刀	车刀，砂轮	车刀，砂轮	车刀，砂轮	车刀，砂轮	铰刀	铰刀	铰刀
光滑极限量规	塞规	卡规	卡规	卡规	卡规	塞规	塞规	塞规

【解】(1)采用基孔制：则三种配合由一种孔公差带和三种轴公差带构成，需定值刀具 1 种(铰刀)、通用刀具 1 种(车刀或砂轮)，需定值塞规 1 种、卡规 3 种。

(2)采用基轴制：则三种配合由一种轴公差带和三种孔公差带构成，需定值刀具 3 种(铰刀)、通用刀具 1 种(车刀或砂轮)，需定值塞规 3 种、卡规 1 种。

结论：基孔制所需要的定值刀具比基轴制少。

2. 特殊情况下采用基轴制

在特殊情况下，采用基轴制更加经济合理。

1)使用冷拉钢材直接作轴

在农业和纺织机械中,当配合精度等级较低(IT9~IT11)时,传动轴是用冷拉钢材直接制造的,而冷拉钢材按基轴制的轴轧制而成,无须机械加工,此时采用基轴制更为经济合理。

2)结构上的需要

机械产品中,往往在同一轴上与公称尺寸相同的几个孔配合,并且要求配合松紧程度不相同时,需要采用基轴制配合。

如图 3-21 所示的活塞连杆机构的配合,属于一轴与公称尺寸相同的多孔配合,且配合性质要求不同的情况,此时采用基轴制,如图 3-21(a)所示。因为根据使用要求活塞销与活塞应为过渡配合,活塞销与连杆为间隙配合(一轴与多孔配合),采用基轴制便于加工,如图 3-21(b)所示。若采用基孔制,精度高的轴不好加工,如图 3-21(c)所示。

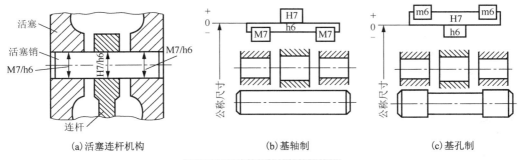

(a)活塞连杆机构   (b)基轴制   (c)基孔制

图 3-21 活塞连杆机构的配合

3. 以标准零部件为基准选择配合制

当设计的零件与标准零部件相配合时,需要以标准零部件为基准来选择配合制。最为典型的例子就是箱体上轴承孔与滚动轴承外圈的配合必须采用基轴制,而传动轴轴颈与滚动轴承内圈的配合必须采用基孔制。

4. 必要时采用任何适当的孔、轴公差带组成的配合

为满足使用要求,又能够获得最佳的技术经济效益,适当时可以采用任何孔、轴公差带组成的配合。

【**例 3-10**】分析如图 3-22 所示的圆柱齿轮减速器中,输出轴轴颈的公差带。根据轴承内圈配合的要求已确定为 $\phi 55k6$,而轴承外圈配合的要求已确定为 $\phi 100J7$。

【**解**】(1)轴套的孔与该轴颈的配合,由分析可知,轴套的作用为轴向定位,因此要求拆装方便,故间隙要求较大,而精度要求低,应按轴颈的上极限偏差和最小间隙值,确定轴套孔的下极限偏差,根据要求该孔的公差带为 $\phi 55D9$。

(2)箱体上轴承孔与端盖定位圆柱面的配合,同样要求拆装方便,需要间隙较大,精度要求低,因此端盖定位圆柱面的公差带可取 $\phi 100e9$。

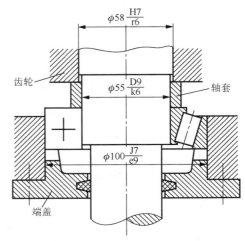

图 3-22 减速器中轴套处和轴承端盖处的配合

综上所述，轴套孔与轴颈组成的配合选为$\phi 55D9/k6$，箱体上轴承孔与端盖定位圆柱面的配合选为$\phi 100J7/e9$。这两种配合的孔、轴公差带示意图分别如图 3-23(a)、(b)所示。

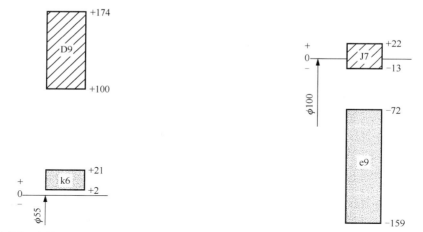

(a)轴套孔与轴颈的公差带示意图　　　　　(b)箱体上轴承孔与端盖定位圆柱面的公差带示意图

图 3-23　减速器中轴套处和轴承端盖的配合及公差带示意图

3.4.2　标准公差等级的选用

选择标准公差等级的基本原则：①满足使用要求；②在满足使用要求的前提下尽量选取较低的标准公差等级，以取得较好的经济效益。

公差等级可采用计算法或类比法进行选择。

标准公差等级可用类比法选择。一般情况下各个标准公差等级的应用范围如表 3-9 所示。表 3-10 为各种加工方法可能达到的标准公差等级。

表 3-9　标准公差等级选择及应用范围

序　号	标准公差等级	应用范围	
1	IT01～IT1	用于量块的尺寸公差	
2	IT1～IT2	用于量规的尺寸公差，这些量规常用于检验 IT6～IT16 的孔和轴	
3	IT2～IT5	用于精密配合，如滚动轴承各零件的配合	
4	IT5～IT10	用于有精度要求的重要和较重要配合	IT5 的轴和 IT6 的孔用于高精度的重要配合
			IT6 的轴与 IT7 的孔在机械制造业中的应用很广泛，用于较高精度的重要配合
			IT7、IT8 的轴和孔通常用于中等精度要求的配合
			IT8、IT9 分别用于普通平键宽度与键槽宽度的配合
			IT9、IT10 的轴和孔用于一般精度要求的配合
5	IT11～IT12	用于不重要的配合	
6	IT12～IT18	用于非配合尺寸	

用类比法选择标准公差等级时，还应考虑下列几个问题。

1. 相配合的孔与轴的工艺等价性

考虑工艺等价性，就是尽量使相配合的孔、轴的加工难易程度大致相同。

(1)间隙配合和过渡配合：标准公差等级高于或等于 IT8 级的孔应与高一级精度的轴配合；标准公差等级低于或等于 IT9 级的孔可与同一级精度的轴配合。

表 3-10 各种加工方法可能达到的标准公差等级

加工方法	公差等级																	
	01	0	1	2	3	4	5	6	7	8	9	10	11	12	13	14	15	16
研磨	■	■	■	■	■	■	■											
珩磨						■	■	■	■									
圆磨							■	■	■	■								
平磨							■	■	■	■								
金刚石车							■	■	■									
金刚石镗							■	■	■									
拉削							■	■	■	■								
铰孔								■	■	■	■							
车削									■	■	■	■	■					
镗削									■	■	■	■	■					
铣削										■	■	■	■					
刨削、插销												■	■					
钻孔												■	■	■				
滚压、挤压												■	■					
冲压												■	■	■	■	■		
压铸													■	■	■	■		
粉末冶金成形							■	■	■									
粉末冶金烧结								■	■	■								
砂型铸造、气割																■	■	■
锻造															■	■	■	

(2)过盈配合：标准公差等级高于或等于 IT7 级的孔应与高一级精度的轴配合；标准公差等级低于或等于 IT8 级的孔可与同一级精度的轴配合。

2. 相配件或相关件的结构或精度

有些孔、轴的标准公差等级与相配件或相关件的结构或精度相互关联。例如，在滚动轴承支承中，内、外圈配合轴颈和外壳孔标准公差等级取决于相配件：①滚动轴承的类型；②公差等级；③配合尺寸。

3. 配合性质及加工成本

配合选择时还要考虑加工成本，因此规定如下。

(1)过盈配合、过渡配合和间隙较小的间隙配合中，孔的标准公差等级应不低于 IT8 级，而轴的标准公差等级通常不低于 IT7 级。

(2)间隙较大的间隙配合中，一般情况下，孔、轴的标准公差等级低于或等于 IT9 级。

> **案例 3-4 分析**
>
> (1)优先选用基孔制；特殊情况下采用基轴制；以标准零部件为基准选择配合制；必要时采用任何适当的孔、轴公差带组成的配合。
>
> (2)选择公差等级的基本原则：在满足使用要求的前提下，尽量选取较低的标准公差等级。

(3)间隙较大的间隙配合中，孔和轴之一由于某种原因需选择较大的间隙，则与它配合的轴或孔的标准公差等级低2～3个等级，以便在满足使用要求的前提下降低加工成本。如例 3-10 中，轴套孔与轴颈配合为$\phi 55D9/k6$，外壳孔与端盖定位圆柱面的配合为$\phi 100J7/e9$。

(4)特别重要的配合，应当根据使用要求确定极限间隙或过盈，采用计算法进行精度设计。

3.4.3　配合种类的选用

确定了配合制和孔、轴的标准公差等级之后，需要进一步选择配合种类。基孔制中就是确定非基准轴的基本偏差代号，基轴制中就是确定非基准孔的基本偏差代号。表 3-11 给出了各种基本偏差的特点及其应用实例。

1. 间隙配合的选择

(1)工作时要求孔与轴有相对运动需要选择间隙配合。

① 对于仅有轴向相对运动或相对运动速度较低且有对准中心要求的配合，选用基本偏差 g(或 G)组成的间隙较小的配合。

② 相对运动速度越高，且润滑剂黏度越大，则所选择的配合应越松。

③ 对于滑动轴承，选用由基本偏差 f(或 F)组成的配合。

④ 而对于相对运动速度较高且支承数目较多时，则选用由基本偏差 d、e(或 D、E)组成的间隙较大的配合。

(2)工作时孔与轴虽无相对运动，但要求装拆方便的场合需要选择间隙配合。这种情况下一般选用由基本偏差 h 与 H 组成的最小间隙为零的间隙配合。

2. 过渡配合的选择

在选择过渡配合时，主要考虑孔、轴配合的对中性和装拆问题。为了保证对中性，过渡配合的最大间隙 X_{max} 应当偏小；为了保证装拆方便，最大过盈 Y_{max} 应当偏小。因此，过渡配合的孔与轴的标准公差等级比较高(IT5～IT8)。

(1)在孔、轴的配合中，同时要求对中性和装拆方便时，选择过渡配合公差 T_f ($= X_{max} - Y_{max}$)、最大间隙 X_{max}、最大过盈 Y_{max} 都应偏小。若需传递转矩或轴向力等载荷，还需要增加键或销等连接件。

(2)当对中性要求高，但不常装拆，而传递载荷、冲击、振动大时，应选择较紧的过渡配合，如 H7/m6，H7/n6。反之，则选择较松的配合，如 H7/js6，H7/k6。

3. 过盈配合的选择

选择过盈配合时，应考虑是否利用过盈来保证固定或传递载荷的孔与轴配合。

(1)只作定位用的过盈配合，应选由基本偏差 r、s(或 R、S)组成的配合。而当由连接件(键、销等)来传递载荷时，应选由基本偏差 p、r(或 P、R)组成的配合，选用小过盈量的配合可以增加连接的可靠性。

(2)利用过盈配合传递载荷，应选由基本偏差 t、u(或 T、U)组成的配合。而此时应经过计算以确定允许过盈量的大小，确定基本偏差组成的配合。特别当要求过盈很大时，还需经过试验，保证所选择的配合确实合理可靠，再做出选择。

采用类比法选择孔或轴的基本偏差代号，应尽量采用 GB/T 1800.1—2020 推荐的优先配合。

表 3-11　各种基本偏差的应用实例

配合	基本偏差	各种基本偏差的特点及应用实例
间隙配合	a(A) b(B)	间隙特别大，采用少，用于温度高、热变形大的配合，如内燃机中铝活塞与气缸钢套孔的配合为 H9/a9
	c(C)	间隙大，用于工作条件差、受力变形大、装配工艺性不好的配合，也适用于高温下的间隙配合，如内燃机排气阀杆与导管孔的配合为 H8/c7
	d(D)	与 IT7～IT11 对应，适合较松的间隙配合，也适合大尺寸滑动轴承与轴颈的配合，如活塞环与活塞环槽的配合可用 H9/d9
	e(E)	与 IT6～IT9 对应，具有明显的间隙，用于大跨距及多支点的转轴轴颈与轴承的配合，以及高速、重载的大尺寸轴颈与轴承的配合，如大型电机、内燃机的主要轴承处的配合为 H8/e7
	f(F)	与 IT6～IT8 对应，用于转动配合，受温度影响不大、普通润滑剂润滑的轴颈与滑动轴承的配合，如齿轮箱、小电机、泵等的转轴轴颈与滑动轴承的配合为 H7/f6
	g(G)	与 IT5～IT7 对应，间隙较小，用于轻载精密装置的转动配合、插销的定位配合、滑阀、连杆销等处的配合
	h(H)	与 IT4～IT11 对应，用于无相对转动的配合、定位配合。无温度、变形影响时，用于精密轴向移动部位的配合，如车床尾座导向孔与滑动套筒的配合为 H6/h5
过渡配合	js(JS)	用于 IT4～IT7 具有平均间隙的过渡配合和略有过盈的定位配合，如联轴器与轴、齿圈与轮毂的配合，滚动轴承外圈与外壳孔的配合
	k(K)	用于 IT4～IT7 平均间隙接近于零的配合和定位配合，如滚动轴承的内、外圈分别与轴颈、外壳孔的配合
	m(M)	用于 IT4～IT7 平均过盈较小的配合和精密的定位配合，如蜗轮的青铜轮缘与轮毂的配合为 H7/m6
	n(N)	用于 IT4～IT7 平均过盈较大的配合，用于键传递较大转矩的配合，如冲床上齿轮的孔与轴配合
过盈配合	p(P)	过盈小，与 H7 孔形成过盈配合，与 H8 孔形成过渡配合。碳钢和铸铁零件形成的配合为标准压入配合，如卷扬机绳轮的轮毂与齿圈的配合为 H7/p6
	r(R)	用于传递大转矩或受冲击负荷而需要加键的配合，如蜗轮孔与轴的配合为 H7/r6。应当注意，配合 H8/r7 在公称尺寸≤100mm 时，为过渡配合
	s(S)	结合力较大，用于钢和铸铁零件的永久和半永久性结合，如套环压在轴、阀座上用 H7/s6 配合
	t(T)	结合力很大，不用键就能传递转矩，用于钢和铸铁零件的永久性结合，装配时需用热套法或冷轴法，如联轴器与轴的配合为 H7/t6
	u(U)	过盈量大，最大过盈量应当经过验算，用热套法进行装配，如火车车轮轮毂孔与轴的配合为 H6/u5
	v(V)，x(X) y(Y)，z(Z)	过盈量特大，一般不用。应用的经验和资料很少，须经试验后才能使用

4. 配合选择时应考虑的影响因素

1) 温度对配合选择的影响

如果相互配合的孔、轴工作时与装配时的温度差别较大，则选择配合要考虑热变形对配合的影响。

【例 3-11】铝制活塞与钢制缸体的结合，其公称尺寸是 $\phi150$mm；工作温度：孔温 $t_1=110℃$，轴温 $t_2=180℃$；线膨胀系数：孔 $\alpha_1=12\times10^{-6}/℃$，轴 $\alpha_2=24\times10^{-6}/℃$；要求工作时间隙量在 0.1～0.3mm 内，装配时的温度为 $t=20℃$，试选择合适的配合种类。

【解】由于热变形引起的间隙量的变化为

$$\Delta X=150\times[12\times10^{-6}\times(110-20)-24\times10^{-6}\times(180-20)]=-0.414(\text{mm})$$

即工作时间隙量减小，所以装配时间隙量应为

$$X_{max}=0.3+0.414=+0.714(\text{mm})$$

$$X_{min}=0.1+0.414=+0.514(\text{mm})$$

按要求的最小间隙，选基孔制配合，由表 3-4 可选轴的基本偏差为 $a = -0.520$mm。

由配合公差 $T_f = X_{max} - X_{min} = 0.714 - 0.514 = 0.2$mm $= T_h + T_s$，可取 $T_h = T_s = 0.1$mm。

由表 3-2 可知取 IT9，故选配合为 $\phi 150$H9/a9，其最小间隙为 0.52mm，最大间隙为 0.72mm。

2）装配变形对配合选择的影响

在机械结构中，有时会遇到薄壁套筒装配后变形的问题。如图 3-24 所示，套筒外表面与机座孔的配合为过渡配合 $\phi 80$H7/u6，套筒内表面与轴的配合为 $\phi 60$H7/f 6。由于套筒外表面与机座孔的配合有过盈，当套筒压入机座孔后，套筒内孔即收缩，直径变小。如果套筒内孔与轴之间要求最小间隙为 0.03mm，由于装配变形，此时实际将产生过盈，不仅不能保证配合要求，甚至无法自由装配。

一般装配图上规定的配合，应是装配后的要求，因此对有装配变形的套筒类零件，在设计绘图时，应对公差带进行必要的修正。对于图 3-24 中套筒装配变形问题的配合修正，如将内孔公差带上移，使孔的极限尺寸加大；或者用工艺措施加以保证，如将套筒压入机座孔后再精加工套筒孔，以达到图样设计要求，从而保证装配后的要求。

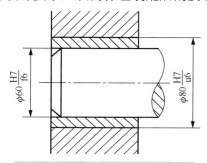

图 3-24　套筒装配变形问题的配合

3）生产类型对配合选择的影响

生产类型(即产品不同批量)对选择配合也有一定影响。①在大批大量生产时，多用调整法加工，通常加工后尺寸的分布遵循正态分布。②单件小批量生产时，多用试切法加工，孔和轴加工后尺寸的分布遵循偏态分布，孔的尺寸会偏小，轴的尺寸会偏大，装配后形成的平均间隙会偏小。因此，对于相同的配合间隙量要求，单件小批量生产比大批大量生产应选用平均间隙量更大的配合种类。

3.4.4　未注公差尺寸的一般公差

GB/T 1804—2000《一般公差　未注公差的线性和角度尺寸的公差》对一般公差是这样定义的："指在车间通常加工条件下可保证的公差。"并且"采用一般公差的尺寸，在该尺寸后不需注出其极限偏差数值。"

原则上，机械加工零件图上的所有尺寸都理应受到公差约束，但是这样会使图纸过于复杂，并引起混乱。因此，对不重要的尺寸和精度很低的非配合尺寸，通常在零件图上就不标注这些公差。另外，又要保证产品精度、质量和使用要求，以免在生产中引起不必要的纠纷，应当规定未注公差的线性尺寸为一般公差。

国家标准 GB/T 1804—2000 规定："一般公差分精密 f、中等 m、粗糙 c、最粗 v 共 4 个公差等级。"并分别给出了各公差等级(线性尺寸、倒圆半径和倒角高度尺寸、角度尺寸)的极限偏差数值。表 3-12 为线性尺寸未注公差的极限偏差数值,表 3-13 为倒圆半径和倒角高度尺寸的极限偏差数值。

表 3-12 线性尺寸未注公差的极限偏差数值 (单位:mm)

公差等级	尺寸分段							
	0.5~3	>3~6	>6~30	>30~120	>120~400	>400~1000	>1000~2000	>2000~4000
f(精密级)	±0.05	±0.05	±0.1	±0.15	±0.2	±0.3	±0.5	—
m(中等级)	±0.1	±0.1	±0.2	±0.3	±0.5	±0.8	±1.2	±2
c(粗糙级)	±0.2	±0.3	±0.5	±0.8	±1.2	±2	±3	±4
v(最粗级)	—	±0.5	±1	±1.5	±2.5	±4	±6	±8

表 3-13 倒圆半径和倒角高度尺寸的极限偏差数值 (单位:mm)

公差等级	尺寸分段			
	0.5~3	>3~6	>6~30	>30
f(精密级)	±0.2	±0.5	±1	±2
m(中等级)				
c(粗糙级)	±0.4	±1	±2	±4
v(最粗级)				

注:倒圆半径和倒角高度的含义参见 GB/T 6403.4—2008。

应用本标准规定的一般公差,应在图样标题栏附近或技术要求、技术文件(如企业标准)中注出本标准号及公差等级代号,即"标准号—公差等级代号"。例如,选取中等级时,标注为 GB/T 1804—m。

3.5 尺寸精度设计示例

3.5.1 尺寸精度设计的基本步骤及应注意的问题

1. 基本设计步骤及计算公式

(1)根据使用要求确定配合类别(Y_{max}、Y_{min}、X_{max}、X_{min})。

类比法:按同类型机器或机构,查有关设计手册确定间隙和过盈。

计算法:根据一定的理论和公式,计算出所需的间隙和过盈。

试验法:对特别重要的通过试验来确定最佳间隙和过盈。

(2)确定配合制。

如无特殊要求,一般情况下,选用基孔制配合,即选孔为基准孔,基本偏差代号为 H。

(3)确定孔和轴公差及其公差等级。

根据配合类别确定配合公差 T_f,并根据 T_f 确定孔和轴的公差 T_h、T_s。

$$T_h + T_s = T_f \leqslant |Y_{max} - Y_{min}| = |X_{max} - X_{min}| = |X_{max} - Y_{max}|$$

根据配合公差 T_f 及孔 T_h 和轴 T_s 的数值大小,由表 3-2 选取孔和轴的标准公差等级。

T_h 取 ITn,则 T_s 取 ITn 或 ITn-1,一般 n>8 时,T_s 取 ITn,n<8 时,T_s 取 ITn-1。

(4)计算非基准件的基本偏差。

采用基孔制配合时,由于 EI = 0,ES = ITn,es = ei+T_s,因此,轴的基本偏差 es 或 ei 可由下列公式计算求得

$$T_f = |X_{max} - X_{min}| = |(ES-ei) - (EI-es)|$$
$$T_f = |Y_{min} - Y_{max}| = |(ES-ei) - (EI-es)|$$
$$T_f = |X_{max} - Y_{max}| = |(ES-ei) - (EI-es)|$$

(5)查表确定非基准件的基本偏差代号。

由轴的基本偏差 es 或 ei 的数字,根据表 3-4 查出轴的基本偏差代号。查表时,使计算出来的 es 或 ei 的数字与表 3-4 中相同尺寸段中最接近的数值来确定轴的基本偏差代号。

根据查表 3-4 后得到轴的基本偏差代号及数值计算另一个极限偏差的数值。

(6)对结果进行验算。

按选择出来的孔和轴配合的极限偏差计算出所选配合的[Y_{max}、Y_{min}、X_{max}、X_{min}],使[Y_{max}、Y_{min}、X_{max}、X_{min}]在(Y_{max}、Y_{min}、X_{max}、X_{min})范围内,误差<10%,如果不能满足要求,则进行重新选择。

(7)画公差带及配合公差带图。

2. 应注意的问题

为了保证零件的功能要求,所选配合的极限间隙(或过盈)应尽可能符合或接近设计要求。对于间隙配合,所选配合的最小间隙应大于等于原要求的最小间隙;对于过盈配合,所选配合的最小过盈应大于等于原要求的最小过盈。

3.5.2 尺寸精度设计的案例求解

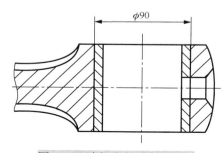

$\phi 90$

图 3-25 连杆孔与衬套的配合

【例 3-12】连杆孔与衬套的配合如图 3-25 所示,要求精确同轴,工作时有冲击载荷,大修时可以拆卸。试确定其孔、轴公差带和配合代号。

【解】(1)配合类别:由题意条件,选用轻型小过盈配合。通过类比,初定允许过盈:[Y_{min}] = -0.015,[Y_{max}] = -0.075,配合公差:[T_f] = 0.060,为过盈配合。

(2)确定配合制:由于不受标准件和结构限制,选用基孔制配合,基准孔代号为 H。

(3)确定孔和轴公差及其公差等级。

由 $T_h + T_s = T_f \leqslant |Y_{max} - Y_{min}|$,要求 $T_h + T_s \leqslant 0.060$,查表 3-2 得

IT8 = 0.054,IT7 = 0.035,IT6 = 0.022

孔取 T_h = IT7 = 0.035,轴选择 T_s = IT6 = 0.022,即

$$T_h + T_s = 0.057 < 0.060$$

也就是选用孔比轴低一级的标准公差等级相配合,且所选的配合公差值最接近于所要求的配合公差。由此得到配合为 $\phi 90$H7/r6。

(4)计算非基准件的基本偏差。

由于孔选用 $\phi 90$H7,查表 3-5 得,ES = +0.035,EI = 0。

根据公式 $T_f = |Y_{min} - Y_{max}| = |(ES-ei) - (EI-es)|$,可知 Y_{max} = EI-es,Y_{min} = ES-ei,可计算出

$$[es] = EI - [Y_{max}] = +0.075, \quad [ei] = ES - [Y_{min}] = +0.050$$

(5) 查表确定非基准件的基本偏差代号。

由 [ei] = +0.050 查表 3-4 轴选用基本偏差代号 r 的数值 ei = +0.051 最接近，因此轴选用 ϕ90r6，由表 3-4 中得

$$es = +0.073, \quad ei = +0.051$$

配合代号：选择 ϕ90H7/r6，是推荐的常用配合，不必调整。

(6) 对结果进行验算。

验算：$Y_{max} = EI - es = -0.073 > [Y_{max}] = -0.075$，$Y_{min} = ES - ei = -0.016 < [Y_{min}] = -0.015$。

误差 <10%，选用合适。

(7) 画出公差带图及配合公差带图，如图 3-26 所示。

【例 3-13】如图 3-27 所示为某钻模的一部分。该钻模由钻模板、衬套、快换钻套、钻套螺钉等零件组成。在钻孔过程中要求快换钻套能迅速更换，同时还要保证钻削时钻套不会在切屑排出时的摩擦力作用下退出衬套。为满足上述使用要求，快

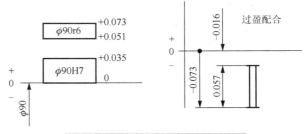

图 3-26　公差带图及配合公差带图

换钻套与钻头的配合、快换钻套与衬套的配合、衬套与钻模板的配合该如何设计？

【解】(1) 配合制的选择。衬套与钻模板的配合、衬套与钻套的配合，从结构上讲无特殊要求。按国家标准规定，应该优先选用基孔制。而钻头与钻套内孔的配合，因为钻头属于标准工具，应按钻头刀具有关规定选取配合，所以，钻头与钻套内孔的配合应选用基轴制。

(2) 公差等级的选择。参阅表 3-9，钻模夹具各元件的连接，属于精密配合的尺寸，故公差等级选择 IT5～IT10 级精度。对于钻模孔、衬套孔及钻套孔的公差统一按 IT7 级精度选用；而衬套外圆、钻套外圆则按 IT6 级精度选用。

(3) 配合种类的选择。衬套与钻模板的配合，要求连接牢靠，使用中在载荷的作用下不用连接也不会发生松动，只是在衬套内孔磨损后才需要更换，需要拆卸的次数不多。因此，由表 3-11 可选择平均过盈较大的过渡配合 n。所以衬套与钻模板的配合选为 ϕ25H7/n6。

而对于钻套外圆与衬套内孔的配合，一般在一道工序中用几种刀具 (如钻、扩、铰) 依次连续加工，钻套要经常更换，故需一定间隙保证更换迅速，但同时又要求准确地定心，间隙不能过大，所以选择小间隙配合的 g，钻套与衬套的配合为 ϕ18H7/g6。

至于钻套内孔，因要引导旋转着的刀具进给，既要保证一定的导向精度，又要防止间隙过小而被卡住，一般对于钻孔和扩孔选择 F，对于铰孔时选择 G。因此，钻套内孔的公差代号为 ϕ12F7 或者 ϕ12G7，如图 3-28 所示。

注意：对于钻套内径的确定，要以所选刀具的最大极限尺寸为公称尺寸。上述实例中假设钻头的最大极限尺寸为 ϕ12。

小思考 3-2

请你仔细观察并认真加以思考，在我们的周围有哪些合格产品与不合格产品？而被加工的零件为什么需要检测？

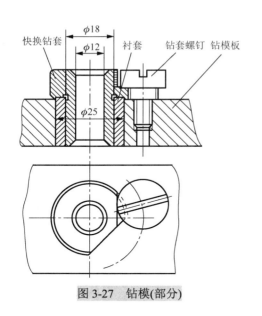

图 3-27　钻模(部分)

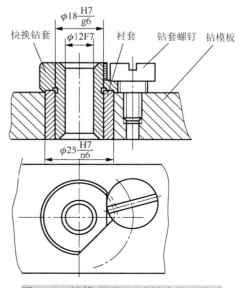

图 3-28　钻模(部分)尺寸精度设计结果

3.6　光滑工件尺寸检验

在零部件制造厂一般车间环境的条件下，是以通用计量器具检验工件，应当参照国家标准 GB/T 3177—2009《产品几何技术规范(GPS) 光滑工件尺寸的检验》规定的验收极限、计量器具的不确定度允许值和计量器具选用原则进行"光滑工件尺寸检验"。

3.6.1　检验的必要性

为了保证产品的质量，降低生产成本，必须对产品进行检验，另外也为分析产品的质量提供了依据。但在对产品进行检验时，会产生误收与误废。

误收：将本来处于零件公差带以外的废品误判为合格品。

误废：将本来处于零件公差带内的合格品误判为废品。

如图 3-29(a) 所示，用分度值为 0.01mm，测量极限误差(不确定度)为 ±0.004mm 的外径千分尺测量 $\phi 40_{-0.062}^{0}$ 的轴，若按极限尺寸验收，即凡是测量结果在 $\phi 39.938 \sim \phi 40$mm 范围内的轴都认为是合格的，但测量误差的存在，会造成处于 $\phi 40 \sim \phi 40.004$mm 与 $\phi 39.934 \sim \phi 39.938$mm 范围内的不合格零件有可能被误收，而处于 $\phi 39.996 \sim \phi 40$mm 与 $\phi 39.938 \sim \phi 39.942$mm 范围内的合格零件有可能被误废的现象。显然，测量误差越大，则误收、误废的概率也越大；反之，测量误差越小，则误收、误废的概率也越小。

另外，当计量器具不确定度一定时，若改变允许零件尺寸变化的界限，即验收极限，将验收极限向零件公差带内移动，则误收率减小，而误废率增大，显然，这样做对保证零件的质量是有利的。通常，把由验收极限和测量极限误差所确定的允许尺寸变化范围称为保证公差，而把为了保证公差在生产中应控制的允许尺寸变化范围称为生产公差，如图 3-29(b) 所示。

可见，保证公差一定时，允许测量极限误差越大，生产公差就越小，加工成本越高；而生产公差一定时，测量误差越大，保证公差也越大，产品质量也就越低；反之，允许的测量极限误差越小，则测量的成本越高，这影响生产过程的经济性。因此，检验产品时必须正确地选择计量器具，并确定验收极限，才可既能保证产品质量又能降低生产成本。

案例 3-5

在金工车间，仔细观察，有哪些测量仪器？你会使用几种测量仪器？

问题：

(1) 如何选择计量器具？

(2) 如何防止产品的"误收"和"误废"？

在生产实际情况下，工件的检验，一般只能按一次测量来判断，而对于一些外界因素（温度、压陷效应等），以及所使用的计量器具和标准器的系统误差等均不进行修正，也不太可能进行修正。因此，任何检验都存在误收或误废。但是验收原则是：应只接收在规定的尺寸极限范围内的工件，即只允许有误废而不允许有误收，这也是对用户负责。

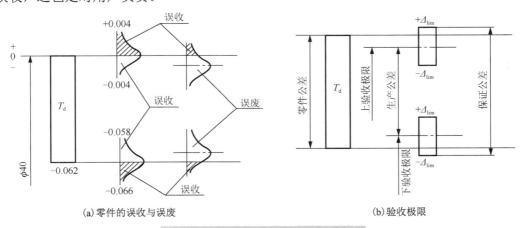

(a) 零件的误收与误废　　　　　　　　(b) 验收极限

图 3-29　零件的误收与误废和验收极限

3.6.2　验收原则、安全裕度与验收极限的确定

由于计量器具和计量系统都存在误差，故任何测量都不能测出真值。另外，多数计量器具通常只用于测量尺寸，不测量工件上可能存在的形状误差。因此，对要求符合包容要求的尺寸，工件的完善检验还应测量形状误差（如圆度、直线度），并把这些形状误差的测量结果与尺寸的测量结果综合起来，以判定工件表面各部位是否超出最大实体边界。

考虑到车间实际情况，通常，工件的形状误差取决于加工设备及工艺装备的精度，工件合格与否，只按一次测量来判断，对于温度、压陷效应，以及计量器具和标准器的系统误差等均不进行修正，因此，任何检验都存在误判，即产生误收或误废。

然而，国家标准规定的验收原则是：所用验收方法原则上是应只接收位于规定的尺寸极限之内的工件，即只允许有误废而不允许有误收。

为了保证上述验收原则的实现，采取规定验收极限的方法。所谓验收极限是判断所检验工件尺寸合格与否的尺寸界限。国标 GB/T 3177—2009 规定：验收极限可以按照下列两种方法之一确定。

方法 1：验收极限是从规定的最大实体尺寸(MMS)和最小实体尺寸(LMS)分别向工件公差带内移动一个安全裕度(A)来确定，如图 3-30 所示。A 值按工件公差(T)的 1/10 确定，其数值在表 3-14 中给出。

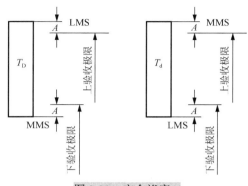

图 3-30 安全裕度 A

孔尺寸的验收极限为

$$上验收极限 = 最小实体尺寸(LMS) - 安全裕度(A)$$
$$下验收极限 = 最大实体尺寸(MMS) + 安全裕度(A)$$

轴尺寸的验收极限为

$$上验收极限 = 最大实体尺寸(MMS) - 安全裕度(A)$$
$$下验收极限 = 最小实体尺寸(LMS) + 安全裕度(A)$$

表 3-14 安全裕度(A)与计量器具的测量不确定度允许值(u_1)
（摘自 GB/T 3177—2009） （单位：μm）

公差等级		6					7					8					9					10					11				
公称尺寸/mm		T	A	u_1			T	A	u_1			T	A	u_1			T	A	u_1			T	A	u_1			T	A	u_1		
大于	至			I	II	III			I					I	II	III			I	II	III			I	II	III			I	II	III
—	3	6	0.6	0.5	0.9	1.4	10	1.0	0.9	1.5	2.3	14	1.4	1.3	2.1	3.2	25	2.5	2.3	3.8	5.6	40	4.0	3.6	6.0	9.0	60	6.0	5.4	9.0	14
3	6	8	0.8	0.7	1.2	1.8	12	1.2	1.1	1.8	2.7	18	1.8	1.6	2.7	4.1	30	3.0	2.7	4.5	6.8	48	4.8	4.3	7.2	11	75	7.5	6.8	11	17
6	10	9	0.9	0.8	1.4	2.0	15	1.5	1.4	2.3	3.4	22	2.2	2.0	3.3	5.0	36	3.6	3.3	5.4	8.1	58	5.8	5.2	8.7	13	90	9.0	8.1	14	20
10	18	11	1.1	1.0	1.7	2.5	18	1.8	1.7	2.7	4.1	27	2.7	2.4	4.1	6.1	43	4.3	3.9	6.5	9.7	70	7.0	6.3	11	16	110	11	10	17	25
18	30	13	1.3	1.2	2.0	2.9	21	2.1	1.9	3.2	4.7	33	3.3	3.0	5.0	7.4	52	5.2	4.7	7.8	12	84	8.4	7.6	13	19	130	13	12	20	29
30	50	16	1.6	1.4	2.4	3.6	25	2.5	2.3	3.8	5.6	39	3.9	3.5	5.9	8.8	62	6.2	5.6	9.3	14	100	10	9.0	15	23	160	16	14	24	36
50	80	19	1.9	1.7	2.9	4.3	30	3.0	2.7	4.5	5.8	46	4.6	4.1	6.9	10	74	7.4	6.7	11	17	120	12	11	18	27	190	19	17	29	43
80	120	22	2.2	2.0	3.3	5.0	35	3.5	3.2	5.3	7.9	54	5.4	4.9	8.1	12	87	8.7	7.8	13	20	140	14	13	21	32	220	22	20	33	50
120	180	25	2.5	2.3	3.8	5.6	40	4.0	3.6	6.0	9.0	63	6.3	5.7	9.5	14	100	10	9.0	15	23	160	16	15	24	36	250	25	23	38	56
180	250	29	2.9	2.6	4.4	6.5	46	4.6	4.1	6.9	10	72	7.2	6.5	11	16	115	12	10	17	26	185	19	17	28	42	290	29	26	44	65
250	315	32	3.2	2.9	4.8	7.2	52	5.2	4.7	7.8	12	81	8.1	7.3	12	18	130	13	12	19	29	210	21	19	32	47	320	32	29	48	72
315	400	36	3.6	3.2	5.4	8.1	57	5.7	5.1	8.4	13	89	8.9	8.0	13	20	140	14	13	21	32	230	23	21	35	52	360	36	32	54	81
400	500	40	4.0	3.6	6.0	9.0	63	6.3	5.7	9.5	14	97	9.7	8.7	15	22	155	16	14	23	35	250	25	23	38	56	400	40	36	60	90

方法 2：验收极限等于规定的最大实体尺寸(MMS)和最小实体尺寸(LMS)，即 A 值等于零。

验收极限方式的选择，要结合尺寸功能要求及其重要程度、尺寸公差等级、测量不确定度和过程能力等因素综合考虑。具体原则如下。

(1) 对符合包容要求的尺寸，公差等级高的尺寸，其验收极限按方法 1 确定。

(2) 当过程能力指数 $C_p \geq 1$ 时，其验收极限可以按方法 2 确定。但对符合包容要求的尺寸，其最大实体尺寸一边的验收极限仍按方法 1 确定。

这里的过程能力指数 C_p 值是工件公差(T)值与加工设备过程能力($C\sigma$)之比值，C 为常数，工件尺寸遵循正态分布 $C = 6$，σ 为加工设备的标准偏差。显然，当工件遵循正态分布时，$C_p = \dfrac{T}{6\sigma}$。

(3) 对偏态分布的尺寸，其验收极限可以仅对尺寸偏向的一边按方法 1 确定。

(4) 对非配合和一般公差的尺寸，其验收极限按方法 2 确定。

3.6.3　计量器具的选择

为了保证测量的可靠性和量值的统一，标准 GB/T 3177—2009 中规定，按照计量器具所引起的测量不确定度允许值(u_1)选择计量器具。u_1 值约为测量不确定度 u 的 90%，u_1 值列在表 3-14 中。u_1 值大小分为 Ⅰ、Ⅱ、Ⅲ档，分别约为工件公差的 1/10、1/6、1/4。对于 IT6～IT11，u_1 值分为 Ⅰ、Ⅱ、Ⅲ档；对于 IT12～IT18，u_1 值分为 Ⅰ、Ⅱ 档。选用时，一般情况下，优先选用 Ⅰ档，其次选用 Ⅱ、Ⅲ档。

> **案例 3-5 分析**
> (1) 按照计量器具所引起的测量不确定度允许值(u_1)选择计量器具，所选用的计量器具的不确定度(u)应小于或等于计量器具不确定度允许值(u_1)。
> (2) 国家标准规定的验收原则是：所用验收方法原则上是应只接收位于规定的尺寸极限之内的工件，即只允许有误废而不允许有误收。

表 3-15、表 3-16 和表 3-17 给出了在车间条件下，常用的千分尺、游标卡尺、比较仪和指示表的不确定度。在选择计量器具时，所选用的计量器具的不确定度应小于或等于计量器具不确定度允许值(u_1)。

表 3-15　千分尺、游标卡尺的不确定度　　　　　　　　(单位：mm)

尺寸范围		计量器具类型			
		分度值 0.01 外径千分尺	分度值 0.01 内径千分尺	分度值 0.02 游标卡尺	分度值 0.05 游标卡尺
大于	至	不确定度			
0	50	0.004	0.008	0.020	0.05
50	100	0.005			
100	150	0.006			
150	200	0.007	0.013		
200	250	0.008			
250	300	0.009			
300	350	0.010	0.020		0.100
350	400	0.011			
400	450	0.012		—	
450	500	0.013	0.025		
500	600	—	0.030		
600	700				
700	1000				0.150

注：当采用比较仪测量时，千分尺的不确定度可小于本表规定的数值，一般可减小 40%。

表 3-16 比较仪的不确定度 　　　　　　　　　　　　　(单位: mm)

尺寸范围		所使用的计量器具			
		分度值 0.0005 (相当于放大倍数 2000 倍)的比较仪	分度值 0.001 (相当于放大倍数 1000 倍)的比较仪	分度值 0.002 (相当于放大倍数 400 倍)的比较仪	分度值 0.005 (相当于放大倍数 250 倍)的比较仪
大于	至	不确定度			
0	25	0.0006	0.0010	0.0017	0.003
25	40	0.0007			
40	65	0.0008	0.0011	0.0018	
65	90	0.0008			
90	115	0.0009	0.0012	0.0019	
115	165	0.0010	0.0013		
165	215	0.0012	0.0014	0.0020	0.0035
215	265	0.0014	0.0016	0.0021	
265	315	0.0016	0.0017	0.0022	

注: 测量时, 使用的标准器由 4 块 1 级(或 4 等)量块组成。

表 3-17 指示表的不确定度 　　　　　　　　　　　　　(单位: mm)

尺寸范围		所使用的计量器具			
		分度值 0.001 的千分表(0 级在 全程范围内, 1 级在 0.2mm 内), 分度值 0.002 的千分表(在 1 转 范围内)	分度值 0.001、0.002、 0.005 的千分表(1 级在全程 范围内), 分度值 0.01 的百 分表(0 级在任意 1mm 内)	分度值 0.01 的百分表 (0 级在全程范围内, 1 级在任意 1mm 内)	分度值 0.01 的百 分表(1 级在全程 范围内)
大于	至	不确定度			
0	115	0.005	0.010	0.018	0.030
115	315	0.006			

【例 3-14】被检验零件尺寸为轴 $\phi35e9$ Ⓔ, 试确定验收极限、选择适当的计量器具。

【解】(1)由表 3-2 和表 3-4 查得 $\phi35e9 = \phi35_{-0.112}^{-0.050}$, 画出尺寸公差带图, 如图 3-31 所示。

(2)由表 3-14 中查得安全裕度 $A = 6.2\mu m$, 因为此工件尺寸遵守包容要求, 应按照方法 1 的原则确定验收极限, 如图 3-31 所示, 则有

$$上验收极限 = \phi(35 - 0.050 - 0.0062) = \phi34.9438 \,(mm)$$
$$下验收极限 = \phi(35 - 0.112 + 0.0062) = \phi34.8942 \,(mm)$$

(3)由表 3-14 中按优先选用 Ⅰ 档的原则查得计量器具测量不确定度允许值。$u_1 = 5.6\mu m$。由表 3-15 查得分度值为 0.01mm 的外径千分尺, 在尺寸范围大于 0~50mm 内, 不确定度数值为 0.004mm, 因 $0.004 < u_1 = 0.0056$, 故可满足使用要求。

【例 3-15】被检验零件为孔 $\phi150H10$ Ⓔ, 过程能力指数 $C_p = 1.2$, 试确定验收极限, 并选择适当的计量器具。

【解】(1)由表 3-2 和表 3-5 查得, $\phi150H10 = \phi150_{0}^{+0.16}$, 画出尺寸公差带图, 如图 3-32 所示。

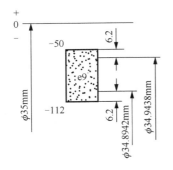

图 3-31　例 3-14 公差带图

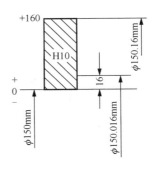

图 3-32　例 3-15 公差带图

(2) 由表 3-14 中查得安全裕度 $A = 16\mu m$，因 $C_p = 1.2 > 1$，其验收极限可以按照方法 2 确定，即一边 $A = 0$，但因该零件尺寸遵守包容要求，所以其最大实体尺寸一边的验收极限仍按方法 1 确定，如图 3-32 所示，则有

$$上验收极限 = \phi(150 + 0.16) = \phi 150.16 \text{（mm）}$$
$$下验收极限 = \phi(150 + 0 + 0.016) = \phi 150.016 \text{（mm）}$$

(3) 由表 3-14 中按优先选用 I 档的原则，查得计量器具测量不确定度允许值，$u_1 = 15\mu m$。由表 3-15 查得，分度值为 0.01mm 的内径千分尺在尺寸 150～200mm 范围内，不确定度为 $0.013 < u_1 = 0.015$，故可满足使用要求。

【例 3-16】某孔尺寸要求孔 $\phi 30H8$，用相应的铰刀加工，但铰刀已经磨损，因此尺寸分布为偏态分布，试确定验收极限；若选用 II 档测量不确定度允许值 u_1，选择适当的计量器具。

【解】(1) 由表 3-2 和表 3-5 查得 $\phi 30H8 = \phi 30^{+0.033}_{0}$，画出公差带图，如图 3-33 所示。

(2) 从表 3-14 中查得安全裕度 $A = 3.3\mu m$，因使用了已磨损的铰刀铰孔，孔尺寸为偏态分布，并且偏向孔的最大实体尺寸一边，按标准规定，验收极限对所偏向的最大实体一边按方法 1 确定，而对另一边按方法 2 确定，如图 3-33 所示，则有

$$上验收极限 = \phi(30 + 0.033) = \phi 30.033 \text{（mm）}$$
$$下验收极限 = \phi(30 + 0 + 0.0033) = \phi 30.0033 \text{（mm）}$$

(3) 由表 3-14 中按 II 档查得 $u_1 = 5.0\mu m$，由表 3-16 中查得分度值为 0.005mm（相当于放大倍数 250 倍）的比较仪的不确定度为 0.003mm，因 $0.003 < u_1 = 0.005$，故可满足要求。

【例 3-17】某轴的长度为 100mm，其加工精度为线性尺寸的一般公差中等级，即 GB/T 1804-m。试确定其验收极限，并选择适当的计量器具。

【解】(1) 该尺寸的极限偏差为 (100 ± 0.3) mm，画出该尺寸公差带图，如图 3-34 所示。

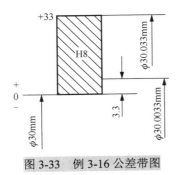

图 3-33　例 3-16 公差带图

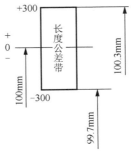

图 3-34　例 3-17 公差带图

(2)因该尺寸属于一般公差尺寸,按标准规定,应按方法 2 确定验收极限,即取安全裕度 $A = 0$,则有

$$上验收极限 = 100 + 0.3 = 100.3 (mm)$$
$$下验收极限 = 100 - 0.3 = 99.7 (mm)$$

(3)一般公差的 m 级相当于 IT14 级,由表 3-14 可查得,按 I 档 $\mu_1 = 78\mu m$,从表 3-15 查得相应尺寸范围的分度值为 0.05mm 的游标卡尺的不确定度为 0.05mm,因 $0.05 < u_1 = 0.078$,故满足要求。

思 考 题

3-1 何为公称尺寸、极限尺寸、实际尺寸?实际尺寸与真值有什么异同?

3-2 对孔、轴结合的使用要求有哪些?为什么要制定《极限与配合》标准?其标准的基本结构如何?

3-3 什么是标准公差因子(公差单位)?在公称尺寸小于等于 500mm 时,IT6~IT18 的标准公差因子是如何规定的?

3-4 什么是公差等级系数?如何判断某一尺寸公差等级的高低?

3-5 什么是标准公差?国家标准规定了多少个标准公差等级?

3-6 试分析尺寸分段的必要性和可能性。在国家标准中按什么规律进行尺寸分段?在 $D_n \sim D_{n+1}$ 尺寸段中,计算尺寸 D 值如何规定?

3-7 什么是基本偏差?为什么要规定基本偏差?轴和孔的基本偏差是如何确定的?

3-8 什么是配合制?为什么要规定配合制?在什么情况下采用基轴制配合?

3-9 选用标准公差等级的原则是什么?是否公差等级越高越好?

3-10 如何选用配合类别?确定配合的非基准件的基本偏差有哪些方法?

3-11 为什么要规定优先、常用和一般孔、轴公差带以及优先、常用配合?设计时是否一定要从中选取?

3-12 什么是一般公差?未注公差的线性尺寸规定几个公差等级?在图样上如何表示?

3-13 误收和误废是怎样造成的?

3-14 为什么要设置安全裕度?标准公差、生产公差、保证公差三者有何区别?

第4章 几何精度设计与检测

机械零件在加工过程中由于受各种因素的影响,其几何要素不可避免地会产生几何误差。例如,在车削圆柱表面时,刀具的运动轨迹若与工件的旋转轴线不平行,会使完工零件表面产生圆柱度误差;在轴上铣键槽时,若铣刀杆轴线的运动轨迹相对于零件的轴线有偏离或不平行,则会使加工出的键槽产生对称度误差等。机械零件的几何误差会影响该零件的互换性和使用性能。例如,零件的圆柱度误差会影响圆柱结合要素配合的均匀性,齿轮轴线的平行度误差会影响齿轮的啮合精度和承载能力,键槽的对称度误差会使键安装困难和安装后的受力状况恶化等。因此,零件几何要素的几何精度是零件重要的质量指标之一。对零件的几何精度进行合理的设计,规定适当的几何公差是十分重要的。

小思考 4-1

在设计减速器时,尺寸精度设计完成以后,为什么要进行几何精度设计?几何精度设计包括哪些内容?

如图 4-1 所示为一减速器输出轴。根据功能上的要求,此轴上有两处分别与轴承、齿轮配合。根据第 3 章的相关知识,设计了轴各段的配合尺寸公差,试分析按照图上的设计要求是否能满足轴的使用要求。如果在加工中存在几何误差,对配合性质是否有影响?如何限制这些误差?它们与尺寸公差有何关系?

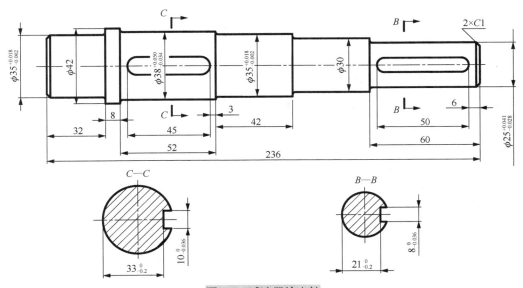

图 4-1 减速器输出轴

4.1　几何公差概述

4.1.1　几何误差的产生及影响

零件在加工过程中，由于受机床、刀具、夹具误差、装夹误差，以及材料内应力和热处理引起的变形，工艺系统的振动等因素的影响，会产生形状、位置、方向和跳动等误差，统称为几何误差。

几何误差不仅影响零件的互换性，还将影响机械产品的工作性能和精度，特别对那些经常处于高速、高温、高压及重载条件下工作的零件更为重要。因此，为了保证机械产品的互换性和质量，当进行零件的精度设计时，不仅要控制零件的尺寸误差和表面粗糙度，而且还要控制零件的几何误差。

 案例 4-1

零件的形状和各表面之间的相互位置在加工过程中会存在误差，如何限制零件的形状误差及保证各表面之间的相互位置关系，对零件使用功能的实现极为重要。

问题：

(1) 几何公差与尺寸公差有哪些区别？

(2) 几何精度设计中，几何公差包括哪些项目？

零件的几何误差对零件使用性能的影响可以归纳为以下三个方面。

1)影响零件的功能要求

例如，轴颈和轴承的圆度误差会导致轴的旋转精度降低，机床导轨的直线度和平面度误差会影响运动精度，齿轮轴线的平行度误差会影响齿面的接触精度及齿侧间隙。

2)影响零件的配合性质

例如，对于圆柱结合的间隙配合，圆柱表面的形状误差会使间隙大小分布不均匀，当配合件有相对转动时，会导致局部磨损加剧，降低零件的使用寿命，甚至影响装配性，过盈配合会由于配合面过盈不一致而影响结合强度，降低零件工作的可靠性。

3)影响零件的自由装配性

例如，轴承盖上各螺钉孔的位置不正确，在用螺栓往机座上紧固时，就有可能影响其自由装配。

总之，零件的几何误差不仅影响其装配性，更重要的是影响产品的工作精度和使用寿命，因此，设计时必须根据零件的使用要求，对其规定一个合理的几何公差值。

4.1.2　几何公差的相关国家标准

为了控制几何误差，国家制定和发布了几何公差相关标准，便于在零件的设计、加工和检测过程中使用。我国 GPS 标准体系中与几何公差有关的主要有以下几项标准。

(1)GB/T 1182—2018《产品几何技术规范(GPS)　几何公差　形状、方向、位置和跳动公差标注》；

(2)GB/T 4249—2018《产品几何技术规范(GPS)　基础　概念、原则和规则》；

(3)GB/T 16671—2018《产品几何技术规范(GPS)　几何公差　最大实体要求(MMR)、最小实体要求(LMR)和可逆要求(RPR)》；

(4)GB/T 13319—2020《产品几何技术规范(GPS)　几何公差　成组(要素)与组合几何规范》；

(5)GB/T 17851—2022《产品几何技术规范(GPS)　几何公差　基准和基准体系》；

(6)GB/T 17852—2018《产品几何技术规范(GPS)　几何公差　轮廓度公差标注》；

(7)GB/T 1184—1996《形状和位置公差　未注公差值》；

(8)GB/T 1958—2017《产品几何技术规范(GPS)　几何公差　检测与验证》。

4.1.3　几何公差的研究对象

几何公差的研究对象是零件的几何要素。零件的几何要素是指构成零件几何特征的点、线、面。如图 4-2 所示的零件就是由顶点、球心、轴线、圆锥面、球面、圆柱面和平面等要素组成的几何体。

几何要素从不同的角度可以分为以下几类。

1. 按结构特征分为组成要素和导出要素

1)组成要素(旧标准称轮廓要素)

组成要素是指零件的表面或表面上的线。如图 4-2 所示的球面、圆锥面、圆柱面、平面及素线等。

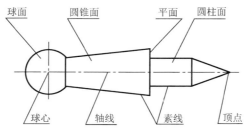

图 4-2　零件的几何要素

组成要素中按存在的状态又可分为以下几种。

(1)公称组成要素：是指由技术制图或其他方法确定的理论正确组成要素，如图 4-3(a)中所示的公称组成要素。

(2)实际(组成)要素：是指由接近实际(组成)要素所限定的工件实际表面(实际存在并将整个工件与周围介质分隔的一组要素)的组成要素部分，如图 4-3(b)所示。

(3)提取组成要素：是指按规定的方法，由实际(组成)要素提取有限数目的点所形成的实际(组成)要素的近似替代，如图 4-3(c)中所示的提取组成要素。

在评定几何误差时，通常以提取组成要素代替实际(组成)要素。

(4)拟合组成要素：是指按规定的方法由提取组成要素形成的并具有理想形状的组成要素，如图 4-3(d)所示。

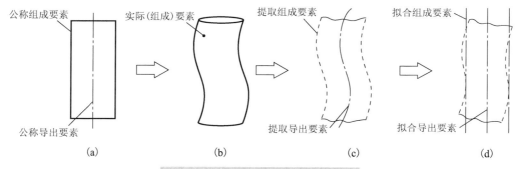

图 4-3　几何要素定义之间的相互关系

2)导出要素(旧标准称中心要素)

导出要素是指由一个或几个组成要素得到的中心点、中心线或中心面。如图 4-2 中球心是由组成要素球面得到的导出要素(中心点)，轴线是由组成要素圆柱面和圆锥面得到的导出要素(中心线)。

导出要素中按存在状态又可分为以下几种。

(1)公称导出要素：是指由一个或几个公称组成要素导出的中心点、轴线或中心面，如图 4-3(a)中的公称导出要素。

(2)提取导出要素：是指由一个或几个提取组成要素得到的中心点、中心线或中心面，如图 4-3(c)中的提取导出的中心线。

(3)拟合导出要素：是指由一个或几个拟合组成要素导出的中心点、中心线或中心面，如图 4-3(d)所示。

2. 按检测关系分为被测要素和基准要素

1) 被测要素

被测要素是指图样给出了几何公差要求的要素,也就是需要研究和检测的要素。如图 4-4 中 ϕ100f6 表面和轴线为被测要素。

被测要素按其功能要求又可分为单一要素和关联要素。

(1) 单一要素:是指对要素本身提出形状公差要求的被测要素。如图 4-4 中的 ϕ100f6 表面为单一要素。

(2) 关联要素:是指相对基准要素有方向或(和)位置功能要求而给出方向或位置公差要求的被测要素。如图 4-4 中 40 尺寸的右端面为关联要素。

2) 基准要素

基准要素是指图样上规定用来确定被测要素的方向或位置的要素。如图 4-4 中 40 尺寸的左端面为基准要素。

应当指出,基准要素本身按其功能要求可以是单一要素或关联要素。

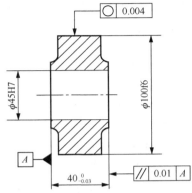

图 4-4　零件几何要素公差要求示例

4.1.4　几何公差和几何公差带的概念

1. 几何公差特征和符号

国家标准 GB/T 1182—2018 规定的几何公差的特征项目分为形状公差、方向公差、位置公差和跳动公差四大类,共有 19 项,其项目名称和符号如表 4-1 所示。

形状公差是对单一要素提出的要求,因此没有基准;方向公差、位置公差、跳动公差是对关联要素提出的要求,因此在大部分情况下都有基准。

当几何公差特征为线轮廓度和面轮廓度时,若无基准要求,则为形状公差;若有基准要求,则为方向公差或位置公差。

表 4-1　几何公差特征项目及符号(摘自 GB/T 1182—2018)

公差类型	几何特征项目	符号	有无基准	公差类型	几何特征项目	符号	有无基准
形状公差	直线度	—	无	位置公差	位置度	⊕	有或无
	平面度	▱	无		同心度	◎	有
	圆度	○	无		同轴度	◎	有
	圆柱度	⌬	无		对称度	=	有
	线轮廓度	⌒	无		线轮廓度	⌒	有
	面轮廓度	⌓	无		面轮廓度	⌓	有
方向公差	平行度	//	有	跳动公差	圆跳动	↗	有
	垂直度	⊥	有				
	倾斜度	∠	有		全跳动	↗↗	有
	线轮廓度	⌒	有				
	面轮廓度	⌓	有				

2. 几何公差带

几何公差带体现了被测要素的设计要求，也是加工和检验的依据，是限制轮廓表面、轴线或中心面变动的区域。几何公差带的主要形状有 7 种：

(1) 圆内的区域；

(2) 球面内的区域；

(3) 圆柱面内的区域；

(4) 两等距曲线之间或两平行直线之间的区域；

(5) 两同心圆之间的区域；

(6) 两等距曲面之间或两平行平面之间的区域；

(7) 两同轴圆柱面之间的区域。

几何公差带的基本形状如表 4-2 所列。

> **案例 4-1 分析**
>
> (1) 几何公差与尺寸公差的主要区别：①研究对象不同，构成零件几何特征的点线面；②公差项目不同；③标注方法不同；④公差带不同。
>
> (2) 几何公差共有 19 个项目，其中形状公差项目 6 个，方向公差 5 个，位置公差 6 个，跳动公差 2 个。

表 4-2　几何公差带的基本形状

被测几何要素	被测要素特征		设计的功能要求	几何公差带形状	备注
点	给定平面上		位置要素	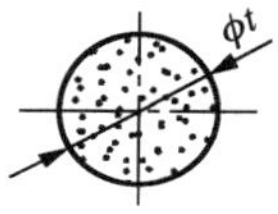	圆内的区域
	空间上		位置要素	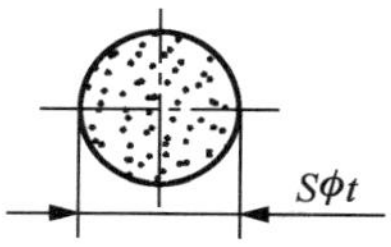	球面内的区域
线	给定平(截)面上直线		直线度要求	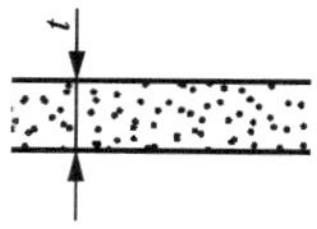	两平行直线之间的区域
	空间上直线		一个方向上的直线度要求	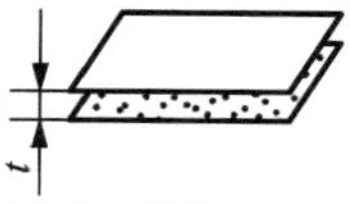	两平行平面之间的区域
			任意方向上的直线度要求	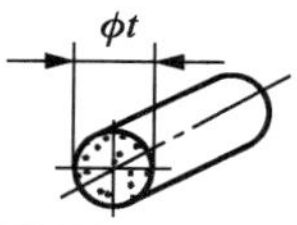	圆柱面内的区域
	给定平(截)面上曲线	未封闭	线轮廓度要求	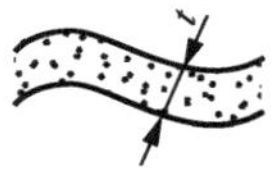	两等距曲线之间的区域
		封闭	圆度要求	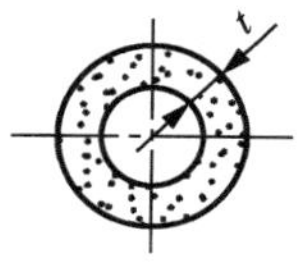	两同心圆之间的区域

续表

被测几何要素	被测要素特征		设计的功能要求	几何公差带形状	备注
面	平面		平面度要求		两平行平面之间的区域
	曲面	未封闭	面轮廓度要求		两等距曲面之间的区域
		封闭	圆柱度要求		两同轴圆柱面之间的区域

注：GB/T 1182—2018 将公差带形状中的两平行直线之间的区域并入两等距曲线之间的区域；
　　将两平行平面之间的区域并入两等距曲面之间的区域。

4.2　几何公差的标注方法

4.2.1　几何公差标注代号

几何公差标注代号包括几何公差框格、指引线和箭头、几何公差特征项目符号、几何公差值、基准字母及有关符号，如图 4-5 所示。

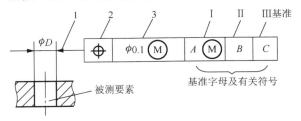

1-指引线箭头；2-项目符号；3-几何公差值及有关符号

图 4-5　几何公差标注的构成

1. 几何公差框格

几何公差框格分两格或多格，从左到右或从下到上依次填写以下内容：

第 1 格——几何公差特征项目符号。

第 2 格——几何公差值及相关符号。几何公差值(单位为 mm)是从相关的表中查出的，单位可省略不写。如果是圆形或圆柱形公差带，在公差值前加注 ϕ；如果是球形公差带，则在公差值前加 $S\phi$。

第 3、4、5 格——基准字母和其他相关符号。代表基准的字母用大写的英文字母表示。

除项目的特征符号外，由于零件的功能要求还需给出一些几何公差的附加符号，如表 4-3 所示。

案例 4-2

在机械技术图样中，仅仅有尺寸精度设计是满足不了零件的使用要求的，加工过程中的几何误差必须由几何公差来控制，因此，在图样中还必须进行几何公差标注。

问题：

(1) 几何公差的标注方法与尺寸公差的标注方法有哪些区别？

(2) 几何公差的标注主要包括哪些内容？

表 4-3　几何公差的附加符号（GB/T 1182—2018）

说明	符号	说明	符号
被测要素		基准要素	A　　A
最大实体要求	M	最小实体要求	L
包容要求	E	可逆要求	R
自由状态条件（非刚性零件）	F	延伸公差带	P
基准目标	$\frac{\phi2}{A1}$	理论正确尺寸	50
全周（轮廓）	⟳	组合公差带	CZ
大径	MD	中径、节径	PD
小径	LD	线素	LE
不凸起	NC	任意横截面	ACS

在几何公差标注时还有一些补充要求需要标注，几何公差补充要求的注写位置为：

（1）当某项几何公差用于几个相同要素时，应在几何公差框格的上方被测要素的尺寸之前注明要素的个数，并在两者之间加上符号"×"；

（2）如果需要限制被测要素在公差带内的形状，应在几何公差框格的下方注明（可参考用表 4-3 中的附加符号进行注明，如注明 NC，则表示被测要素不允许凸起）。

在技术图样中，几何公差框格一般应水平或垂直地绘制，不允许倾斜。

2. 基准

对于有方向、位置和跳动公差要求的零件，在图样上必须标明基准。基准用一个大写的英文字母表示，字母水平书写在基准方框内，与一个涂黑的或空白的三角形相连以表示基准，如图 4-6 所示。

图 4-6　基准代号表示的基准

为了不引起误解，基准字母不得采用 E、I、J、M、O、P、L、R、F。

基准代号在图样上的标注，可分为以下几种情况：

（1）单一基准。单一基准是指由一个要素确定的基准，例如，以线作为基准，如图 4-7 所示。

（2）公共基准（组合基准）。公共基准是指由两个或两个以上要素共同建立作为一个基准使用的基准，例如，公共轴线、公共平面等，其标注方法如图 4-8 所示。

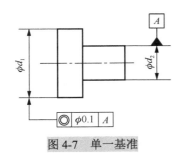

图 4-7　单一基准

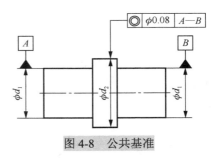

图 4-8　公共基准

(3) 三基面体系基准。三基面体系是指由三个相互垂直的基准平面构成的，用以确定要素间的相对位置的基准体系。三基面体系通常用在位置度公差中，三个基准的先后顺序对于保证零件的质量非常重要，设计时应选择最重要的要素作为第一基准，如图 4-9 所示。

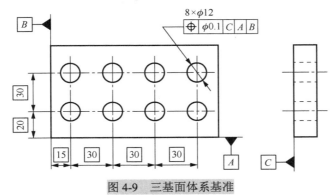

图 4-9　三基面体系基准

(4) 基准目标。基准目标是指在有关要素上选定某些点、线或局部表面作为基准，而不是以整个要素作为基准。当基准目标为点时，用 "×" 表示；当基准目标为线时，用细实线表示，并在两端标 "×"；基准目标为局部表面时，用双点画线给出局部表面的轮廓，轮廓中画上 45°的细实线，如图 4-10 所示。基准目标一般在大型零件上采用。

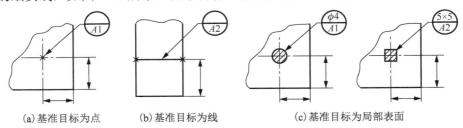

(a) 基准目标为点　　(b) 基准目标为线　　　(c) 基准目标为局部表面

图 4-10　基准目标的标注

4.2.2　被测要素的标注方法

被测要素就是检测对象。国标 GB/T 1182—2018 规定，图样上用带箭头的指引线将被测要素与几何公差框格一端相连，指引线的箭头应垂直地指向被测要素，并指向公差带的宽度或直径方向。指引线可以从框格的任意一端引出，引向被测要素时允许弯折但弯折次数不超过 2 次。对于不同的被测要素，其标注方法如下。

1)被测要素为轮廓要素的标注

当被测要素为轮廓要素时，指引线箭头应指在轮廓线或轮廓线的延长线上，并与尺寸线明显错开，如图 4-11 所示。

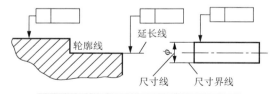

图 4-11　被测要素为轮廓要素时的标注

2)被测要素为中心要素的标注

当被测要素为轴线、球心或中心平面时，指引线箭头应与该要素的尺寸线对齐,如图 4-12 所示。

> **案例 4-2 分析**
>
> （1）几何公差与尺寸公差标注方法的主要区别：几何公差标注方法一般采用标注代号标注，标注代号包括几何公差框格、指引线和箭头、几何公差特征项目符号、几何公差值、基准字母及有关符号；而尺寸公差标注采用公称尺寸和公差带代号(或极限偏差)进行标注。
>
> （2）几何公差标注内容主要包括：公差特征项目的选择、公差值的选用、基准的选择、公差原则的选择、几何公差框格及有关符号的标注、被测要素的标注、基准的标注等。

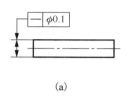

(a)

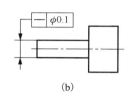

(b)

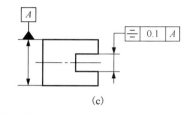

(c)

图 4-12　被测要素为中心要素时的标注

3)被测要素为圆锥体轴线的标注

当被测要素为圆锥体轴线时，指引线箭头应与圆锥体直径尺寸线（大端或小端）对齐。当圆锥大端或小端直径尺寸线不便于标注时，指引线箭头也可与圆锥上任一部位的空白尺寸线对齐。如果圆锥是用角度标注的，指引线箭头应对着角度尺寸线，如图 4-13 所示。

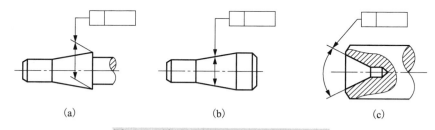

(a)　　　　　　　　　　(b)　　　　　　　　　　(c)

图 4-13　被测要素为圆锥体轴线时的标注

4)被测要素为视图中的实际表面的标注

当被测要素为视图中的实际表面而又受图形限制时，可在该面上用一黑点引出参考线，指引线箭头指在参考线上，如图 4-14 所示。

5)被测要素为局部要素的标注

当被测要素为局部要素时，应该用粗点画线标出其部位并注出尺寸，指引线箭头应指在粗点画线上，如图 4-15 所示。

6）同一被测要素有多项几何公差要求的标注

当同一被测要素有多项几何公差要求时，可以将几个公差框格绘制在一起，并引用一条带箭头的指引线指向被测要素，如图 4-16 所示。

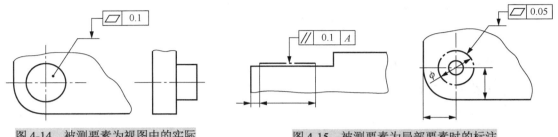

图 4-14 被测要素为视图中的实际
表面时的标注

图 4-15 被测要素为局部要素时的标注

7）多个被测要素有相同的几何公差要求的标注

当多个被测要素有相同的几何公差要求时，可以从框格引出的指引线上绘制多个指示箭头，并分别指向各被测要素，如图 4-17 所示。

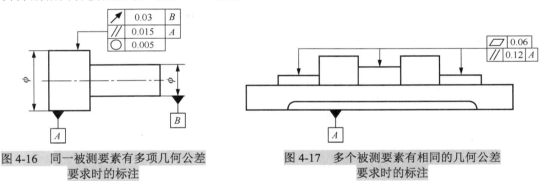

图 4-16 同一被测要素有多项几何公差
要求时的标注

图 4-17 多个被测要素有相同的几何公差
要求时的标注

8）被测要素为公共轴线、中心平面的标注

当被测要素为几个要素的公共轴线、公共中心平面时，指引线箭头可以直接指在轴线、公共轴线或公共中心平面上，如图 4-18 所示。

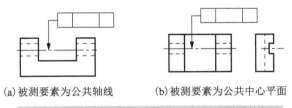

(a)被测要素为公共轴线　　(b)被测要素为公共中心平面

图 4-18 被测要素为公共轴线、中心平面时的标注

4.2.3 基准要素的标注方法

1）基准要素为轮廓要素的标注

当基准要素为轮廓要素时，基准符号应靠近基准要素的轮廓线或轮廓线的延长线，并与尺寸线明显错开，如图 4-19 所示。

2）基准要素为中心要素的标注

当基准要素为中心要素时，基准代号的连线应与尺寸线对齐，如图 4-20 所示。

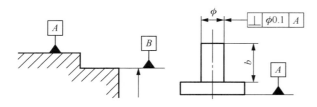
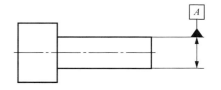

图 4-19　基准要素为轮廓要素时的标注　　　　图 4-20　基准要素为中心要素时的标注

3）基准要素为圆锥轴线的标注

当基准要素为圆锥轴线时，基准代号的三角形连线应与圆锥素线垂直，如图 4-21 所示。

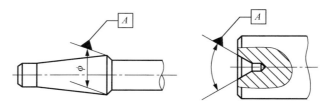

图 4-21　基准要素为圆锥轴线时的标注

4）基准要素为视图中的局部表面的标注

当基准要素为视图中的局部表面时，可在该面上用一黑点引出参考线，基准代号置于参考线上，如图 4-22 所示。

5）基准要素为局部要素的标注

当基准要素为局部要素时，用粗点画线标出其部位并注出尺寸，基准代号置于粗点画线上，如图 4-23 所示。

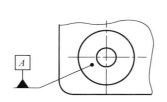
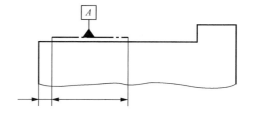

图 4-22　基准要素为视图中的局部表面时的标注　　　图 4-23　基准要素为局部要素时的标注

4.2.4　附加符号的标注方法

1. 理论正确尺寸的标注

当给出一个或一组要素的位置、方向或轮廓度公差时，分别用来确定其理论正确位置、方向或轮廓的尺寸称为理论正确尺寸（TED）。

TED 也用于确定基准体系中各基准之间的方向、位置关系。

理论正确尺寸没有公差，并标注在一个方框中，如图 4-24（a）、（b）所示。

2. 附加标记的标注

GB/T 1182—2018 给出了全周符号、螺纹、齿轮、花键等结构要素的附加标记符号的使用规定。

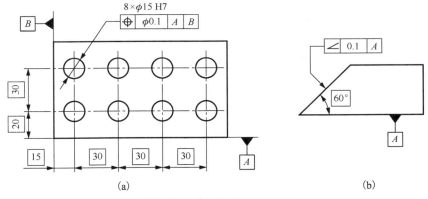

图 4-24　理论正确尺寸的标注

（1）如果轮廓度特征适用于横截面的整周轮廓或该轮廓所示的整周表面，应采用"全周"符号表示，如图 4-25 和图 4-26 所示。"全周"符号并不包括整个工件的所有表面，只包括由轮廓和公差标注所表示的各个表面。如图 4-26 所示的面轮廓度要求包括六面体所涉及的不包括图中的表面 *a* 和表面 *b* 的其他表面要素。

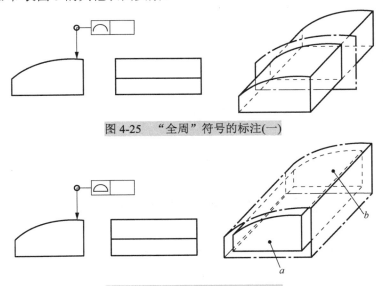

图 4-25　"全周"符号的标注(一)

图 4-26　"全周"符号的标注(二)

（2）以螺纹轴线为被测要素或基准要素时，默认为螺纹中径圆柱的轴线。否则应另有说明，例如，用"MD"表示大径，如图 4-27(a) 所示；用"LD"表示小径，如图 4-27(b) 所示。

(a) 被测要素为螺纹大径圆柱轴线的标注　　　(b) 基准要素为螺纹小径圆柱轴线的标注

图 4-27　以螺纹轴线为被测要素或基准要素时的标注

3. 延伸公差带的标注

延伸公差带用规范的附加符号ⓟ表示，并标注出其延伸范围，如图4-28所示。

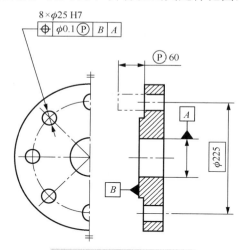

图4-28　延伸公差带的标注

4. 自由状态下要求的标注

非刚性零件自由状态下的公差要求应该用在相应公差值的后面加注规范的附加符号Ⓕ的方法表示，如图4-29(a)、(b)所示。各附加符号ⓟ、Ⓜ、Ⓛ、Ⓕ和CZ，可同时用于同一个公差框格中，如图4-29(c)所示。

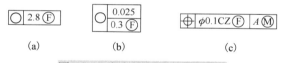

(a)　　　　　(b)　　　　　(c)

图4-29　自由状态下要求的标注

4.3　几何公差及其公差带特征

几何公差是用来限制被测实际要素几何误差的指标。相对于尺寸公差带，几何公差带要复杂得多。根据被测要素的功能和结构特征不同，几何公差带有大小、形状、方向、位置四方面的要求。

4.3.1　形状公差及其公差带特征

形状公差用来限制形状误差，即用给定公差值限制形状误差的最小区域的宽度或直径，它是对零件上单一实际要素形状的精度要求。形状公差带是限制单一实际被测要素变动的区域，它和形状误差的最小区域的形状相同。形状公差有直线度、平面度、圆度、圆柱度、线轮廓度和面轮廓度六个项目。

1. 直线度公差

直线度公差用于限制平面或空间直线的形状误差。根据零件的功能要求不同，可分别提出给定平面内、给定方向上和任意方向的

> **小提示 4-1**
>
> 线轮廓度和面轮廓度：有基准要求、无基准要求、对基准有定向要求、对基准有定位要求四种类型，因此它们有可能是形状公差，也可能是定向公差或定位公差，为减少内容的重复，将其内容集中在4.3.5节中进行介绍。

直线度要求。

1) 在给定平面内直线度公差要求

公差带是在给定平面内距离为公差值 t 的两平行直线之间的区域，如图 4-30 所示，在任一给定平行于图示投影面的平面内、上平面的提取(实际)线应限定在间距等于 0.1mm 的平行直线之间。

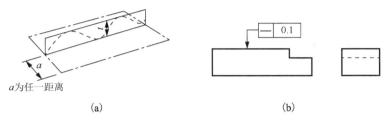

图 4-30　给定平面内的直线度公差

2) 在给定方向上直线度公差要求

公差带是距离为公差值 t 的两平行平面之间的区域,如图 4-31 所示。图 4-31(b)中提取(实际)的棱边应限定在间距等于 0.1mm 的平行平面之间。

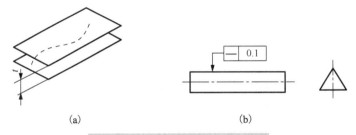

图 4-31　给定方向上的直线度公差

3) 在任意方向上直线度公差要求

公差带是直径为公差值 t 的圆柱面内的区域，标注时，应在公差值前加注"ϕ"，如图 4-32 所示。

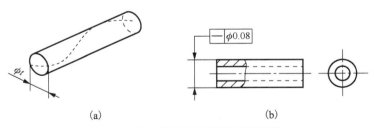

图 4-32　任意方向上的直线度公差

图 4-32(b)中，外圆柱面的提取(实际)中心线应限定在间距等于 ϕ0.08mm 的圆柱面内。

2. 平面度公差

公差带是距离为公差值 t 的两平行平面之间的区域，如图 4-33(a)所示。

图 4-33(b)中，提取(实际)表面应限定在间距等于 0.08mm 的两平行平面之间。

3. 圆度公差

公差带是在给定截面内、半径差为公差值 t 的两同心圆之间的区域，如图 4-34(a)所示。

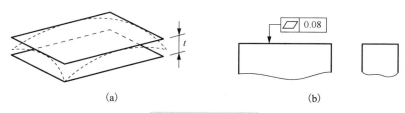

图 4-33　平面度公差

图 4-34(b)中，在圆柱面和圆锥面的任意截面内，提取(实际)圆周应限定在半径差等于 0.03mm 的两同心圆之间；图 4-34(c)中，提取(实际)圆周应限定在半径差等于 0.01mm 的两同心圆之间。

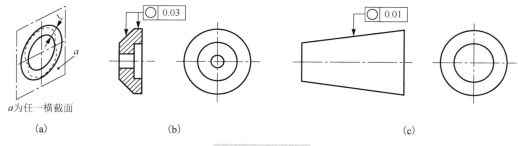

*a*为任一横截面

图 4-34　圆度公差

4. 圆柱度公差

公差带是半径差等于公差值 *t* 的两同轴圆柱面之间的区域，如图 4-35(a)所示。

图 4-35(b)中，提取(实际)圆柱面应限定在半径差等于 0.1mm 的两同轴圆柱面之间；圆柱度能对圆柱面纵、横截面各种形状误差进行综合控制。

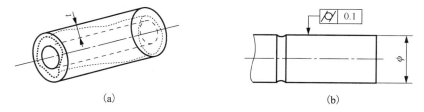

图 4-35　圆柱度公差

4.3.2　方向公差及其公差带特征

方向公差是关联被测要素对基准要素在规定方向上所允许的变动量。方向公差与其他几何公差相比有其明显的特点；方向公差带相对于基准有确定的方向，并且公差带的位置可以定向浮动；方向公差带还具有综合控制被测要素的方向和形状的功能。

根据两要素给定方向不同，方向公差分为平行度、垂直度、倾斜度、对基准有方向要求的线轮廓度和面轮廓度 5 个项目。

1. 平行度公差

平行度公差用于限制被测要素对基准要素平行的误差。

1)线对基准体系的平行度公差

(1)给定一个方向的平行度要求时，其公差带是间距等于公差值 *t*、平行于两基准(基准轴

线 A 和基准平面 B)的两平行平面之间的区域，如图 4-36(a)所示。

图 4-36(b)中，提取(实际)中心线应限定在间距等于 0.1mm、平行于基准轴线 A 和基准平面 B 的两平行平面之间，构成公差带的两平行平面应平行于基准轴线 A 且平行于基准平面 B，基准平面 B 参与确定公差带的方向，起辅助定向作用。

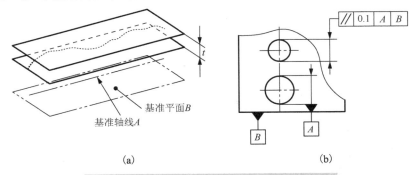

图 4-36　给定一个方向的平行度公差及其公差带

(2)给定另一个方向的平行度要求时，其公差带是间距等于公差值 t、平行于基准轴线 A 且垂直于基准平面 B 的两平行平面之间的区域，如图 4-37(a)所示。

图 4-37(b)中，提取(实际)中心线应限定在间距等于 0.1mm 的两平行平面之间，构成公差带的两平行平面应平行于基准轴线 A 且垂直于基准平面 B，基准平面 B 参与确定公差带的方向，起辅助定向作用。

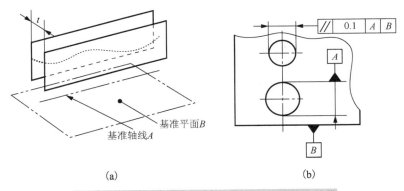

图 4-37　给定另一个方向的平行度公差及其公差带

(3)给定相互垂直的两个方向的平行度要求，公差带是平行于基准轴线 A 且垂直于或平行于基准平面 B、间距等于公差值 t_1 和 t_2，且相互垂直的两组平行平面之间的区域，如图 4-38(a)所示。

图 4-38(b)中，被测要素的提取(实际)中心要素应限定在间距分别为公差值 0.1mm 和 0.2mm 的两组互相垂直的平行平面之间，构成公差带的两组平行平面应平行于基准轴线 A，且分别平行和垂直于基准平面 B，其中基准平面 B 起辅助定向作用。

(4)给定平面内的平行度公差要求，其公差带是间距等于公差值 t 的两平行直线之间的区域，该两平行直线平行于基准平面 A 且处于平行于基准平面 B 的平面内，如图 4-39(a)所示。

图 4-39(b)中，提取(实际)线应限定在间距等于 0.02mm 的两平行直线之间，该两平行直线平行于基准平面 A 且处于平行于基准平面 B 的平面内，基准平面 B 起辅助定向作用。图 4-39(b)中 LE 表示被测要素为给定截面内的轮廓线(线素)。

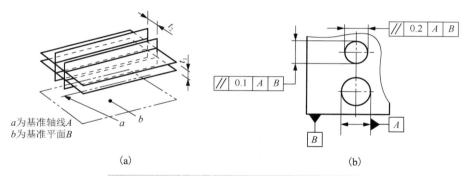

图 4-38　给定两个方向的平行度公差及其公差带

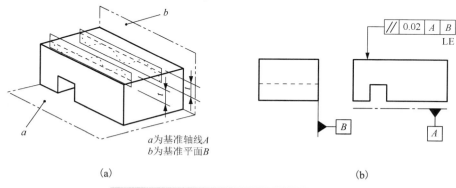

图 4-39　给定平面内的平行度公差及其公差带

2)线对基准轴线的平行度公差

　　若公差值前加注了符号ϕ,则公差带是平行于基准轴线、直径等于公差值ϕt 的圆柱面内的区域,如图 4-40(a)所示。

　　图 4-40(b)中,提取(实际)中心线应限定在平行于基准轴线、直径等于公差值ϕ0.03mm的圆柱面内。

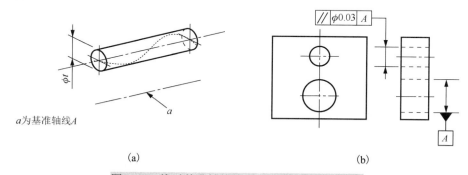

图 4-40　线对基准轴线的平行度公差及其公差带

3)线对基准面的平行度公差

　　公差带是平行于基准平面、间距等于公差值 t 的两平行平面之间的区域,如图 4-41(a)所示。

　　图 4-41(b)中,提取(实际)中心线应限定在平行于基准平面 B、间距等于公差值 0.01mm的两平行平面之间。

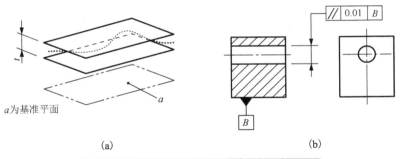

图 4-41　线对基准面的平行度公差及其公差带

4)面对基准轴线的平行度公差

公差带是间距为公差值 t、平行于基准轴线的两平行平面之间的区域，如图 4-42(a)所示。

图 4-42(b)中，提取(实际)表面应限定在平行于基准轴线 C、间距等于公差值 0.1mm 的两平行平面之间。

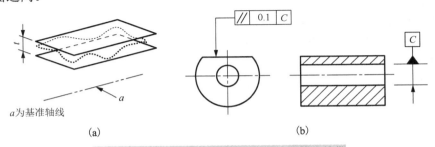

图 4-42　面对基准轴线的平行度公差及其公差带

5)面对基准面的平行度公差

公差带是间距为公差值 t、平行于基准平面的两平行平面之间的区域，如图 4-43(a)所示。

图 4-43(b)中，提取(实际)表面应限定在平行于基准平面 D、间距等于公差值 0.01mm 的两平行平面之间。

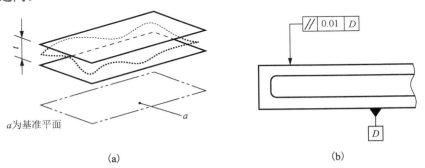

图 4-43　面对基准面的平行度公差及其公差带

2. 垂直度公差

垂直度公差用于限制被测要素对基准要素垂直的误差。

1)线对基准体系的垂直度公差

(1)给定一个方向的线对基准体系的垂直度公差要求，其公差带是间距等于公差值 t 的两平行平面之间的区域，该两平行平面垂直于基准平面 A 且平行于基准平面 B，如图 4-44(a)所示。

图 4-44(b)中,圆柱面的提取(实际)中心线应限定在间距等于 0.1mm 的两平行平面之间,该两平行平面垂直于基准平面 A 且平行于基准平面 B。

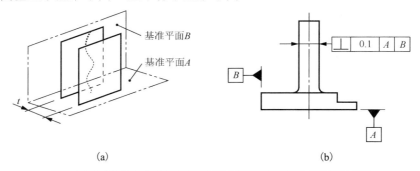

(a)   (b)

图 4-44 线对基准体系的垂直度公差及其公差带(一个方向)

(2)给定两个方向的线对基准体系的垂直度公差要求,其公差带是间距等于公差值 t_1 和 t_2,且互相垂直的两组平行平面之间的区域,该两组平行平面都垂直于基准平面 A,其中一组平行平面垂直于基准平面 B,另一组平行平面平行于基准平面 B,如图 4-45(a)所示。

图 4-45(b)中,圆柱面的提取(实际)中心线应限定在间距等于 0.1mm 和 0.2mm,且在互相垂直的两组平行平面之间内,该两组平行平面都垂直于基准平面 A,且垂直或平行于基准平面 B。

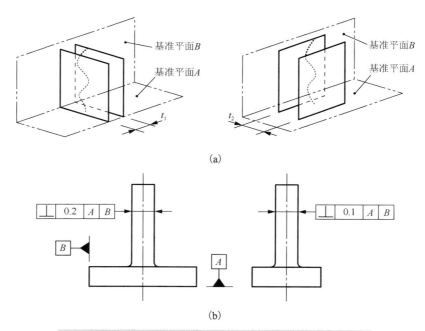

(a)

(b)

图 4-45 线对基准体系的垂直度公差及其公差带(两个方向)

2)线对基准线的垂直度公差

公差带为间距等于公差值 t、垂直于基准线的两平行平面所限定的区域,如图 4-46(a)所示。

图 4-46(b)中,提取(实际)中心线应限定在间距等于 0.06mm、垂直于基准轴线 A 的两平行平面之间。

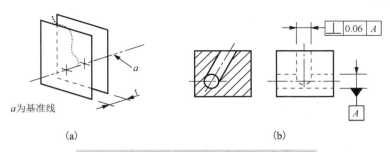

(a)　　　　　　　　　　　　　　　　(b)

图 4-46　线对基准线的垂直度公差及其公差带

3) 线对基准面的垂直度公差

若公差值前加注符号 ϕ，公差带为直径等于公差值 ϕt、轴线垂直于基准平面的圆柱面所限定的区域，如图 4-47(a) 所示。

图 4-47(b) 中，圆柱面的提取(实际)中心线应限定在直径等于 0.01mm、垂直于基准平面 A 的圆柱面内。

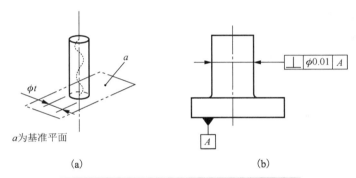

(a)　　　　　　　　　　　　　　　　(b)

图 4-47　线对基准面的垂直度公差及其公差带

4) 面对基准轴线的垂直度公差

公差带为间距等于公差值 t 且垂直于基准轴线的两平行平面所限定的区域，如图 4-48(a) 所示。

图 4-48(b) 中，被测要素的提取(实际)表面应限定在间距等于 0.08mm 的两平行平面之间，该两平行平面垂直于基准轴线 A。

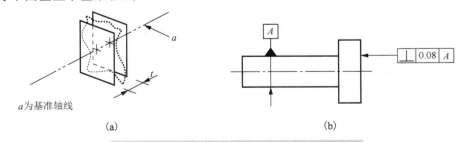

(a)　　　　　　　　　　　　　　　　(b)

图 4-48　面对基准轴线的垂直度公差及其公差带

5) 面对基准面的垂直度公差

公差带为间距等于公差值 t、垂直于基准平面的两平行平面所限定的区域，如图 4-49(a) 所示。

图 4-49(b)中，提取(实际)表面应限定在间距等于 0.08mm、垂直于基准平面 A 的两平行平面之间。

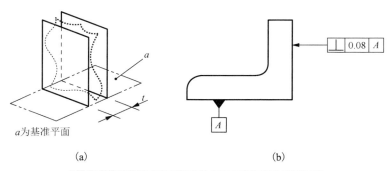

a 为基准平面

(a) (b)

图 4-49 面对基准平面的垂直度公差及其公差带

3. 倾斜度公差

倾斜度公差用于限制被测要素对基准要素成一般角度的误差。

1) 线对基准线的倾斜度公差

给定一个方向的倾斜度要求时，有以下两种情况。

(1) 被测线和基准线在同一平面上。

公差带为间距等于公差值 t 的两平行平面所限定的区域，该两平行平面按给定角度倾斜于基准线，如图 4-50(a)所示。

图 4-50(b)中，提取(实际)中心线应限定在间距等于 0.08mm 的两平行平面之间，该两平行平面按理论正确角度 60° 倾斜于公共基准轴线 A—B。

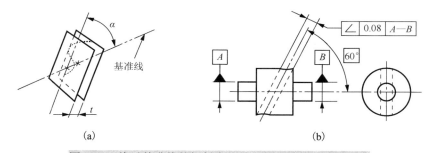

基准线

(a) (b)

图 4-50 线对基准线的倾斜度公差及其公差带(同一平面)

(2) 被测线与基准线在不同平面内。

公差带为间距等于公差值 t 的两平行平面所限定的区域，该两平行平面按给定角度倾斜于基准轴线，如图 4-51(a)所示。

图 4-51(b)中，提取(实际)中心线应限定在间距等于 0.08mm 的两平行平面之间，该两平行平面按理论正确角度 60° 倾斜于公共基准轴线 A—B。

2) 线对基准面的倾斜度公差

(1) 给定一个方向的线对基准面的倾斜度公差要求，其公差带为间距等于公差值 t 的两平行平面所限定的区域，该两平行平面按给定角度倾斜于基准平面，如图 4-52(a)所示。

图 4-52(b)中，提取(实际)中心线应限定在间距等于 0.08mm 的两平行平面之间，该两平行平面按理论正确角度 60° 倾斜于基准平面 A。

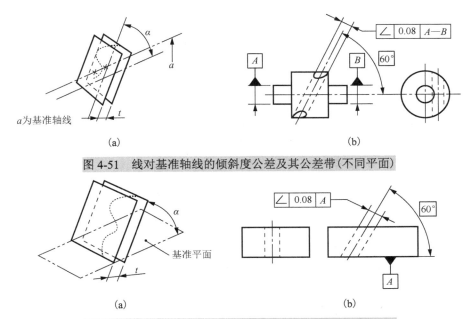

图 4-51　线对基准轴线的倾斜度公差及其公差带(不同平面)

图 4-52　线对基准平面的倾斜度公差及其公差带(一个方向)

(2)给定任意方向的线对基准面的倾斜度公差要求,公差值前加注符号ϕ,其公差带为直径等于公差值ϕt的圆柱面所限定的区域,该圆柱面公差带的轴线按给定角度倾斜于基准平面A且平行于基准平面B,如图 4-53(a)所示。

图 4-53(b)中,提取(实际)中心线应限定在直径等于 0.1mm 的圆柱面内,该圆柱面的中心线按理论正确角度 60° 倾斜于基准平面A且平行于基准平面B。

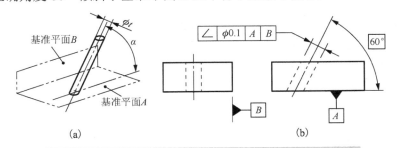

图 4-53　线对基准平面的倾斜度公差及其公差带(任意方向)

3)面对基准线的倾斜度公差

公差带为间距等于公差值 t 的两平行平面所限定的区域,该两平行平面按给定角度倾斜于基准直线,如图 4-54(a)所示。

图 4-54(b)中,提取(实际)表面应限定在间距等于 0.1mm 的两平行平面之间,该两平行平面按理论正确角度 75° 倾斜于基准轴线A。

4)面对基准面的倾斜度公差

公差带为间距等于公差值 t 的两平行平面所限定的区域,该两平行平面按给定角度倾斜于基准平面,如图 4-55(a)所示。

图 4-55(b)中,提取(实际)表面应限定在间距等于 0.08mm 的两平行平面之间,该两平行平面按理论正确角度 40° 倾斜于基准平面A。

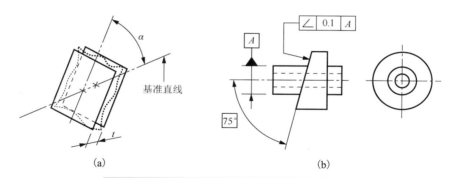

图 4-54　面对基准直线的倾斜度公差及其公差带

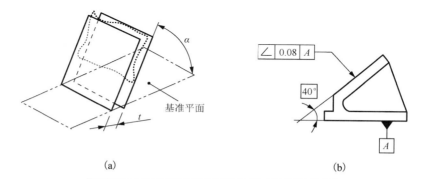

图 4-55　面对基准平面的倾斜度公差及其公差带

4.3.3　定位公差及其公差带特征

定位公差是关联实际被测要素对基准在位置上所允许的变动量。定位公差与其他几何公差相比有以下特点：定位公差带具有确定的位置，相对于基准的尺寸为理论正确尺寸；定位公差具有综合控制被测要素位置、方向和形状的功能。

根据被测要素和基准要素之间的功能关系，定位公差分为位置度、同轴度(同心度)和对称度 3 个项目。

1. 位置度公差

1)点的位置度公差

如公差值前加注 $S\phi$，公差带为直径等于公差值 t 的圆球面所限定的区域，该圆球面中心由理论正确位置和理论正确尺寸确定，如图 4-56(a)所示。

图 4-56(a)中，提取(实际)球心应限定在直径等于 0.3mm 的圆球内，该圆球面的中心由基准平面 A、基准平面 B、基准平面 C 和理论正确尺寸 30、25 确定。

2)线的位置度公差

(1)给定一个方向的公差时，公差带为间距等于公差值 t，对称于线的理论正确位置的两平行平面所限定的区域。线的理论正确位置由基准平面 A、B 和理论正确尺寸确定，如图 4-57(a)所示。

图 4-57(b)中，各条刻度线的提取(实际)中心线应限定在间距等于 0.1mm、对称于基准平面 A、B 和理论正确尺寸 25、10 确定的理论正确位置的两平行平面之间。

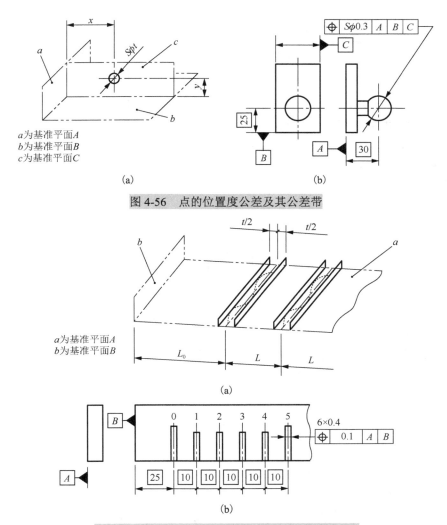

图 4-56　点的位置度公差及其公差带

图 4-57　给定一个方向线的位置度公差及其公差带

(2)给定两个方向的公差时，公差带为间距分别等于公差值 t_1 和 t_2，且对称于线的理论正确（理想）位置的垂直于基准平面的两对平行平面所限定的区域。线的理论正确位置由基准平面 C、A 和 B 及理论正确尺寸确定，如图 4-58(a)所示。

图 4-58(b)中，各孔的测得（实际）中心线在给定方向上应各自限定在间距等于 0.05mm 和 0.2mm，且相互垂直的两对平行平面内。每对平行平面对称于由基准平面 C、A、B 和理论正确尺寸 20、15、30 确定的各孔轴线的理论正确位置。

(3)给定任意方向的公差时，公差值前加注符号 ϕ，公差带为直径等于公差值 ϕt 的圆柱面所限定的区域。该圆柱面的轴线的位置由基准平面和理论正确尺寸确定，如图 4-59(a)所示。

图 4-59(b)中，孔的提取（实际）中心线应限定在直径等于 0.08mm 的圆柱面内。该圆柱面的轴线的理论正确位置由基准平面 C、A、B 和理论正确尺寸 100、68 确定。

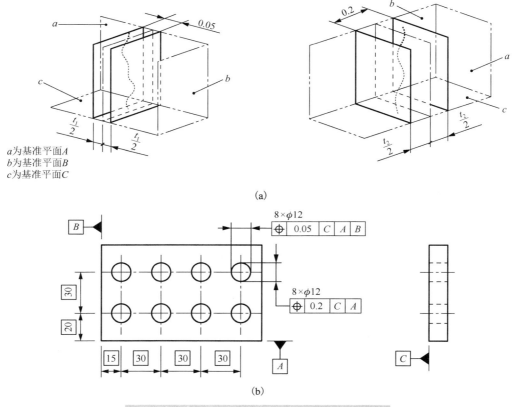

图 4-58 给定两个方向线的位置度公差及其公差带

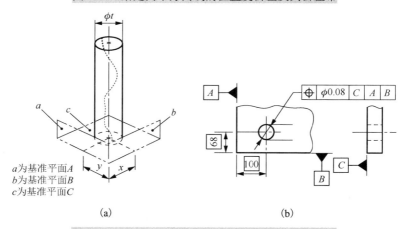

图 4-59 给定任意方向线的位置度公差及其公差带

3）轮廓平面或者中心平面的位置度公差

公差带为间距等于公差值 t 且对称于被测面理论正确位置的两平行平面所限定的区域。面的理论正确位置由基准平面、基准轴线和理论正确尺寸确定，如图 4-60（a）所示。

图 4-60（b）中，提取（实际）表面应限定在间距等于 0.05mm，且对称于被测面的理论正确位置的两平行平面之间。该两平行平面对称于由基准平面 A、基准轴线 B 和理论正确尺寸 15、105° 确定的被测面的理论正确位置。

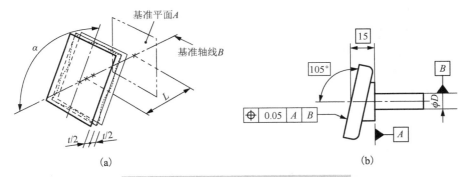

图4-60 轮廓平面的位置度公差及其公差带

2. 同心度公差和同轴度公差

同心度公差是同轴度公差的特例,当轴的长度等于零时,同心度公差变为同心度公差。

1)点的同轴度公差

公差值前标注符号ϕ,公差带为直径等于公差值ϕt的圆周所限定的区域。该圆周的圆心与基准点重合,如图4-61(a)所示。

图4-61(b)中,在任意横截面内,内圆的提取(实际)中心应限定在直径等于0.1mm,以基准点A为圆心的圆周内。图中ACS表示任意截面。

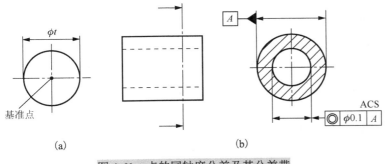

图4-61 点的同轴度公差及其公差带

小 思 考 **4-2**

如何建立基准点A需要通过标准化进一步明确,是通过对整个外圆表面的提取要素进行拟合,得到基准轴线A?还是通过对任意截面内外圆的提取轮廓进行拟合,得到基准点A?两者的结果是不一样的。

2)轴线的同轴度公差

公差值前标注符号ϕ,公差带为直径等于公差值ϕt的圆柱面所限定的区域,该圆柱面的轴线与基准轴线重合,如图4-62(a)所示。

图4-62(b)中,大圆柱面的提取(实际)中心线应限定在直径等于0.08mm、以公共基准轴线A—B为轴线的圆柱面内。

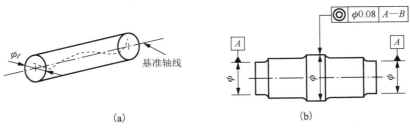

图4-62 轴线的同轴度公差及其公差带

3. 对称度公差

对称度公差通常是针对导出的中心平面规定的公差要求，其公差带为间距等于公差值 t，对称于基准中心平面的两平行平面所限定的区域，如图 4-63(a)所示。

图 4-63(b)中，提取(实际)中心面应限定在间距等于 0.08mm、对称于基准中心平面 A 的两平行平面之间。

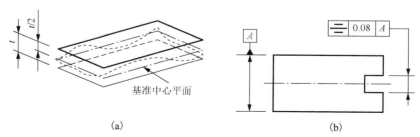

(a)   (b)

图 4-63 中心平面的对称度公差及其公差带

4.3.4 跳动公差及其公差带特征

跳动公差是关联提取(实际)要素绕基准轴线回转一周或几周时所允许的最大跳动量。

跳动公差与其他几何公差项目相比有显著的特点：跳动公差带相对于基准轴线有确定的位置；跳动公差带可以综合控制被测要素的位置、方向和形状。跳动公差分为圆跳动公差和全跳动公差。

1. 圆跳动公差

圆跳动公差是被测要素某一固定参考点围绕基准轴线旋转一周时(零件和测量仪器间无轴向位移)允许的最大变动量 t。圆跳动公差适用于每一个不同的测量位置。圆跳动可能包括圆度、同轴度、垂直度或平面度误差，这些误差的总值不能超过给定的圆跳动公差。

1)径向圆跳动公差

径向圆跳动通常是围绕轴线旋转一整周，也可对部分圆周进行限制。公差带是垂直于基准轴线的任一测量平面内、半径差为公差值 t、圆心在基准轴线上的两同心圆所限定的区域，如图 4-64(a)所示。

在图 4-64(b)中，在任一垂直于基准轴线 A 的横截面内，提取(实际)圆应限定在半径差等于 0.1mm，圆心在基准轴线 A 上的两同心圆之间。

在图 4-64(c)中，在任一平行于基准平面 B、垂直于基准轴线 A 的截面上，提取(实际)圆应限定在半径差等于 0.1mm，圆心在基准轴线 A 上的两同心圆之间。

在图 4-64(d)中，在任一垂直于公共基准轴线 A—B 的横截面内，提取(实际)圆应限定在半径差等于 0.1mm、圆心在基准轴线 A—B 上的两同心圆之间。

根据功能要求，径向圆跳动可适用于整个要素，也可适用于整个要素的某一指定部分，如图 4-65 所示。图中在任一垂直于基准轴线 A 的横截面内，提取(实际)圆弧应限定在半径差等于 0.2mm、圆心在基准轴线 A 上的两同心圆弧之间。

2)轴向圆跳动公差

公差带为与基准轴线同轴的任一半径的圆柱截面上，间距等于公差值 t 的两圆所限定的圆柱面区域，如图 4-66(a)所示。

图 4-66(b)中，在与基准轴线 D 同轴的任一圆柱形截面上，提取(实际)圆应限定在轴向

距离等于 0.1mm 的两个等圆之间。

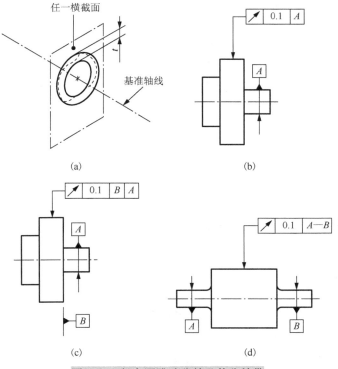

图 4-64 径向圆跳动公差及其公差带

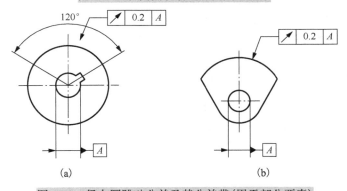

图 4-65 径向圆跳动公差及其公差带(用于部分要素)

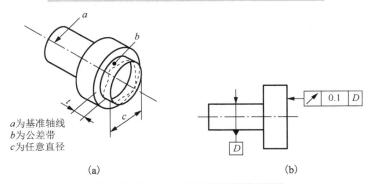

图 4-66 轴向圆跳动公差及其公差带

3)斜向圆跳动公差

公差带为与基准轴线同轴的某一圆锥截面上,间距等于公差值 t 的两圆所限定的圆锥面区域,如图 4-67(a)所示,除非另有规定,测量方向应沿被测表面的法向。

图 4-67(b)中,在与基准轴线 C 同轴的任一圆锥截面上,被测要素的提取(实际)线应限定在素线方向间距等于 0.1mm 的两不等圆之间。

图 4-67(c)中,当标注公差的素线不是直线时,圆锥截面的锥角要随所测圆的实际位置而改变。

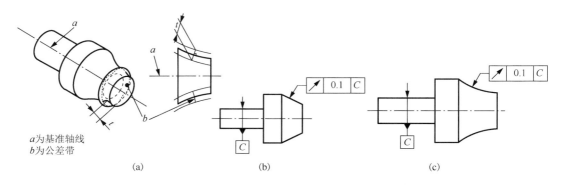

a为基准轴线
b为公差带

图 4-67　斜向圆跳动公差及其公差带

4)给定方向的斜向圆跳动公差

公差带为在与基准轴线同轴的、具有给定锥角的任一圆锥截面上,间距等于公差值 t 的两不等圆所限定的区域,如图 4-68(a)所示。

图 4-68(b)中,在与基准轴线 C 同轴且具有给定角度 60° 的任一圆锥截面上,被测要素的提取(实际)圆应限定在素线方向间距等于 0.1mm 的两不等圆之间。

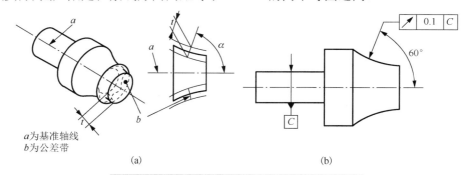

a为基准轴线
b为公差带

图 4-68　斜向圆跳动公差及其公差带(给定方向)

2. 全跳动公差

全跳动公差控制的是整个被测要素相对于基准要素的跳动总量。

1)径向全跳动公差

公差带是半径差为公差值 t 且与基准轴线同轴的两圆柱面所限定的区域,如图 4-69(a)所示。

图 4-69(b)中,提取(实际)表面应限定在半径差等于 0.1mm,与公共基准轴线 A—B 同轴的两圆柱面之间。

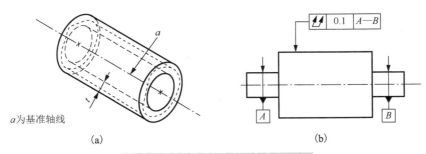

图 4-69　径向全跳动公差及其公差带

2) 轴向全跳动公差

公差带为间距等于公差值 t 且垂直于基准轴线的两平行平面所限定的区域，如图 4-70(a) 所示。

图 4-70(b)中，被测要素的提取(实际)表面应限定在间距等于 0.1mm、垂直于基准轴线的两平行平面之间。

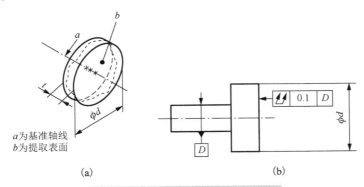

图 4-70　轴向全跳动公差及其公差带

4.3.5　线轮廓度公差和面轮廓度公差

轮廓是由一个或数个几何特征组成的表面、形状、二维几何要素的外形。线轮廓度公差和面轮廓度公差用于控制实际外形上的被测提取(实际)要素的形状、方向和位置，根据设计要求，它们的公差带可能与基准有关，也可能无关。

1. 线轮廓度公差

1) 无基准的线轮廓度公差

公差带为直径等于公差值 t、圆心位于具有理论正确几何形状上的一系列圆的两包络线所限定的区域，如图 4-71(a)所示。

在图 4-71(b)中，在任一平行于图示投影面的截面内，提取(实际)轮廓线应限定在直径等于 0.04mm、圆心位于被测要素理论正确几何形状上的一系列圆的两包络线之间。

2) 相对于基准体系的线轮廓度公差

公差带为直径等于公差值 t、圆心位于由基准平面 A 和基准平面 B 确定的被测要素理论正确几何形状上的一系列圆的两包络线所限定的区域，如图 4-72(a)所示。

图 4-72(b)中，在任一平行于图示投影面的截面内，提取(实际)轮廓线应限定在直径等于 0.04mm、圆心位于由基准平面 A 和基准平面 B 确定的被测要素理论正确几何形状上的一系列圆的两等距包络线之间。

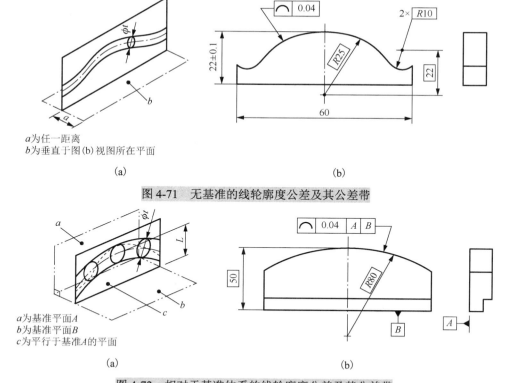

*a*为任一距离
*b*为垂直于图(b)视图所在平面

(a)

(b)

图 4-71　无基准的线轮廓度公差及其公差带

*a*为基准平面*A*
*b*为基准平面*B*
*c*为平行于基准*A*的平面

(a)

(b)

图 4-72　相对于基准体系的线轮廓度公差及其公差带

2. 面轮廓度公差

1)无基准的面轮廓度公差

公差带为直径等于公差值 *t*、球心位于被测要素理论正确几何形状上的一系列圆球的两包络面所限定的区域，如图 4-73(a)所示。

图 4-73(b)中，提取(实际)轮廓面应限定在直径等于 0.02mm、球心位于被测要素理论正确几何形状上的一系列圆球的两等距包络面之间。

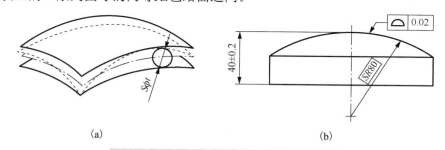

(a)

(b)

图 4-73　无基准的面轮廓度公差及其公差带

2)相对于基准的面轮廓度公差

公差带为直径等于公差值 *t*、球心位于由基准平面确定的被测要素理论正确几何形状上的一系列圆球的两包络面所限定的区域，如图 4-74(a)所示。

图 4-74(b)中，提取(实际)轮廓面应限定在直径等于 0.1mm、球心位于由基准平面 *A* 确定的被测要素理论正确几何形状上的一系列圆球的两等距包络面之间。

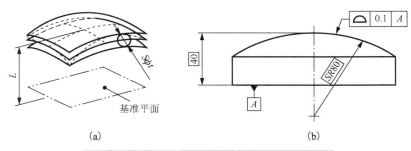

图 4-74　相对于基准的面轮廓度公差及其公差带

4.4　公　差　原　则

当同一被测要素既有尺寸公差又有几何公差时，确定尺寸公差与几何公差之间相互关系的原则称为公差原则。国家标准 GB/T 4249—2018《产品几何技术规范（GPS）　基础　概念、原则和规则》和 GB/T 16671—2018《产品几何技术规范（GPS）　几何公差　最大实体要求（MMR）、最小实体要求（LMR）和可逆要求（RPR）》中规定，公差原则分为独立原则和相关要求。相关要求又分为包容要求、最大实体要求、最小实体要求和可逆要求，如图 4-75 所示。

图 4-75　公差原则分类

4.4.1　有关术语及定义

1. 体外作用尺寸（D_{fe}，d_{fe}）

在被测要素的配合长度上，与实际内表面体外相接的最大理想面，或与实际外表面体外相接的最小理想面的直径或宽度称为体外作用尺寸，如图 4-76 所示。孔的体外作用尺寸用 D_{fe} 表示，轴的体外作用尺寸用 d_{fe} 表示。当孔、轴存在几何误差 $f_{几何}$ 时，其体外作用尺寸的理想面位于零件的实体之外。孔的体外作用尺寸小于或等于孔的实际尺寸，轴的体外作用尺寸大于或等于轴的实际尺寸，即

$$D_{fe} = D_a - f_{几何} \tag{4-1}$$

$$D_{fe} = d_a - f_{几何} \tag{4-2}$$

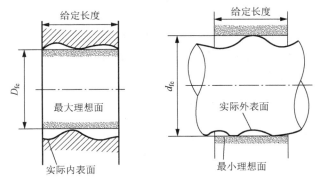

(a)孔的体外作用尺寸　　　(b)轴的体外作用尺寸

图 4-76　孔、轴的体外作用尺寸

2. 体内作用尺寸(D_{fi}，d_{fi})

在被测要素的配合长度上，与实际内表面体内相接的最小理想面，或与实际外表面体内相接的最大理想面的直径或宽度称为体内作用尺寸，如图 4-77 所示。

孔的体内作用尺寸用 D_{fi} 表示，轴的体内作用尺寸用 d_{fi} 表示。当孔、轴存在几何误差 $f_{几何}$ 时，其体内作用尺寸的理想面位于零件的实体内。孔的体内作用尺寸大于或等于孔的实际尺寸，轴的体内作用尺寸小于或等于轴的实际尺寸，即

小提示 4-2

作用尺寸是由实际尺寸和几何误差综合形成的，对于每个零件不尽相同。

$$D_{fi} = D_a + f_{几何} \tag{4-3}$$
$$d_{fi} = d_a - f_{几何} \tag{4-4}$$

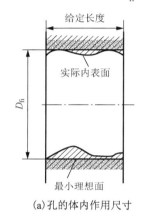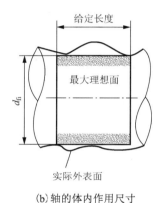

(a)孔的体内作用尺寸　　　　(b)轴的体内作用尺寸

图 4-77　孔、轴的体内作用尺寸

3. 最大实体状态(MMC)、最大实体尺寸(MMS)和最大实体边界(MMB)

实际要素在给定长度上处处位于尺寸极限之内，并具有实体最大(占有材料最多)时的状态称为最大实体状态。

最大实体状态下的尺寸称为最大实体尺寸。对于内表面，最大实体尺寸是其下极限尺寸，用 D_M 表示；对于外表面，最大实体尺寸是其上极限尺寸，用 d_M 表示。即

$$D_M = D_{min} \tag{4-5}$$
$$d_M = d_{max} \tag{4-6}$$

由设计给定的具有理想形状的极限包容面称为边界，边界的尺寸为极限包容面的直径或宽度。尺寸为最大实体尺寸的边界称为最大实体边界，用 MMB 表示。

4. 最小实体状态(LMC)、最小实体尺寸(LMS)和最小实体边界(LMB)

实际要素在给定长度上处处位于尺寸极限之内，并具有实体最小(占有材料最少)时的状态称为最小实体状态。

最小实体状态下的尺寸称为最小实体尺寸。对于内表面，最小实体尺寸是其上极限尺寸，用 D_L 表示；对于外表面，最小实体尺寸是其下极限尺寸，用 d_L 表示。即

$$D_L = D_{max} \tag{4-7}$$
$$d_L = d_{min} \tag{4-8}$$

尺寸为最小实体尺寸的边界称为最小实体边界，用 LMB 表示。

5. 最大实体实效状态(MMVC)、最大实体实效尺寸(MMVS)和最大实体实效边界(MMVB)

实际要素在给定长度上处于最大实体状态，并且其中心要素的几何误差等于给定公差值时的综合极限状态称为最大实体实效状态。

最大实体实效状态下的体外作用尺寸称为最大实体实效尺寸。对于内表面，它等于最大实体尺寸减去几何公差值 t，用 D_{MV} 表示；对于外表面，它等于最大实体尺寸加上几何公差值 t，用 d_{MV} 表示。即

$$D_{MV} = D_M - t \tag{4-9}$$
$$d_{MV} = d_M + t \tag{4-10}$$

如图 4-78 所示为孔、轴的最大实体实效状态和最大实体实效尺寸。

尺寸为最大实体实效尺寸的边界称为最大实体实效边界，用 MMVB 表示。

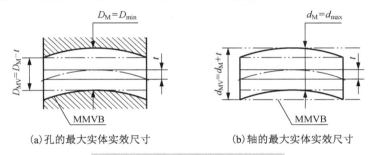

(a)孔的最大实体实效尺寸　　　　(b)轴的最大实体实效尺寸

图 4-78　孔和轴的最大实体实效尺寸

6. 最小实体实效状态(LMVC)、最小实体实效尺寸(LMVS)和最小实体实效边界(LMVB)

实际要素在给定长度上处于最小实体状态，并且其中心要素的几何误差等于给定公差值时的综合极限状态称为最小实体实效状态。

最小实体实效状态下的体内作用尺寸称为最小实体实效尺寸。对于内表面，它等于最小实体尺寸加上几何公差值 t，用 D_{LV} 表示；对于外表面，它等于最小实体尺寸减去几何公差值 t，用 d_{LV} 表示。即

$$D_{LV} = D_L + t \tag{4-11}$$
$$d_{LV} = d_L - t \tag{4-12}$$

如图 4-79 所示为孔、轴的最小实体实效状态和最小实体实效尺寸。

尺寸为最小实体实效尺寸的边界称为最小实体实效边界，用 LMVB 表示。

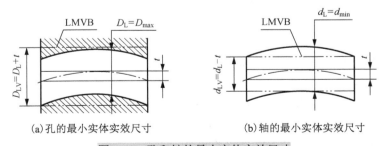

(a)孔的最小实体实效尺寸　　　　(b)轴的最小实体实效尺寸

图 4-79　孔和轴的最小实体实效尺寸

4.4.2　独立原则

独立原则是指图样上所给定的尺寸公差和几何公差(形状、方向或位置公差)相互独立，

图 4-80 独立原则应用实例

应分别予以满足的公差原则。

如图 4-80 所示，标注时不需要附加任何表示相互关系的符号。图中表示其实际尺寸必须在 $\phi 19.979 \sim \phi 20$ 内，而给定的直线度公差只能控制轴线的直线度误差，无论轴的实际尺寸如何变动，轴线的直线度误差不得超过 $\phi 0.01$。

对于绝大多数零件来说，其功能要求对要素的尺寸公差和几何公差的要求都是相互无关的，故独立原则是尺寸公差和几何公差相互关系遵循的基本原则。该原则常用于以下状况。

(1)确保运动精度要求的部位。例如，机床导轨零件，要求严格保证直线运动的精度，为不受尺寸影响，结构上采用间隙调整装置。

(2)确保间隙或过盈均匀，以保证密封的部位。例如，液压附件柱塞之间的同轴度要求。

(3)影响旋转平衡、强度、质量、外观等，对尺寸精度要求不高的场合。例如，内燃机的高速飞轮外圆对安装孔轴线的同轴度要求很高，但尺寸精度要求不高。

4.4.3 包容要求(ER)

1. 包容要求的含义

采用包容要求的实际要素应遵守最大实体边界，即其体外作用尺寸不超出最大实体尺寸且局部实际尺寸不超出最小实体尺寸。采用包容要求时的合格条件如下。

对于内表面(孔)，有

$$D_{fe} \geqslant D_M = D_{min} \quad 且 \quad D_a \leqslant D_L = D_{max} \tag{4-13}$$

对于外表面(轴)，有

$$d_{fe} \leqslant d_M = d_{max} \quad 且 \quad d_a \geqslant d_L = d_{min} \tag{4-14}$$

包容要求仅适用于单一要素，如圆柱表面或两平行表面。采用包容要求的要素，应在其尺寸极限偏差或公差带代号后加注符号"Ⓔ"，如图 4-81(a)所示。

2. 包容要求的特点

当要素的实际尺寸处处为最大实体尺寸时，不允许有形状误差；当要素的实际尺寸偏离最大实体尺寸时，允许有形状误差，但形状误差与实际尺寸形成的体外作用尺寸不得超越最大实体边界，即形状误差受尺寸公差限制。

【例 4-1】如图 4-81(a)所示，轴的尺寸为 $\phi 20_{-0.03}^{\ 0}$Ⓔ，采用包容要求，说明实际轴应满足的条件。

【解】(1)实际轴必须在最大实体边界内，最大实体边界尺寸为直径等于 $\phi 20$ 的理想圆柱面，如图 4-81(b)所示。

(2)当轴各处的直径均为最大实体尺寸 $\phi 20$ 时，轴的直线度公差为零。

(3)当轴的实际直径偏离最大实体尺寸 $\phi 20$ 时，轴允许有直线度误差，其允许的误差值是轴的实际直径对其最大实体尺寸 $\phi 20$ 的偏离量。

(4)当轴的直径均为最小实体尺寸 $\phi 19.97$ 时，轴允许的直线度误差达到最大值，即轴的尺寸公差为 0.03。

(5)轴的直线度公差在 $0 \sim 0.03$ 范围内变动，随轴的实际尺寸而定，如图 4-81(c)所示。

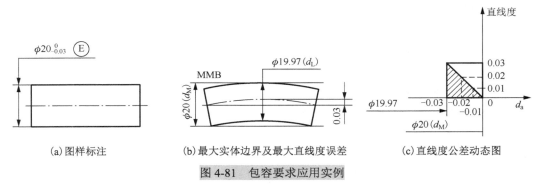

(a) 图样标注　　　　(b) 最大实体边界及最大直线度误差　　　　(c) 直线度公差动态图

图 4-81　包容要求应用实例

3. 包容要求的应用

应用包容要求时，包括几何误差在内，零件的实际要素不会超过最大实体边界，因此能确保配合性质的要求。凡需要严格保证配合性质或配合精度的场合，都应采用包容要求。用最大实体尺寸综合控制零件的实际尺寸和形状误差，在间隙配合中，保证必要的最小间隙，以使得相配合的零件运转灵活；在过盈配合中，控制最大过盈量，既保证配合具有足够的连接强度，又避免过盈量过大而损坏零件。

4.4.4　最大实体要求 (MMR)

1. 最大实体要求的含义

最大实体要求是控制被测要素的实际轮廓处于最大实体实效边界内的一种公差要求。当被测要素的实际尺寸偏离最大实体尺寸时，其几何误差允许超出给定的公差值，即几何误差值能得到补偿。最大实体要求对被测要素和基准要素均适用。当应用于被测要素时，应在被测要素几何公差框格中的公差值后标注符号Ⓜ；当应用于基准要素时，应在基准要素几何公差框格内的基准字母代号后标注符号Ⓜ，如图 4-82 所示。

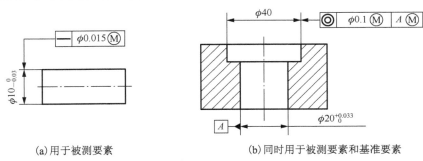

(a) 用于被测要素　　　　(b) 同时用于被测要素和基准要素

图 4-82　最大实体要求的标注

2. 最大实体要求用于被测要素

当最大实体要求用于被测要素时，被测要素的几何公差是在该要素处于最大实体状态时给定的。当被测要素的实际轮廓偏离其最大实体状态，即实体尺寸偏离最大实体尺寸时，其几何公差值可以增大，所允许的几何误差为图样上给定的几何公差值与实际尺寸对最大实体尺寸的偏离量之和。

此时，被测要素的实际轮廓应遵守最大实体实效边界，即其体外作用尺寸不得超出最大实体实效尺寸，且其局部实际尺寸处于最大实体尺寸和最小实体尺寸之间。被测要素的合格条件如下。

对于内表面(孔),有

$$D_{fe} \geqslant D_{MV} = D_{min} - t \quad 且 \quad D_M = D_{min} \leqslant D_a \leqslant D_{max} = D_L \tag{4-15}$$

对于外表面(轴),有

$$d_{fe} \leqslant d_{MV} = d_{max} + t \quad 且 \quad d_L = d_{min} \leqslant d_a \leqslant d_{max} = d_M \tag{4-16}$$

1)被测要素为单一要素

【例 4-2】如图 4-83(a)所示,$\phi 20_{-0.3}^{\ 0}$ 轴的轴线直线度公差采用最大实体要求。试分析实际轴线应该满足的条件。

【解】轴的体外作用尺寸不得大于其最大实体实效尺寸 d_{MV},即

$$d_{MV} = d_M + t = \phi 20 + \phi 0.1 = \phi 20.1$$

当轴处于最大实体状态时,其轴线的直线度公差为 $\phi 0.1$,如图 4-83(b)所示;当轴偏离最大实体状态时,其轴线的直线度公差可以相应地增大。如图 4-83(c)所示,当轴的实际尺寸处处为 $\phi 19.9$ 时,其轴线的直线度公差为 $t = \phi 0.1 + \phi 0.1 = \phi 0.2$;如图 4-83(d)所示,当轴处于最小实体状态时,其轴线允许的直线度公差达到最大值,等于图样上所给定直线度公差值与轴的尺寸公差之和,即 $t = \phi 0.1 + \phi 0.3 = \phi 0.4$。

由此可知,采用最大实体要求时,轴线的直线度公差不是一个恒定值,而是随着实际尺寸的变化而变动的。如图 4-83(e)所示为直线度公差随实际尺寸变化的动态公差图。

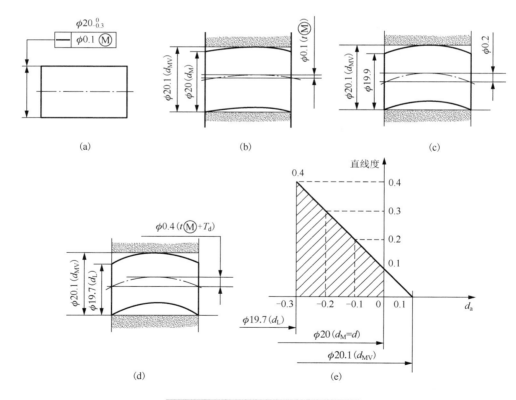

图 4-83 最大实体要求用于单一要素

2)被测要素为关联要素

【例 4-3】如图 4-84(a)所示,$\phi 50_{\ 0}^{+0.13}$ 孔的轴线对基准 A 的垂直度公差采用最大实体要求,

试分析实际孔轴线满足的条件。

【解】孔的体外作用尺寸不小于其最大实体实效尺寸 D_{MV}，即

$$D_{MV} = D_M - t = \phi 50 - \phi 0.08 = \phi 49.92$$

当孔处于最大实体状态时，其轴线对基准 A 的垂直度公差为 $\phi 0.08$，如图 4-84(b)所示，当孔偏离最大实体状态时，其轴线对基准 A 的垂直度公差可以相应地增大。如图 4-84(c)所示，当孔的实际尺寸处处为 $\phi 50.07$ 时，其轴线对基准 A 的垂直度公差为 $t = \phi 0.08 + \phi 0.07 = \phi 0.15$；如图 4-84(d)所示，当孔处于最小实体状态时，其轴线允许的垂直度公差达到最大值，等于图样上所给定垂直度公差值与孔的尺寸公差之和，即 $t = \phi 0.08 + \phi 0.13 = \phi 0.21$。

由此可知，采用最大实体要求时，孔的轴线对基准 A 的垂直度公差也是随着孔的实际尺寸的变化而变动的，如图 4-84(e)所示为垂直度公差随实际尺寸变化的动态公差图。

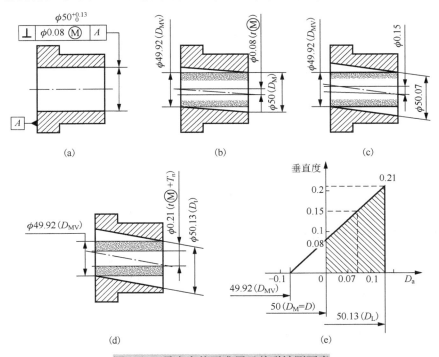

图 4-84 最大实体要求用于关联被测要素

3) 零几何公差的最大实体要求

当被测要素采用最大实体要求时，图样上给定的几何公差值为零，则称为零几何公差的最大实体要求，公差值用 "0Ⓜ" 或 "ϕ0Ⓜ" 表示，此时被测要素几何公差与尺寸公差的关系按包容要求处理。

【例 4-4】如图 4-85(a)所示，$\phi 50^{+0.13}_{-0.08}$ 孔的轴线对基准 A 的垂直度公差采用零几何公差的最大实体要求，试分析孔轴线满足的条件。

【解】孔的体外作用尺寸不小于其最大实体实效尺寸 D_{MV}，即

$$D_{MV} = D_M - t = \phi 49.92 - \phi 0 = \phi 49.92$$

当孔处于最大实体状态时，其轴线对基准 A 的垂直度公差为零，如图 4-85(b)所示。当孔偏离最大实体状态时，允许轴线对基准 A 有垂直度误差。如图 4-85(c)所示，当孔处于最小实体状态时，其轴线允许的直线度公差达到最大值，等于孔的尺寸公差，即 $t = \phi 0.21$。

因此,孔的轴线对基准 A 的垂直度公差也是随着孔的实际尺寸的变化而变动的。如图 4-85(d)所示为动态公差图,反映了孔的轴线对基准 A 的垂直度公差与孔的实际尺寸之间的关系。

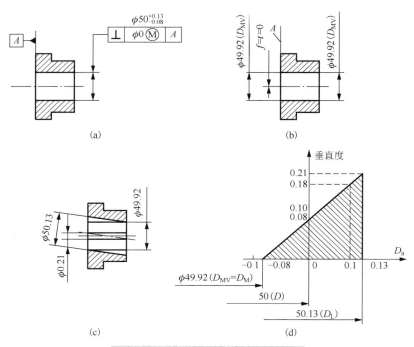

图 4-85 零几何公差的最大实体要求

3. 最大实体要求应用于基准要素

在图样上几何公差框格中基准字母后标注符号Ⓜ,表示最大实体要求用于基准要素。此时,基准要素应遵守相应的边界。若基准的实际轮廓偏离相应的边界,即其体外作用尺寸偏离相应的边界尺寸,则允许基准要素在一定范围内浮动,其浮动量等于基准要素的体外作用尺寸与其相应的边界尺寸之差。

当最大实体要求应用于基准要素时,基准要素应遵守的边界情况有以下两种。

(1)基准要素本身采用最大实体要求,应遵守最大实体实效边界。在图样上,基准代号应标注在基准要素几何公差框格下方,如图 4-86 所示。

在图 4-86 中,基准要素 A 本身轴线的直线度公差采用最大实体要求($\phi 0.2$Ⓜ),其遵守的最大实体实效边界尺寸为 $d_{MV} = d_M + t = \phi 70 + \phi 0.2 = \phi 70.2$。

在基准要素处在最大实体实效状态的情况下,当关联被测实际要素处于最大实体状态时的同轴度公差为给出的公差值 $\phi 0.1$,在其实际尺寸偏离最大实体尺寸后,同轴度公差可获得增大,增大量为其实际尺寸与最大实体尺寸的偏离量;当实际尺寸处于最小实体尺寸时所获得的同轴度公差增大值达到其尺寸公差,即 $\phi 0.1$,此时位置公差达到最大,为 $\phi 0.2$。

当基准要素偏离最大实体实效状态时,允许基准要素在其偏离的区域内浮动,此浮动范围就是基准要素的体外作用尺寸与其最大实体实效尺寸之差。正是由于基准要素的这种浮动而放松了被测要素相对于基准的同轴度误差值,起到了对被测要素的给定同轴度公差值进行补偿的作用。

(2) 当基准要素本身采用独立原则或包容要求时，应遵守最大实体边界。在图样上，基准代号应标注在基准的尺寸线处，如图 4-87 所示。在图 4-87 中，基准要素本身采用独立原则，其遵守的最大实体边界尺寸为 $D_M = \phi 70$。

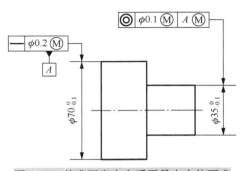

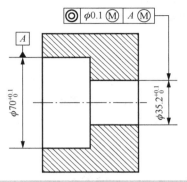

图 4-86　基准要素本身采用最大实体要求　　　图 4-87　基准要素本身采用独立原则

最大实体要求与包容要求类似，它表示被测实际要素的尺寸公差余量可以补偿给几何公差的一种相关要求（单向的），主要用于保证零件可装配性的场合中。

当遵守最大实体要求时，① 只要两配合要素的最大实体实效尺寸相等，各自的体外作用尺寸都不超过最大实体实效边界，就肯定能保证自由装配；② 只要配合要素的实际尺寸能补偿，几何公差可超出给定值，就可最大限度地成为合格零件，增大成品率，提高产品的经济效益。

4.4.5　最小实体要求（LMR）

1. 最小实体要求的含义

最小实体要求是指被测要素的实际轮廓遵守其最小实体实效边界的一种公差要求，当被测要素的实际尺寸偏离最小实体尺寸时，其几何公差允许超出图样上所给定的公差值。

最小实体要求对被测要素和基准要素均适用。当最小实体要求用于被测要素时，应在给定的公差值后标注符号Ⓛ；当最小实体要求用于基准要素时，应在相应的基准字母代号后标注符号Ⓛ。

2. 最小实体要求用于被测要素

当最小实体要求用于被测要素时，被测要素的实际轮廓应遵守最小实体实效边界，即其体内作用尺寸不得超出最小实体实效尺寸，且其局部实际尺寸处于最大实体尺寸和最小实体尺寸之间。检测要素的合格条件如下。

对于内表面（孔），有

$$D_{fi} \leqslant D_{LV} \quad 且 \quad D_{min} \leqslant D_a \leqslant D_{max} \tag{4-17}$$

对于外表面（轴），有

$$d_{fi} \geqslant d_{LV} \quad 且 \quad d_{min} \leqslant d_a \leqslant d_{max} \tag{4-18}$$

当被测要素采用最小实体要求时，图样上给定的几何公差值为零，则称为最小实体要求的零几何公差，用 "0Ⓛ" 或 "ϕ0Ⓛ" 表示，此时，被测要素的最小实体实效尺寸就等于被测要素的最小实体尺寸。

【**例 4-5**】如图 4-88(a)所示,最小实体要求应用于孔 $\phi 8^{+0.25}_{0}$ 的轴线对基准 A 的位置度公差,以保证孔与边缘之间的最小距离,试分析孔轴线应满足的条件。

【**解**】孔的实际轮廓不超出最小实体实效边界,即其体内作用尺寸不大于其最小实体实效尺寸,即

$$D_{LV} = D_L + t = \phi 8.25 + \phi 0.4 = \phi 8.65$$

当孔处于最小实体状态时,其轴线对基准 A 的位置度公差为 $\phi 0.4$,如图 4-88(b)所示。

如图 4-88(c)所示,当孔偏离最小实体状态时,其轴线对基准 A 的位置度公差可以相应地增大。当孔处于最大实体状态时,其轴线允许的位置度公差达到最大值,等于图样上所给定的位置度公差值与孔的尺寸公差之和,即

$$t = \phi 0.4 + \phi 0.25 = \phi 0.65$$

由上可知,孔的轴线对基准 A 的位置度公差也是随着孔的实际尺寸的变化而变动的。如图 4-88(d)所示为动态公差图,它反映了孔的轴线对基准 A 的位置度公差与孔的实际尺寸之间的关系。

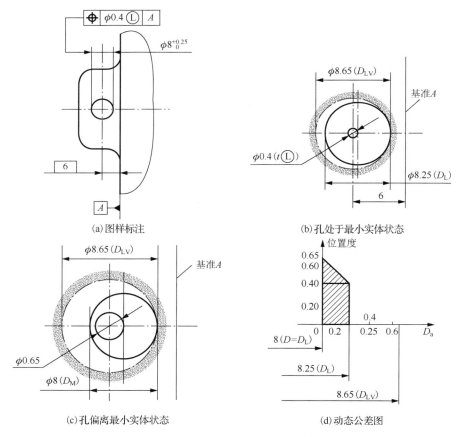

(a)图样标注

(b)孔处于最小实体状态

(c)孔偏离最小实体状态

(d)动态公差图

图 4-88　最小实体要求用于被测要素本身

3. 最小实体要求用于基准要素

若基准要素后面标有符号 Ⓛ,表示最小实体要求用于基准要素,则基准要素应遵守相应的边界。如果基准要素的实际轮廓偏离相应的边界,即其体内作用尺寸偏离其相应的边界尺

寸，那么允许基准要素在一定范围内浮动，其浮动量等于基准要素的体内作用尺寸与其相应的边界尺寸之差。

当最小实体要求应用于基准要素时，基准要素应遵守的边界有以下两种。

(1) 当基准要素本身采用最小实体要求时，应遵守最小实体实效边界。在图样上，基准代号应标注在基准要素几何公差框格下方，如图 4-89 所示。

在图 4-89 中，基准要素 D 轴线本身的位置度公差采用最小实体要求（$\phi 0.5 \text{Ⓛ}$），其遵守的最小实体实效边界尺寸为 $d_{LV} = d_L - t\text{Ⓛ} = \phi 28.5 - \phi 0.5 = \phi 28$。

(2) 当基准要素本身不采用最小实体要求时，应遵守最小实体边界。在图样上，基准代号应标注在基准的尺寸线处，如图 4-90 所示。

在图 4-90 中，基准要素 A 轴线本身不采用最小实体要求，其遵守的最小实体边界尺寸为 $d_L = \phi 84.92$。

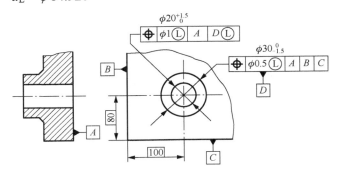

图 4-89 基准要素本身采用最小实体要求

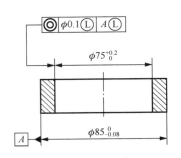

图 4-90 基准要素本身不采用最小实体要求

4.4.6 可逆要求（RPR）

可逆要求是指最大实体要求和最小实体要求的附加要求，表示尺寸公差可以在实际几何误差小于几何公差之间的差值范围内增大。

当可逆要求用于最大实体要求时，称为可逆的最大实体要求。被测要素的实际轮廓应遵守其最大实体实效边界，在图样上标注时，将可逆要求的符号Ⓡ放置在最大实体要求符号Ⓜ之后。当可逆要求用于最小实体要求时，称为可逆的最小实体要求。被测要素的实际轮廓应遵守其最小实体实效边界，当在图样上标注时，将可逆要求的符号Ⓡ放置在最小实体要求符号Ⓛ之后。

1. 可逆要求用于最大实体要求

当采用可逆的最大实体要求时，被测要素的实际轮廓应遵守最大实体实效边界。当实际尺寸偏离最大实体尺寸时，几何误差可以得到补偿而大于图样上给定的几何公差值；而当几何误差值小于给定的几何公差值时，也允许实际尺寸超出最大实体尺寸；当几何误差为零时，允许尺寸的超出量最大，为几何公差值，从而实现尺寸公差与几何公差相互转换的可逆要求。被测要素的合格条件如下。

对于内表面（孔），有

$$D_{fe} \geqslant D_{MV} \qquad 且 \qquad D_a \leqslant D_{max} \tag{4-19}$$

对于外表面（轴），有

$$d_{fe} \leqslant d_{MV} \qquad 且 \qquad d_a \geqslant d_{min} \tag{4-20}$$

【例 4-6】 如图 4-91(a)所示，$\phi35_{-0.1}^{\ 0}$ 轴的轴线垂直度公差采用可逆的最大实体要求，试解释其含义。

【解】 轴的体外作用尺寸不得大于其最大实体实效尺寸，即

$$d_{\text{MV}} = d_{\text{M}} + t\ \textcircled{M}\textcircled{R} = \phi35 + \phi0.2 = \phi35.2$$

当轴处于最大实体状态时，其轴线的垂直度公差为 $\phi0.2$。如图 4-91(b)所示，若轴线的垂直度误差小于给定的几何公差值 $\phi0.2$ 时，会有富余量 Δt 出现，即使实际尺寸增大 Δt，也不会超出边界，保证装配功能得以实现。当轴线的垂直度误差 $f = 0$ 时，富余量 $\Delta t_{\text{max}} = \phi0.2$，如图 4-91(c)所示。此时尺寸公差可以获得最大的补偿值，使尺寸公差 $T = 0.1$ 增加到 $T' = T + \Delta t_{\text{max}} = \phi0.1 + \phi0.2 = \phi0.3$，如图 4-91(d)所示。图 4-91(e)所示为该轴的尺寸公差与轴线垂直度公差关系的动态公差图。

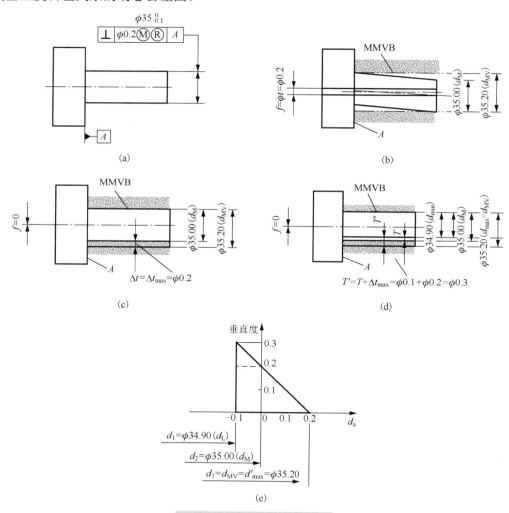

图 4-91　可逆的最大实体要求

轴线的垂直度误差可在 $\phi0 \sim \phi0.3$ 变化，轴线的直径可在 $\phi34.9 \sim \phi35.2$ 变化。

该轴的尺寸与轴线垂直度的合格条件为

$$d_{\text{fe}} = d_{\text{MV}} = d_{\text{M}} + t\ \textcircled{M}\textcircled{R} = \phi35 + \phi0.2 = \phi35.2 \quad \text{且} \quad d_{\text{a}} \geqslant d_{\text{L}} = d_{\text{min}} = \phi34.9$$

2. 可逆要求用于最小实体要求

当采用可逆的最小实体要求时，被测要素的实际轮廓应遵守最小实体实效边界。当实际尺寸偏离最小实体尺寸时，几何误差可以得到补偿而大于图样上给定的几何公差值；而当几何误差值小于给定的几何公差值时，也允许被测要素的实际尺寸超出最小实体尺寸；当几何误差为零时，允许尺寸的超出量最大，为几何公差值，从而实现几何公差与尺寸公差相互转换的可逆要求。被测要素的合格条件如下。

对于内表面(孔)，有

$$D_{\text{fi}} \leqslant D_{\text{LV}} \qquad 且 \qquad D_{\text{a}} \geqslant D_{\text{min}} \tag{4-21}$$

对于外表面(轴)，有

$$d_{\text{fi}} \geqslant d_{\text{LV}} \qquad 且 \qquad d_{\text{a}} \leqslant d_{\text{max}} \tag{4-22}$$

【例 4-7】如图 4-92(a)所示，$\phi 8^{+0.25}_{0}$ 孔的轴线对基准平面 A 的位置度公差采用可逆的最小实体要求，试解释其含义。

【解】孔的体内作用尺寸不得大于其最小实体实效尺寸为

$$D_{\text{LV}} = D_{\text{L}} + t \, Ⓛ Ⓡ = \phi 8.25 + \phi 0.4 = \phi 8.65$$

当孔处于最小实体状态时，其轴线对基准 A 的位置度公差为 $\phi 0.4$，如图 4-92(b)所示。

当孔处于最大实体状态时，其轴线对基准 A 的位置度公差为 $\phi 0.65$，如图 4-92(c)所示。

当孔的轴线对基准 A 的位置度公差小于给定的几何公差值 $\phi 0.4$ 时，孔的尺寸公差可以相应地增大，即其实际尺寸可以超出(大于)其最小实体尺寸。当孔的位置度公差为零时，孔的实际尺寸可以达到最大值，即等于孔的最小实体实效尺寸 $\phi 8.65$，如图 4-92(d)所示。图 4-92(e)所示为该孔的尺寸与轴线对基准平面 A 的位置度公差之间的动态公差图。

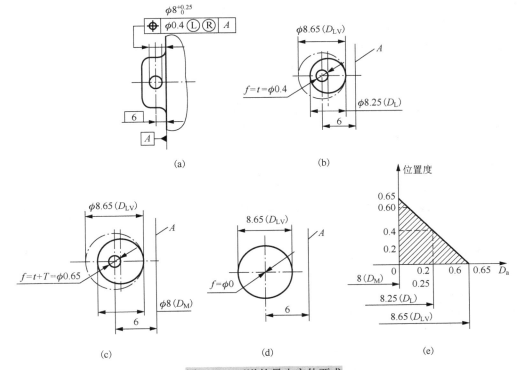

图 4-92　可逆的最小实体要求

该孔的尺寸与轴线对基准 A 的位置度的合格条件为

$$D_{fi} \leq D_{LV} = D_L + t \text{ⓁⓇ} = \phi 8.25 + \phi 0.4 = \phi 8.65 \quad 且 \quad D_a \geq D_M = D_{min} = \phi 8$$

4.5　几何误差及检测

4.5.1　形状误差及其评定

1. 形状误差、最小条件和最小包容区域

1)形状误差

形状误差是指被测实际要素对其理想要素的变动量。理想要素的方向由最小条件确定。在被测实际要素与理想要素作比较以确定其变动量时,由于理想要素所处的方向不同,得到的最大变动量也会不同。因此,评定实际要素的形状误差时,理想要素相对于实际要素的方向,必须有一个统一的评定准则,这个准则就是最小条件。为了使形状误差测量值具有唯一性和准确性,国家标准规定,按最小条件评定形状误差。

2)最小条件

所谓最小条件,即指两理想要素包容被测实际要素且其距离为最小(即最小区域)。以直线度误差为例说明最小条件,如图4-93所示。被测要素的理想要素是直线,与被测实际要素

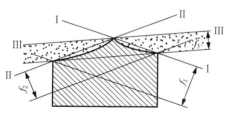

图4-93　符合最小条件的直线度误差示例

接触的直线的位置可有无穷多个。例如,图中直线的位置可处于Ⅰ、Ⅱ、Ⅲ位置,这三个位置在包容被测实际轮廓的两理想直线之间的距离分别为 f_1, f_2, f_3 且 $f_3 < f_2 < f_1$,根据上述的最小条件,即包容实际要素的两理想要素所形成的包容区为最小的原则来评定直线度误差,故Ⅲ位置直线为被测要素的理想要素,应取 f_3 作为直线度误差。

同理,可以推出,按最小条件评定平面度误差,用包容实际平面且距离为最小的两个平行平面之间的距离来评定。按最小条件评定圆度误差,用包容实际圆且半径差为最小的两个同心圆之间的半径差来评定。按最小条件评定圆柱度误差,必须使包容实际圆柱面的两同轴圆柱面间的半径差为最小。

3)最小包容区域

形状误差值用最小包容区域的宽度或直径表示。所谓最小包容区域是指包容被测实际要素的具有最小宽度或直径的区域,即由最小条件所确定的区域,如图4-93中Ⅲ位置的阴影部分。最小包容区域的形状与公差带形状相同,而其大小、方向及位置则随被测要素而定。用最小包容区域评定形状误差的方法,称为最小区域法,是理想的方法。但在实际测量时,只要能满足零件功能要求,也允许采用近似的评定方法。例如,可以用两端点的连线作为评定直线度误差的基准。通常按近似方法评定的形状误差值均大于最小区域法评定的误差值。在采用不同的评定方法所获得的测量结果有争议时,应以最小区域法作为评定结果的仲裁依据。

2. 直线度误差评定

直线度误差的评定方法有最小区域法和两端点连线法。其中,用最小区域法评定所得的结果小于或等于用两端点连线法所得的结果。

1)最小区域法

在实际测量中，为尽快地作出最小区域，国家标准在几何公差检测规定中明确提出了最小包容区域的判别法。在某一给定平面内，用两平行直线包容实际被测直线时，该实际线上至少有高低相间三个极点分别与这两条直线呈高—低—高或低—高—低接触，此理想要素为符合最小条件的理想要素，该包容区就是最小包容区，其宽度 f 就是实际被测直线的直线度误差，如图 4-94 所示，称为相间准则。具有图中所示两种形式之一者为最小区域。

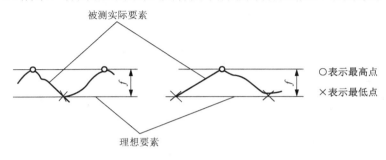

图 4-94　相间准则

2)两端点连线法

两端点连线法是以实际被测直线的两个端点的连续 L_{BE} 作为评定基准，取各测点相对于 L_{BE} 最大与最小偏差值之差 f_{BE} 作为直线度误差值，如图 4-95 所示。测点在基准上方的偏差值为正，测点在基准下方的偏差值为负，即 $f_{BE} = h_{max} - h_{min}$。

两端点连线法是评定直线度误差的近似方法，常用于机床导轨的直线度检测。

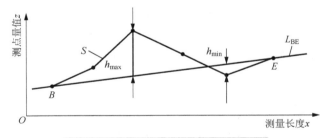

图 4-95　两端点连线法评定直线度误差

【例 4-8】用跨距为 200mm，分度值为 0.02mm/m 的水平仪测量某导轨的直线度，依次 8 个测点的示值(水平仪的格子数)为：0，+1，+2，+1，0，-1，-1，+1(水平仪只能显示相对值)。试分别用两端点连线法和最小条件法确定其直线度误差值。

【解】如图 4-96 所示，水平仪放在导轨上，是以水平面为基准，测量后一点对前一点的相对高度差，各点之间没有必然的联系。如图 4-96 所示，只是表示 1 点相对于 0 点的高度差，2 点相对于 1 点的高度差等。为建立各点之间的联系进而求出整个误差曲线，必须建立图示的以 0 点为坐标原点的二维坐标系，各点对同一坐标的坐标值应该是该点读数与前一点坐标值的累加。图示 2 点的坐标值为 1 点相对于 0 点的相对高度差加上 2 点相对于 1 点的相对高度差，而 3 点的坐标值等于 3 点相对于 2 点的相对高度差加上 2 点的坐标值，以此类推。现分别用作图法和坐标变换法来解题。

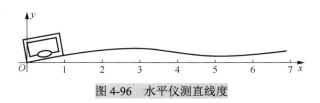

图 4-96 水平仪测直线度

首先，按测点的序号将相对示值、累积值(测量坐标值)列于表 4-4 中，再按表中的累积值画出在测量坐标系中的误差曲线，如图 4-97 所示。

表 4-4 直线度误差数据处理

测点序号 i	0	1	2	3	4	5	6	7
相对示值(格数)	0	+1	+2	+1	0	−1	−1	+1
累积值(格数)	0	+1	+3	+4	+4	+3	+2	+3

(1)两端点连线法。在图 4-97 中，连接误差曲线的首尾两点成一连线，这个连线就是评定基准。平行于这个评定基准，作两条直线(理想要素)包容被测误差曲线。平行于纵坐标轴

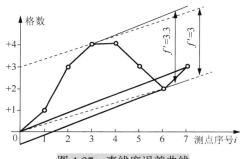

图 4-97 直线度误差曲线

在图上测量这两条直线的距离即纵坐标值 f' 就是直线度误差值，如图中实线所示。从图中可以看出 $f' = 3.3$ 格。现需要将水平仪的格子数换算成毫米或者微米。由于分度值是 0.02mm/m，即每 1000mm 上的一格代表 0.02mm，而水平仪的桥距为 200mm，所以水平仪上的一格代表 $0.02×200/1000 = 0.004$mm，或者是 4μm。因此该导轨的直线度误差值 f 应该是

$$f = 3.3×4 = 13.2(\mu m)$$

(2)最小条件法。按最小条件法的定义，要在误差曲线上找到两高一低或者是两低一高的三个点。在图 4-97 中的误差曲线上，可以找到两低一高三点，连接这两个低点作一条直线，平行于这条直线，过高点作包容误差曲线的另一条直线，如图中虚线所示。平行于纵坐标轴在图上测量这两条虚线的距离即纵坐标值 $f' = 3$ 格就是直线度误差值。同理，这个误差值是水平仪的格子数，要换算为微米，即

$$f = 3×4 = 12(\mu m)$$

3. 平面度误差评定

1)最小条件法

用两平行平面(理想要素)包容实际被测要素时，实现至少 4 点或 3 点接触，这种接触状态符合以下三种情况之一，即符合最小条件。

(1)三角形准则：两平行平面包容实际被测平面时，一个高(低)点在另一平面的投影位于三个低(高)点形成的三角形内。如图 4-98(a)所示，称为三低夹一高，或者三高夹一低。两平面中的任一平面都可以作为评定基准，两平面之间的最小距离即平面度误差值。

(2)交叉准则：两平行平面包容实际被测平面时，两个高点的连线在另一个平面的投影与两个低点的连线相交，如图 4-98(b)所示。两平面中的任一平面都可以作为评定基准，两平面之间的最小距离即为平面度误差值。

（3）直线准则：两平行平面包容实际被测平面时，一个高（低）点在另一个平面上的投影位于低（高）点的连线上，如图 4-98（c）所示。同理，两平面中的任一平面都可以作为评定基准，两平面之间的最小距离即为平面度误差值。

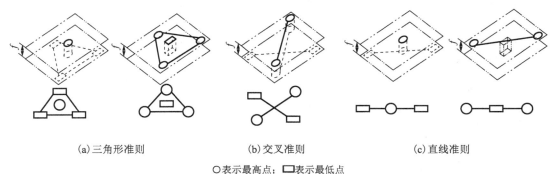

（a）三角形准则　　　　　　　　　（b）交叉准则　　　　　　　　　（c）直线准则

○表示最高点；□表示最低点

图 4-98　平面度误差的最小区域评定法

2）近似法

（1）三点法：以实际被测平面上任意选定三点（不在同一直线上的相距最远的三个点）所形成的平面作为评定基准，平行于该评定基准作两平行平面（理想要素）包容实际被测平面。该两平行平面的最小距离即为平面度误差值，如图 4-99（a）所示。

（2）对角线法：在实际被测平面上作一条对角线，再作另一条对角线，通过一条对角线作平行于另一条对角线的平面，并将它作为评定基准，作平行该评定基准的两平行平面（理想要素）包容实际被测平面，这两平行平面的最小距离即为平面度误差值。或者说实际平面上相对于该评定基准最大值和最小值之差为平面度误差值，如图 4-99（b）所示。

（a）三点法　　　　　　　　　　　　（b）对角线法

图 4-99　平面度误差的近似评定法

三点法和对角线法都不符合最小条件，是一种近似方法，其数值比最小条件法稍大，且不是唯一的，但由于其处理方法简单，在生产中常应用。按最小条件法确定的误差值不超过其公差值可判断该项要求合格，否则为不合格。按三点法和对角线法确定的误差值不超过其公差值可判断该项要求合格，否则既不能确定该项要求合格，也不能判定其不合格，应以最小条件来仲裁。

测量平面度误差时所得的数据，都必须换算为相对于某一点（坐标原点）的绝对高度差，即需要建立一个测量坐标系。在这个测量坐标系中，经过坐标变换还要求出一个误差平面（评定基准），在这个平面上可以找到实际被测平面的最大值和最小值。平行于这个误差平面（评定基准）作两个平行平面包容实际被测平面，即过最大值和最小值作两平行平面，这两个平行平面的最小距离就是平面度误差，或者说用相对于误差平面（评定基准）的最大值减去最小值即可得该平面的平面度误差值。在误差平面上,最小条件法的三角形准则中的三点、交叉准则中的两连线的端点、直线准则中连线的两端点,以及三点法的三点或两条对角线两端点的高度应分别相等,平面度误差为经过坐标变换的最高点读数和最低点读数之差的绝对值。现举一个例子来说明通过坐标变换求解评定基准,然后采用最小区域法计算平面度误差的评定方法。

【例 4-9】用打表法测量一块 350mm×350mm 的平板,各测点的读数值如图 4-100(a)所示,用最小区域法求平面度误差值。

用最小区域法求平面度误差值:将第一列的数各加上 7,而将第三列的数各减去 7,即将平面绕"I—I"轴旋转,得结果如图 4-100(b)所示。再将图 4-100(b)中第一行的数各减去 5,而将第三行的数各加上 5,即将平面绕"II—II"轴旋转,其结果如图 4-100(c)所示。

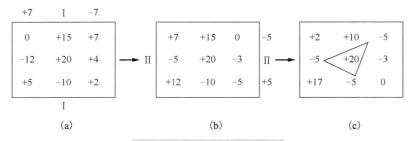

(a)   (b)   (c)

图 4-100　平面度误差的评定

可见经两次坐标变换后,最高点(+20)处于三个最低点(−5)形成的三角形内,符合三角形准则,故平面度误差值为

$$f = |+20-(-5)| \ \mu m = 25 \mu m$$

4. 圆度误差评定

1)最小条件法

两同心包容圆(理想要素)与实际被测圆至少呈四点相间接触(外—内—外—内),如图 4-101 所示,两同心包容圆的半径差即为圆度误差值。当被测轮廓的误差曲线已知时,通常将透明的同心圆模板用试凑的方法,以两同心圆包容误差曲线,直至满足内外交替四点接触,两同心圆的半径差即为圆度误差。也可用计算方法评定圆度误差,先测量实际轮廓,并找出其中心,按一定优化方法将测量中心转换到最小包容区域的中心,求出圆度误差值。

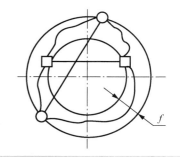

图 4-101　圆度误差最小区域判别准则

2)最小外接圆法

对实际被测圆作一直径为最小的外接圆,再以此圆的圆心为圆心对实际被测圆作一直径为最大的内接圆,则此两同心圆的半径差即为圆度误差值,如图 4-102 所示。最小外接圆的判别条件也可分为两种:一种为两点接触,即误差曲线(实际被测圆)上有两点与外接圆接触,且两点连线即为该圆的直径,如图 4-102(a)所示;另一种为三点接触,即误差曲线由三点与外接圆接触,且三点连线构成锐角三角形,如图 4-102(b)所示,最小外接圆法只用于评定外表面的圆度误差。

3)最大内接圆法

对实际被测圆作一直径为最大的内接圆,再以此圆的圆心为圆心对实际被测圆作一直径为最小的外接圆，则此两同心圆的半径差即为圆度误差值，如图 4-103 所示。最大内接圆的判别条件可分为两种：一种为两点接触，即误差曲线上有两点与内接圆接触，且两点连线即为该圆的直径，如图 4-103（a）所示；另一种为三点接触，即误差曲线有三点与内接圆接触，且三点连线构成锐角三角形，如图 4-103（b）所示。最大内接圆法只用于评定内表面的圆度误差。

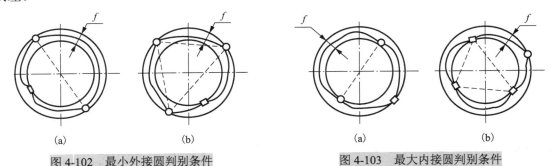

(a)　　　　　(b)　　　　　　(a)　　　　　(b)

图 4-102　最小外接圆判别条件　　　图 4-103　最大内接圆判别条件

4）最小二乘圆法

最小二乘圆为实际被测圆上各点至该圆的距离的平方和为最小的圆。以该圆的圆心为圆心，作两个包容实际被测圆的同心圆，该两同心圆的半径差即为圆度误差。最小二乘圆及其圆心位置的确定如图 4-104 所示。图中 O' 为测量圆心，最小二乘圆心 O 与其偏心量值 a、b 由下式决定：

$$a = \frac{2}{n}\sum_{i=1}^{n} x_i = \frac{2}{n}\sum_{i=1}^{n} r_i \cos\theta_i ; \qquad b = \frac{2}{n}\sum_{i=1}^{n} y_i = \frac{2}{n}\sum_{i=1}^{n} r_i \sin\theta_i$$

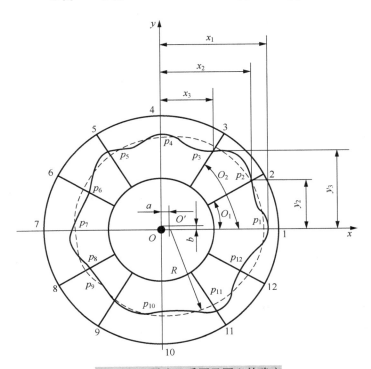

图 4-104　最小二乘圆及圆心的确定

式中，n 为圆周上测点数；r_i 为各测点的半径测得值；θ 为对应的极坐标角度。最小二乘圆半

径 R 为 $\dfrac{\sum\limits_{i=1}^{n} r_i}{n}$ 。

误差曲线上各点至最小二乘圆的距离为

$$\Delta R_i = r_i - (R + a\cos\theta_i + b\sin\theta_i)$$

则圆度误差值为

$$f = \Delta R_{\max} - \Delta R_{\min}$$

4.5.2 位置误差及其评定

1. 基准

基准是确定被测要素的方向和位置的参考对象。如前所述，在设计图样上标出的基准通常包括单一基准、组合基准和三基面体系，是理想要素，但是在位置误差的评定中，基准是由实际的基准要素来确定的，它也应该是一个理想要素。即必须由实际要素来建立一个理想要素。

1) 基准建立原则

由实际基准要素建立基准时，应以该实际基准要素的理想要素为基准，而理想要素的位置应符合最小条件。对于轮廓基准要素，规定以其最小包容区域的体外边界作为理想基准要素；对于中心基准要素，规定以其最小包容区域的中心要素作为理想基准要素。前者可称为体外原则，后者可称为中心原则。

(1) 实际平面。

实际平面是不能作为基准的，必须用该实际平面的理想平面作为基准。例如，以图 4-105 所示的实际平面建立基准时，基准平面应该是实际轮廓面的最小包容区域的体外平面。

若设计规定以若干间断的平面要素作为组合基准，则应把形成组合基准的所有间断平面要素作为一个整体，做出其最小包容区域，再按体外原则确定基准，如图 4-106 所示。

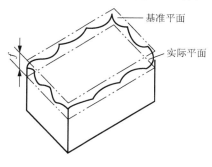

图 4-105　实际平面的基准要素

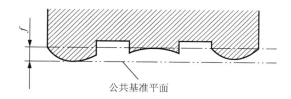

图 4-106　公共基准平面

(2) 实际轴线。

同理，实际轴线是不能作为基准的，必须用实际轴线的理想轴线作为基准。

实际轴线的理想轴线就是包容实际轴线，且直径最小的圆柱面的轴线。如图 4-107 所示的孔的实际轴线 B 建立基准时，基准轴线应该是实际轴线的最小包容区域的轴线(基准 B)。若规定以若干间断轴线要素作为组合基准，应该把这些间断轴线要素作为一个整体，作出其最小包容区域，按中心原则确定基准，图 4-108 是以公共轴线作为组合基准的。

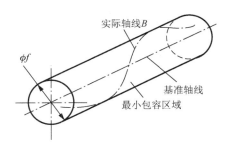

图 4-107　实际轴线的基准要素

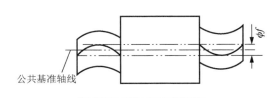

图 4-108　公共基准轴线

(3) 多基准。

有时，为了完全确定理想被测要素的方向或位置，往往需要多个要素作为基准，即多基准。这时，第二或第三基准是分别对第一基准或第一和第二基准有方向或位置要求的关联基准要素。因此，由用作第二或第三基准的实际要素建立基准时，应先作该要素的定向或定位最小包容区域，然后根据轮廓要素(如实际平面)或中心要素(如实际轴线)的不同，分别按体外原则或中心原则确定理想的关联基准要素的位置。例如，图 4-109(a)所示孔的轴线的位置度公差要求以相互垂直的 A、B 两轮廓平面为基准。若以 A 为第一基准，B 为第二基准，则基准 A 按最小包容区域及体外原则确定，基准 B 按定向(垂直于基准 A)最小包容区域及体外原则确定，如图 4-109(b)所示；若以 B 为第一基准，A 为第二基准，则基准 B 按最小包容区域及体外原则确定，基准 A 按定向(垂直于基准 B)最小包容区域及体外原则确定，如图 4-109(c)所示。

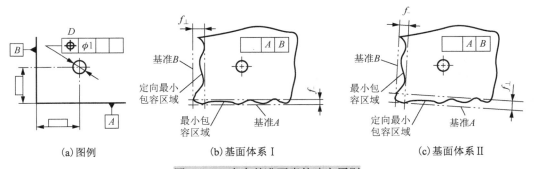

(a)图例　　　　　(b)基面体系 I　　　　　(c)基面体系 II

图 4-109　多个基准要素的建立原则

2)基准的体现方法

在生产实际中，可以用各种方法体现理想基准要素。标准规定的基准体现方法有模拟法、直接法、分析法和目标法。

(1) 模拟法。

模拟法是以具有足够精度的表面与实际要素相接触来体现基准的。例如，用精密平板的工作平面来模拟基准平面；用 V 形块体现外圆柱面的基准轴线等。

① 以平台平面为模拟基准，见图 4-110。用具有足够精确形状的平板、平台工作面模拟基准平面与实际基准平面相接触。

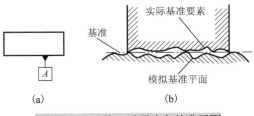

图 4-110　以单一平面建立基准平面

② 以中心平面作为模拟基准，如图 4-111 所示。由实际平行平面建立基准中心平面时对于内表面，可用无间隙配合的平行平面定位块的中心平面来体现。

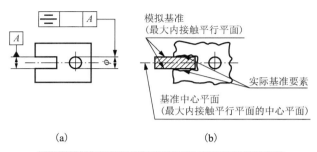

图 4-111　以内表面中心平面建立基准中心平面

③ 以两个或多个中心平面组成公共中心平面作为模拟基准，如图 4-112 所示。当两个实际平行平面的公共中心平面建立公共基准中心平面时，对于内表面，两组共面的与实际平行平面内接触的，且距离为最大的平行平面所形成的公共中心平面即为公共基准中心平面。

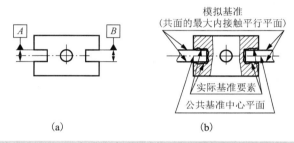

图 4-112　以两个或多个内表面中心平面建立基准中心平面

④ 由内圆柱表面建立模拟基准轴线，见图 4-113。对于由内圆柱表面建立的基准轴线，通常用心轴来体现，心轴与内圆柱表面应成无间隙的配合，可采用可胀式心轴或选配心轴，此时心轴的轴线即为基准轴线。

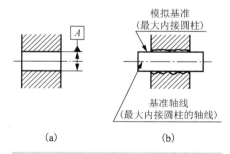

图 4-113　在内圆柱表面上建立基准轴线

⑤ 由外圆柱表面建立模拟基准轴线，如图 4-114 所示。对于由外圆柱表面建立基准，通常采用定位套来体现。定位套与实际外圆柱面也应成无间隙的配合，定位套的轴线就可作为模拟的基准轴线。

⑥ 公共模拟基准轴线。对于公共基准轴线可用两个实际外圆柱面紧密配合的同轴的定位套的轴线来模拟，如图 4-115 所示。在图样或特定工艺要求的情况下，可由同轴顶尖模拟公共基准轴线，见图 4-116。应当注意，中心孔的不同轴和歪斜，将会给工件带来较大的加工误差和测量误差。

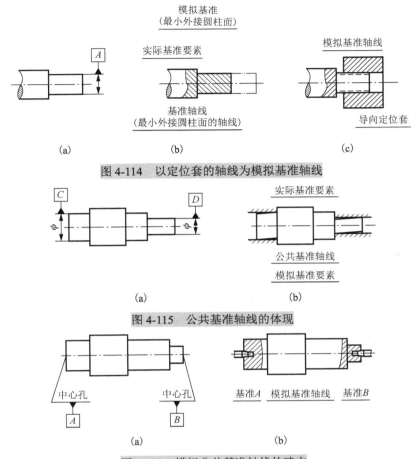

图 4-114 以定位套的轴线为模拟基准轴线

图 4-115 公共基准轴线的体现

图 4-116 模拟公共基准轴线的建立

(2) 直接法。

直接法是直接以具有足够形状精度的实际基准要素作为基准的, 如图 4-117 和图 4-118 所示。例如, 用两点法测量两轴之间的局部实际尺寸, 以其最大差值作为两轴轴线间的平行度误差值。显然, 当直接采用实际基准要素作为基准时, 实际基准要素的几何误差会被带入测量结果而影响测量精度。

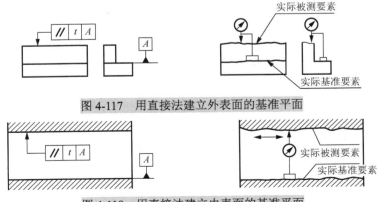

图 4-117 用直接法建立外表面的基准平面

图 4-118 用直接法建立内表面的基准平面

（3）分析法。

分析法是通过对实际基准要素进行测量，然后根据测量数据用图解法或计算法按最小条件确定的理想要素作为基准。例如，对于大型零件，用其他方法建立或体现基准有困难时，可采用分析法。

（4）目标法。

目标法是以实际基准要素上的若干点、线或面来建立基准的。这些点、线或面称为基准目标。点目标用球支承体现；线目标用刃口支承或轴素线体现；面目标按图样上规定的目标形状和尺寸用相应的平面支承来体现。各支承的位置应按图样上规定的位置来体现。

2. 方向误差及其评定

方向误差是被测实际要素对其具有确定方向的理想要素的变动量。理想要素的方向由基准确定，如图 4-119 所示。理想平面和理想轴线分别与基准平行和垂直，且与被测要素接触或位于被测实际要素之中。

方向误差值用定向最小包容区域(简称定向最小区域)的宽度或直径表示。定向最小区域是指当按理想要素的方向来包容实际被测要素时，具有最小宽度或直径的包容区域。如图 4-119(a)、(b)所示，分别为平行度误差和垂直度误差。

由图 4-119 可知，方向误差的最小区域相对于基准有确定的方向，其大小与位置随被测实际要素浮动。在定向最小区域中包含着被测实际要素的形状误差。

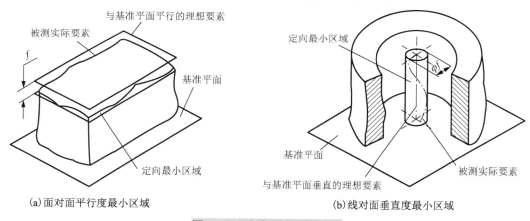

(a)面对面平行度最小区域　　　　　　(b)线对面垂直度最小区域

图 4-119　定向最小包容区域

3. 定位误差及其评定

定位误差是被测实际要素对其具有确定位置的理想要素的变动量。理想要素的位置由基准和理论正确尺寸确定，如图 4-120 所示的理想对称中心面和理想轴线，与基准要素共面和同轴。

位置误差值用定位最小包容区域(简称定位最小区域)的宽度或直径表示。定位最小区域是指当以理想要素定位来包容实际被测要素时，具有最小宽度或直径的包容区域。如图 4-120(a)、(b)所示，分别为面对面的对称度误差和线对线的同轴度误差。

如图 4-120 所示，定位最小包容区域相对于基准有确定的方向和位置，但其大小随被测实际要素浮动。在定位最小包容区域中同时包含着被测要素的形状误差和方向误差。

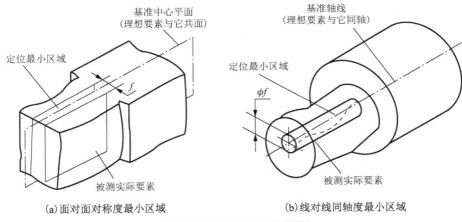

(a) 面对面对称度最小区域　　　　　　　　(b) 线对线同轴度最小区域

图 4-120　定位最小包容区域

4.5.3　跳动误差及其评定

1) 圆跳动误差

圆跳动误差是被测实际要素绕基准轴线做无轴向移动回转，在给定方向上所测得的最大读数与最小读数之差。

2) 全跳动误差

全跳动误差是被测实际要素绕基准轴线做无轴向移动回转，同时指示器沿轴向或径向连续移动，由指示器在给定方向上测得的最大读数与最小读数之差。

跳动误差是被测实际要素形状、方向、位置误差的综合作用结果，对于不易判定的形状、方向、位置误差，在实际工程中可采用跳动误差来代替。此时，误差值大于其形状、方向、位置误差的最小区域的宽度或直径。如果该误差值不超过相应的公差值，那么要求的形状、方向、位置误差肯定也不超差。

4.5.4　几何误差的检测原则

由于机械零件的功能及使用环境等的不同，被测零件的结构、尺寸和精度要求不同，检测时使用的设备及条件也不同，因此，对于同一几何公差项目，可使用不同的检测方法进行检测。

在国家标准 GB/T 1182—2018 规定的几何公差中，除跳动之外的其他项目均按几何概念定义，几何误差由最小区域的大小来确定。但是，从原理上讲，需要遵守相应的测量原理；另外，对实际被测要素确定最小区域往往难度较大，应从测量原理上寻求可行的几何误差测量方法。为了能够正确地检测几何误差，便于合理地选择测量方法、量具和仪器，国家标准 GB/T 1958—2017 归纳出一套检测几何误差的方案，规定了五种检测原则。

1. 与理想要素比较原则

与理想要素比较原则就是将被测实际要素与理想要素比较，从而获得几何误差的数值的测量方法。使用此原则所测得的结果与规定的误差定义一致，是一种检测几何误差的基本原则。

应用该原则有两个关键问题：一个是如何体现理想要素；另一个是如何测得与之比较的误差数据。取得理想要素是关键，因为它直接影响检测精度和检测方法。

体现理想要素通常用模拟法,如图 4-121 所示,用刀口尺模拟理想直线,用精密平面模拟理想平面,用精密轴系回转的轨迹来模拟理想圆。在模拟中,模拟理想要素的误差将直接反映到测量值中,成为测量总误差中的重要组成部分,因此,模拟理想要素的形状应足够精确。

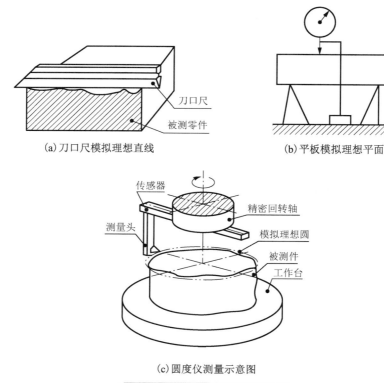

(a)刀口尺模拟理想直线　　　　　　　　(b)平板模拟理想平面

(c)圆度仪测量示意图

图 4-121　模拟法体现理想要素

获得误差数据的方法有直接法和间接法两种。直接法可直接获得测量误差数据,例如,当检测平面度误差时,可采用平板模拟理想平面,通过百分表示值的摆动范围直接得到平面度误差值。间接法需要对获得的测量数据进行一定的处理方可得到误差值。例如,当用自准直仪检测直线度误差时,对所获得的数据进行必要的计算后才可得到直线度误差值。

2. 测量坐标值原则

测量坐标值原则就是测量被测要素的坐标值(如直角坐标值、极坐标值),并经过数据处理的方法获得几何误差值。该原则适用于测量形状复杂的零件,由于数据处理较复杂,因此还没有得到普遍应用。如图 4-122 所示,通过坐标测量机测量圆周上三点的坐标值,然后经过计算得到该圆的圆心位置,并与理论位置进行比较得到其位置度误差值。

3. 测量特征参数原则

测量特征参数原则是指测量被测实际要素上具有代表性的特征参数来表示几何误差值。

如图 4-123 所示,采用三点法测量圆柱表面圆度误差。该法是在垂直于圆柱轴线的测量平面内测量圆柱表面直径方向的变化,找出检测值中的直径最大差值,来评定圆度误差值。

4. 测量跳动原则

跳动是按测量方法来定义的位置误差项目。测量跳动原则是针对圆跳动和全跳动的定义和实现方法而概括出的检测原则。如图 4-124 所示为径向圆跳动的测量示意图。被测零件的基准用两顶尖的公共轴线体现。被测实际圆柱面绕着基准轴线回转一周，位置固定的指示器的测头径向移动量的最大差值表示被测实际圆柱面的径向圆跳动误差值。

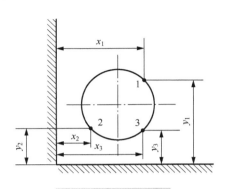

图 4-122　测量坐标值

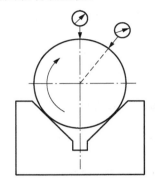

图 4-123　三点法测量圆柱表面圆度误差

值得注意的是，测得的径向圆跳动误差包含同轴度误差和圆度误差。

5. 理想边界控制原则

理想边界控制原则是控制和检验被测实际要素是否超过理想边界，从而判断其合格与否的原则，它仅限于采用相关要求并用综合量规检验的场合。

此时的理想边界是指按包容要求或最大实体要求所确定的最大实体边界或最大实体实效边界，要求被测要素的实际轮廓不能超出该边界。

实际检测时，理想边界控制原则用光滑极限量规的通规或功能量规来模拟图样上给定的理想边界，若被测要素的实际轮廓能通过量规的检测，则表示合格，否则不合格。如图 4-125 所示为一个阶梯轴轴线同轴度量规。按理想边界控制原则检测轴的体外作用尺寸，被测件大端圆柱体(被测要素的实际轮廓)应遵守最大实体边界，即用 $d_M = \phi 25$(最大实体尺寸)所确定的位置量规的测头(直径为 $\phi 25$ 的理想圆柱孔)检测，若工件能通过量规则合格，否则不合格。

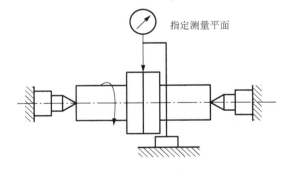

图 4-124　径向圆跳动测量示意图

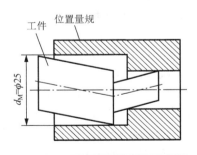

图 4-125　测量同轴度的位置量规

4.6　几何精度设计

几何精度设计对保证产品质量和降低制造成本具有十分重要的意义。例如，对保证轴类零件的旋转精度、保证结合件的连接强度和密封性、保证齿轮传动零件的承载均匀性等，都有很重要的影响。

在图样上是否给出几何公差要求,可按下述原则确定:凡几何公差要求用一般机床加工能保证的,不必注出,其公差值要求应按 GB/T 1184—1996《形状和位置公差 未注公差值》执行;凡几何公差有特殊要求(高于或低于 GB/T 1184—1996 规定的公差要求),则应按标准规定注出几何公差。

几何精度设计主要包括几何公差项目的选择、公差原则的选择、基准的选择、公差等级与公差值的选择。

4.6.1 几何公差项目的选择

几何公差项目的选择,取决于零件的几何特征、功能要求及检测方便性等,具体可参照以下几点进行。

1. 零件的几何特征

零件要素本身的几何特征限定了可选择的形状公差特征项目,零件要素间的几何方位关系限定了位置公差特征项目。例如,构成零件要素的点,可以选点的同心度和点的位置度;而线分直线和曲线,对零件要素为直线包括轴线而言,可选直线度、平行度、垂直度、倾斜度、同轴度、对称度、位置度等,对曲线而言,可选线轮廓度;对零件要素为平面来说,可选直线度、平面度、平行度、垂直度、倾斜度、对称度、位置度、端面圆跳动、端面全跳动;对曲面而言,可选面轮廓度等;对零件要素为圆柱来说,可选轴线直线度、素线直线度、圆度、圆柱度、径向圆跳动、径向全跳动等;对零件要素为圆锥来说,可选择素线直线度、圆度、斜向圆跳动等。

按零件的几何特征,一个零件通常有多个可选择的公差项目。事实上,没必要全部选用,而是通过分析零件各部分的功能要求和检测的方便,从中选择适当的特征项目。例如,仅要求顺利装配或避免孔、轴之间相对运动时的磨损,对于圆柱形零件需要提出轴心线直线度公差;又如,为了保证机床工作台或刀架运动轨迹的精度,对导轨的工作面需要提出直线度或平面度的要求;对于凸轮、叶片等复杂型面类零件,为了保证运动精度及良好的动力学特性,应规定线、面轮廓度公差等。

2. 零件的功能要求

对于不同的几何公差项目,其控制功能各不相同,有些是单一控制项目,如直线度、平面度、圆度等;有些是综合控制项目,如同轴度、垂直度、位置度及跳动等。选用时,在保证零件功能要求的条件下,尽可能减少几何公差项目,充分发挥综合控制项目的功能。例如,机床的主轴的旋转精度要求很高,因此要求主轴的两个支承点,即两个装滚动轴承圆柱面同轴,所以对这两个圆柱面选择对公共轴线 A—B 的同轴度,来保证该零件的功能,见图 4-126。又如,为保证齿轮在齿轮箱的装配中获得正确的位置,对齿轮箱体上的两轴承孔规定同轴度公差;对于机床导轨零件,为了保证工作台运动的平稳性和较高的运动精度,应规定导轨的直线度公差。

3. 检测方便性

选择几何公差时,还要考虑零件的检测方便性、可能性和经济性。例如,考虑到跳动误差的检测方便,对于轴类零件,可以用径向全跳动或者径向圆跳动同时控制同轴度、圆柱度和圆度误差;用端面全跳动或者端面圆跳动代替端面对轴线的垂直度公差等。如图 4-127 所示,顶尖轴的 d_2 外圆柱面选用径向圆跳动代替同轴度公差,B 端面选用端面圆跳动代替垂直度公差。

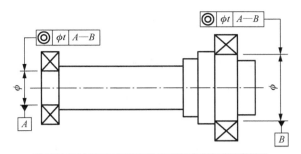

图 4-126　机床主轴功能要求的几何公差示例

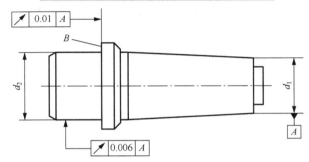

图 4-127　顶尖轴的几何公差项目选择

4.6.2　公差原则的选择

1. 独立原则

独立原则是处理几何公差与尺寸公差关系的基本原则。以下几种情况采用独立原则。

(1)尺寸精度和几何精度均有较严格的要求且需要分别满足。例如，齿轮箱体孔的尺寸精度与两孔轴线的平行度；连杆活塞销孔的尺寸精度与圆柱度；滚动轴承内、外圈滚道的尺寸精度与形状精度。

(2)尺寸精度与几何精度要求相差较大。例如，滚筒类零件尺寸精度要求很低，形状精度要求较高；平板的形状精度要求较高，尺寸精度要求不高；冲模架的下模座尺寸精度要求不高，平行度要求较高；通油孔的尺寸精度有一定要求，形状精度无要求。

(3)尺寸精度与形位精度无联系。例如，齿轮箱体孔的尺寸精度与孔轴线间的位置精度；发动机连杆孔的尺寸精度与孔轴线间的位置精度。

(4)有特殊功能要求的要素。例如，要保证机床导轨的运动精度，导轨工作面的形状精度要求较严格，尺寸精度要求次要；又如，要保证气缸套孔的密封性，气缸套孔的形状精度要求较严，尺寸精度要求次要。

(5)未注公差。凡未注尺寸公差与未注几何公差都采用独立原则。例如，退刀槽倒角、圆角等非功能要素。

2. 包容原则

为了保证零件的配合性质，对重要的配合常采用包容要求。由于包容要求对零件的要求很严，选择包容要求时要慎重。

(1)保证国标规定的配合性质。例如，$\phi20H7$Ⓔ孔与$\phi20h6$Ⓔ轴的配合，可以保证配合的最小间隙为零。需严格保证配合性质的齿轮内孔与轴的配合可以采用包容要求。当采用包容要求时，形状误差由尺寸公差带控制，若用尺寸公差控制形状误差满足不了要求，可以在采用包容要求的前提下, 对形状公差提出更严格的要求, 当然, 此时的形状公差值只能占尺寸公差值的一部分。

(2)尺寸公差与形位公差间无严格比例关系要求。对一般孔与轴的配合尺寸不超越最大实体尺寸, 局部实际尺寸不超越最小实体尺寸, 可采用包容要求。

3. 最大实体要求

对于仅需要保证零件的可装配性, 而为了便于零件的加工制造时, 可以采用最大实体要求。

(1)被测中心要素。为了保证自由装配性, 如轴承盖上用于穿过螺钉的通孔, 法兰盘上用于穿过螺栓的通孔的位置度公差采用最大实体要求。这样, 螺钉或螺栓与螺钉孔或螺栓孔之间的间隙可以给孔间的位置度公差以补偿值, 从而降低了加工成本, 有利于装配。

(2)基准中心要素。例如, 同轴度的基准轴线采用最大实体要求时, 基准轴线和中心平面相对于理想边界的中心允许偏离, 这样, 被测要素可以获得更大的同轴度公差, 有利于孔轴的装配。

4. 最小实体要求

对于保证最小壁厚不小于某个极限值和某表面至理想中心的最大距离不大于某个极限等功能要求, 或者保证零件的对中性时, 应该选用最小实体要求来满足要求。

5. 可逆要求

可逆要求只能与最大实体要求或最小实体要求一起连用。当与最大实体要求一起连用时, 按最大实体要求选用; 当与最小实体要求一起连用时, 按最小实体要求选用。

4.6.3 基准的选择

给出关联要素之间的方向或位置关系要求时, 需要选择基准。选择基准时, 主要应根据设计和使用要求, 并兼顾基准统一原则以及零件的结构特征等, 从以下几方面考虑。

(1)根据零件的功能要求及要素间的几何关系选择基准。例如, 对旋转轴, 通常都以轴承的轴颈轴线作为基准。

(2)从加工、测量角度考虑, 选择在夹具、量具中定位的相应要素作基准, 应尽量使工艺基准、测量基准与设计基准统一。例如, 加工齿轮时, 以齿轮坯的中心孔作为基准。

(3)根据装配关系, 选择相互配合或相互接触的表面为各自的基准, 以保证零件的正确装配。例如, 箱体的装配底面, 盘类零件的端平面等。

(4)从零件结构来考虑, 应选用较宽大的平面、较长的轴线作为基准, 以便定位稳定。对结构复杂的零件, 一般应选三个基准面, 以确定被测要素在空间的方向和位置。

(5)多基准的选择。当采用两个和两个以上的基准时, 通常选择对被测要素使用要求影响最大的表面或定位最稳的表面作为第一基准要素, 第二基准要素次之, 第三基准要素最次。

4.6.4 几何公差值的选用

几何公差值即给定的几何公差带的宽度或直径, 是控制零件制造精度的直接指标。合理地给出几何公差值, 对于保证产品功能、提高产品质量、降低制造成本是十分重要的。图样中的几何公差值有两种标注形式, 一种是在框格内注出公差值; 另一种是不在图样中注出, 而采用 GB/T 1184—1996 中规定的未注公差值, 并在图样的技术要求中说明。在图样上注出公差值的固然是设计要求, 不注出公差值的, 同样也是设计要求。一般来说, 对于零件几何公差要求较高, 应该采用注出公差值; 或者功能要求允许大于未注公差值, 而这个较大的公差值会给工厂带来经济效益时，这个较大的公差值也应该采用注出公差值。不论采用上述哪种方法，均应遵循 GB/T 1184—1996 中规定的基本要求和表示方法。

1. 几何公差未注公差值的规定

(1) 对于直线度、平面度、垂直度、对称度和圆跳动的未注公差，标准中规定了 H、K、L 三个公差等级，它们的数值分别见表 4-5、表 4-6、表 4-7 和表 4-8。其中 H 级最高，L 级最低。选用时应在技术要求中注出标准号及公差等级代号，如未注几何公差按 "GB/T 1184—H"。

表 4-5 中的 "基本长度" 对于直线度是指其被测长度；对平面度是指平面较长一边的长度；对于圆平面则指其直径。虽将直线度与平面度列于同一表中，并不意味着它们的加工精度相似，或者需同时考虑其直线度和平面度的未注公差值。一般情况下，平面度的未注公差值必然控制了直线度误差。由垂直度未注公差值所形成的垂直度公差值必然控制了该表面上的直线度、平面度和端面圆跳动。因此在选用垂直度未注公差值时，应考虑该值需大于直线度或平面度的未注公差值，但不应小于端面圆跳动的未注公差值。

表 4-5　直线度、平面度未注公差值　(单位：mm)

公差等级	基本长度范围					
	≤10	>10～30	>30～100	>100～300	>300～1000	>1000～3000
H	0.02	0.05	0.1	0.2	0.3	0.4
K	0.05	0.1	0.2	0.4	0.6	0.8
L	0.1	0.2	0.4	0.8	1.2	1.6

表 4-6　垂直度未注公差值　(单位：mm)

公差等级	基本长度范围			
	≤100	>100～300	>300～1000	>1000～3000
H	0.2	0.3	0.4	0.5
K	0.4	0.6	0.8	1
L	0.6	1	1.5	2

表 4-7　对称度未注公差值　(单位：mm)

公差等级	基本长度范围			
	≤100	>100～300	>300～1000	>1000～3000
H	0.5			
K	0.6		0.8	1
L	0.6	1	1.5	2

表 4-8　圆跳动未注公差值　(单位：mm)

公差等级	圆跳动公差值
H	0.1
K	0.2
L	0.5

(2) 对于线轮廓度、面轮廓度、倾斜度、位置度和全跳动的未注公差，均由各要素的注出或未注线性尺寸公差或角度公差控制，对这些项目的未注公差不必作特殊的标注。线、面轮廓度这两项形状或位置公差本身就具有尺寸特性，它是由理论正确尺寸确定其理想轮廓的。如没有标出线、面轮廓度公差带的要求，它的轮廓必然由它本身的注出或未注出的一系列尺寸及其公差(包括角度公差)控制。倾斜度是两关联要素间的任一角度关系，应由两要素间的角度及其公差(注出或未注出)控制，不需要再考虑它的未注公差值。位置度是形状公差和位置公差的总和。对于某个要素，若未给出位置度公差带的标注，则其形状误差和方向误差可分别由它们的未注公差值来控制。至于零件要素的定位要求，则由尺寸公差来控制，即由注出的或未注出的线性尺寸公差和角度尺寸公差控制。

(3)圆度的未注公差值等于给出的直径公差值,但不能大于径向圆跳动的未注公差值,即表 4-8 中的圆跳动公差值。

(4)对圆柱度的未注公差值不作规定。圆柱度误差由圆度误差、直线度误差和相应素线的平行度误差组成,而其中每一项误差均由它们的注出公差或未注公差控制。但这并不意味着圆柱度的误差值可以由这三部分相加得出,因为综合形成的圆柱度误差值是它们三者相互综合的结果,有时相加,有时互相抵消或部分抵消,这是个很复杂的情况,无法预料。因此标准中提出可采用包容要求来解决圆柱度未注公差值的问题,因为包容要求必然控制了这三项误差,也就必然控制了圆柱度误差。如因功能要求,圆柱度应小于圆度、直线度和平行度的未注公差的综合结果,应在被测要素上按 GB/T 1182—1996 的规定注出圆柱度公差值。

(5)平行度的未注公差值等于给出的尺寸公差值,或是直线度和平面度未注公差值中的相应公差值取较大者。应取两要素中的较长者作为基准,若两要素的长度相等,则可选任一要素作为基准。

(6)对同轴度的未注公差值未作规定。在极限状况下,同轴度的未注公差值可以与规定的径向圆跳动的未注公差值相等。应选两要素中的较长者作为基准,若两要素的长度相等,则可选任一要素作为基准。

2. 几何公差注出公差值的规定

(1)除线轮廓度和面轮廓度外,其他项目都规定有公差数值。其中,除位置度外,又都规定了公差等级。

(2)圆度和圆柱度的公差等级分别规定了 13 个等级,即 0 级、1 级、2 级、…、12 级,其中 0 级最高,等级依次降低,12 级最低。

(3)其余 9 个特征项目的公差等级分别规定了 12 个等级,即 1 级、2 级、…、12 级,其中 1 级最高,等级依次降低,12 级最低。

(4)几何公差数值除与公差等级有关外,还和主参数有关。主参数的意义如图 4-128 所示。

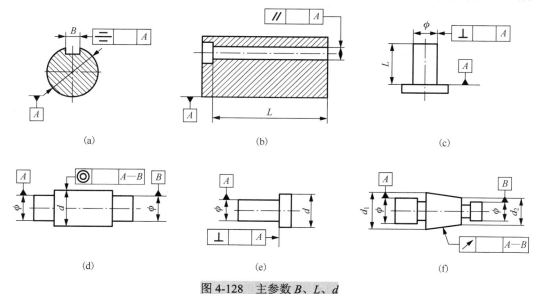

图 4-128 主参数 *B*、*L*、*d*

在图 4-128(a) 中，主参数为键槽宽度 B；在图 4-128(b) 和 (c) 中，主参数为长度和高度 L；在图 4-128(d) 和 (e) 中，主参数是直径 d；在图 4-128(f) 中，表示的是一个圆台，它的主参数应该是 $d = \dfrac{d_1 + d_2}{2}$，式中 d_1 和 d_2 分别是大圆锥直径和小圆锥直径。几何公差值随主参数的增加而增加。

(5) 几何公差的注出公差值见表 4-9～表 4-12。

(6) 规定了位置度公差值数系，见表 4-13。

表 4-9　直线度和平面度公差值

主参数 L(D)/mm	公差等级											
	1	2	3	4	5	6	7	8	9	10	11	12
	公差值/μm											
≤10	0.2	0.4	0.8	1.2	2	3	5	8	12	20	30	60
>10～16	0.25	0.5	1	1.5	2.5	4	6	10	15	25	40	80
>16～25	0.3	0.6	1.2	2	3	5	8	12	20	30	50	100
>25～40	0.4	0.8	1.5	2.5	4	6	10	15	25	40	60	120
>40～63	0.5	1	2	3	5	8	12	20	30	50	80	150
>63～100	0.6	1.2	2.5	4	6	10	15	25	40	60	100	200
>100～160	0.8	1.5	3	5	8	12	20	30	50	80	120	250
>160～250	1	2	4	6	10	15	25	40	60	100	150	300
>250～400	1.2	2.5	5	8	12	20	30	50	80	120	200	400
>400～630	1.5	3	6	10	15	25	40	60	100	150	250	500
>630～1000	2	4	8	12	20	30	50	80	120	200	300	600

注：主参数 L 是轴、直线、平面的长度。

表 4-10　圆度和圆柱度公差值

主参数 d(D)/mm	公差等级												
	0	1	2	3	4	5	6	7	8	9	10	11	12
	公差值/μm												
≤3	0.1	0.2	0.3	0.5	0.8	1.2	2	3	4	6	10	14	25
>3～6	0.1	0.2	0.4	0.6	1	1.5	2.5	4	5	8	12	18	30
>6～10	0.12	0.25	0.4	0.6	1	1.5	2.5	4	6	9	15	22	36
>10～18	0.15	0.25	0.5	0.8	1.2	2	3	5	8	11	18	27	43
>18～30	0.2	0.3	0.6	1	1.5	2.5	4	6	9	13	21	33	52
>30～50	0.25	0.4	0.6	1	1.5	2.5	4	7	11	16	25	39	62
>50～80	0.3	0.5	0.8	1.2	2	3	5	8	13	19	30	46	74
>80～120	0.4	0.6	1	1.5	2.5	4	6	10	15	22	35	54	87
>120～180	0.6	1	1.2	2	3.5	5	8	12	18	25	40	63	100
>180～250	0.8	1.2	2	3	4.5	7	10	14	20	29	46	72	115
>250～315	1.0	1.6	2.5	4	6	8	12	16	23	32	52	81	130
>315～400	1.2	2	3	5	7	9	13	18	25	36	57	89	140
>400～500	1.5	2.5	4	6	8	10	15	20	27	40	63	97	155

注：主参数 $d(D)$ 是轴(孔)的直径。

表 4-11　平行度、垂直度和倾斜度公差值

主参数 L、d(D)/mm	公差等级											
	1	2	3	4	5	6	7	8	9	10	11	12
	公差值/μm											
≤10	0.4	0.8	1.5	3	5	8	12	20	30	50	80	120
>10~16	0.5	1	2	4	6	10	15	25	40	60	100	150
>16~25	0.6	1.2	2.5	5	8	12	20	30	50	80	120	200
>25~40	0.8	1.5	3	6	10	15	25	40	60	100	150	250
>40~63	1	2	4	8	12	20	30	50	80	120	200	300
>63~100	1.2	2.5	5	10	15	25	40	60	100	150	250	400
>100~160	1.5	3	6	12	20	30	50	80	120	200	300	500
>160~250	2	4	8	15	25	40	60	100	150	250	400	600
>250~400	2.5	5	10	20	30	50	80	120	200	300	500	800
>400~630	3	6	12	25	40	60	100	150	250	400	600	1000
>630~1000	4	8	15	30	50	80	120	200	300	500	800	1200

注：(1)主参数 L 为给定平行度时轴线或平面的长度，或给定垂直度、倾斜度时被测要素的长度。

(2)主参数 $d(D)$ 为给定面对线垂直度时，被测要素的轴(孔)直径。

表 4-12　同轴度、对称度、圆跳动和全跳动公差值

主参数 d(D)、B、L/mm	公差等级											
	1	2	3	4	5	6	7	8	9	10	11	12
	公差值/μm											
≤1	0.4	0.6	1.0	1.5	2.5	4	6	10	15	25	40	60
>1~3	0.4	0.6	1.0	1.5	2.5	4	6	10	20	40	60	120
>3~6	0.5	0.8	1.2	2	3	5	8	12	25	50	80	150
>6~10	0.6	1	1.5	2.5	4	6	10	15	30	60	100	200
>10~18	0.8	1.2	2	3	5	8	12	20	40	80	120	250
>18~30	1	1.5	2.5	4	6	10	15	25	50	100	150	300
>30~50	1.2	2	3	5	8	12	20	30	60	120	200	400
>50~120	1.5	2.5	4	6	10	15	25	40	80	150	250	500
>120~250	2	3	5	8	12	20	30	50	100	200	300	600
>250~500	2.5	4	6	10	15	25	40	60	120	250	400	800
>500~800	3	5	8	12	20	30	50	80	150	300	500	1000
>800~1250	4	6	10	15	25	40	60	100	200	400	600	1200

注：(1)主参数 $d(D)$ 为给定同轴度时轴直径，或给定圆跳动、全跳动时轴(孔)直径。

(2)圆锥体斜向圆跳动公差的主参数为平均直径。

(3)主参数 B 为给定对称度时槽的宽度。

(4)主参数 L 为给定两孔对称度时的孔心距。

表 4-13　位置度公差值数系　　　　　　　　　　　(单位：μm)

1	1.2	1.5	2	2.5	3	4	5	6	8
1×10^n	1.2×10^n	1.5×10^n	2×10^n	2.5×10^n	3×10^n	4×10^n	5×10^n	6×10^n	8×10^n

注：n 为正整数。

3. 几何公差值的选用原则

几何公差值的选用，主要根据零件的功能要求、结构特征、工艺上的可能性等因素综合考虑。

(1)在满足使用要求的情况下，尽可能选用较大的值。

（2）除采用相关要求外，一般情况下，对同一要素的形状公差、位置公差、尺寸公差和表面粗糙度应满足关系式：

$$T_{尺寸} > T_{位置} > T_{形状} > 表面粗糙度$$

如要求平行的两个表面，其平面度公差值应小于平行度公差值。在常用尺寸公差 IT5～IT8 的范围内，形状公差通常占尺寸公差的 25%～65%，而一般情况下，表面粗糙度 Ra 值占形状公差值的 20%～25%。

（3）平行度公差值应小于其相应的距离公差值。

（4）定位公差应大于定向公差。

（5）整个表面的几何公差比其某个截面上的几何公差大。

（6）一般来说，尺寸公差、形状公差和位置公差同级。

（7）对某些情况，考虑加工的难易程度和除主参数外其他参数的影响，在满足零件功能的要求下，几何公差等级可适当降低 1～2 级选用。

① 孔相对于轴；

② 细长比较大的轴或孔；

③ 距离较大的轴或孔；

④ 宽度较大（一般大于 1/2 长度）的零件表面；

⑤ 线对线和线对面相对于面对面的平行度；

⑥ 线对线和线对面相对于面对面的垂直度。

（8） 按有关标准规定的技术要求选用。

一般来说，根据上述原则，一般几何公差值按表 4-9～表 4-12 选用即可，但位置度公差值应通过计算得出。例如，用螺栓做连接件，被连接零件上的孔均为通孔，其孔径大于螺栓的直径，位置度公差可用下式计算：

$$t = X_{\min} \tag{4-23}$$

式中，t 为位置度公差；$X_{\min}$ 为通孔与螺栓间的最小间隙。

如用螺钉连接时，被连接零件中有一个零件上的孔是螺纹且孔径大于螺钉直径，位置度公差可用下式计算：

$$t = 0.5X_{\min} \tag{4-24}$$

按式（4-23）和式（4-24）计算确定的公差，经化整并按表 4-13 选择公差值。

几何公差值常用类比法确定，即对照同类设备所选用的公差等级，根据工作条件的差异进行一定的修正。表 4-14～表 4-17 列出了几何公差等级的应用情况，仅供参考。

表 4-14　直线度、平面度公差等级的应用

公差等级	应用举例
1，2	用于精密量具、测量仪器和精度要求极高的精密零件，如高精度量规、精密测量仪器的导轨面
3	1 级宽平尺工作面、1 级样板平尺的工作面，测量仪器圆弧导轨的直线度、测量仪器的测杆外圆柱面
4	用于量具、测量仪器和高精度机床的导轨，如高精度平面磨床的 V 形导轨、轴承磨床及平面磨床的床身导轨
5	用于 1 级平板、2 级宽平尺，平面磨床的纵导轨、垂直导轨及工作台，液压龙门刨床导轨，柴油机进气、排气阀门导杆等
6	用于普通机床导轨面，如车床导轨面、铣床的工作台，机床主轴箱的导轨，柴油机机体结合面等
7	用于 2 级平板，机床床头箱体，摇臂钻床底座工作台，减速器壳体结合面，0.02mm 规格的游标卡尺尺身等
8	用于机床传动箱体，连杆分离面，缸盖结合面，汽车发动机缸盖，减速器壳体等
9	用于 3 级平板，缸盖接合面，车床挂轮架等

表 4-15　圆度、圆柱度公差等级的应用

公差等级	应用举例
0，1	用于高精度测量仪主轴，高精度机床主轴，滚动轴承的滚珠和滚柱
2	用于精密测量仪主轴，精密机床主轴轴颈，喷油泵柱塞及柱塞套
3	用于高精度外圆磨床轴承，磨床砂轮主轴套筒，喷油嘴针、阀体，高精度轴承内、外圈等
4	用于较精密机床主轴、主轴箱孔，高压阀门、活塞、活塞销、阀体孔，高压油泵柱塞，较高精度滚动轴承的配合轴，铣削动力头箱体孔等
5	用于一般计量仪器主轴，测杆外圆柱面，一般机床主轴轴颈及轴承孔，与 P6 级滚动轴承配合的轴颈等
6	用于一般机床主轴及前轴承孔，减速传动轴轴颈，拖拉机曲轴轴颈，与 P6 级滚动轴承配合的外壳孔
7	用于高速柴油机箱体轴承孔，千斤顶或压力油缸活塞，机车传动轴，水泵及通用减速器转轴轴颈
8	用于低速发动机、大功率曲柄轴轴颈，内燃机曲轴轴颈，柴油机凸轮轴承孔
9	用于空气压缩机缸体，通用机械杠杆与拉杆用套筒销子，拖拉机活塞环、套筒孔

表 4-16　平行度、垂直度、倾斜度等级的应用

公差等级	应用举例
1	用于高精度机床，测量仪器、量具等主要工作面和基准面
2，3	用于精密机床、测量仪器、量具、夹具的工作面和基准面，精密机床的导轨，普通机床的主要导轨
4，5	用于普通机床导轨，重要支承面，精密机床重要零件，计量仪器、量具、模具工作面和基准面，床头箱体重要孔
6，7，8	用于一般机床的工作面和基准面，滚动轴承内、外圈端面对轴线的垂直度等
9，10	用于低精度零件，柴油机、曲轴颈、花键轴和轴肩端面，带式运输机法兰盘等端面对轴线的垂直度

表 4-17　同轴度、对称度、跳动公差等级的应用

公差等级	应用举例
1，2	用于旋转精度要求很高、尺寸公差高于 1 级的零件，如精密测量仪器的主轴和顶尖，柴油机喷油嘴针阀
3，4	用于机床主轴轴颈，砂轮轴轴颈，汽轮机主轴，测量仪器的小齿轮轴，安装高精度齿轮的轴颈
5	用于机床主轴轴颈，机床主轴箱孔，计量仪器的测杆，涡轮机主轴，高精度滚动轴承外圈，一般精度轴承内圈
6，7	用于汽车后桥输出轴，安装一般精度齿轮的轴颈，普通滚动轴承内圈，印刷机传墨辊的轴颈，键槽
8，9	用于内燃机凸轮轴孔、水泵叶轮、离心泵体、气缸套配合面，运输机机械滚筒表面，自行车中轴

4.6.5　几何公差设计应用实例

本章开始的图 4-1 所示的减速器输出轴，已完成了尺寸公差的精度设计，现根据该轴的功能要求进行几何精度设计。

该轴的功能要求，两轴颈 $\phi35j6$ 与 P0 级滚动轴承内圈相配合，两轴颈上安装滚动轴承后，将分别与减速器箱体的两孔配合；$\phi38r6$ 和 $\phi25m6$ 轴颈分别与齿轮和带轮配合，轴颈上的键槽 10N9 和 8N9 安装有平键并通过键带动齿轮和带轮传递转矩。根据该轴的功能要求，进行几何精度设计并标注出相应的几何公差，如图 4-129 所示为减速器输出轴的几何精度设计实例。

(1) 两轴颈 $\phi35j6$ 与 P0 级滚动轴承内圈相配合，为了保证配合性质，采用包容要求；按 GB/T 275—2015 的规定，与 P0 级滚动轴承配合的轴颈，为保证配合轴承的几何精度，在遵守包容要求的前提下，又进一步提出圆柱度公差 0.04 的要求；该两轴颈上安装滚动轴承后，将分别与减速器箱体的两孔配合，须限制两轴颈的同轴度误差，以免影响轴承外圈和箱体孔

的配合，故又给出了两轴颈的径向圆跳动公差为 0.012（相当于公差等级 7 级）。

（2）$\phi 42$ 处的两轴肩都是止推面，起定位作用。参照 GB/T 275—2015 的规定，提出两轴肩相对于基准轴线 $A—B$ 的端面圆跳动公差为 0.015。

（3）为保证齿轮的正确啮合，对安装齿轮的如 $\phi 38r6$ 圆柱面还提出对基准 $A—B$ 的径向圆跳动公差为 0.025 的要求。对如 $\phi 38r6$ 和 $\phi 25m6$ 轴颈上的键槽 10N9 和 8N9 都提出了 8 级对称度公差，公差值为 0.012。

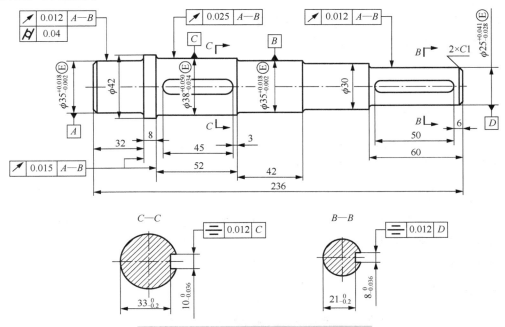

图 4-129　减速器输出轴的几何精度设计实例

思　考　题

4-1　试述几何公差的项目和符号。

4-2　几何公差的公差带有哪几种主要形式？几何公差带由哪些要素组成？

4-3　为什么说径向全跳动未超差，则被测表面的圆柱度误差就不会超过径向全跳动公差？

4-4　基准的形式通常有几种？位置度为何提出三基面体系要求？基准标注不同，对公差带有何影响？

4-5　评定几何误差的最小条件是什么？

4-6　理论正确尺寸是什么？在图样上如何表达？在几何公差中它起什么作用？

4-7　公差原则有哪几种？其使用情况有何差异？

4-8　最大实体状态和最大实体实效状态的区别是什么？

4-9　当被测要素遵守包容原则或最大实体要求后其实际尺寸的合格性如何判断？

4-10　几何公差值的选择原则是什么？选择时考虑哪些情况？

第 5 章　表面粗糙度与检测

在日常生活和机械产品中，零件的表面粗糙度要求随处可见。例如，吸盘类挂钩，当吸盘贴在光滑表面时，可以承载一定的拉力。零件比较重要的表面，都涉及表面粗糙度的设计。表面粗糙度的设计步骤影响零件的表面精度要求，而且影响所需设备的性能和成本。本章主要讲述的是表面粗糙度的选择与应用，为后续学习打下基础。

本章知识要点 ▶▶

了解表面粗糙度的概念，深刻理解评定基准和评定参数，掌握粗糙度基本符号的意义，掌握粗糙度的检测方法。

兴趣实践 ▶▶

图 5-1 为表面粗糙度测量中常用的 2206B 型表面粗糙度测量仪，根据光的反射和干涉原理，测出零件的表面粗糙度。例如，图 5-2 所示零件的表面精度要求较高，如何确定其表面粗糙度，如何利用测量仪测量加工后零件的粗糙度值。

探索思考 ▶▶

如何选择图 5-2 所示零件的粗糙度要求？如何检验零件的实际粗糙度？

预习准备 ▶▶

(1) 了解表面粗糙度的概念；
(2) 了解工具显微镜的工作原理。

图 5-1　表面粗糙度测量仪

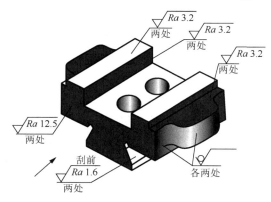

图 5-2　零件的表面粗糙度标注

5.1　表面粗糙度概述

在工程实际中，零件表面的加工方法，不论是用机械加工，还是用铸锻、冲压、热轧、冷轧等，由于刀痕、材料的塑性变形、工艺系统的高频振动、刀具与被加工表面的摩擦等，引起零件表面上具有较小间距的微小峰谷组成的微量高低不平的痕迹。它是一种微观几何形状误差，也称为微观不平度。这种微观几何特征可用表面粗糙度来表示。表面粗糙度越小，零件表面越光滑。表面粗糙度反映了零件表面微观几何形状误差，影响零件的功能、寿命和美观，是评定零件表面质量的一项重要指标。

表面粗糙度对零件的配合特性、耐磨性、抗腐蚀性、接触刚度、抗疲劳强度、密封性和外观等都有影响。为了提高产品质量，促进互换性生产，必须规范表面粗糙度的评定方法和测量手段。

5.1.1　表面粗糙度的概念

表面粗糙度是指零件表面上所具有的较小间距的峰谷所组成的微观几何形状特征，如图 5-3 所示。

零件表面的轮廓可分为三种情况：表面粗糙度、表面波纹度和形状误差，如图 5-4 所示。

(1) 表面粗糙度：零件表面所具有的较小间距和微小峰谷的不平程度，其波长和波高之比一般小于 50。属于微观几何形状误差。

小思考 5-1

请仔细观察和思考，日常生活和工程实践中有哪些需要标注粗糙度的表面？

(2) 表面波纹度：零件表面上峰谷的波长和波高之比等于 50～1000 的不平程度。它会引起零件运转时的振动、噪声，特别是对旋转零件(如轴承)的影响是相当大的。

(3) 形状误差：零件表面上峰谷的波长和波高之比大于 1000 的不平程度。

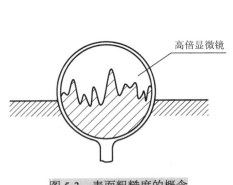

图 5-3　表面粗糙度的概念

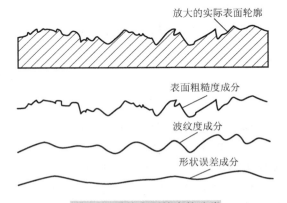

图 5-4　零件表面轮廓的分类

5.1.2　表面粗糙度对机械零件性能的影响

表面粗糙度对零件的使用性能和使用寿命有很大的影响。

1. 影响零件的耐磨性

由于零件表面存在着微观几何形状误差，当零件表面做相对运动时，只能在表面轮廓的峰顶发生接触，使得接触面积减小，比压增大，从而使零件表面的磨损速度增快。一般来说，表面越粗糙，摩擦阻力越大，零件表面磨损越快；但是表面如果太光滑，则不利于润滑油的存储，容易形成干摩擦或半干摩擦，从而加快表面的磨损。

2. 影响配合性质的稳定性

对间隙配合来说，因微观不平度的峰顶在相对运动中被磨掉，从而使孔、轴间的间隙增大，影响了零件的配合性能；对于过盈配合，因装配时零件表面的峰顶被挤平，使实际过盈减小，降低了连接强度；对于过渡配合，表面粗糙度也会使其配合变松。

3. 影响零件的疲劳强度

零件表面越粗糙，波谷越深，波谷的曲率半径越小，应力集中就越严重。当零件表面承受交变载荷作用时，由于应力集中的影响，在波谷处容易发生裂纹，从而降低了材料的疲劳强度，破坏了零件的表面。

案例 5-1

在零件的表面质量评定指标中，通常用表面粗糙度来评价零件表面的微观几何形状误差。

问题：

(1)什么是表面粗糙度？

(2)表面粗糙度与波纹度有什么区别？

(3)表面粗糙度对零件性能有哪些影响？

4. 影响零件的抗腐蚀性能

零件表面的微观波谷处，容易残存腐蚀性物质，它们会向金属内部渗透，造成零件表面锈蚀。表面越粗糙，锈蚀越严重。

5. 影响零件的接触刚度

由于两个零件之间是在表面轮廓的峰顶发生接触的，所以零件表面越粗糙，零件表面间的接触面积就越小，单位面积上的压力就越大，这样就会使峰顶处的局部塑性变形增大，接触刚度下降，从而影响零件的工作性能。

此外，表面粗糙度对零件的密封性、表面质量、表面光学性能、导电导热性和表面咬合强度等有很大的影响。所以，表面粗糙度是衡量产品质量的重要指标。在设计零件的精度时，要制定合理的粗糙度，以保证零件的使用性能。

5.2 表面粗糙度的评定

对于具有表面粗糙度要求的零件，经加工获得的零件表面是否满足使用要求，需要测量和评定其表面粗糙度的合格性。测量和评定表面粗糙度轮廓时，应规定取样长度、评定长度、轮廓滤波器的截止波长、中线和评定参数。当没有指定测量方向时，测量截面方向与表面粗糙度轮廓幅度参数的最大值相一致，该方向垂直于被测表面的加工纹理，即垂直于表面主要加工痕迹的方向。

5.2.1 术语、定义

1) λ_c 轮廓滤波器

λ_c 轮廓滤波器是指确定表面粗糙度与波纹度成分之间相交界限的滤波器。

2) λ_s 轮廓滤波器

λ_s 轮廓滤波器是指确定存在于表面上的粗糙度与比它更短的波的成分之间相交界限的滤波器。

3) λ_c 轮廓滤波器

λ_c 轮廓滤波器是指确定存在于表面上的波纹度与比它更长的波的成分之间相交界限的滤波器。

4) 表面轮廓

表面轮廓是指平面与实际表面相交所得的轮廓。

5) 原始轮廓

原始轮廓是指在应用短波长滤波器 λ_s 之后的总的轮廓。

6) 粗糙度轮廓

粗糙度轮廓是指对原始轮廓采用 λ_c 滤波器抑制长波成分以后形成的轮廓，这是修正的轮廓。

以下所涉及的轮廓如果没有特殊说明，都是指粗糙度轮廓。

案例 5-1 分析

　　(1) 表面粗糙度：零件表面所具有的较小间距和微小峰谷的不平程度，其波长和波高之比一般小于 50。属于微观几何形状误差。

　　(2) 表面粗糙度表示零件表面的波长和波高之比一般小于 50；波纹度表示零件表面的波长和波高之比等于 50～1000。

　　(3) 表面粗糙度对零件的耐磨性、稳定性、疲劳强度、抗腐蚀强度和接触刚度都有影响。

5.2.2　评定基准

为了合理、准确地评定被测表面的粗糙度，需要确定间距和幅度两个方向的评定基准，即取样长度、评定长度和轮廓中线。

1. 表面轮廓

为了方便研究零件的表面结构，一般用一平面垂直于零件的实际表面，两表面相交所得到的轮廓作为评估对象。它称为表面轮廓，是一条轮廓曲线，如图 5-5 所示。

2. 取样长度 l_r

评定表面粗糙度时所取的一段基准线长度。鉴于实际表面轮廓包含着粗糙度、波纹度和宏观形状误差等三种几何形状误差，测量表面粗糙度轮廓时，应把测量限制在一段足够短的长度上，以抑制或减弱

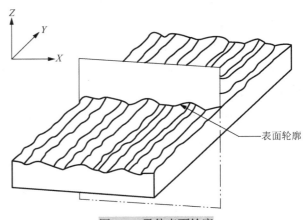

图 5-5　零件表面轮廓

波纹度、排除宏观形状误差对表面粗糙度轮廓测量的影响，这段长度称为取样长度。

其目的在于限制和减弱其他几何形状误差，特别是表面波纹度对测量结果的影响。表面越粗糙，取样长度越大，因为表面越粗糙，波距也越大，较大的取样长度才能反映一定数量的微量高低不平的痕迹。

它是用于判别被评定轮廓的不规则特征的 X 轴方向上的长度，用符号 l_r 表示，如图 5-6 所示。表面越粗糙，则取样长度 l_r 就应越大。取样长度的标准化值见表 5-1。

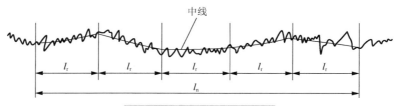

图 5-6　取样长度和评定长度

规定取样长度是为了限制和减弱宏观形状误差，尤其是表面波纹度对测量结果的影响。国家标准规定取样长度表面粗糙程度选取相应的取样长度数值，它应该包含 5 个以上的轮廓峰和轮廓谷。

3. 评定长度 l_n

评定表面轮廓所必需的一段长度，如图 5-6 所示。

评定长度包括一个或几个取样长度，由于零件表面各部分的表面粗糙度不一定很均匀，在一个取样长度上往往不能合理地反映某一表面粗糙度特征，故需在表面上取几个取样长度来评定表面粗糙度，如图 5-6 所示。一般情况下取 $l_n=5l_r$，如果被测表面的均匀性较好，可取 $l_n<5l_r$；如果被测表面的均匀性较差，可取 $l_n>5l_r$。

4. 轮廓中线

轮廓中线是用轮廓滤波器 λ_c 抑制了长波轮廓成分相对应的中线，即具有几何轮廓形状并划分轮廓的基准线，也就是用来评定表面粗糙度参数值的给定线。轮廓中线有以下两种。

案例 5-2

为了合理地评价零件的表面粗糙度，需要建立相应的评定基准和评定参数。
问题：
(1)表面粗糙度的评定基准有哪些？
(2)表面粗糙度的评定参数有哪些？

1)轮廓的最小二乘中线(*m*)

轮廓最小二乘中线是在取样长度范围内，实际被测轮廓上的各点至该线的距离平方和为最小，即 $\int_0^{l_r} Z^2 \mathrm{d}x$ 为最小，也就是 $z_1^2 + z_2^2 + z_3^2 + \cdots + z_i^2 + \cdots + z_n^2 = \min$，如图 5-7 所示。

在轮廓图形上确定最小二乘中线较为困难，故在实际应用中经常采用算术平均中线。

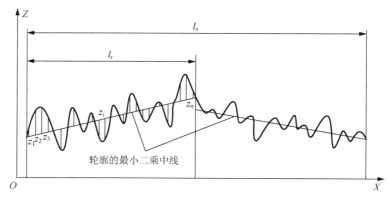

$z_1, z_2, z_3, \cdots, z_i, \cdots, z_n$——轮廓上各点至最小二乘中线的距离

图 5-7　表面粗糙度轮廓的最小二乘中线

2）轮廓的算术平均中线

轮廓的算术平均中线是在取样长度范围内，将实际轮廓划分为上下两部分，且使上下面积相等的直线，即 $\sum\limits_{i=1}^{n}F_i = \sum\limits_{i=1}^{n}F'_i$，如图 5-8 所示。

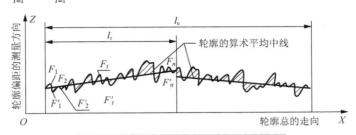

图 5-8　表面粗糙度轮廓的算术平均中线

5.2.3　评定参数

为了定量地评定表面粗糙度轮廓，必须用参数及其数值来表示表面粗糙度轮廓的特征。鉴于表面轮廓上的微小峰、谷的幅度和间距的大小是构成表面粗糙度轮廓的两个独立的基本特征，因此在评定表面粗糙度轮廓时，通常采用下列的幅度参数（高度参数）和间距参数。

为了满足对零件表面不同的功能要求，国家标准（GB/T 3505—2009）根据表面微观几何形状幅度、间距和形状 3 个方面的特征，规定了表面粗糙度的相应评定参数。国家标准规定了 4 个评定参数，其中高度参数（2 个）是基本

> **案例 5-2 分析**
> 　　（1）粗糙度的评定基准有实际轮廓、取样长度、评定长度和轮廓中线；
> 　　（2）粗糙度的评定参数有幅度参数、间距参数和混合参数等。

参数，间距参数（1 个）和混合参数（形状参数）（1 个）是附加参数。确定表面粗糙度时，可在 2 个高度参数中选取，只有当用高度参数不能满足表面功能要求时，才选取附加参数。

1. 幅度参数（高度参数）

1）轮廓算术平均偏差 Ra

在取样长度 l_r 内，被测实际轮廓上各点至轮廓中线距离绝对值的平均值，即 Ra 能充分反映表面微观几何形状高度方面的特性，但因受计量器具功能的限制，不用作过于粗糙或太光滑表面的评定参数。

如图 5-8 所示，轮廓的算术平均偏差是指在一个取样长度 l_r 范围内，被评定轮廓上各点至中线的纵坐标值 $Z(x)$ 的绝对值的算术平均值，用符号 Ra 表示。它用公式表示为

$$Ra = \frac{1}{l_r}\int_0^{l_r}|Z(x)|dx \qquad (5\text{-}1)$$

或近似表示为

$$Ra = \frac{1}{n}\sum_{i=1}^{n}|Z(x_i)| = \frac{1}{n}\sum_{i=1}^{n}|z_i| \qquad (5\text{-}2)$$

Ra 参数能充分地反映表面微观几何形状高度方面的特性，测量方法比较简单，所以它是普遍采用的评定参数，Ra 值越大，表面越粗糙，Ra 值一般是用触针式电感轮廓仪测得的，它受触针半径和仪器测量原理的限制，适用于 Ra 值在 0.025～6.3μm 的表面。

2)轮廓的最大高度 Rz

轮廓的最大高度 Rz 是指在一个取样长度内，最大轮廓峰高和最大轮廓谷深之和的高度，如图 5-9 所示，用公式表示为

$$Rz = Z_{pmax} + Z_{vmax} \tag{5-3}$$

式中，Z_{pmax} 为最大轮廓峰高；Z_{vmax} 为最大轮廓谷深(取正值)。

值得注意的是，在旧的国家标准(GB/T 3505—2009)中，Rz 符号是用来表示"不平度+点高度"的，目前使用的测量仪器大多是测量以前的 Rz 参数，所以在应用的过程中应该注意这个问题。Rz 只能反映轮廓的峰高，不能反映峰顶的尖锐或平钝的几何特性，同时若取点不同，则所得 Rz 值不同，因此受测量者的主观影响较大。

幅度参数(Ra 和 Rz)是国家标准规定的必须标注的参数(二者只需选其一)，所以又称为基本参数。

图 5-9　轮廓最大高度

2. 间距参数

间距参数指轮廓单元的平均宽度 Rsm。

对于表面轮廓上的微小峰、谷的间距特征，通常采用轮廓单元的平均宽度来评定。如图 5-10 所示，一个轮廓峰与相邻的轮廓谷的组合称为轮廓单元，在一个取样长度 l_r 范围内，中线与各个轮廓单元相交线段的长度称为轮廓单元的宽度，用符号 X_{si} 表示。

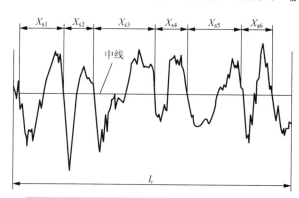

图 5-10　轮廓单元的宽度与轮廓单元的平均宽度

轮廓单元的平均宽度 Rsm 是指在一个取样长度内，粗糙度轮廓单元宽带 X_{si} 的平均值，如图 5-10 所示，用公式表示为

$$Rsm = \frac{1}{m}\sum_{i=1}^{m} X_{si} \tag{5-4}$$

Rsm 属于附加评定参数，与 Ra 或 Rz 同时选用，不能独立采用。

3. 混合参数（形状参数）

1）轮廓的支承长度率 $Rmr(c)$

轮廓的支承长度率是指在给定截面高度 c 上轮廓的实体材料长度 $Ml(c)$ 与评定长度的比率，如图 5-11 所示，用公式表示为

$$Rmr(c) = \frac{Ml(c)}{l_n} \tag{5-5}$$

2）轮廓的实体材料长度 $Ml(c)$

轮廓的实体材料长度 $Ml(c)$ 是指在评定长度内，一平行于 x 轴的直线从峰顶线向下移一截面高度 c 时，与轮廓相截所得的各段截线长度之和，如图 5-11（a）所示，即

$$Ml(c) = b_1 + b_2 + \cdots + b_i + \cdots + b_n = \sum_{i=1}^{n} b_i \tag{5-6}$$

轮廓的截面高度 c 可用微米或用它占轮廓最大高度的百分比表示。由图 5-11（a）可以看出，支承长度率 $Rmr(c)$ 随着截面高度 c 的大小而变化，其关系曲线称为支承长度率曲线，如图 5-11（b）所示。支承长度率曲线对于反映表面耐磨性具有显著的功效，即从中可以明显地看出支承长度的变化趋势。

间距参数 Rsm 与混合参数 $Rmr(c)$ 相对于基本参数（Ra 和 Rz）而言称为附加参数，其应用仅限于零件的重要表面并且有特殊使用要求的时候。

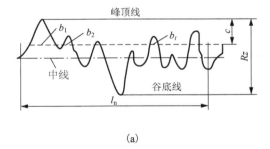

图 5-11　支承比率曲线

5.2.4　参数数值

国家标准 GB/T 1031—2009 对表面粗糙度列出评定参数的允许值数系。在设计时，需要根据具体条件选择适当的评定参数及其允许值，并将其数值按规定标注在图样上。

国家标准规定的表面粗糙度评定参数允许值及补充系列值分别见表 5-1、表 5-2、表 5-3和表 5-4；取样长度、评定长度与评定参数的对应关系见表 5-5。

表面粗糙度，从轮廓算术平均偏差 Ra 与轮廓最大高度 Rz 两项中选取。

在幅度参数（峰和谷）常用的参数范围内（Ra 为 0.025～0.063μm，Rz 为 0.1～2.5μm），优先选用 Ra。

轮廓算术平均偏差 Ra 和轮廓最大高度 Rz 的数值见表 5-1 和表 5-2。

表 5-1　轮廓算术平均偏差 *Ra* 的数值　　　　　　　　（单位：μm）

基本系列			补充系列					
0.012	0.4	12.5	0.008	0.040	0.25	1.25	8.0	40
0.025	0.8	25	0.010	0.063	0.32	2.0	10.0	63
0.05	1.6	50	0.016	0.080	0.50	2.5	16.0	80
0.1	3.2	100	0.020	0.125	0.63	4.0	20	
0.2	6.3		0.032	0.160	1.00	5.0	32	

注：补充系列摘自 GB/T 1031—2009 附录。

表 5-2　轮廓最大高度 *Rz* 的数值　　　　　　　　（单位：μm）

基本系列			补充系列					
0.025	1.6	100	0.032	0.25	2.0	16.0	125	1000
0.05	3.2	200	0.040	0.32	2.5	20	160	1250
0.1	6.3	400	0.063	0.50	4.0	32	250	
0.2	12.5	800	0.080	0.63	5.0	40	320	
0.4	25	1600	0.125	1.00	8.0	63	500	
0.8	50		0.160	1.25	10.0	80	630	

注：补充系列摘自 GB/T 1031—2009 附录。

表 5-3　轮廓单元的平均宽度 *Rsm* 的数值　　　　　　　　（单位：μm）

基本系列			补充系列						
0.006	0.1	1.6	0.002	0.008	0.023	0.125	0.5	2.0	8.0
0.0125	0.2	3.2	0.003	0.010	0.040	0.160	0.63	2.5	10.0
0.025	0.4	6.3	0.004	0.016	0.063	0.25	1.00	4.0	
0.05	0.8	12.5	0.005	0.020	0.080	0.32	1.25	5.0	

注：补充系列摘自 GB/T 1031—2009 附录。

表 5-4　轮廓支承长度率 *Rmr*(*c*) 的数值

10	15	20	25	30	40	50	60	70	80	90

注：选用轮廓支承长度率 *Rmr*(*c*) 时，应同时给出轮廓的截面高度 *c* 值。它可用微米或 *Rz* 的百分数表示。*Rz* 的百分数系列为 5%、10%、15%、20%、25%、30%、40%、50%、60%、70%、80%、90%。

表 5-5　*Ra*、*Rz* 和 *Rmr*(*c*) 的标准取样长度 *l*ᵣ 和评定长度 *l*ₙ

Ra/μm	*Rz*/μm	*Rmr*(*c*)/mm	传输带 $\lambda_s - \lambda_c$ /mm	l_r $l_r = \lambda_c$ /mm	$l_n = 5 \times l_r$/mm
≥0.008~0.02	≥0.025~0.10	≥0.013~0.04	0.0025~0.08	0.08	0.4
>0.02~0.1	>0.10~0.50	>0.04~0.13	0.0025~0.25	0.25	1.25
>0.1~2.0	>0.50~10.0	>0.13~0.4	0.0025~0.8	0.8	4.0
>2.0~10.0	>10.0~50.0	>0.4~1.3	0.008~2.5	2.5	12.5
>10.0~80.0	>50.0~320.0	>1.3~4	0.025~8	8.0	40.0

注：λ_s 和 λ_c 分别为短波滤波器和长波滤波器的截止波长；"$\lambda_s - \lambda_c$"表示滤波器传输带。

5.3　表面粗糙度的标注

　　图样上所标注的表面粗糙度符号、代号代表该表面加工后的要求。表面粗糙度的标注必须符合国家标准的规定。

5.3.1　表面粗糙度的符号及说明

1. 表面粗糙度的符号

表面粗糙度的符号分为基本图形符号、拓展图形符号、完整图形符号和工件轮廓各表面的图形符号，具体符号如表 5-6 所示。

其中， 的具体意义如图 5-12 所示。

> **案例 5-3**
>
> 为了在零件图样上能方便地标注出表面粗糙度的技术要求，通常需要用特定的符号、代号来表达其含义。
>
> **问题：**
> (1) 表面粗糙度的符号有哪些？
> (2) 这些符号各有什么意义？

表 5-6　粗糙度符号及含义

符　号	意义与说明
∨	基本图形符号，表示表面可用任何方法获得。当通过一个注释解释时可单独使用，没有补充说明时不能单独使用
∨	拓展图形符号，表示表面用去除材料的方法获得，如车、铣、钻、镗、磨、剪切、抛光、腐蚀、电火花加工、气割等。如果不加粗糙度数值，仅要求去除材料，仅当其含义是"被加工表面"时可单独使用
∨	拓展图形符号，表示表面用不去除材料的方法获得，如铸、锻、冲压、热轧、冷轧、粉末冶金等，或是用于保持原供应状况或上道工序状况的表面
∨ ∨ ∨	完整图形符号，在上述三个符号的长边均可加一横线，用于在横线上标注有关参数和说明，这三个完整图形符号还可分别用文字表达为 APA、MRR 和 MMR，用于报告和合同文本中
∨ ∨ ∨	工件轮廓各表面的图形符号，在上述三个符号上均可加一小圆圈，用来表示封闭轮廓的各表面具有相同的粗糙度要求

2. 表面粗糙度的完整图形符号的组成

在完整图形符号的周围标注评定参数的符号及极限值和其他技术要求。各项技术要求应标注在图 5-13 所示的指定位置上，此图为在去除材料的完整图形符号上的标注。在允许任何工艺的完整图形符号和不去除材料的完整图形符号上，也按照图 5-13 所示的指定位置标注。

在周围注写了技术要求的完整图形符号称为表面粗糙度轮廓代号，简称粗糙度代号。

在完整图形符号周围的各个指定位置上分别标注下列技术要求。

位置 a：标注表面粗糙度的单一要求——标注幅度参数符号（Ra 或 Rz）、极限值（单位为 μm）和有关技术要求。在位置 a 的注法按图 5-14 的示例要求进行注写。

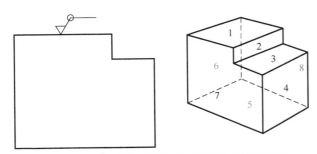

图 5-12　对封闭轮廓周围各面（上下+前后+左右）有相同要求的标注（图中有 8 个面）

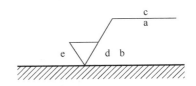

图 5-13　在表面粗糙度轮廓完整图形符号上各项技术要求的标注位置

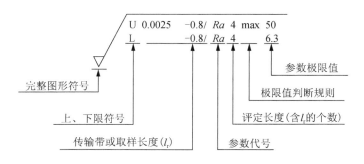

图 5-14　表面粗糙度的单一要求示例

位置 b：标注附加评定参数的符号及相关数值(如 Rsm，其单位为 mm)。

位置 c：标注加工方法、表面处理、涂层或其他工艺要求，如车、磨、镀等加工的表面。

位置 d：标注表面纹理。表面纹理的符号及其注法见图 5-15～图 5-17。

位置 e：标注加工余量(以 mm 为单位给出数值)。

必须注意：①传输带数值后面有一条斜线"/"，若传输带数值采用默认的标准化值而省略标注，则此斜线不予注出。②评定长度值是用它所包含的取样长度个数(阿拉伯数字)来表示的，如果默认为标准化值 5(即 $l_n=5×l_r$)，同时极限值判断规则采用默认规则，而都省略标注，则为了避免误解，幅度参数符号与幅度参数极限值之间应插入空格，否则可能把该极限值的首位数误读为表示评定长度值的取样长度个数(数字)。③若极限值判断规则采用默认规则而省略标注，则为了避免误解，评定长度值与幅度参数极限值之间应插入空格，否则可能把表示评定长度值的取样长度个数误读为极限值的首位数。

> **案例 5-3 分析**
>
> (1)表面粗糙度的符号有基本图形符号、拓展图形符号、完整图形符号和工件轮廓各表面的图形符号。
>
> (2)基本图形符号和拓展图形符号一般不单独使用。其中：
>
> √ 表示表面可用任何方法获得；
>
> √ 表示表面用去除材料的方法获得；
>
> √ 表示表面用不去除材料的方法获得。
>
> 一般在零件图中采用完整图形符号进行标注，具体含义参见表 5-6 和表 5-8。

3.加工纹理及符号说明

加工纹理及符号说明如表 5-7 所示。各种典型的表面纹理及其方向用表 5-7 中规定的符号标注。它们的解释见表 5-7 中各个分图对应的图形。如果这些符号不能清楚地表示表面纹理要求，可以在零件图上加注说明。

表 5-7　加工纹理符号及含义

符号	示意图	符号	示意图
=	纹理平行于标注代号的投影面	X	纹理呈两相交的方向

续表

符号	示意图	符号	示意图
⊥	纹理垂直于标注代号的投影面	C	纹理近似为以表面的中心为圆心的同心圆
P	纹理无方向或呈凸起的细粒状	R	纹理近似为通过表面中心的辐线

4. 表面粗糙度标注示例

表面粗糙度标注示例如表 5-8 所示。

表 5-8　表面粗糙度标注示例

序号	示例	含义
1	Ra 3.2	表示去除材料，单向上限值，默认传输带、Ra 的上限值为 3.2μm，评定长度为 5 个取样长度（默认），"16%规则"（默认）
2	Ra 3.2	表示不允许去除材料，单向上限值，默认传输带、Ra 的上限值为 3.2μm，评定长度为 5 个取样长度（默认），"16%规则"（默认）
3	Ra 3.2	表示任意加工方法，单向上限值，默认传输带、Ra 的上限值为 3.2μm，评定长度为 5 个取样长度（默认），"16%规则"（默认）
4	Ra 3.2 Ra 0.8	表示去除材料，默认双向极限值，默认传输带、Ra 的上限值为 3.2μm，Ra 的下限值为 0.8μm，评定长度为 5 个取样长度（默认），"16%规则"（默认）
5	URz 12.5 LRa 0.8	表示去除材料，双向极限值，默认传输带、Rz 的上限值为 12.5μm，Ra 的下限值为 0.8μm，评定长度为 5 个取样长度（默认），"16%规则"（默认）
6	Ramax 3.2	表示去除材料，单向上限值，默认传输带、评定长度为 5 个取样长度（默认），Ra 的上限值为最大值 3.2μm（"最大规则"）
7	LRa 1.6	表示去除材料，单向下限值，默认传输带、Ra 的下限值为 1.6μm，评定长度为 5 个取样长度（默认），"16%规则"（默认）
8	0.008-0.8/Ra 3.2	表示去除材料，单向上限值，传输带 0.008～0.8mm、Ra 的上限值为 3.2μm，评定长度为 5 个取样长度（默认），"16%规则"（默认）
9	-0.8/Ra3 3.2	表示去除材料，单向上限值，传输带 0.8mm、Ra 的上限值为 3.2μm，评定长度为 3 个取样长度，"16%规则"（默认）
10	URamax 3.2 LRa 0.8	表示去除材料，双向极限值，默认传输带、评定长度为 5 个取样长度（默认），Ra 的上限值为最大值 3.2μm（"最大规则"），Ra 的下限值为 0.8μm，"16%规则"（默认）
11	铣 Ra 0.8 -2.5/R 3.2	表示去除材料，两个单向上限值，①默认传输带和评定长度，Ra 的上限值为 0.8μm "16%规则"（默认）；②传输带为 2.5mm 默认评定长度，Rz 的上限值为 3.2μm "16%规则"（默认）。表面纹理垂直于视图所在的投影面，加工方法为铣削
12	0.008-4/Ra 6.3 0.008-4/Ra 1.3 3	表示去除材料，双向极限值，传输带 0.008~4mm，默认评定长度，Ra 的上限值为 6.3μm，Ra 的下限值为 1.6μm "16%规则"（默认）；加工余量为 3mm

5.3.2 表面粗糙度的代号及其标注方法

1. 标注原则

高度参数是基本参数，为标准规定的必选参数。不论选用 Ra 还是选用 Rz 作为评定参数时，参数值前都需要标注出相应的参数代号 Ra 或 Rz。

当允许实测值中，超过规定值的个数少于总数的16%时，采用"16%规则"，应标注"上限值"或"下限值"。当所有实测值不允许超过规定值时，采用"最大规则"，在图样上标注时应在参数代号后增加标注一个"max"的标记。

在图中表示双向极限时应标注上限符号"U"和下限符号"L"，如果只有单向上限值要求时可省略"U"的标注，标准默认的是单向上限值。

传输带的标注：如按国标采用默认的标准化值，则可省略标注。

评定长度的标注：如果采用默认的评定长度(即 $l_n=5l_r$)，则可省略标注，否则就要在粗糙度参数后标注出取样长度的个数。

表面加工纹理方向：指表面微观结构的主要方向，由所采用的加工方法或其他因素形成，必要时才规定。

对零件任何一个表面的粗糙度轮廓技术要求一般只标注一次，并且用表面粗糙度轮廓代号(在周围注写了技术要求的完整图形符号)尽可能标注在注了相应的尺寸及其极限偏差的同一视图上。除非另有说明，所标注的表面粗糙度轮廓技术要求是对完工零件表面的要求。此外，粗糙度代号上的各种符号和数字的注写和读取方向应与尺寸的注写和读取方向一致，并且粗糙度代号的尖端必须从材料外指向并接触零件表面。

为了使图例简单，下述各个图例中的粗糙度代号上都只标注了幅度参数符号及上限值，其余的技术要求皆采用默认的标准化值。

2. 常规标注方法

(1)应将代号标注在可见轮廓线、尺寸界线、引出线或它们的延长线上，符号的尖端必须从材料外指向被注表面。

图5-15、图5-16为粗糙度代号标注在轮廓线、轮廓线的延长线和带箭头的指引线上。图5-17为粗糙度代号标注在带黑端点的指引线上。

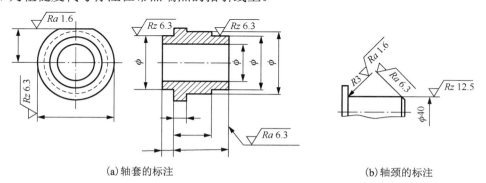

(a)轴套的标注　　　　　　　　　　(b)轴颈的标注

图5-15　粗糙度代号上的各种符号、数字的注写和读取方向应与尺寸的注写和读取方向一致

(2)在不引起误解的前提下，表面粗糙度轮廓代号可以标注在特征尺寸的尺寸线上。如图5-18所示，粗糙度代号标注在孔、轴的直径定形尺寸线上和键槽的宽度定形尺寸的尺寸线上。

(3)粗糙度代号可以标注在几何公差框格的上方，如图5-19所示。

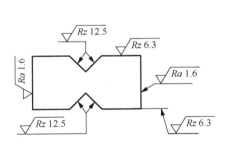

图 5-16　粗糙度代号标注在轮廓线、轮廓线的延长线
和带箭头的指引线上

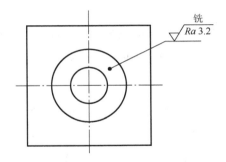

图 5-17　粗糙度代号标注在带黑端点的指引线上

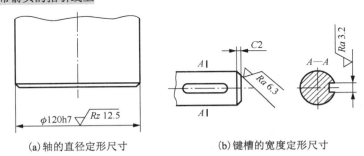

(a)轴的直径定形尺寸　　　　(b)键槽的宽度定形尺寸

图 5-18　粗糙度代号标注在特征尺寸的尺寸线上

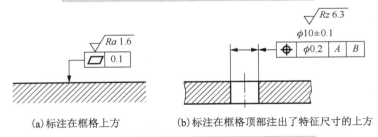

(a)标注在框格上方　　　(b)标注在框格顶部注出了特征尺寸的上方

图 5-19　粗糙度代号标注在几何公差框格的上方

3. 简化标注的规定方法

(1) 当零件的某些表面(或多数表面)具有相同的表面粗糙度轮廓技术要求时,对这些表面的技术要求可以统一标注在零件图的标题栏附近,省略对这些表面进行分别标注。

采用这种简化注法时,除了需要标注相关表面统一技术要求的粗糙度代号,还需要在其右侧画一个圆括号,在这个括号内给出一个图的基本图形符号。标注示例见图 5-20 的右下角标注(它表示除了两个已标注粗糙度代号的表面以外的其余表面的粗糙度要求)和图 5-21 的标注。

(2) 当零件的几个表面具有相同表面粗糙度轮廓技术要求或粗糙度代号直接标注在零件某表面上受到空间限制时,可以用基本图形符号或只带一个字母的完整图形符号标注在零件的这些表面上,而在图形或标题栏附近,以等式形式标注相应的粗糙度代号,如图 5-21 所示。

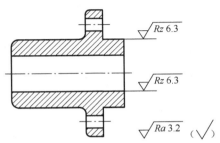

图 5-20　零件某些表面具有相同的表面
粗糙度轮廓技术要求时的简化标注

（3）当图样某个视图上构成封闭轮廓的各个表面具有相同的表面粗糙度轮廓技术要求时，可以采用图 5-22 所示的表面粗糙度轮廓特殊符号进行标注。标注示例见图 5-22（a），特殊符号表示对视图上封闭轮廓周边的上、下、左、右 4 个表面的共同要求，不包括前表面和后表面。

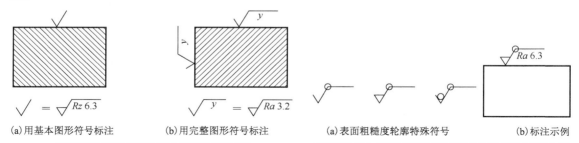

（a）用基本图形符号标注　　　（b）用完整图形符号标注

图 5-21　用等式形式简化标注的示例

（a）表面粗糙度轮廓特殊符号　　（b）标注示例

图 5-22　有关表面具有相同的表面粗糙度轮廓技术要求时的简化注法

5.3.3　表面粗糙度设计标注示例

1. 减速器输出轴的零件图

图 5-23 为减速器输出轴的零件图，其上对各表面标注了尺寸和几何公差等技术要求。

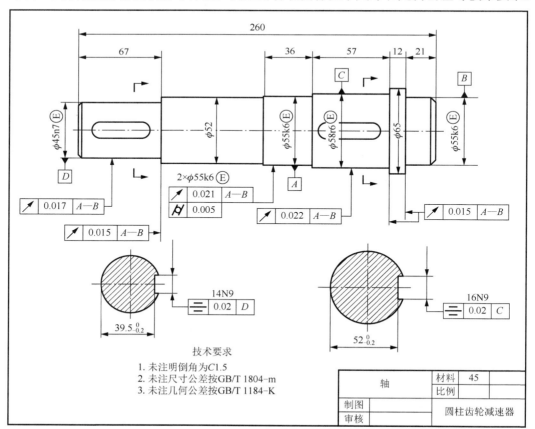

图 5-23　减速器输出轴的零件图

2. 减速器输出轴的功能

减速器输出轴主要连接被驱动部件，通过减速器输入轴上的小齿轮啮合输出轴上的大齿轮来达到减速的目的，并得到较大转矩。该轴是组成机器的重要零件，主要用来支承传动零件齿轮，传递运动与扭矩。

3. 减速器输出轴表面粗糙度的确定

（1）$2 \times \phi 55k6$ 轴颈的表面粗糙度取 Ra 上限值为 0.8μm；$\phi 65$ 两端面 Ra 上限值为 3.2μm。

（2）$\phi 45n7$ 和 $\phi 58r6$ 轴颈的表面粗糙度 Ra 上限值为 0.8μm；定位端面的表面粗糙度 Ra 上限值分别为 3.2μm 和 1.6μm。

（3）$\phi 52$ 轴颈与密封圈接触，此表面粗糙度一般选 Ra 上限值为 1.6μm。

（4）$\phi 45n7$ 和 $\phi 58r6$ 轴颈两键槽配合表面的表面粗糙度一般选 Ra 上限值为 3.2μm；键槽底部选 Ra 上限值为 6.3μm。

（5）该轴其他表面的表面粗糙度 Ra 上限值选为 12.5μm，如图 5-24 所示。

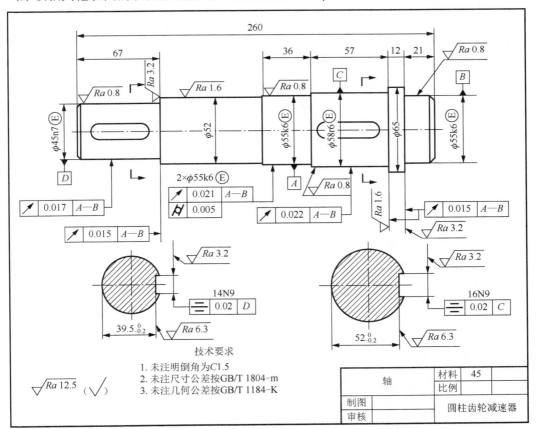

图 5-24　输出轴表面粗糙度的标注

5.4　表面粗糙度的选用

表面粗糙度的选用主要包括评定参数的选用和评定参数值的选用。

5.4.1 评定参数的选用

1. 表面粗糙度高度参数的选择

表面粗糙度参数选取的原则：确定表面粗糙度时，可首先在高度特性方面的参数(Ra、Rz)中选取，只有当高度参数不能满足表面的功能要求时，才选取附加参数作为附加项目。

在评定参数中，最常用的是 Ra，因为它最完整、最全面地表征了零件表面的轮廓特征。通常采用电动轮廓仪测量零件表面的 Ra，电动轮廓仪的测量范围为 $0.02\sim8\mu m$。

通常用光学仪器测量 Rz，测量范围为 $0.1\sim60\mu m$，由于它只反映了峰顶和谷底的几个点，反映出的表面信息有局限性，不如 Ra 全面。

当表面要求耐磨性时，采用 Ra 较为合适。

> **案例 5-4**
>
> 表面粗糙度的评定参数有两个高度参数(Ra、Rz)和两个附加参数(一个间距参数 Rsm 和一个形状参数 $Rmr(c)$)。
> **问题：**
> (1)如何选用这些评定参数？
> (2)在选择好评定参数后又如何选用参数值？
> (3)取样长度如何确定？

Rz 是反映最大高度的参数，对疲劳强度来说，表面只要有较深的痕迹，就容易产生疲劳裂纹而导致损坏，因此，这种情况以采用 Rz 为好。

另外，在仪表、轴承行业中，由于某些零件很小，难以取得一个规定的取样长度，用 Ra 有困难，采用 Rz，则具有实用意义。

2. 轮廓单元的平均宽度参数 Rsm 的选用

由于 Ra、Rz 高度参数为主要评定参数，而轮廓单元的平均宽度参数和形状特征参数为附加评定参数，所以，零件所有表面都应选择高度参数，只有少数零件的重要表面，有特殊使用要求时，才附加选择轮廓单元的平均宽度参数等附加参数。

例如，表面粗糙度对表面的可漆性影响较大，如汽车外形薄钢板，除去控制高度参数 Ra($0.9\sim1.3\mu m$)外，还需进一步控制轮廓单元的平均宽度 Rsm($0.13\sim0.23\mu m$)；又如，为了使电动机定子硅钢片的功率损失最少，应使其 Ra 为 $1.5\sim3.2\mu m$，Rsm 约为 $0.17\mu m$；再如，冲压钢板时，尤其是深冲时，为了使钢板和冲模之间有良好的润滑，避免冲压时引起裂纹，除了控制 Ra 外，还要控制轮廓单元的平均宽度参数 Rsm。另外，受交变载荷作用的应力界面除用 Ra 参数外，也还要用 Rsm。

轮廓单元的平均宽度参数 Rsm 值按表 5-3 选用。

3. 轮廓的支承长度率 $Rmr(c)$ 的选用

由于 $Rmr(c)$ 能直观反映实际接触面积的大小，它综合反映了峰高和间距的影响，而摩擦、磨损、接触变形都与实际接触面积有关，故此时适宜选用参数 $Rmr(c)$。至于在多大 $Rmr(c)$ 之下确定水平截距 c 值，要经过研究确定。$Rmr(c)$ 是表面耐磨性能的一个度量指标，但测量的仪器也较复杂和昂贵。

$Rmr(c)$ 的数值可按表 5-4 选用，但是选用 $Rmr(c)$ 时必须同时给出水平截距 c 值，它可用 μm 或 Rz 的百分数表示。百分数系列如下：Rz 的 5%、10%、15%、20%、25%、30%、40%、50%、60%、70%、80%、90%。

对于光滑表面和半光滑表面，普遍采用 Ra 作为评定参数。由于触针式轮廓仪功能的限制，它不宜测量极光滑和粗糙的表面，因此对于极光滑和粗糙的表面，采用 Rz 作为评定参数。

对附加评定参数 Rsm 或 $Rmr(c)$，一般不能作为独立参数选用，只有少数零件的重要表面并有特殊使用要求的时候才附加选用。

Rsm 主要应用在对喷涂性能和冲压成形时对抗裂纹、抗震、抗腐蚀，减小流体流动摩擦阻力等有要求的场合。

支承长度率 $Rmr(c)$ 主要应用在对耐磨性、接触刚度要求较高的场合。

5.4.2　参数值的选用

表面粗糙度轮廓参数的数值已标准化。设计时，表面粗糙度轮廓参数极限值应从 GB/T 1031—2009 规定的参数值系列（见表 5-1～表 5-4）中选取。必要时可采用其补充系列中的数值。

一般来说，零件表面粗糙度轮廓幅度参数值越小，它的工作性能就越好，使用寿命也越长。但不能不顾及加工成本来追求过小的参数值。因此，在满足零件功能要求的前提下，应尽量选用较大的幅度参数值，以获得最佳的技术经济效益。此外，零件运动表面过于光滑，不利于在该表面上储存润滑油，容易使运动表面间形成半干摩擦或干摩擦，从而加剧该表面磨损。

1. 参数值的选用原则

表面粗糙度评定参数值选择的一般原则：在满足功能要求的前提下，尽量选用较大的表面粗糙度参数值，以便于加工，降低生产成本，获得较好的经济效益。

表面粗糙度评定参数值选用通常采用类比法。具体选用时，应注意以下几点。

(1) 同一零件上，工作表面的粗糙度应比非工作表面要求严格，$Rmr(c)$ 值应大，其余评定参数值应小。

(2) 对于摩擦表面，速度越高，单位面积压力越大，则表面粗糙度值应越小，尤其是对滚动摩擦表面应更小。

(3) 受交变负荷时，特别是在零件圆角、沟槽处，表面粗糙度值应该小一些。

(4) 要求配合性质稳定可靠时，表面粗糙度值应该小一些。例如，小间隙配合表面、受重载作用的过盈配合表面，都应选择较小的表面粗糙度值。

> **案例 5-4 分析**
>
> (1) 表面粗糙度参数选取的原则：确定表面粗糙度时，可首先在高度特性方面的参数（Ra、Rz）中选取，只有当高度参数不能满足表面的功能要求时，才选取附加参数作为附加项目。
>
> (2) 表面粗糙度评定参数值选择的一般原则：在满足功能要求的前提下，尽量选用较大的表面粗糙度参数值，以便于加工，降低生产成本，获得较好的经济效益。
>
> (3) 一般情况下，在测量 Ra、Rz 时，推荐按表 5-5 选用对应的取样长度及评定长度值，此时取样长度值的标注在图样上或技术文件中可省略。

(5) 确定零件配合表面的粗糙度时，应与其尺寸公差相协调。通常，尺寸、几何公差值小，表面粗糙度值 Ra 或 Rz 值也要小；尺寸公差等级相同时，轴的表面粗糙度数值比孔要小。

此外，还应考虑其他一些特殊因素和要求。如凡有关标准已对表面粗糙度作出规定的标准件或常用典型零件，均应按相应的标准确定其表面粗糙度参数值。

2. 参数值的选用方法

可用类比法来确定。一般尺寸公差、表面形状公差小时，表面粗糙度参数值也小，但也不存在确定的函数关系。一般情况下，它们之间有一定的对应关系，设形状公差为 T，尺寸公差为 IT，它们之间的关系可参照以下对应关系：

若 T≈0.6 IT，则 $Ra \leqslant 0.05$ IT，$Rz \leqslant 0.2$ IT；

若 T≈0.4 IT，则 $Ra \leqslant 0.025$ IT，$Rz \leqslant 0.1$ IT；

若 T≈0.25 IT，则 $Ra \leqslant 0.012$ IT，$Rz \leqslant 0.05$ IT；

若 T<0.25 IT，则 $Ra \leqslant 0.15$ IT，$Rz \leqslant 0.6$ IT。

确定表面粗糙度轮廓参数极限值，除有特殊要求的表面外，通常采用类比法。表 5-9 列出了各种不同的表面粗糙度轮廓幅度参数值的选用实例。

表 5-9　表面粗糙度轮廓幅度参数值的选用实例

表面粗糙度轮廓幅度参数 Ra 值/μm	表面粗糙度轮廓幅度参数 Rz 值/μm	表面形状特征		应用举例
>20	>125	粗糙表面	明显可见刀痕	未注公差(采用一般公差)的表面
>10～20	>63～125		可见刀痕	半成品粗加工的表面、非配合的加工表面，例如，轴端面、倒角、钻孔、齿轮和带轮侧面、垫圈接触面等
>5～10	>32～63	半光表面	微见加工痕迹	轴上不安装轴承或齿轮的非配合表面，键槽底面，紧固件的自由装配表面，轴和孔的退刀槽等
>2.5～5	>16.0～32		微见加工痕迹	半精加工表面，箱体、支架、盖面、套筒等与其他零件结合而没有配合要求的表面
>1.25～2.5	>8.0～16.0		看不清加工痕迹	接近于精加工表面，箱体上安装轴承的镗孔表面，齿轮齿面等
>0.63～1.25	>4.0～8.0	光表面	可辨加工痕迹方向	圆柱销、圆锥销，与滚动轴承配合的表面，普通车床导轨表面，内外花键定心表面，齿轮齿面等
>0.32～0.63	>2.0～4.0		微辨加工痕迹方向	要求配合性质稳定的配合表面，工作时承受交变应力的重要表面，较高精度车床导轨表面，高精度齿轮齿面等
>0.16～0.32	>1.0～2.0		不可辨加工痕迹方向	精密机床主轴圆锥孔、顶尖圆锥面，发动机曲轴轴颈表面和凸轮轴的凸轮工作表面等
>0.08～0.16	>0.5～1.0	极光表面	暗光泽面	精密机床主轴轴颈表面，量规工作表面，气缸套内表面，活塞销表面等
>0.04～0.08	>0.25～0.5		亮光泽面	精密机床主轴轴颈表面，滚动轴承滚轴的表面，高压油泵中柱塞和柱塞孔的配合表面等
>0.01～0.04	—		镜状光泽面	
≤0.01			镜面	高精度量仪、量块的测量面，光学仪器中的金属镜面等

5.4.3　取样长度的选用

一般情况下，在测量 Ra、Rz 时，推荐按表 5-5 选用对应的取样长度及评定长度值，此时取样长度值的标注在图样上或技术文件中可省略。当有特殊要求时应给出相应的取样长度值，并在图样上或技术文件中注明。

5.5　表面粗糙度的测量

表面粗糙度的测量方法主要有比较法、光切法、针描法、干涉法、印模法等。

比较法：将被测表面和表面粗糙度样板直接进行比较，多用于车间，评定表面粗糙度值较大的工件。

光切法：利用光切原理，用双管显微镜测量，常用于测量 Rz 为 0.5～60μm。

针描法：利用触针直接在被测表面上轻轻划过，从而测出表面粗糙度 Ra。

干涉法：利用光波干涉原理，用干涉显微镜测量，可测量 Rz 值。

印模法：利用石蜡、低熔点合金或其他印模材料，压印在被测零件表面，放在显微镜下间接地测量被测表面的粗糙度，适用于笨重零件及内表面。

> **小思考 5-2**
>
> （1）表面粗糙度的测量方法有哪些？
>
> （2）比较法利用什么原理测量表面粗糙度？
>
> （3）光切法利用什么原理测量表面粗糙度？

5.5.1　比较法

比较法是将被测零件表面与标有一定评定参数值的表面粗糙度样板直接进行比较，从而估计出被测表面粗糙度的一种测量方法。比较时，可用肉眼或用手摸感觉判断，还可以借助放大镜或比较显微镜判断；另外，选择样板时，样板的材料、表面形状、加工方法、加工纹理方向等应尽可能与被测表面一致。

粗糙度样板的材料、形状及制造工艺应尽可能与工件相同，否则往往会产生较大的误差。在生产实际中，也可直接从工件中挑选样品，用仪器测定粗糙度值后作样板使用。比较法使用简便，适用于车间检验，但其判断的准确性在很大程度上取决于检验人员的经验，故常用于对表面粗糙度要求较低的表面进行评定。

5.5.2　光切法

光切法是应用光切原理测量表面粗糙度的一种测量方法。常用仪器是光切显微镜（又称双管显微镜）。该仪器适用于测量用车、铣、刨等加工方法所加工的金属零件的平面或外圆表面。光切法主要用于测量 Rz 值，测量范围为 0.5～60μm。

双管显微镜是利用光切法来测量表面粗糙度的。

光切法的测量原理可用图 5-25 来说明。在图 5-25（a）中，P_1、P_2 阶梯面表示被测表面，其阶梯高度为 h。A 为一扁平光束，当它从 45°方向投射在阶梯表面上时，就被折射成 S_1 和 S_2 两段，经 B 方向反射后，就可在显微镜内看到 S_1 和 S_2 两段光带的放大像 S_1'' 和 S_2''；同样，S_1 和 S_2 之间的距离 h，也被放大为 S_1'' 和 S_2'' 之间的距离 h''，只要我们用测微目镜测出 h'' 值，就可以根据放大关系算出 h 值。

图 5-25（b）是双管式光切显微镜的光学系统。显微镜有照明管和观察管，两管轴线互成 90°。在照明管中，光源 1 通过聚光灯 2、窄缝 3 和透镜 5，以 45°的方向投射在被测工件表面 4 上，形成一狭细光带。光带边缘的形状，即为光束与工件表面相交的曲线，工件在 45°截面上的表面形状，此轮廓曲线的波峰在 S_1 点反射，波谷在 S_2 点反射，通过观察管的透镜 5，分别成像在分划板 6 上的 S_1'' 点和 S_2'' 点，h'' 是峰、谷影像的高度差。

测量笨重零件及内表面（如孔、槽等表面）的粗糙度时，可用石蜡、低熔点合金或其他印模材料压印在被检验表面上，取得被检表面的复制模型，放在双管显微镜上间接地测量被检表面的粗糙度。

用双管显微镜可测量车、铣、刨或其他类似方法加工的金属零件的表面，但不便于检验用磨削或抛光等方法加工的零件表面。

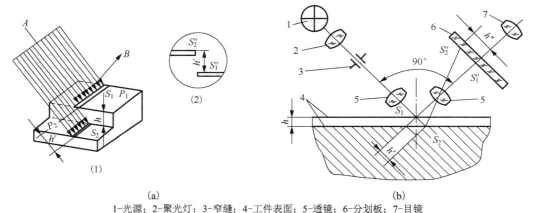

1-光源；2-聚光灯；3-窄缝；4-工件表面；5-透镜；6-分划板；7-目镜

图 5-25　光切法测量原理示意图

5.5.3　针描法

针描法是利用仪器的测针在被测表面上轻轻划过，测出表面粗糙度 Ra 值及其他众多参数

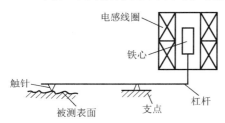

图 5-26　针描法测量原理示意图

的一种测量方法，测量原理如图 5-26 所示。电动轮廓仪就是按针描原理设计的仪器，如图 5-27 所示。测量时，仪器的金刚石触针针尖与被测表面相接触，当触针以一定速度沿着被测表面移动时，由于被测表面轮廓峰谷起伏，使触针做垂直于轮廓方向的上下运动，这种机械的上下移动通过传感器转换成电信号，对电信号进行处理后，可在仪器上直接显示出 Ra 值，也可经放大器驱动记录装置，画出被测的轮廓图形。

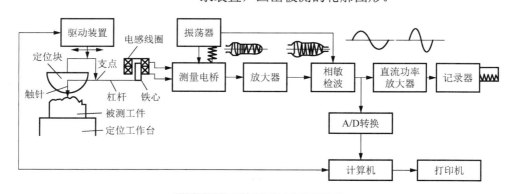

图 5-27　电动轮廓仪工作原理图

电动轮廓仪直接显示 Ra 值，适用于测量 $0.025 \sim 5\mu m$ 范围的 Ra 值，触针和定位块(导头)在驱动装置的驱动下沿工件表面滑行，触针随着表面的不平而上下移动，与触针相连的杠杆另一端的磁心也随之运动，使接入电桥两臂的电感发生变化，从而使电桥输出与触针位移成比例的信号。测量信号经放大和相敏检波后，形成能反映触针位置(大小和方向)的信号。该信号经过直流功率放大，推动记录笔，便可在记录纸上得到工件表面轮廓的放大图。信号经 A/D 转换后，可由计算机采集、计算，输出表面粗糙度各评定参数和轮廓曲线。

接触式粗糙度测量仪的缺点是：受触针圆弧半径(可小到 1～2mm)的限制，难以探测到表面实际轮廓的谷底，影响测量精度，且被测表面可能被触针划伤。这类仪器的优点是：

(1) 可以直接测量某些难以测量的零件表面(如孔、槽等)的粗糙度；

(2) 可以直接测出算术平均偏差 Ra 等评定参数；

(3) 可以给出被测表面的轮廓图形；

(4) 使用简便，测量效率高。

5.5.4　干涉法

干涉法是利用光波干涉原理测量表面粗糙度的一种测量方法，一般用于测量表面粗糙度要求高的表面。

干涉显微镜光学系统如图 5-28(a)所示，由光源 1 发出的光线经聚光灯 2、滤色片 3、光栏 4 及透镜 5 成平行光线，射向底面半镀银的分光镜 7 后分为两束：一束光线通过补偿镜 8、物镜 9 到平面反射镜 10，被反射又回到分光镜 7，再由分光镜经聚光镜 11 到反射镜 16，由反射镜 16 反射进入目镜 12 的视野；另一束光线向上通过物镜 6，投射到被测零件表面，由被测表面反射回来，通过分光镜 7、聚光镜 11 到反射镜 16，由反射镜 16 反射也进入目镜 12 的视野。

这样，在目镜 12 的视野内即可观察到这两束光线因光程差而形成的干涉带图形。若被测表面粗糙不平，干涉带即成弯曲形状，如图 5-28(b)所示。由测微目镜可读出相邻两干涉带距离 a 及干涉带弯曲高度 b。由于光程差每增加光波波长 λ 的 1/2 即形成一条干涉带，故被测表面粗糙度的实际高度 $H=b\lambda/(2a)$。

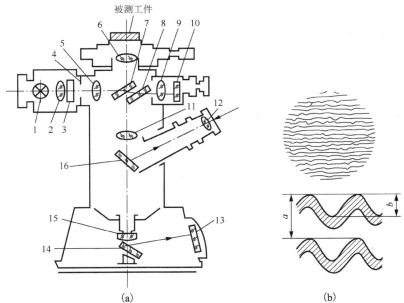

1-光源；2-聚光灯；3-滤色片；4-光栏；5-透镜；6、9-物镜；7-分光镜；8-补偿镜；
10、14、16-反射镜；11-聚光镜；12-目镜；13-毛玻璃；15-照相物镜

图 5-28　干涉显微镜测量原理示意图

若将反射镜 16 移开，使光线通过照相物镜 15 及反射镜 14 到毛玻璃 13 上，在毛玻璃处即可拍摄到干涉带图形的照片。

单色光用于检验有着同样加工痕迹的表面，得到的是黑色与彩色条纹交替呈现的干涉带图形。当加工痕迹不规则时，使用白色光源，此时得到的干涉图形在黑色条纹两边，将是对称分布的若干彩色条纹。

该仪器的测量范围为 1～0.03μm，测量误差为±5%。

用压电陶瓷 PZT 驱动平面反射镜 10，并用光电探测器 CCD 取代目镜，则可将干涉显微镜改装成光学轮廓仪，将测量所得动态干涉信号输入计算机处理，则可迅速得到一系列表面粗糙度的评定参数及轮廓图形。

5.5.5 印模法

印模法是利用一些无流动性和弹性的塑性材料，贴合在被测表面上，将被测表面的轮廓复制成模，然后测量印模，从而来评定被测表面的粗糙度。这种方法适用于对某些既不能使用仪器直接测量，也不便于用样板相对比的表面，如深孔、盲孔、凹槽、内螺纹等。

5.5.6 激光反射法

激光反射法的基本原理是激光束以一定的角度照射到被测表面上，除了一部分光被吸收，大部分光被反射和散射，反射光和散射光的强度及其分布与被照射表面的微观不平度状况有关，通常反射光较为集中会形成明亮的光斑，散射光则分布在光斑周围形成较弱的光带。较为光洁的表面，光斑较强，光带较弱，并且宽度较小；较为粗糙的表面，则光斑转弱，光带较强，并且宽度较大。

5.5.7 激光全息法

激光全息法的基本原理是以激光照射被测表面，利用相干辐射，拍摄被测表面的全息照片，即一组表面轮廓的干涉图形，然后用硅光电池测量黑白条纹的强度分布，测出黑白条纹的反差比，从而评定被测表面的粗糙度。当激光波长 λ=532.8nm 时，其测量范围为 0.05～0.8μm。

5.5.8 三维几何表面测量法

表面粗糙度的一维和二维测量只能反映表面不平度的某些几何特征，把它作为表征整个表面的统计特征是很不充分的，只有用三维评定参数才能真实地反映被测表面的实际特征，为此，国内外都在致力于研究开发三维几何表面测量技术，现已将光纤法、微波法和电子显微镜等测量方法成功地应用于三维几何表面的测量中。

思 考 题

5-1 表面粗糙度的含义是什么？它与形状误差和表面波纹度有何区别？

5-2 表面粗糙度对零件的使用性能有哪些影响？

5-3 设计时如何协调尺寸公差、形状公差和表面粗糙度参数值之间的关系？

5-4 试述粗糙度轮廓中线的意义及其作用。为什么要规定取样长度和评定长度？两者有何关系？

5-5 评定表面粗糙度的主要轮廓参数有哪些？分别论述其含义和代号。

5-6 检验表面粗糙度的方法有哪几种？应用情况如何？

5-7 如何选择表面粗糙度的评定参数？参数值又如何选择？

5-8 Ra 和 Rz 的区别何在？各自的常用范围如何？

第6章 量规设计基础

零件图样上孔、轴(被测要素)的尺寸公差和几何公差按独立原则标注时,它们的实际尺寸和几何误差分别使用普通计量器具来测量。对于采用包容要求的孔、轴,它们的实际尺寸和形状误差的综合结果应该使用光滑极限量规检验。最大实体要求应用于被测要素和基准要素时,它们的实际尺寸和几何误差的综合结果应该使用功能量规检验。

孔、轴实际尺寸使用普通计量器具按两点法进行测量,测量结果能够获得实际尺寸的具体数值。几何误差使用普通计量器具测量,测量结果也能获得几何误差的具体数值。

量规是一种没有刻度而用以检验孔、轴实际尺寸和几何误差综合结果的专用计量器具,用它检验的结果可以判断实际孔、轴合格与否,能够控制尺寸误差和几何误差在尺寸公差范围内,但不能获得孔、轴实际尺寸和几何误差的具体数值。量规具有使用方便,检验效率高,能保证装配要求等优点,因此量规在机械产品的成批、大量生产中得到广泛应用。

📖 本章知识要点 ▶▶

(1)光滑极限量规的类型、设计原理及其工作部位尺寸计算、公差带的设置。
(2)功能量规的类型、设计原理及其工作部位尺寸计算、公差带的设置。

📖 兴趣实践 ▶▶

采用光滑极限量规检验工件时,有工作量规、验收量规、校对量规之分,在生产现场中观察这几种量规的标记及工作尺寸上的区别、观察检验轴用的量规和检验孔用的量规的区别,分析检验孔用的量规中没有校对量规的原因。

📖 探索思考 ▶▶

在批量生产中,当采用光滑极限量规作为量具检验工件时,为什么要求量规总是成对使用?当采用功能量规作为量具检验工件时,为什么却不是成对使用?零件合格与否为什么必须要求附加检验工件实际尺寸?工作量规磨损到什么程度即可作为验收量规?使用及磨损到什么程度就必须报废?

📖 预习准备 ▶▶

请预先将尺寸精度和机械精度设计相关知识进行复习,重点熟悉第 2 章中有关极限尺寸的判断原则及 4.4 节公差原则中有关包容要求及最大实体要求的被测要素验收合格条件。

由于量规是精密测量器具，所以工作部位的制造精度较高，公差带位置也有其特点。我国发布的国家标准对光滑极限量规和功能量规的公差等作了规定，这给贯彻执行"公差与配合""几何公差""公差原则"等标准提供了技术保证。本章涉及的国家标准主要有：

（1）《光滑极限量规　技术要求》GB/T 1957—2006；

（2）《功能量规》GB/T 8069—1998；

（3）《螺纹量规和光滑极限量规 型式与尺寸》GB/T 10920—2008。

6.1　光滑极限量规及设计

6.1.1　光滑极限量规的应用和分类

当孔和轴的尺寸后加注Ⓔ时，说明采用包容原则，这时就应该使用光滑极限量规来检验。检验孔的光滑极限量规简称塞规，其测量面为外圆柱面；检验轴的光滑极限量规简称环规或卡规，环规的测量面为内圆环面，卡规的测量面为两平行平面。塞规和环规或卡规都是成对使用的，即一个是可通过的，称为通规，代号为 T，另一个是不通过的，称为止规，代号为Z（图 6-1）。用光滑极限量规（以下简称量规）检验工件时，只要通规通过，止规不通过，就说明工件是合格的，反之，工件就不合格。

塞规的通规是根据孔的最小极限尺寸确定的，作用是防止孔的作用尺寸小于孔的最小极限尺寸；止规是按孔的最大极限尺寸设计的，作用是防止孔的实际尺寸大于孔的最大极限尺寸，环规或卡规的通规是按轴的最大极限尺寸设计的，其作用是防止轴的作用尺寸大于轴的最大极限尺寸；止规是按轴的最小极限尺寸设计的，其作用是防止轴的实际尺寸小于轴的最小极限尺寸，如图 6-1 所示。

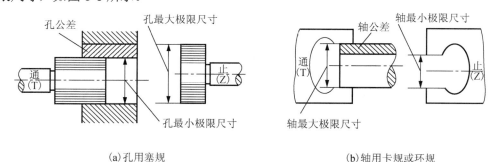

(a)孔用塞规　　　　　　　　　　　　　　(b)轴用卡规或环规

图 6-1　用塞规和卡规检验孔和轴

量规按用途分类如下。

（1）工作量规：在工件制造过程中，生产工人检验工件时所用的量规。一般以新量规或磨损量小的量规用作工作量规，这样可以促使操作者提高加工精度，保证工件的合格率。

（2）验收量规：检验人员或用户代表验收工件时所用的量规。验收量规不需另行制造，它是从磨损了一定程度的工作量规中挑选出来的。这样，由生产工人自检合格的工件，验收人员验收时也一定合格。

小思考 **6-1**

在光滑极限量规设计中，量规分几类？各有何用途？孔用工作量规为何没有校对量规？

(3)校对量规：校对轴用量规的量规。由于轴用量规不便于用通用量仪进行测量，所以国家标准规定了三种校对量规，其名称、代号及解释如下。

校通—通(TT)：制造轴用通规时所用校对量规，其作用是防止通规尺寸小于它的最小极限尺寸。校对时应当通过，同时应在孔的全长上进行检验。

校止—通(ZT)：制造轴用止规时所用校对量规，其作用是防止止规尺寸小于它的最小极限尺寸。校对时应当通过，同时应在孔的全长上进行检验。

校通—损(TS)：校对使用中的轴用通规是否磨损时用的量规。校对时不应通过，若有可能，应在孔的两端进行检验。如果通过则表示轴用通规已磨损到磨损极限，应当停止使用。

轴用工作量规在制造或使用过程中常会发生碰撞变形，且通规经常通过零件易磨损，所以要定期校对。孔用工作量规用精密通用量仪检测，故在测量方面不规定专用的校对量规。

6.1.2　极限尺寸判断原则(泰勒原则)

单一要素的孔和轴遵守包容要求时，要求其被测要素的实体处处不得超越最大实体边界，而实际要素局部实际尺寸不得超越最小实体尺寸，从检验角度出发，在国家标准"极限与配合"中规定了极限尺寸判断原则，它是光滑极限量规设计的重要依据，阐述如下。

孔或轴的体外作用尺寸不允许超过最大实体尺寸。即对于孔，其体外作用尺寸应不小于最小极限尺寸；对于轴，其体外作用尺寸不大于最大极限尺寸。

任何位置上的实际尺寸不允许超过最小实体尺寸。即对于孔，其实际尺寸不大于最大极限尺寸；对于轴，其实际尺寸不小于最小极限尺寸。极限尺寸判断原则如图 6-2 所示。

显而易见，作用尺寸由最大实体尺寸控制，而实际尺寸由最小实体尺寸控制，光滑极限量规的设计应遵循这一原则。

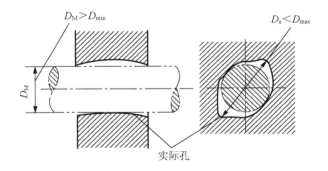

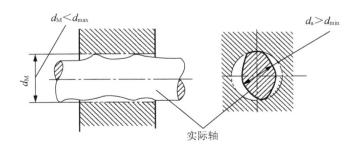

图 6-2　极限尺寸判断原则

6.1.3 光滑极限量规的检验原理与结构形式

包容原则从设计的角度出发对孔或轴提出了以最大实体边界作为理想边界,在检验时应用与此原则相对应的极限尺寸判断原则——泰勒原则。泰勒原则只适用于单一要素要求遵守包容原则时的情况。

泰勒原则是指孔或轴的实际尺寸和形状误差综合形成的作用尺寸(MSh 或 MSs)不允许超越最大实体尺寸 MMS;在孔或轴任意位置上的实际尺寸(D_a 或 d_a)不允许超越最小实体尺寸 LMS,即

案例 6-1

零件机械加工完成后,都需要对其进行精度检测,然后判断零件是否合格。

问题:

判断机器零件的合格性,一般需要检测零件哪些方面的精度?

对于孔 $MS_h \geqslant D_{min}$,$D_a \leqslant D_{max}$;

对于轴 $MS_s \leqslant d_{max}$,$d_a \geqslant d_{min}$。

从保证配合性质要求来说,包容原则和泰勒原则两者是一致的。

泰勒原则认为:光滑极限量规的通规工作面为最大实体边界,因而与被测孔或轴成面接触,且量规长度等于配合长度。因此,通规测量面应该是全形(轴向剖面为整圆)且长度与零件长度相同,用于控制工件的作用尺寸,常称为全形量规。止规用于控制工件的实际尺寸,它的测量面理论上应是两点状的,这两点状测量面之间的定形尺寸(基本尺寸)等于孔或轴的最小实体尺寸。测量面的长度则应短些,用于控制工件的实际尺寸。因此止规称为不全形量规。

在量规的实际应用中,由于制造和使用等方面的原因,允许采用不符合泰勒原则的量规,但这要以保证被检工件的形状误差不致影响配合性质为前提。例如,通规长度可以不等于工件的配合长度;检验大尺寸的孔或轴的通规为了减轻重量,便于使用,常常做成非全形的;检验小孔用的止规,为了增加刚度和便于制造,也常采用全形的;检验曲轴轴颈的量规,只能用卡规而不能用环规等。

为了尽量避免在使用偏离泰勒原则的量规检验时出现误判,在使用非全形的通端塞规时,应在被检孔的全长上沿圆周的几个位置上检验,使用卡规时,应在被检轴的配合长度内的几个部位并围绕被检轴圆周的几个位置上检验。量规形式和应用尺寸范围如图 6-3 所示。

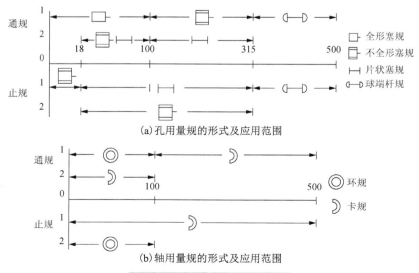

(a)孔用量规的形式及应用范围

(b)轴用量规的形式及应用范围

图 6-3 量规形式及其测量范围

生产中常用的检验孔和轴的量规的具体结构型式和应用尺寸范围如图 6-4 和图 6-5 所示。

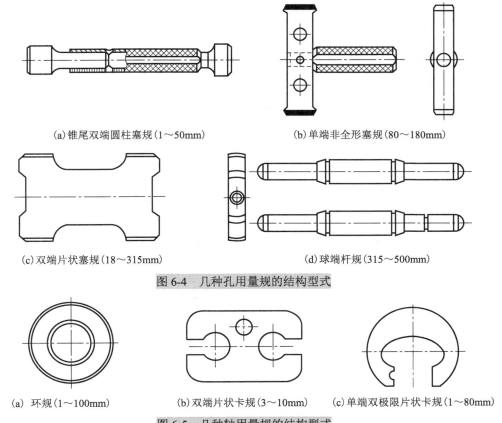

(a) 锥尾双端圆柱塞规(1~50mm)　　　　(b) 单端非全形塞规(80~180mm)

(c) 双端片状塞规(18~315mm)　　　　(d) 球端杆规(315~500mm)

图 6-4　几种孔用量规的结构型式

(a) 环规(1~100mm)　　(b) 双端片状卡规(3~10mm)　　(c) 单端双极限片状卡规(1~80mm)

图 6-5　几种轴用量规的结构型式

6.1.4　光滑极限量规的公差

在用量规检验工件时，通规通过孔和轴，表明孔的作用尺寸没有小于孔的最小极限尺寸，轴的作用尺寸没有大于轴的最大极限尺寸。止规不通过孔和轴，表明孔的实际尺寸还没有大于最大极限尺寸，轴的实际尺寸还没有小于最小极限尺寸。由此看来，通规的工作尺寸就应按被检验孔和轴的最大实体尺寸制造，而止规的工作尺寸就应按被检验孔和轴的最小实体尺寸制造。但是要把量规的尺寸做得绝对准确也是不可能的，同时考虑到通规在使用中尚有磨损，因此量规工作尺寸的公差如何规定直接影响着检验的合理性、可靠性和经济性。为此，GB/T 1957—2006 用于检验规定的基本尺寸至 500mm，公差等级从 IT6 至 IT16 的孔和轴的光滑极限量规的公差。量规公差带相对于最大与最小实体尺寸的位置如图 6-6 所示。从图中看到由通规尺寸公差带中心到工件最大实体尺寸有一段距离 Z(位置要素)，这主要是考虑到要延长通规的使用寿命，即通规在使用中可以磨损至最大实体尺寸。止规在使用中一般没有磨损，所以它的尺寸公差带紧靠于最小实体尺寸的一侧。图中所示量规尺寸公差 T 和位置要素 Z 的数值列于表 6-1 中。

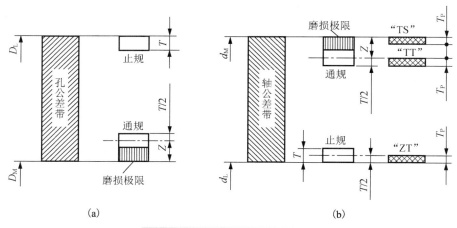

(a) (b)

图 6-6 孔用和轴用量规公差带图

表 6-1 IT6～IT10 级工作量规制造公差和位置要素值(摘录) (单位：μm)

工件基本尺寸 D /mm	IT6			IT7			IT8			IT9			IT10		
	IT6	T	Z	IT7	T	Z	IT8	T	Z	IT9	T	Z	IT10	T	Z
～3	6	1.0	1.0	10	1.2	1.6	14	1.6	2	25	2	3	40	2.4	4
>3～6	8	1.2	1.4	12	1.4	2	18	2	2.6	30	2.4	4	48	3	5
>6～10	9	1.4	1.6	15	1.8	2.4	22	2.4	3.2	36	2.8	5	58	3.6	6
>10～18	11	1.6	2.0	18	2	2.8	27	2.8	4	43	3.4	6	70	4	8
>18～30	13	2.0	2.4	21	2.4	3.4	33	3.4	5	52	4	7	84	5	9
>30～50	16	2.4	2.8	25	3	4	39	4	6	62	5	8	100	6	11
>50～80	19	2.8	3.4	30	3.6	4.6	46	4.6	7	74	6	9	120	7	13
>80～120	22	3.2	3.8	35	4.2	5.4	54	5.4	8	87	7	10	140	8	15
>120～180	25	3.8	4.4	40	4.8	6	63	6	9	100	8	12	160	9	18
>180～250	29	4.4	5	46	5.4	7	72	7	10	115	9	14	185	10	20
>250～315	32	4.8	5.6	52	6	8	81	8	11	130	10	16	210	12	22
>315～400	36	5.4	6.2	57	7	9	89	9	12	140	11	18	230	14	25
>400～500	40	6	7	63	8	10	97	10	14	155	12	20	250	16	28

注：(1) 工作量规"止规"制造公差带从工件最小实体尺寸起，向工件的公差带内分布；
　　(2) 工作量规"通规"制造公差带对称于 Z 值，磨损极限与工件的最大实体尺寸重合。

从图 6-6 中看到，GB/T 1957—2006 将量规尺寸公差带的位置均安置在被检验的孔和轴的公差带范围以内，这样就有可能将合格的孔和轴检验成不合格品，实质上是缩小了孔和轴的公差范围，提高了孔和轴的制造精度。但是，如果将量规尺寸公差带部分或全部安置在孔、轴公差带的范围以外，则有可能将不合格的孔和轴检验成合格的，这种情况当然是应当尽量避免的。图 6-6(b)所示为校对量规的公差带图，图中 T_P 是校对量规的公差，其值为被校对轴用量规尺寸公差的 1/2。

6.1.5 光滑极限量规设计

1. 工作量规

工作量规尺寸的计算步骤如下：

(1) 从表 2-4、表 2-7 和表 2-8 中查出被检验工件(孔和轴)的上、下偏差；

(2) 从表 6-1 中查出工作量规制造公差 T 和位置要素 Z；

（3）计算量规工作尺寸的极限偏差（表 6-2）；

（4）计算量规的极限尺寸。

表 6-2　量规工作尺寸极限偏差的计算

	检验孔的量规	检验轴的量规
通端上偏差	$T_s = \text{EI} + Z + \dfrac{T}{2}$	$T_{sd} = \text{es} - Z + \dfrac{T}{2}$
通端下偏差	$T_i = \text{EI} + Z - \dfrac{T}{2}$	$T_{id} = \text{es} - Z - \dfrac{T}{2}$
止端上偏差	$Z_s = \text{ES}$	$Z_{sd} = \text{ei} + T$
止端下偏差	$Z_i = \text{ES} - T$	$Z_{id} = \text{ei}$

2. 验收量规

在光滑极限量规国家标准中，没有单独规定验收量规公差带，但规定了检验部门应使用磨损较多的通规，用户代表应使用接近工件最大实体尺寸的通规，以及接近工件最小实体尺寸的止规。

3. 校对量规公差

校对量规的尺寸公差带完全位于工作量规的制造公差和磨损极限内；校对量规的尺寸公差等于工作量规尺寸公差的一半，形状误差应控制在其尺寸公差带内。

4. 光滑极限量规的其他技术要求

1）形状和位置公差要求

量规的形状公差一般取尺寸公差的 50%，考虑到目前一般技术条件的限制，当量规的尺寸公差小于 0.002mm 时，量规的形状和位置公差仍取 0.001mm。

2）表面粗糙度要求

量规测量面的表面粗糙度，按表 6-3 的规定选取（参照 GB/T 1031—2009《表面粗糙度》）。校对量规测量面的表面粗糙度比被校对的轴用量规测量面粗糙度小一级。

> **案例 6-1 分析**
>
> 判断机器零件的合格性，一般需要检测零件的尺寸精度、机械精度和表面质量。尺寸精度检测一般可以采用游标卡尺、千分尺等通用测量器具进行单项尺寸检测，也可以用光滑极限量规进行综合检测；机械精度检测可采用百分表、三坐标测量机等计量器具进行单项检测，也可以采用功能量规进行综合检测；表面质量可以用轮廓仪检测。

表 6-3　量规测量面的表面粗糙度（摘自 GB/T 1031—2009）

工作量规	校对量规	工件基本尺寸/mm				
		≤120	>120~315	>315~500	>500~1200	>1200～3150
		表面粗糙度值 Ra/μm				
IT6 级孔用量规	IT7～IT9	0.04	0.08	0.16	0.32	0.63
IT6～IT9 级轴用量规 IT7～IT9 级孔用量规	IT9 更低	0.08	0.16	0.32	0.63	0.63
IT10～IT12 级孔、轴用量规		0.16	0.32	0.63	0.63	1.25
IT13～IT16 级孔、轴用量规		0.32	0.63	0.63	0.63	1.25

3) 材料

量规可用合金工具钢、碳素工具钢、渗碳钢等耐磨材料制造，测量面的硬度应不小于60HRC(或700HV)。

5. 光滑极限量规设计示例

【例 6-1】 计算检验 $\phi25H8$ Ⓔ 孔的工作量规和 $\phi25f7$ Ⓔ 轴的工作量规及其校对量规的极限尺寸，并画出工件公差带与量规公差带关系图和量规工作简图。

【解】 (1)查出被检验孔和轴的上、下偏差及极限尺寸。

孔 $\phi25H8$ 　　　ES = + 0.033mm 　　LMS$_{孔}$ = 25.033

　　　　　　　　EI = 0 　　　　　　MMS$_{孔}$ = 25.000

轴 $\phi25f7$ 　　　es = − 0.020mm 　　MMS$_{轴}$ = 24.980

　　　　　　　　ei = − 0.041mm 　　LMS$_{轴}$ = 24.959

(2)查表 6-1 得出工作量规制造公差 T 和位置要素 Z。

塞规制造公差 　　　　　　　　T = 0.0034mm

塞规通端公差的位置要素 　　　Z = 0.005mm

卡规制造公差 　　　　　　　　T = 0.0024mm

卡规通端公差的位置要素 　　　Z = 0.0034mm

(3)计算量规的极限偏差。

① $\phi25H8$ 孔用"通规"。

上偏差 T_s = EI + Z + T/2 = 0 + 0.005 + 0.0017 = + 0.0067(mm)

下偏差 T_i = EI + Z−T/2 = 0 + 0.005 − 0.0017 = + 0.0033(mm)

磨损极限偏差 = EI = 0

② $\phi25H8$ 孔用"止规"。

上偏差 Z_s = ES = + 0.033mm

下偏差 Z_i = ES−T = 0.033−0.0034 = + 0.0296(mm)

③ $\phi25f7$ 轴用"通规"。

上偏差 T_{sd} = es−Z + T/2 = −0.020−0.0034 + 0.0012 = −0.0222(mm)

下偏差 T_{id} = es−Z−T/2 = −(−0.020−0.0034−0.0012) = −0.0246(mm)

磨损极限偏差 = es = −0.020mm

④ $\phi25f7$ 轴用"止规"。

上偏差 Z_{sd} = ei + T = − 0.041 + 0.0024 = − 0.0386(mm)

下偏差 Z_{id} = ei = − 0.041mm

(4)计算量规的极限尺寸。

① $\phi25H8$ 孔用"通规"。

最大极限尺寸(MMS) = 25 + 0.0067 = 25.0067(mm)

最小极限尺寸(LMS) = 25 + 0.0033 = 25.0033(mm)

磨损极限尺寸 = 25 + 0 = 25(mm)

② ϕ25H8 孔用"止规"。

　　最大极限尺寸(MMS) $= 25 + 0.033 = 25.033\,(\mathrm{mm})$

　　最小极限尺寸(LMS) $= 25 + 0.0296 = 25.0296\,(\mathrm{mm})$

③ ϕ25f7 轴用"通规"。

　　最大极限尺寸(MMS) $= 25 + (-0.0222) = 24.9778\,(\mathrm{mm})$

　　最小极限尺寸(LMS) $= 25 + (-0.0246) = 24.9754\,(\mathrm{mm})$

　　磨损极限尺寸 $= 25 - 0.02 = 24.98\,(\mathrm{mm})$

④ ϕ25f7 轴用"止规"。

　　最大极限尺寸(MMS) $= 25 + (-0.0386) = 24.9614\,(\mathrm{mm})$

　　最小极限尺寸(LMS) $= 25 + (-0.041) = 24.959\,(\mathrm{mm})$

(5)计算校对量规的极限尺寸。

① 校对量规"TT"。

　　最大极限尺寸(MMS) $= \mathrm{MMS}_{轴} - Z = 24.98 - 0.0034 = 24.9766\,(\mathrm{mm})$

　　最小极限尺寸(LMS) $= \mathrm{MMS}_{轴} - (Z + T_\mathrm{P}) = 24.98 - 0.0034 - 0.0012 = 24.9754\,(\mathrm{mm})$

② 校对量规"ZT"。

　　最大极限尺寸(MMS) $= \mathrm{LMS}_{轴} + T_\mathrm{P} = 24.959 + 0.0012 = 24.9602\,(\mathrm{mm})$

　　最小极限尺寸(LMS) $= \mathrm{LMS}_{轴} = 24.9590\,\mathrm{mm}$

③ 校对量规"TS"。

　　最大极限尺寸(MMS) $= \mathrm{MMS}_{轴} = 24.98\,\mathrm{mm}$

　　最小极限尺寸(LMS) $= \mathrm{MMS}_{轴} - T_\mathrm{P} = 24.98 - 0.0012 = 24.9788\,(\mathrm{mm})$

(6)画工件公差带和量规公差带关系图，并标出各偏差数值(图 6-7)。

(7)量规的几何公差和表面粗糙度选用。

(8)画出量规工作简图如图 6-8 所示。

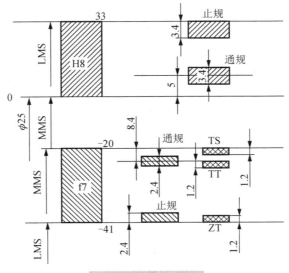

图 6-7　量规公差带图

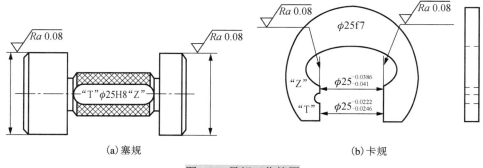

图 6-8 量规工作简图

6.2 功能量规及设计

6.2.1 功能量规概述

1. **功能量规的用途**

在单件生产中，可使用三坐标测量仪测量被测要素和基准要素，并通过计算机进行数据的处理，判断被测实际轮廓是否超越其给定的边界。这种检验方法的效率较低，远远不能满足大量生产的需要。对此，生产中通常设计和制造一种专用量规即功能量规来模拟体现给定的边界。功能量规是当最大实体要求应用于被测要素和(或)基准要素时，用来确定它们的实际轮廓是否超出边界(最大实体实效边界或最大实体边界)的全形通规。

功能量规可以检验被测要素的局部实际尺寸和几何误差的综合效应是否超越边界，以满足综合公差带控制的边界要求和保证零件互换性。

此外，功能量规的使用极为方便，检验效率高，对检验人员的操作技术水平要求不高，且结构简单，制造容易。因此，在成批和大量生产的机械制造过程中，功能量规便成为一种重要的专用检验工具，也是贯彻图样上采用包容原则要求和最大实体原则要求的技术保证。

功能量规设计，即确定其形状和尺寸，是以被测零件的给定边界为依据的，因此功能量规是一种全形通端量规，如果它能自由通过零件上的被测要素和基准要素，就表示被测要素的局部实际尺寸和几何误差的综合结果形成的实际轮廓(体外作用尺寸)没有超出给定边界，因此被测零件轮廓合格。

功能量规不能具体测出被测要素的局部实际尺寸和几何误差值的大小，因此，完工零件是否合格，还需检测其实际尺寸。当被测要素采用最大实体要求时，为了保证尺寸公差要求，应采用两点测量法检验被测要素局部实际尺寸是否在最大与最小实体尺寸范围内；当被测要素采用最大实体状态下的零几何公差或可逆要求用于最大实体要求时，应采用两点测量法检验被测要素的局部实际尺寸是否超出最小实体尺寸。

在成批生产中，被测中心要素遵守相关原则(包容原则或最大实体原则)的平行度、垂直度、倾斜度、同轴度、对称度和位置度误差一般都可用功能量规来检验，控制零件关联被测中心要素的相应实际轮廓不超越规定的边界(最大实体边界或实效边界)一般也可用功能量规来模拟，即零件被测实际轮廓必通过功能量规，其被测位置误差才合格。实际上功能量规综合控制了被测关联中心要素的形状和位置误差，使其不超出规定的公差值，但不能确定被测几何误差的实际数值。

按几何公差特征项目，检验采用最大实体要求的关联要素的功能量规有平行度量规、垂直度量规、倾斜度量规、同轴度量规、对称度量规、位置度量规等几种。功能量规的设计原理和计算方法也适用于采用最大实体要求的单一要素孔、轴线直线度量规以及采用包容原则的孔和轴用的光滑极限量规通规。

2. 功能量规的分类

功能量规一般有四种型式：整体式、组合型、插入型和活动型。

具有台阶形或不同尺寸插入件的插入型功能量规又称台阶式插入型功能量规，具有光滑插入件的插入型功能量规又称为无台阶式插入型功能量规。

3. 功能量规的工作部位

功能量规上用于检验被测要素的部位称为工作部位，功能量规的工作部位包括检验部位、定位部位和导向部位。

(1)检验部位：功能量规上用于模拟被测要素的边界的部位。

(2)定位部位：功能量规上用于模拟基准要素的边界或基准、基准体系的部位。

(3)导向部位：功能量规上便于检验部位和(或)定位部位进入被测要素和(或)基准要素的部位。

如图 6-9 所示为被检测的零件，图 6-10 为用于检测零件同轴度的功能量规。在图 6-10 中，功能量规的部位 Ⅰ、Ⅱ 分别为检验部位和定位部位，其中部位 Ⅰ 用于模拟被测要素的边界的部位，部位 Ⅱ 用于模拟基准要素的边界的部位。检验部位的尺寸、形状、方向和位置要求与被测要素的边界(最大实体实效边界或最大实体边界)的尺寸、形状、方向和位置相同；对于定位部位，若基准要素为中心要素，且最大实体要求应用于基准要素，则定位部位的尺寸、形状、方向和位置应与基准要素的边界(最大实体边界或最大实体实效边界)的尺寸、形状、方向和位置相同；若基准要素为中心要素，但最大实体要求不应用于基准要素，则定位部位的尺寸、形状、方向和位置应由基准要素的实际轮廓确定，并保证定位部位相对于实际基准要素不能浮动；若基准要素为轮廓要素，则定位部位的尺寸、形状、方向和位置应与实际基准要素的理想要素相同。

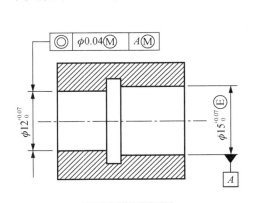

图 6-9　被检零件

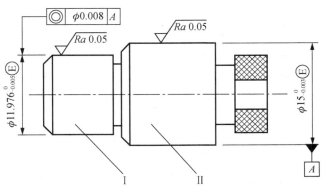

图 6-10　检测零件同轴度的功能量规

计算功能量规工作部位尺寸的起始尺寸称为功能量规基本尺寸。功能量规测量部位的基本尺寸应等于被测要素需控制的理想边界尺寸(最大实体尺寸或实效尺寸),形状应与理想边界形状相同;当零件基准要素为中心要素时,功能量规定位部位的基本尺寸应等于基准要素的理想边界尺寸(最大实体尺寸或实效尺寸),形状也应与理想边界的形状相同。即被测(基准)要素为孔,量规测量(定位)部位为轴;被测(基准)要素为轴,量规测量(定位)部位为孔,且量规测量(定位)部位的长度应等于或超过相应理想边界的长度。当零件基准要素为平面时,量规定位部位亦为平面,平面的长度和位置必须与基准要素相同,否则将会产生零件在量规上的定位误差,从而造成零件的误收或误废。

功能量规的相关尺寸一般用下列符号表示:

T_D ——被测或基准内要素的尺寸公差;

T_d ——被测或基准外要素的尺寸公差;

t ——被测要素或基准要素的几何公差;

T_t ——被测要素或基准要素的综合公差;

T_I ——功能量规检验部位的尺寸公差;

W_I ——功能量规检验部位的允许磨损量;

T_L ——功能量规定位部位的尺寸公差;

W_L ——功能量规定位部位的允许磨损量;

T_G ——功能量规导向部位的尺寸公差;

W_G ——功能量规导向部位的允许磨损量;

S_{min} ——插入型功能量规导向部位的最小间隙;

t_I ——功能量规检验部位的定向或定位公差;

t_L ——功能量规定位部位的定向或定位公差;

t_G ——插入型或活动型功能量规导向部位固定件的定向或定位公差;

t_G' ——插入型或活动型功能量规导向部位的台阶形插入件的同轴度或对称度公差;

F_I ——功能量规检验部位的基本偏差;

D_{IB}、d_{IB} ——功能量规检验部位内、外要素的基本尺寸;

D_I、d_I ——功能量规检验部位内、外要素的尺寸;

D_{Iw}、d_{Iw} ——功能量规检验部位内、外要素的磨损极限尺寸;

D_{LB}、d_{LB} ——功能量规定位部位内、外要素的基本尺寸;

D_L、d_L ——功能量规定位部位内、外要素的尺寸;

D_{LW}、d_{LW} ——功能量规定位部位内、外要素的磨损极限尺寸;

D_{GB}、d_{GB} ——功能量规导向部位的基本尺寸;

D_G、d_G ——功能量规导向部位的尺寸;

D_{GW}、d_{GW} ——功能量规导向部位的磨损极限尺寸。

4. 功能量规检验方式

用功能量规检验零件有依次检验和共同检验两种方式。

(1)依次检验即用不同的功能量规依次检验基准要素的形位误差和(或)尺寸及被测要素的定向或定位误差的方式。

(2)共同检验即用同一功能量规检验被测要素的定向或定位误差及其基准要素本身的形位误差和(或)尺寸的方式。此法是在特定的工艺条件下,为提高检验效率和减少量规品种而采用的。

当关联被测要素遵守包容要求(0Ⓜ或ϕ0Ⓜ)时,可用位置量规代替光滑极限量规的通规。当单一基准要素遵守包容要求(Ⓔ),且与被测要素同时检验时,也可用位置量规代替光滑极限量规的通规;当关联基准的位置公差与其尺寸公差遵守包容要求(0Ⓜ或ϕ0Ⓜ),且与被测要素同时检验时,同样可用位置量规代替光滑极限量规的通规。

依次检验主要用于工序检验;共同检验主要用于终结检验。

通常,被测要素、基准要素的本身尺寸经检测合格后,再用功能量规检验位置公差合格与否。

6.2.2　功能量规设计

1. 功能量规检验部位设计

1)检验部位的工作尺寸和形状的确定

检验部位的工作尺寸、形状、方向和位置要求与被测要素的边界(最大实体实效边界或最大实体边界)的尺寸、形状、方向和位置相同,其工作尺寸等于给定的理想边界尺寸,即被测要素遵守包容原则时,检验部位模拟最大实体边界,其工作尺寸为最大实体尺寸;被测要素遵守最大实体原则时,检验部位模拟最大实体实效边界,其工作尺寸为最大实体实效尺寸,检验部位的尺寸不应小于被测要素的长度。

检验部位与定位部位间的定位尺寸,应与图样上给定的理论正确尺寸完全相同。

2)检验部位的公差带设置

由于功能量规是被制造出来的,因此它需要有一定的制造公差,检验部位的尺寸公差确定为T_I。由于检验部位要经常通过被检测要素,因此检验部位规定了保证一定寿命的允许磨损量W_I。而量规尺寸公差和磨损量的存在,会使量规各工作部位的实际尺寸偏离其基本尺寸,从而使零件被测实际轮廓超越其应控制的理想边界,使不合格零件产生误收;量规各工作部位间的几何公差t、综合公差T_t和导向部位的最小间隙S_{min}的存在,会使检验部位的实际轴线(或中心平面)偏离被测要素的理想位置,从而产生被检零件的误收或误废。

为了防止上述误收现象的出现,功能量规公差带布置一般采用内缩方案,即检验部位的制造公差T_I和允许磨损量W_I都内缩于综合公差T_t内。其相对于检验部位的工作尺寸的位置,用基本偏差F_I来确定。功能量规检验部位的公差带图如图6-11所示。

3)检验部位的工作尺寸计算公式

当被测要素为外表面时,功能量规检验部位为内表面,则检验部位的工作尺寸按照"入体原则"确定。即

$$D_I = (D_{IB} - F_I)_{T_I}^{0} \tag{6-1}$$

对应的磨损极限为

$$D_{IW} = (D_{IB} - F_I) + (T_I + W_I) \tag{6-2}$$

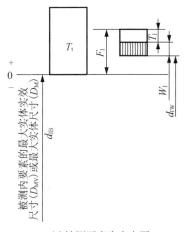
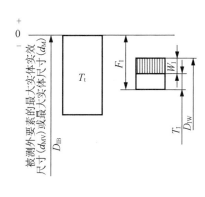

(a)被测要素为内表面   (b)被测要素为外表面

图 6-11 功能量规检验部位的公差带图

当被测要素为内表面时,功能量规检验部位 D_{IB} 为外表面,则检验部位的工作尺寸也按照"入体原则"确定,即

$$D_I = (d_{IB} + F_I)\,_{-T_I}^{\ 0} \tag{6-3}$$

对应的磨损极限为

$$d_{IW} = (d_{IB} + F_I) - (T_I + W_I) \tag{6-4}$$

功能量规检验部位的制造公差 T_I、允许磨损量 W_I 见表 6-4,基本偏差见表 6-5。

表 6-4 功能量规各工作部位尺寸公差、几何公差、允许磨损量及最小间隙   (单位:μm)

综合公差	检验部位		定位部位		导向部位			t_I、t_L、t_G	t'_G
T_t	T_I	W_I	T_L	W_L	T_G	W_G	S_{min}		
≤16	1.5							2	
>16~25	2				—	—		3	—
>25~40	2.5							4	
>40~63	3							5	
>63~100	4				2.5		3	6	2
>100~160	5				3			8	2.5
>160~250	6				4		4	10	3
>250~400	8				5			12	4
>400~630	10				6		5	16	5
>630~1000	12				8			20	6
>1000~1600	16				10		6	25	8
>1600~2500	20				12			32	10

注:(1)综合公差 T_t 等于被测要素或基准要素的尺寸公差与其带Ⓜ的几何公差之和。

(2)T_I、W_I、T_L、W_L、T_G、W_G 分别为量规检验部分、定位部分、导向部分的尺寸公差、允许磨损量。

(3)t_I、t_L、t_G 分别为量规检验部分、定位部分、导向部分的几何公差。

(4)t'_G 为台阶式插入件的导向部位对检验部位(或定位部位)的同轴度公差或对称度公差。

(5)S_{min} 为量规检验部位(定位部位)与导向部位配合所要求的最小间隙。

表 6-5　功能量规的检验部位的基本偏差 F_1 数值　　　（单位：μm）

序号	0	1		2		3		4		5	
基准类型	无基准	无基准（成组被测要素） 一个平表面		一个中心要素 两个平表面		一个平表面和一个中心要素 三个平表面 一个成组中心要素		两个平表面和一个中心要素 两个中心要素 一个平表面和一个成组中心要素		一个平表面和两个成组中心要素 两个平表面和一个成组中心要素 一个中心要素和一个成组中心要素	
综合公差 T_t	整体型或组合型	整体型或组合型	插入型或活动型	整体型或组合型	插入型或活动型	整体型或组合型	插入型或活动型	整体型或组合型	插入型或活动型	整体型或组合型	插入型或活动型
≤16	3	4	—	5	—	5	—	6	—	7	—
>16~25	4	5	—	6	—	7	—	8	—	9	—
>25~40	5	6	—	8	—	9	—	10	—	11	—
>40~63	6	8	—	10	—	11	—	12	—	14	—
>63~100	8	10	16	12	18	14	20	16	20	18	22
>100~160	10	12	20	16	22	18	25	20	25	22	28
>160~250	12	16	25	20	28	22	32	25	32	28	36
>250~400	16	20	32	25	36	28	40	32	40	36	45
>400~630	20	25	40	32	45	36	50	40	50	45	56
>630~1000	25	32	50	40	56	45	63	50	63	56	71
>1000~1600	32	40	63	50	71	56	80	63	80	71	90
>1600~2500	40	50	63	63	90	71	100	80	100	90	110

注：(1) 综合公差 T_t 等于被测要素或基准要素的尺寸公差与其带Ⓜ的几何公差之和。

(2) 对于共同检验方式的固定式功能量规，单个的检验部位和定位部位(也是用于检验实际基准要素的检验部位)的 F_1 的数值皆按序号 0 查取；成组的检验部位的 F_1 数值按序号 1 查取。

(3) 用于检验单一要素的孔、轴的轴线直线度量规的 F_1 的数值按序号 0 查取。

(4) 对于依次检验方式的功能量规，检验部位的 F_1 数值按被测要素零件的图样上所标注的被测要素的基准类型选取。

2. 功能量规定位部位设计

1) 定位部位的工作尺寸和形状的确定

由于功能量规的定位部位主要是模拟基准要素的边界或基准，在共同检验时还兼做检验各基准要素间的位置误差，因此功能量规的定位部位的工作尺寸应该与基准要素的实际理想边界尺寸一致，形状与基准要素理想形状相同。

当基准要素为中心要素，且最大实体要求应用于基准要素时，定位部位的尺寸、形状、方向和位置应与基准要素的边界(最大实体边界或最大实体实效边界)的尺寸、形状、方向和位置相同。

当基准要素为中心要素，而最大实体要求不应用于基准要素时，定位部位的尺寸、形状、方向和位置应由基准要素的实际轮廓确定，并保证定位部位相对于实际基准要素不能浮动。

若基准要素为轮廓要素，则定位部位的尺寸、形状、方向和位置应与实际基准要素的理想要素相同。

若基准要素为中心轴线，且基准本身遵守包容原则要求，则定位部位的工作尺寸为最大实体尺寸，形状为最大实体所在的圆柱面，且定位部位的轴向长度不应小于基准的轴向长度。

2) 定位部位的公差带设置

"依次检验"时，功能量规定位部位仅用于模拟基准，而不检验基准，因此要求功能量规定位部位应能顺利进入合格的基准要素实际轮廓，且能准确地模拟基准要素的理想边界。定

位部位的制造公差 T_L 和允许磨损量 W_L 必须与基准要素的尺寸公差 T_t 位于基准要素理想边界（定位部位基本尺寸线）之两侧。其公差带分布见图 6-12。此时其基本偏差为零。

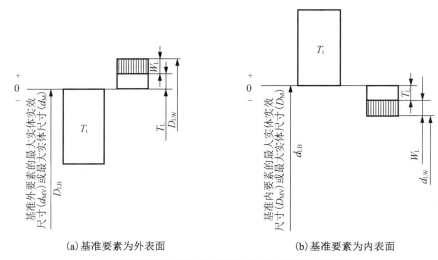

(a) 基准要素为外表面　　　　　　　(b) 基准要素为内表面

图 6-12　依次检验时功能量规定位部位的公差带

"共同检验"时，基准要素被视同为被测要素，功能量规定位部位的尺寸公差带位置与检验部位相同，如图 6-11 所示。

3) 定位部位的工作尺寸计算公式

当基准要素为外表面时，检验用功能量规的定位部位为内表面，则量规的定位部位的工作尺寸 D_L 为

$$D_L = D_{LB} + D_{LW0}^{+T_L} \tag{6-5}$$

对应的磨损极限为

$$D_{LW} = D_{LB} + (T_L + W_L) \tag{6-6}$$

当基准要素为内表面时，检验用功能量规的定位部位为外表面，则量规的定位部位的工作尺寸 d_L 为

$$d_L = d_{LB-TL}^{0} \tag{6-7}$$

对应的磨损极限为

$$d_{LW} = d_{LB} - (T_L + W_L) \tag{6-8}$$

功能量规的定位部位的制造公差 T_L 和允许磨损量 W_L 在表 6-4 中可以查出。

3. 功能量规导向部位设计

1) 导向部位的工作尺寸和形状的确定

(1) 无台阶式功能量规：由于量规的检验部位或定位部位兼作导向部位（无台阶式），因此导向部位的工作尺寸由检验部位或定位部位确定。为了保证测量件（或定位件）在量规体的导向中能自由滑动，量规体导向部位应与检验部位（或定位部位）呈间隙配合，两者保持有最小间隙 S_{min}。但 S_{min} 将使检验部位（或定位部位）的中心位置对量规体上导向部位的中心位置产生浮动，从而降低检验精度。

(2) 台阶式功能量规：导向部位的工作尺寸根据量规的结构合理性，由设计者确定，但应标准化。量规体与检验部位（或定位部位）上导向部位配合面采用基孔制间隙配合，其最小间隙为 S_{min}。

导向部位的形状、方向和位置应与检验部位或定位部位的形状、方向和位置相同。

2)导向部位的公差带设置

根据有台阶和无台阶的区分,功能量规的导向部位的公差带位置是不同的。

台阶式量规导向部位的公差带分布见图6-13。

无台阶式量规导向部位的公差带分布见图6-14。

3)导向部位的工作尺寸计算公式

(1)台阶式量规导向部位的尺寸计算。

依据图 6-13 可以得出,对于导向部位的外表面(轴),其尺寸为

$$d_{G}(d_{GB} - S_{min})_{-T_{G}}^{0} \qquad (6\text{-}9)$$

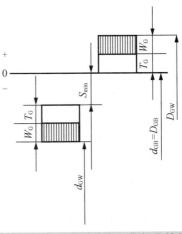

图 6-13 台阶式量规导向部位的公差带图

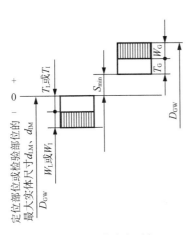

(a)导向部位为内要素

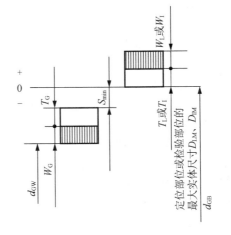

(b)导向部位为外要素

图 6-14 无台阶式量规导向部位的公差带图

对应的磨损极限为

$$d_{GW} = (d_{GB} - S_{min}) - (T_{G} + W_{G}) \qquad (6\text{-}10)$$

对于导向部位的内表面(孔),其尺寸为

$$D_{G} = D_{GB}{}_{0}^{+T_{G}} \qquad (6\text{-}11)$$

$$D_{GW} = D_{GB} + (T_{G} + W_{G}) \qquad (6\text{-}12)$$

(2)无台阶式量规导向部位的尺寸计算。

当导向部位为外表面(轴)时,依据图 6-14 得出其工作尺寸为

$$d_{G} = (d_{GB} - S_{min})_{-T_{G}}^{0} \qquad (6\text{-}13)$$

对应的磨损极限为

$$d_{GW} = (d_{GB} - S_{min}) - (T_{G} + W_{G}) \qquad (6\text{-}14)$$

对于导向部位的内表面(孔),其尺寸为

$$D_{G} = (D_{GB} + S_{min})_{0}^{+T_{G}} \qquad (6\text{-}15)$$

对应的磨损极限为

$$D_{GW} = (D_{GB} + S_{min}) + (T_G + W_G) \tag{6-16}$$

综合公差 T_t 是指被测要素(基准要素)本身的位置公差(形位公差)与其尺寸公差之和。当被测要素(基准要素)的位置公差(形位公差)遵守包容原则时,其综合公差等于其尺寸公差;当被测要素的综合公差小于或等于 $63\mu m$ 时,功能量规不能做成活动式的,以免制造出现困难。

4. 功能量规主要技术要求

(1)量规的各个工作面不应有锈蚀、毛刺、黑斑、划痕等明显影响外观使用质量的缺陷。许可有局部的、轻微的凹痕或划痕,其他表面不应有锈蚀和裂纹。

(2)功能量规各零件的装配应正确,连接应牢固可靠,在使用过程中不松动。

(3)量规宜采用合金工具钢、碳素工具钢、渗碳钢及其他耐磨材料制造。

(4)钢制功能量规工作表面的硬度应不低于 700HV(60HRC)。

(5)功能量规工作面的表面粗糙度 Ra 值不应大于 $0.2\mu m$,非工作表面的 Ra 值应不大于 $3.2\mu m$(用不去除材料获得的表面除外)。

(6)功能量规工作部位为尺寸要素时,尺寸公差应采用包容要求。

(7)功能量规工作部位的定向或定位公差一般应遵循独立原则。如有必要和可能,校对量规工作部位的定向或定位公差可采用最大实体要求。

(8)功能量规的线性尺寸的未注公差一般取为 m 级,未注形位公差一般取为 H 级。

(9)功能量规上应有代号及其他有关标志。

(10)功能量规应经防锈处理后妥善包装。

(11)在功能量规的包装盒上应标志:①厂名及商标;②代号;③制造年月。

(12)功能量规应附有检验合格证。

5. 功能量规设计示例

【例6-2】被检零件如图6-9所示,计算同轴度量规的工作部位尺寸。

【解】分析:从图样标注中可以看出,$\phi 12_0^{+0.07}$ 的孔的轴线对 $\phi 15_0^{+0.07}$ 基准孔的轴线的同轴度公差为 $\phi 0.04$,被测要素和基准要素都应用最大实体原则,而基准要素又要遵守包容原则;基准类型为中心要素。量规的工作部位为外要素。本例将按依次检验和共同检验两种方式计算量规尺寸,采用整体型功能量规。

(1)按依次检验方式设计量规。

① 检验部位。

按图样要求,可得

$$D_{MV} = D_M - t_\text{M} = 12 - 0.04 = 11.96(\text{mm})$$
$$T_t = T_D + t_\text{M} = 0.07 + 0.04 = 0.11(\text{mm})$$

由表6-4查得,功能量规检验部位的制造公差 T_I、允许磨损量 W_I 值为 $T_I = W_I = 0.005\text{mm}$,检验部位对定位部位的同轴度公差 $t_I = 0.008\text{mm}$。

由表6-5的序号2可查得:整体型功能量规的检验部位的基本偏差 $F_I = 0.016\text{mm}$。

由式(6-3)可得:工作尺寸 $D_I = (d_{IB} + F_I)_{-T_I}^0$,而 $d_{IB} = D_{MV} = 11.96\text{mm}$,则

$$D_I = (d_{IB} + F_I)_{-T_I}^0 = (11.96 + 0.016)_{-0.005}^0 = 11.976_{-0.005}^0 (\text{mm})$$

由式(6-4)得对应的磨损极限为

$$d_{IW} = (d_{IB} + F_I) - (T_I + W_I) = (11.96 + 0.016) - (0.005 + 0.005) = 11.966(\text{mm})$$

② 定位部位。

在依次检验中，功能量规仅检验被测要素，即量规的设计对象是被测要素，基准要素遵守包容原则，定位部位仅具有模拟基准的功能，不用来检验基准要素的体外作用尺寸（由光滑极限量规检测），因此定位部位基本偏差为 0，基准要素的综合公差即尺寸公差，故 $T_t = 0.05$，基准要素的边界尺寸即其最大实体尺寸，即 $D_M = 15\text{mm}$。

由表 6-4 查得：功能量规定位部位的制造公差 T_L、允许磨损量 W_L 值为

$$T_L = W_L = 0.003\text{mm}$$

由式(6-7)可得量规的定位部位的工作尺寸为 $d_L = d_{LB-T_L}^0$，而 $d_{LB} = D_M = 15\text{mm}$，则

$$d_L = d_{LB-T_L}^0 = 15_{-0.003}^0 \text{mm}$$

由式(6-8)得对应的磨损极限为

$$d_{LW} = d_{LB} - (T_L + W_L) = 15 - (0.003 + 0.003) = 14.994(\text{mm})$$

图 6-15(a) 为依次检验的同轴度量规简图。

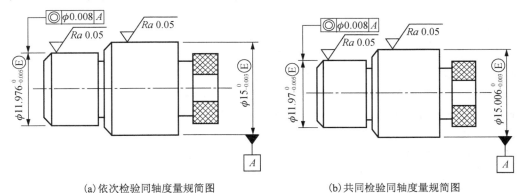

(a)依次检验同轴度量规简图　　　　　　　　(b)共同检验同轴度量规简图

图 6-15　同轴度量规设计实例

(2)按共同检验方式设计量规。

① 检验部位。

按图样要求，可得

$$D_{MV} = D_M - t Ⓜ = 12 - 0.04 = 11.96(\text{mm})$$
$$T_t = T_D + t Ⓜ = 0.07 + 0.04 = 0.11(\text{mm})$$

按被测要素的综合公差 T_t 从表 6-4 中查取有关数值。制造公差 T_I、允许磨损量 W_I 值为 $T_I = W_I = 0.005\text{mm}$，检验部位对定位部位的同轴度公差 $t_I = 0.008\text{mm}$。由于基准要素视同被测要素，故从表 6-5 的序号 0 可查得：整体型功能量规的检验部位的基本偏差 $F_I = 0.010\text{mm}$。

由式(6-3)可得工作尺寸 $d_I = (d_{IB} + F_I)_{-T_I}^0$，而 $d_{IB} = D_{MV} = 11.96\text{mm}$，则

$$d_I = (d_{IB} + F_I)_{-T_I}^0 = (11.96 + 0.010)_{-0.005}^0 = 11.97_{-0.005}^0 \text{mm}$$

由式(6-4)得对应的磨损极限为

$$d_{IW} = (d_{IB} + F_I) - (T_I + W_I) = (11.96 + 0.010) - (0.005 + 0.005) = 11.96(\text{mm})$$

② 定位部位。

按图样要求，基准要素的综合公差即尺寸公差，故 $T_t = 0.05\text{mm}$。

基准要素的边界尺寸即其最大实体尺寸，即 $D_M = 15\text{mm}$。

由表 6-4 查得，功能量规定位部位的制造公差 T_L、允许磨损量 W_L 值为 $T_L = W_L = 0.003$mm。

在共同检验中，功能量规定位部位不仅用作模拟基准，还要用来检验基准要素，因此定位部位的基本偏差由表 6-5 查得 $F_L = 0.006$mm。

由式(6-7)可得量规的定位部位的工作尺寸为 $d_L = (d_{LB} + F_L)_{-T_L}^{\;0}$，而 $d_{LB} = D_M = 15$mm，则

$$d_L = (d_{LB} + F_L)_{-T_L}^{\;0} = 15.006_{-0.003}^{\;\;0}\ \text{mm}$$

由式(6-8)得对应的磨损极限为

$$d_{LW} = (d_{LB} + F_L) - (T_L + W_L) = 15.006 - (0.003 + 0.003) = 15\ (\text{mm})$$

图 6-15(b)为共同检验的同轴度量规简图。

(3)量规的几何公差和表面粗糙度选用。

量规工作部分的几何公差采用包容要求，量规工作部分的表面粗糙度取 $Ra0.05$。

思 考 题

6-1 光滑极限量规用于何种情况？它有哪些种类和型式？

6-2 极限量规有何特点？如何用它判断工件的合格性？

6-3 泰勒原则的内容是什么？符合泰勒原则的量规应当是怎样的？为什么有的量规型式不符合泰勒原则？不符合泰勒原则的量规在使用中应注意些什么？

6-4 对光滑极限量规工作部位的尺寸精度、形状精度和表面粗糙度各作何要求？

6-5 如何表示工件尺寸公差带和量规尺寸公差带(含校对量规)在大小和位置方面的关系？这种关系存在哪些问题？但标准又为什么要这样规定？

6-6 什么是功能量规？它有哪些部位、哪些型式、哪些检验方式和哪些重要尺寸？

6-7 对功能量规的工作部位规定了哪些公差？说明其名称和代号。

6-8 功能量规工作部位的公差和零件尺寸公差、零件被测要素或基准要素的几何公差之间有何关系？

6-9 功能量规工作部位的基本偏差是根据什么确定的？确定的方法是怎样的？

6-10 功能量规的作用有何特点？其适用性如何？

第7章 典型件结合的精度设计与检测

滚动轴承、平键、花键、普通螺纹及圆锥结构件是几种常用的典型零件。滚动轴承通常用于回转体的相对转动，起支承回转体等作用，如汽车变速器中，轴与变速器之间依靠滚动轴承支承实现轴的转动运动；平键、花键通常用于与轴一起转动部分的连接，如连接轴与皮带轮等；作为传递运动的螺纹是连接的一种重要形式，它不但用于连接，有时还用于传递运动；圆锥配合有利于调整配合的性质(间隙、过盈、过渡配合)，便于装拆及轴类的定心要求。这几种连接形式在机械设计中应用广泛，并且已经标准化、系列化。因此，这几种典型零件及应用设计的合理与否，对保证机械的性能及工作精度有很大影响。

小提示 7-1

轴承、螺纹、键等常用结合件是机械传动的重要零件。在本章内容学习中，重点掌握滚动轴承与孔、轴配合，普通螺纹配合，圆锥配合，以及键配合的精度设计。

📖 本章知识要点 ▶▶

(1)掌握平键连接的公差带代号、各配合的性质和适用场合及检测方法，理解矩形花键结合的主要几何参数、定心方式以及公差与配合标准及其选用。

(2)掌握滚动轴承的公差等级及应用，掌握滚动轴承内径、外径的公差带及其特点。

(3)掌握与滚动轴承内、外径相配合的轴和壳体孔的尺寸公差带、几何公差、表面粗糙度及配合选用的基本原则。

(4)掌握普通螺纹的基本牙型和几何参数，螺纹主要参数的误差对功能要求的影响，体外作用中径、中径公差及螺纹的旋合条件，螺纹的检测方法。

(5)掌握圆锥公差的项目和给定方法，圆锥公差的选用和标注，理解有关圆锥公差的基本概念。

📖 兴趣实践 ▶▶

观察产品装配或修配过程中，轴承、平键、花键、螺纹及圆锥等典型零件对产品装配质量的影响效果。

📖 探索思考 ▶▶

在机械产品设计中，常常会使用许多的典型结合件与传动件，由于这些典型结合件的通用性很强或其结构的特殊性，有专门的技术标准，对这些典型结合件或与之相配合的传动件进行机械精度设计时，就要考虑这些特殊要求，那么如何才能满足这些特殊要求？

📖 预习准备 ▶▶

请预先复习以前学过的投影几何与机械制图、金属材料以及其他工程材料的物理力学性能、金属切削加工的基本知识、机械原理与机械设计等基础知识。

7.1 滚动轴承配合的精度设计

7.1.1 滚动轴承概述

滚动轴承是由专业化的滚动轴承制造厂生产的高精度标准部件，是机器上广泛使用的支承部件，可以减小运动副的摩擦、磨损，提高机械效率。本节主要介绍两个方面的内容。第一，简要介绍滚动轴承的结构以及滚动轴承的公差与配合；第二，根据滚动轴承的使用情况和精度要求，合理确定滚动轴承外圈与相配外壳孔的尺寸精度，内圈与相配轴颈的尺寸精度，以及滚动轴承与外壳孔和轴颈配合表面的机械精度和表面粗糙度参数值，保证滚动轴承的工作性能和使用寿命。

为了实现滚动轴承及其相配件的互换性，正确进行精度设计，我国颁布了下列有关滚动轴承的国家标准：

GB/T 307.1—2017《滚动轴承 向心轴承 产品几何技术规范(GPS)和公差值》；

GB/T 307.2—2005《滚动轴承 测量和检验的原则及方法》；

GB/T 307.3—2017《滚动轴承 通用技术规则》；

GB/T 307.4—2017《滚动轴承 推力轴承 产品几何技术规范(GPS)和公差值》；

GB/T 275—2015《滚动轴承 配合》；

GB/T 4604.1—2012《滚动轴承 游隙 第1部分：向心轴承的径向游隙》。

1. 滚动轴承的组成

滚动轴承的基本结构由套圈(分内圈和外圈)、滚动体(钢球或滚柱，圆锥滚子，螺旋滚子，滚针等)、保持架组成。轴承的外圈和内圈分别与壳体孔及轴颈相配合，如图7-1所示。一般来说，为了便于在机器上安装轴承和从机器上更换轴承，轴承内圈内孔和外圈外圆柱面具有完全互换性。基于技术经济上的考虑，对于轴承的装配和组成轴承的零件，可以不具有完全互换性。

滚动轴承安装在机器上工作时应保证轴承的工作性能，因此必须满足两项要求：其一，必要的旋转精度。轴承工作时轴承的内、外圈和端面的跳动应控制在允许的范围内，以保证轴承的回转精度。其二，合适的游隙。这是指滚动轴承内、外圈与滚动体之间的径向游隙和轴向游隙。轴承工作时这两种游隙的大小皆应保持在合适的范围内，以保证滚动轴承正常运转，寿命长。

案例 7-1

如何合理选用滚动轴承是在结构设计中完成的一项工作，由于滚动轴承是一个精密部件，根据匹配性原则，与滚动轴承相配的孔和轴也应有相应的较高精度要求。

问题：

(1)滚动轴承本身的精度及公差带有何特点？

(2)如何进行与滚动轴承配合的壳体孔、轴颈的精度设计？

2. 滚动轴承的种类

滚动轴承的种类很多，一般来说，可以按照以下几个方面来进行分类。

(1)按所承受负荷的方向，可分为向心类和推力类。

① 向心类：包括向心轴承($\alpha = 0°$)和向心角接触轴承($0° < \alpha < 45°$)。

② 推力类：包括推力轴承（$\alpha = 90°$）和推力角接触轴承（$45° < \alpha < 90°$）。

其中，α 为接触角。

（2）按滚动体形状，分为球轴承和滚子轴承。其中，滚子轴承包括圆锥滚子轴承和滚针轴承等。

（3）按列数，可分为单列轴承、双列轴承、三列轴承、四列轴承、多列轴承。

（4）按工作中能否自动调整轴和孔的角度偏差，分为调心轴承和非调心轴承。

（5）按内外径尺寸大小，分为特大型轴承，外径＞800mm；大型轴承，180mm＜外径≤800mm；中型轴承，80mm＜外径≤180mm；小型轴承，10mm＜外径≤80mm；微型轴承，外径≤9mm。

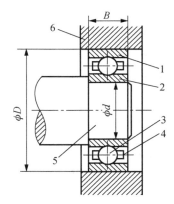

1-外圈；2-内圈；3-滚动体；4-保持架；5-轴颈；6-外壳孔

图 7-1 滚动轴承的结构与其配合的轴和外壳孔

按上述分类，轴承类型可以描述为单列向心球轴承，圆锥滚子轴承，双列角接触球轴承，推力调心滚子轴承，推力球轴承，双列圆柱滚子轴承等。

3. 滚动轴承代号

滚动轴承的代号用来明确反映轴承的结构类型、尺寸、公差、游隙、材料、工艺等方面的重要特性。轴承代号由前置代号、基本代号和后置代号组成，见表 7-1。

表 7-1 滚动轴承代号的构成

前置代号	基本代号			后置代号							
	1	2、3	4、5	1	2	3	4	5	6	7	8
成套轴承部件	类型	尺寸系列	轴承内径	内部结构	密封与防尘	保持架及其材料	特殊轴承材料	公差等级	游隙	配置	其他

1) 滚动轴承的基本代号（滚针轴承除外）

基本代号用来表明轴承类型、宽度系列、直径系列和内径，一般如表 7-1 所示为 5 位数。

（1）类型代号：在基本代号中为第一位数。滚动轴承类型代号用数字或大写的拉丁字母表示，如表 7-2 所列。

表 7-2 滚动轴承类型代号

代号	轴承类型	代号	轴承类型
0	双列角接触球轴承	N	
1	调心球轴承	NU	
2	调心滚子轴承，推力调心滚子轴承	NJ	圆柱滚子轴承
3	圆锥滚子轴承	NF	
		NUP	
4	双列深沟球轴承	NN	双列圆柱滚子轴承
5	推力球轴承	NNU	
6	深沟球轴承	UC	
7	角接触球轴承	UEL	外球面球轴承
		UK	
8	推力圆柱滚子轴承	QJ	四点接触球轴承

（2）尺寸系列代号：在基本代号中为第二、三位数，占两位数位。轴承尺寸系列代号由宽度（用于向心轴承）或高度（用于推力轴承）和直径系列代号组成，如表 7-3 所示。

表 7-3　向心轴承、推力轴承尺寸系列代号

直径系列代号	向心轴承								推力轴承			
	宽度系列代号								高度系列代号			
	8	0	1	2	3	4	5	6	7	9	1	2
	尺寸系列代号											
7			17		37							
8		08	18	28	38	48	58	68				
9		09	19	29	39	49	59	69				
0		00	10	20	30	40	50	60	70	90	10	
1		01	11	21	31	41	51	61	71	91	11	
2	82	02	12	22	32	42	52	62	72	92	12	22
3	83	03	13	23	33				73	93	13	23
4		04		24					74	94	14	24
5										95		

（3）内径代号：在基本代号中为第四、五位数，占两位数位。内径代号代表轴承的内径，如表 7-4 所示。

表 7-4　轴承内径代号

轴承公称内径/mm		内径代号	示例
0.6～10（非整数）		用公称内径毫米数直接表示，但其与尺寸系列代号之间用"/"分开	深沟球轴承 618/1.5 内径 $d = 1.5$mm
1～9（非整数）		用公称内径毫米数直接表示，对深沟球轴承 7，8，9 直径系列与尺寸系列之间用"/"分开	深沟球轴承 618/5 内径 $d = 5$mm
10～17	10	00	深沟球轴承 6200 内径 $d = 10$mm
	12	01	
	15	02	深沟球轴承 6202
	17	03	内径 $d = 15$mm
20～480（22，28，32 除外）		公称内径除以 5 的商数，商数为个位数时需在商数左边加"0"，如 08	调心滚子轴承 23209 内径 $d = 45$mm
大于和等于 500 以及 22，28，32		用公称内径毫米数直接表示，但其与尺寸系列之间用"/"分开	调心滚子轴承 230/500，内径 $d = 500$mm 深沟球轴承 62/62，内径 $d = 500$mm

例如，有调心滚子轴承基本代号 23224，位数从左向右是这样表示的：2 代表轴承类型，为调心滚子轴承；32 代表尺寸系列，宽度系列是 3，而直径系列是 2；24 代表内径代号 $d = 120$mm。

2）滚动轴承的前置、后置代号

（1）前置代号：前置代号用字母表示，代号及其含义见表 7-5。

表 7-5　滚动轴承前置代号及其含义

代号	含义	示例	代号	含义	示例
L	可分离轴承的内圈或外圈	LNU207	K	滚针和保持架组	K81107
R	不带可分离内圈或外圈的轴承（滚针轴承仅适用于 NA 型）	RNU207 RNA6904	WS	推力圆柱滚子轴承轴圈	WS81107
			GS	推力圆柱滚子轴承座圈	GS81107

（2）后置代号：后置代号用大写拉丁字母和大写拉丁字母加数字表示。其中包括内部结构代号；密封、防尘与外部形状变化的代号；保持架结构、材料改变的代号；公差等级代号；游隙代号等。这里主要介绍公差等级代号及其含义，见表7-6。其他代号可以查阅《机械设计手册》。

表 7-6　滚动轴承公差等级代号及其含义

代号	示例	含义	旧代号	示例	代号	示例	含义	旧代号	示例
/P0	6205	公差等级为 0 级 代号中省略不表示	G	205	/P5	6205/P5	公差等级为 P5 级	D	D205
/P6	6205/P6	公差等级为 P6 级	E	E205	/P4	6205/P4	公差等级为 P4 级	C	C205
/P6X	30210/P6X	公差等级为 6X 级 （适用于圆锥滚子轴承）	EX	EX7201	/P2	6205/P2	公差等级为 P2 级	B	B205

3）滚动轴承代号示例

（1）6 2 09　从左向右：6—深沟球轴承；2—尺寸系列是 02，宽度系列为 0 省略，直径系列为 2；09—内径 $d=45\text{mm}$；公差等级为 0 级省略。

（2）7 3 10C/ P4　从左向右：7—角接触球轴承；3—尺寸系列是 03，宽度系列为 0 省略，直径系列为 3；10—内径 $d=50\text{mm}$；C—接触角 $\alpha=15°$；/ P4—公差等级为 4 级。

（3）N 22 06/ P4 3　从左向右：N—圆柱滚子轴承；22—尺寸系列，宽度系列和直径系列均为 2；06—内径 $d=30\text{mm}$；/ P4—公差等级为 4 级；3—游隙 3 组。

7.1.2　滚动轴承的精度等级及其应用

1. 滚动轴承的精度等级

根据国家标准 GB/T 307.3—2017《滚动轴承 通用技术规则》，向心轴承的公差等级分为 0、6、5、4、2 五级，精度依次升高，其中 0 级（即普通级）精度最低，2 级精度最高；圆锥滚子轴承的公差等级分为 0、6X、5、4、2 五级；推力轴承的公差等级分为 0、6、5、4 四级；6X 级和 6 级轴承的内、外径公差及径向跳动公差均相同，6X 级轴承的装配宽度要求更严格。

2. 滚动轴承精度等级的选用

0 级轴承用于中等负荷、旋转精度要求不高的一般机构中。例如，普通机床、汽车、拖拉机的变速机构等所用的轴承。

6 级轴承用于旋转精度要求较高的机构中。例如，用于普通机床的一般部位，汽车变速器中使用的轴承。

5、4 级轴承常用于旋转精度和转速要求较高的机构中。例如，较精密机床及磨齿机、精密仪器仪表、高速摄影机等精密机械所用的轴承。

2 级轴承常用于对旋转精度和旋转速度要求很高的机构中。例如，精密坐标镗床、高精度齿轮磨床的主轴及数控机床中使用的轴承。

7.1.3　滚动轴承和与其配合的公差带

1. 滚动轴承内、外径的公差带及其特点

滚动轴承的内、外圈都是宽度较小的薄壁件，精度要求又高，在其制造、保管过程中容易变形（如变成椭圆形），但是在装入轴和外壳孔上之后，这种变形又容易得到矫正。因此，国家标准 GB/T 4199—2003 对滚动轴承小径、大径、宽度和成套轴承的旋转精度等指标都提出了很高的要求。轴承的精度设计不仅控制轴承与轴、与外壳孔配合的尺寸精度，而且要控制轴承内、外圈的变形程度。

滚动轴承精度主要是由尺寸精度和旋转精度决定的。

1)滚动轴承的尺寸精度参数

滚动轴承的尺寸精度包括轴承小径(d)、大径(D)、内圈宽度(B)、外圈宽度(C)和装配高度(T)的制造精度。

d、D 分别是轴承小径、大径的公称尺寸。d_s、D_s 分别是轴承的单一小径、大径。Δ_{ds}、Δ_{Ds} 分别是轴承的单一小径、大径偏差，它控制同一轴承的单一小径、大径偏差。V_{dsp}、V_{Dsp} 分别是轴承的单一平面小径、大径的变动量，用于控制轴承单一平面内小径、大径的圆度误差。

d_{mp}、D_{mp} 分别是同一轴承单一平面的平均小径、大径。Δ_{dmp}、Δ_{Dmp} 分别是同一轴承单一平面的平均小径、大径偏差，用于控制轴承与轴、外壳孔装配后的配合尺寸偏差。V_{dmp}、V_{Dmp} 分别是同一轴承平均小径、大径的变动量，用于控制轴承与轴、外壳孔装配后的圆柱度误差。

B、C 分别是控制轴承内、外圈宽度的公称尺寸。Δ_{Bs}、Δ_{Cs} 分别是轴承内、外圈单一宽度偏差，用于控制内、外圈宽度的实际偏差。V_{Bs}、V_{Cs} 分别是轴承内、外圈宽度的变动量，用于控制内、外圈宽度方向的几何误差。

2)滚动轴承的旋转精度参数

用于评定滚动轴承的旋转精度参数有：成套轴承内、外圈的径向跳动 K_{ia}、K_{ea}；成套轴承内、外圈的轴向跳动 S_{ia}、S_{ea}；内圈基准端面对内孔中心线的跳动 S_d；外圈外表面对基准端面的垂直度 S_D；成套轴承外圈凸缘背面轴向跳动 S_{ea1}；外圈外表面对凸缘背面的垂直度 S_{D1}。

对不同精度等级、不同结构形式的滚动轴承，其尺寸精度、旋转精度的评定参数有不同要求，表7-7、表7-8是按GB/T 307.1—2017摘录的各级向心轴承内、外圈评定参数的公差值，供使用时参考。

表 7-7　向心轴承（圆锥滚子轴承除外）——内圈-普通级公差　　　(单位：μm)

d/mm		Δ_{dmp}		V_{dsp}			V_{dmp}	K_{ia}	Δ_{Bs}			V_{Bs}
				直径系列					全部	正常	修正*	
>	≤	上偏差	下偏差	9	0、1	2、3、4			上偏差	下偏差		
—	0.6	0	−8	10	8	6	6	10	0	−40	—	12
0.6	2.5	0	−8	10	8	6	6	10	0	−40	—	12
2.5	10	0	−8	10	8	6	6	10	0	−120	−250	15
10	18	0	−8	10	8	6	6	10	0	−120	−250	20
18	30	0	−10	13	10	8	8	13	0	−120	−250	20
30	50	0	−12	15	12	9	9	15	0	−120	−250	20
50	80	0	−15	19	19	11	11	20	0	−150	−380	25
80	120	0	−20	25	25	15	15	25	0	−200	−380	25
120	180	0	−25	31	31	19	19	30	0	−250	−500	30
180	250	0	−30	38	38	23	23	40	0	−300	−500	30
250	315	0	−35	44	44	26	25	50	0	−350	−500	35
315	400	0	−40	50	50	30	30	60	0	−400	−630	40
400	500	0	−45	56	56	34	34	65	0	−450	—	50
500	630	0	−50	63	63	38	38	70	0	−500	—	60
630	800	0	−75	—	—	—		80	0	−750	—	70
800	1000	0	−100	—	—	—		90	0	−1000	—	80
1000	1250	0	−125	—	—	—		100	0	−1250	—	100
1250	1600	0	−160	—	—	—		120	00	−1600	—	120
1600	2000	0	−200	—	—	—		140		−2000	—	140

*适用于成对或成组安装时单个轴承的内、外圈，也适用于 $d \geqslant 50$ mm 锥孔轴承的内圈。

表 7-8　向心轴承（圆锥滚子轴承除外）——外圈-普通级公差　　　　（单位：μm）

D/mm		Δ_{Dmp}		V_{Dsp}^*				V_{Dmp}^*	K_{ea}	Δ_{Cs}		V_{Cs}
				开型轴承			闭型轴承					
				直径系列								
>	≤	上偏差	下偏差	9	0、1	2、3、4	2、3、4			上偏差	下偏差	
—	2.5	0	-8	10	8	6	10	6	15			
2.5	6	0	-8	10	8	6	10	6	15			
6	18	0	-8	10	8	6	10	6	15			
18	30	0	-9	12	9	7	12	7	15			
30	50	0	-11	14	11	8	16	8	20			
50	80	0	-13	16	13	10	20	10	25			
80	120	0	-15	19	19	11	26	11	35			
120	150	0	-18	23	23	14	30	14	40			
150	180	0	-25	31	31	19	38	19	45			
180	250	0	-30	38	38	23	—	23	50	与同一轴承内圈的 Δ_{Bs} 及 V_{Bs} 相同		
250	315	0	-35	44	44	26	—	26	60			
315	400	0	-40	50	50	30	—	30	70			
400	500	0	-45	56	56	34	—	34	80			
500	630	0	-50	63	63	38	—	38	100			
630	800	0	-75	94	94	55	—	55	120			
800	1000	0	-100	125	125	75	—	75	140			
1000	1250	0	-125						160			
1250	1600	0	-160						190			
1600	2000	0	-200						220			
2000	2500	0	-250						250			

*适用于内、外止动环安装前或拆卸后。

3) 滚动轴承小径、大径公差带的特点

通常，滚动轴承内圈装在传动轴的轴颈上随轴一起旋转以传递扭矩，外圈固定于机体孔中起支承作用。因此，内圈的小径(d)、外圈的大径(D)是滚动轴承与配合件的公称尺寸。轴承小径、大径公差带图如图 7-2 所示。

滚动轴承是精密的标准件，使用时不能再进行附加加工。因此，轴承内圈与轴颈的配合采用基孔制，但小径的公差带位置与一般基准孔相反，如图 7-2 所示，小径公差带

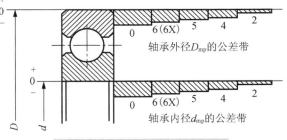

图 7-2　轴承小径、大径公差带图

位于零线下方，即上偏差为零，下偏差为负值。这主要是考虑到配合的特殊需要，因为大多数情况下，轴承内圈都会随轴一起转动传递扭矩，并且不允许轴、孔之间有相对运动，所以两者的配合应具有一定的过盈量。由于内圈是薄壁零件，又常需维修拆换，故过盈量不宜过大。一般基准孔的公差带分布在零线上方，当选用过盈配合时，其过盈量太大；如果改用过渡配合，又违反了标准化和互换性原则。为此，滚动轴承国际标准规定将 d_{mp} 的公差带分布在零线下方。当轴承内孔与一般过渡配合的轴相配合时，不但能保证获得较小的过盈，而且还不会出现间隙，从而可满足轴承内孔与轴配合的要求，同时，又可按照标准来加工轴。

滚动轴承的外径与外壳孔配合应按基轴制，通常两者之间不要求太紧。因此，所有精度的轴承外圈，其 D_{mp} 的公差带位置仍按一般基轴制规定，将其布置在零线以下，即其上偏差为零，下偏差为负值。由于轴承精度要求很高，其公差值相对略小一些。

注意，由于滚动轴承结合面的公差带是特别规定的，因此，在装配图上，仅标注与轴承配合的轴和外壳孔的公称尺寸及其公差带代号。

2. 与滚动轴承配合的孔、轴公差带

滚动轴承基准接合面的公差带单向布置在零线下侧，既可满足各种旋转机构不同配合性质的需要，又可以按照标准公差来制造与之相配合的零件。轴和外壳孔的公差带就是从"极限与配合"国家标准中选取的。国家标准 GB/T 275—2015 给出了 0 级公差轴承与轴和轴承座孔配合的常用公差带，如图 7-3 所示。

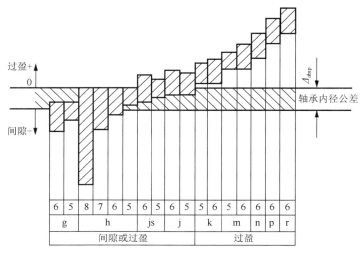

(a)0级公差轴承与轴配合的常用公差带关系图

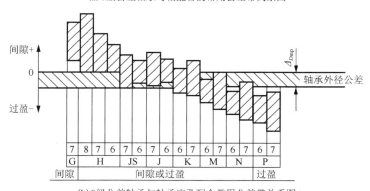

(b)0级公差轴承与轴承座孔配合常用公差带关系图

图 7-3　0 级公差轴承与轴和轴承座孔配合的常用公差带关系图

7.1.4　滚动轴承与孔、轴结合的精度设计

1. 配合选用的依据及孔、轴尺寸公差带的确定

正确地选用轴和外壳孔的公差带，对于充分发挥轴承的技术性能和保证机构的运转质量、使用寿命有着重要意义。

影响公差带选用的因素很多，如轴承的工作条件(包括负荷类型、负荷大小、工作温度、旋转精度、轴向间隙)，配合零件的结构、材料及安装与拆卸的要求等，一般根据轴承所承受的负荷类型和大小来确定。

1) 负荷类型

轴承转动时，根据作用于轴承上合成径向负荷相对套圈的旋转情况，可将所受负荷分为局部负荷、循环负荷和摆动负荷三类。

(1) 局部负荷：作用于轴承上的合成径向负荷与套圈相对静止，即负荷方向始终不变地作用在套圈滚道的局部区域上，该套圈所承受的这种负荷称为局部负荷，如图 7-4(a)、图 7-4(b)所示。对承受这类负荷的套圈与壳体孔或轴的配合一般选较松的过渡配合，或较小的间隙配合，以便让套圈滚道间的摩擦力矩带动转位，延长轴承的使用寿命。

(2) 循环负荷：作用于轴承上的合成径向负荷顺次地作用在套圈滚道的整个圆周上，该套圈所承受的这种负荷称为循环负荷，如图 7-4(a)、图 7-4(b)所示。通常，对承受循环负荷的套圈与轴(或壳体孔)应选择过盈配合或较紧的过渡配合，其过盈量的大小以不使套圈与轴或壳体孔配合表面产生爬行现象为准。

(3) 摆动负荷：作用于轴承上的合成径向负荷与所承受的套圈在一定区域内相对摆动，即其负荷向量经常变动地作用在套圈滚道的局部圆周上，该套圈所承受的这种负荷称为摆动负荷，如图 7-4(c)、图 7-4(d)所示。承受摆动负荷的套圈，其配合要求与循环负荷相同或略松一些。

> **案例 7-1 分析**
>
> (1) 滚动轴承本身的精度包括尺寸精度和旋转精度，国家标准将向心轴承分为 5 级精度 0、6(6X)、5、4、2，其中 2 级精度最高，0 级精度最低。
>
> 滚动轴承内、外圈尺寸公差带特点是公差带分布在零线下侧，即上偏差为 0，下偏差为负值。
>
> (2) 与滚动轴承配合的壳体孔、轴的精度设计内容包括：壳体孔、轴的尺寸精度设计、机械精度设计(主要是圆柱度和跳动公差)、表面粗糙度设计。
>
> 尺寸精度设计主要考虑轴承所承受的负荷类型和大小及其他条件等因素，机械精度设计主要取决于轴承的精度，表面粗糙度设计主要考虑与壳体孔、轴的尺寸精度相匹配。

内圈-循环负荷
外圈-局部负荷
(a)

内圈-局部负荷
外圈-循环负荷
(b)

内圈-循环负荷
外圈-摆动负荷
(c)

内圈-摆动负荷
外圈-循环负荷
(d)

图 7-4　轴承承受的负荷类型

2) 负荷大小

滚动轴承套圈与轴或壳体孔配合的最小过盈取决于负载的大小。一般地，径向负荷 $P \leqslant 0.07C$ 时称为轻负荷，$0.07C < P \leqslant 0.15C$ 时称为正常负荷，$P > 0.15C$ 时称为重负荷。其中 C

为轴承的额定负荷,即轴承能够旋转 10^6 次而不发生点蚀破坏的概率为90%时的载荷值。

　　承受较重的负荷或冲击负荷时,轴承将产生较大的变形,使结合面间实际过盈减小和轴承内部的实际间隙增大,这时为了使轴承运转正常,应选择较大的过盈配合。同理,轴承承受较轻的负荷时,可选择较小的过盈配合。

　　当轴承内圈承受循环负荷时,它与轴颈配合所需的最小过盈为

$$Y_{\min 计算}=\frac{-13Rk}{b}\times10^{-6}\quad(\text{mm})\qquad(7\text{-}1)$$

式中,R 为轴承承受的最大径向负荷,kN;k 为与轴承系列有关的系数,轻系列 $k=2.8$,中系列 $k=2.3$,重系列 $k=2$;b 为轴承内圈的配合宽度,m,$b=B-2r$;B 为轴承宽度,r 为内圈倒角。

　　为避免套圈破裂,必须按不超出套圈允许的强度计算其最大过盈:

$$Y_{\max 计算}=\frac{-5.7kd[\sigma_{\mathrm{p}}]}{k-1}\times10^{-3}\quad(\text{mm})\qquad(7\text{-}2)$$

式中,$[\sigma_{\mathrm{p}}]$为允许的拉应力,10^5Pa,轴承钢的拉应力$[\sigma_{\mathrm{p}}]\approx400(10^5\text{Pa})$;$d$ 为内圈直径,m;k 的含义同式(7-1)。

　　根据计算得到的 $Y_{\max 计算}$,选择合理的配合。

　　滚动轴承配合的选择一般用类比法,表7-9～表7-12作为参考。

表7-9　向心轴承和轴的配合　轴公差带代号

圆柱孔轴承						
运转状态		负荷状态	深沟球轴承、调心球轴承和角接触球轴承	圆柱滚子轴承和圆锥滚子轴承	调心球轴承	公差带
说明	举例		轴承公称内径/mm			
循环负荷及摆动负荷	一般通用机械、电动机、机床主轴、泵、内燃机、直齿轮传动装置、铁路机车车辆轴箱、破碎机等	轻负荷	≤18	—	—	h5
			>18~100	≤40	≤40	j6①
			>100~200	>40~140	>40~140	k6①
			—	>140~200	>140~200	m6①
		正常负荷	≤18	—	—	j5、js5
			>18~100	≤40	≤40	k5②
			>100~140	>40~100	>40~65	m5②
			>140~200	>100~140	>65~100	m6
			>200~280	>140~200	>100~140	n6
				>200~400	>140~280	p6
					>280~500	r6
		重负荷		>50~140	>50~100	n6③
				>140~200	>100~140	p6③
				>200	>140~200	r6③
				—	>200	r7③
局部负荷	静止轴上的各种轮子、张紧轮、绳轮、振动筛、惯性振动器	所有负荷	所有尺寸			f6 g6① h6 j6

续表

圆柱孔轴承					
运转状态		负荷状态	深沟球轴承、调心球轴承和角接触球轴承	圆柱滚子轴承和圆锥滚子轴承	调心球轴承	公差带
说明	举例		轴承公称内径/mm			
仅有轴向负荷			所有尺寸			j6、js6

圆锥孔轴承				
所有负荷	铁路机车车辆轴箱	装在退卸套上的所有尺寸		h8(IT6)⑤④
	一般机械传动	装在紧定套上的所有尺寸		h9(IT7)⑤④

注：① 对精度要求较高的场合，应用 j5、k5……分别代替 j6、k6……；
② 圆锥滚子轴承、角接触球轴承配合对游隙影响不大，可用 k6、m6 代替 k5、m5；
③ 应选用轴承径向游隙大于基本组游隙的滚子轴承；
④ 凡有较高精度或转速要求的场合，应选用 h7(IT5) 代替 h8(IT6)；
⑤ IT6、IT7 表示圆柱度公差数值。

表 7-10　向心轴承和外壳孔的配合　孔公差带代号

运转状态		负荷状态	其他状况	公差带①	
说明	举例			球轴承	滚子轴承
局部负荷	一般机械、铁路机车车辆轴箱、电动机、泵、曲轴主轴承	轻、正常、重	轴向易移动，可采用剖分式外壳	H7、G7②	
摆动负荷		冲击	轴向能移动，可采用整体或剖分式外壳	J7、JS7	
		轻、正常			
		正常、重		K7	
		冲击		M7	
循环负荷	张紧滑轮、轮毂轴承	轻	轴向不移动，可采用整体外壳	J7	K7
		正常		K7、M7	M7、N7
		重		—	N7、P7

注：① 并列公差带随尺寸的增大从左至右选择，对旋转精度有较高要求时，可相应提高一个过程等级；
② 不适用于剖分式外壳。

表 7-11　推力轴承和轴的配合　轴公差带代号

运转状态	负荷状态	推力球轴承和推力滚子轴承	推力调心滚子轴承	公差带
		轴承公称内径/mm		
仅有轴向负荷		所有尺寸		j6、js6
固定的轴圈负荷	径向和轴向联合负荷	—	≤250	j6
			>250	js6
旋转的轴			≤200～400	k6①、m6
			>400	n6

注：① 要求较小过盈时，可分别用 j6、k6、m6 分别代替 k6、m6、n6；
② 也包括推力圆锥滚子轴承、推力角接触球轴承。

表 7-12　推力轴承和外壳孔的配合　孔公差带代号

运转状态	负荷状态	轴承类型	公差带	备注
仅有轴向负荷		推力球轴承	H8	
		推力圆柱滚子、圆锥滚子轴承	H7	
		推力调心滚子轴承		外壳孔与座圈间间隙为 0.001D（D 为轴承公称外径）
固定的座圈负荷	径向和轴向联合负荷	推力角接触球轴承、推力调心滚子轴承、推力圆锥滚子轴承	H7	
旋转的座圈负荷或摆动负荷			K7	一般使用条件
			M7	有较大径向负荷时

3)工作温度的影响

轴承在运转时，虽然是滚动摩擦，但套圈也会发热而升温，经常是套圈温度高于与其结合零件的温度。因此，由于热膨胀不一致而使内圈与轴结合变松，外圈与外壳孔结合变紧。故选择配合时应充分注意温度的影响。

4)其他影响因素

对于负荷较大、有较高旋转精度要求的轴承，为了消除弹性变形和振动的影响，应避免采用间隙配合。而对于一些精密机床的轻负荷轴承，为避免孔和轴的形状误差对轴承精度的影响，易采用较小的间隙配合。例如，内圆磨床的磨头，内圈间隙为1～4μm，外圈间隙为4～10μm，滚动轴承的尺寸越大，选取的配合应越紧。

空心轴颈比实心轴颈、薄壁壳体比厚壁壳体、轻合金壳体比钢或铸铁壳体采用的配合要求紧些；而剖分式壳体比整体式壳体采用的配合要松些，以免过盈将轴承外圈夹扁甚至将轴卡住。对于紧于K7(包括K7)的配合或壳体孔的标准公差小于IT6级时，应选用整体式壳体。

为了便于安装与拆卸，特别对于重型机械，宜采用较松的配合。这在既要求拆卸而又要用较紧配合时，可采用分离型轴承或内圈带锥孔和紧定套或退卸套的轴承。

当要求轴承的内圈或外圈能沿轴向游动时，该内圈与轴或外圈与壳体孔的配合应选择较松的配合。

由于过盈配合使轴承径向游隙减小，如轴承的两个套圈之一须采用过盈特大的过盈配合，应选择具有大于基本组的径向游隙的轴承。

2. 孔、轴几何公差和表面粗糙度值的选用

为了保证轴承的正常运转，除了正确地选择轴承与轴颈和壳体孔的尺寸公差外，还应对轴颈和外壳孔的几何公差及表面粗糙度提出要求。形状公差主要是轴颈和外壳孔的表面圆柱度要求；位置公差主要是轴肩和外壳孔的端面圆跳动公差(表7-13)。

轴颈和外壳孔的表面粗糙度值的高低直接影响着配合质量和连接强度，即配合的可靠度，因此，凡是与轴承内、外圈配合的表面通常都会对表面粗糙度提出较高的要求(表7-14)。

表7-13　轴和外壳孔的几何公差　　　　　　　　　(单位：μm)

公称尺寸/mm	圆柱度				端面圆跳动			
	轴颈		外壳孔		轴肩		外壳孔肩	
	0	6(6X)	0	6(6X)	0	6(6X)	0	6(6X)
≤6	2.5	1.5	4.0	2.5	5.0	3.0	8.0	5.0
>6～10	2.5	1.5	4.0	2.5	6.0	4.0	10.0	6.0
>10～18	3.0	2.0	5.0	3.0	8.0	5.0	12.0	8.0
>18～30	4.0	2.5	6.0	4.0	10.0	6.0	15.0	10.0
>30～50	4.0	2.5	7.0	4.0	12.0	8.0	20.0	12.0
>50～80	5.0	3.0	8.0	5.0	15.0	10.0	25.0	15.0
>80～120	6.0	4.0	10.0	6.0	15.0	10.0	25.0	15.0
>120～180	8.0	5.0	12.0	8.0	20.0	12.0	30.0	20.0
>180～250	10.0	7.0	14.0	10.0	20.0	12.0	30.0	20.0
>250～315	12.0	8.0	16.0	12.0	25.0	15.0	40.0	25.0
>315～400	13.0	9.0	18.0	13.0	25.0	15.0	40.0	25.0
>400～500	15.0	10.0	20.0	15.0	25.0	15.0	40.0	25.0

表 7-14　轴和外壳的配合表面的粗糙度　　　　　　（单位：μm）

公称尺寸/mm	轴和外壳孔配合表面直径公差等级								
	IT7			IT6			IT5		
	表面粗糙度/μm								
	Rz	Ra		Rz	Ra		Rz	Ra	
		磨	车		磨	车		磨	车
≤80	10	1.6	3.2	6.3	0.8	1.6	4	0.4	0.8
>80~500	16	1.6	3.2	10	1.6	3.2	6.3	0.8	1.6
端面	25	3.2	6.3	25	3.2	6.3	10	1.6	3.2

3. 滚动轴承与孔、轴结合的精度设计举例

【例 7-1】在 C616 型车床主轴后支承上，装有两个单列向心轴承（图 7-5），其外形尺寸为 $d \times D \times B = 50\text{mm} \times 90\text{mm} \times 20\text{mm}$，试选定轴承的精度等级、轴承与轴和外壳孔的配合。

【解】（1）分析确定轴承的精度等级。

C616 型车床属轻载的普通车床，主轴承受轻载荷。C616 型车床主轴的旋转精度和转速较高，选择 6 级精度的滚动轴承。

（2）分析确定轴承与轴和壳体孔的配合。

轴承内圈与主轴配合一起旋转，外圈装在外壳孔中不转。主轴后支承主要承受齿轮传递力，故内圈承受循环负荷、外圈承受局部负荷。前者配合应紧，后者配合较松；参考表 7-9、表 7-10 选出轴公差带为 $\phi 50\text{j5}$，外壳孔公差带为 $\phi 90\text{H6}$。

> **小提示 7-2**
>
> 从表 7-9、表 7-10 中查数据时，附注中有说明：对于旋转精度较高要求时，可相应提高一个精度等级，故轴与壳体孔公差带可分别选为 $\phi 50\text{j5}$、$\phi 90\text{H6}$。

机床主轴前轴承已轴向定位，若后轴承外圈与外壳孔配合无间隙，则不能补偿由于温度变化引起的主轴的伸缩性；若外圈与外壳孔配合有间隙，会引起主轴跳动，影响车床加工精度。为了满足使用要求，将外壳孔公差带改用 $\phi 90\text{K6}$。

按滚动轴承公差国家标准，由表 7-7 查出 6 级轴承单一平面平均内径偏差 Δ_{dmp} 为 $\phi 50_{-0.01}^{0}$ mm，由表 7-8 查出 6 级轴承单一平面平均外径偏差 Δ_{Dmp} 为 $\phi 90_{-0.013}^{0}$ mm。根据极限与配合国家标准查得：轴为 $\phi 50\text{j5}(_{-0.005}^{+0.006})$ mm，外壳孔为 $\phi 90\text{K6}(_{-0.018}^{+0.004})$ mm。

图 7-6 所示为 C616 型车床主轴后轴承的公差与配合图解，由此可知，轴承与轴的配合比与外壳孔的配合要紧些。

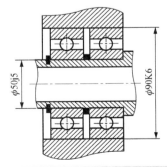

图 7-5　C616 型车床主轴后轴承结构

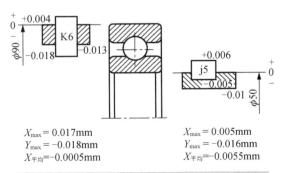

$X_{\max} = 0.017\text{mm}$
$Y_{\max} = -0.018\text{mm}$
$X_{平均} = -0.0005\text{mm}$

$X_{\max} = 0.005\text{mm}$
$Y_{\max} = -0.016\text{mm}$
$X_{平均} = -0.0055\text{mm}$

图 7-6　C616 型车床主轴后轴承公差与配合图解

按表 7-13、表 7-14 查出轴和壳体孔的几何公差和表面粗糙度值标注在零件图上(图 7-7 和图 7-8)。

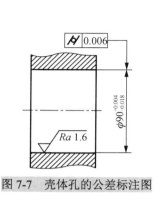

图 7-7　壳体孔的公差标注图

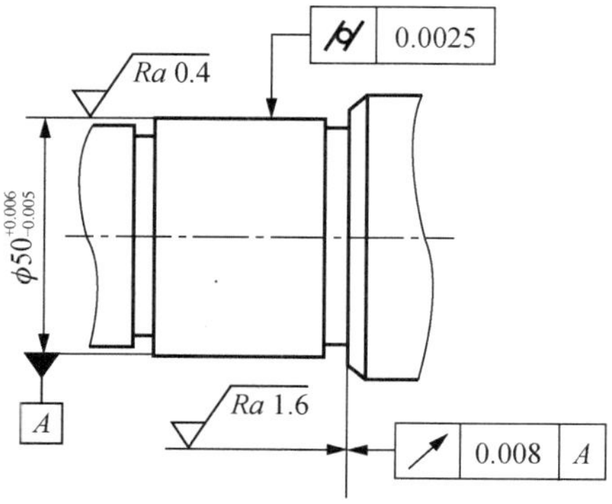

图 7-8　轴颈的公差标注

7.2　键连接的精度设计与检测

7.2.1　键连接概述

键连接在机械工程中的应用广泛，通常用于轴与轴上零件(如齿轮、带轮、联轴器等)之间的连接，用以传递扭矩和运动。必要时，配合件之间还可以有轴向相对运动，如变速器中的齿轮可以沿花键轴移动，以达到变换速度的目的。本节涉及的标准有 GB/T 1095—2003《平键键槽的剖面尺寸》，GB/T 1144—2001《矩形花键尺寸、公差和检验》，GB/T 1096—2003《普通型平键》。

键连接可分为单键连接和花键连接两大类。采用单键连接时，在孔和轴上均加工出键槽，再通过单键连接在一起。单键按其结构形状不同分为四种：平键、半圆键、楔键和切向键。其类型、特点及应用见表 7-15。

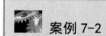
案例 7-2

传动轴与齿轮孔通常采用平键连接，现有一直齿轮孔与传动轴的配合采用 $\phi56H7/r6$，要求采用平键连接。

问题：

(1)试确定平键的键宽尺寸及公差。

(2)试确定轮毂槽的宽度尺寸及公差。

(3)试确定轴槽的宽度尺寸及公差。

表 7-15　单键和单键连接的类型、特点及应用

类型和标准		特点和应用
平键	普通型平键 GB/T 1096—2003	键的侧面为工作面，靠侧面传力，对中性好，装拆方便。无法实现轴上零件的轴向固定。定位精度较高，用于高速或承受冲击、变载荷的轴
	薄型平键 GB/T 1567—2003	薄型平键用于薄壁结构和传递扭矩较小的地方
	导向型平键 GB/T 1097—2003	键的侧面为工作面，靠侧面传力，对中性好，拆装方便。无轴向固定作用。用螺钉把键固定在轴上，中间的螺纹孔用于起出键。用于轴上零件沿轴移动量不大的场合，如变速器中的滑移齿轮
	滑键	键的侧面为工作面，靠侧面传力。对中性好，拆装方便。键固定在轮毂上，轴上零件能带着键做轴向移动，用于轴上零件移动量较大的地方

续表

类型和标准		特点和应用
楔键	半圆键 GB/T 1099.1—2003	键的侧面为工作面，靠侧面传力，键可在轴槽中沿槽底圆弧滑动，装拆方便，但要加长键时，必定使键槽加深使轴强度削弱。一般用于轻载，常用于轴的锥形轴端处
	普通型楔键 GB/T 1564—2003	键的上、下面为工作平面，键的上表面和毂槽都有 1∶100 的斜度，装配时需打入、楔紧，键的上、下两面与轴和轮毂相接触。对轴上零件有轴向固定作用。由于楔紧力的作用使轴上零件偏心，所以对中精度不高，转速也受到限制。钩头用于方便装拆，但应加保护
	钩头型楔键 GB/T 1565—2003	
	薄型楔键 GB/T 16922—1997	
	切向键 GB/T 1974—2003	由两个斜度为 1∶100 的楔键组成，能传递较大的扭矩，一对切向键只能传递一个方向的转矩，传递双向转矩时，要两对切向键互成 120°～135° 安装，用于载荷大、对中要求不高的场合。键槽对轴的削弱大，常用于直径大于 100mm 的轴
端面键	端面键	在圆盘端面嵌入平键，可用于凸缘间传力，常用于铣床主轴

花键连接按其齿形分为矩形花键和渐开线花键（表 7-16）。

表 7-16　花键的类型、特点及应用

花键类型	特点	应用
矩形花键 GB/T 1144—2001	花键连接为多齿工作，承载能力高，对中性、导向性好，齿根较浅，应力集中较小，轴与毂强度削弱小。 矩形花键加工方便，能用磨削方法获得较高的精度。有两个系列：轻系列，用于载荷较轻的静连接；中系列，用于中等载荷。	应用广泛，如飞机、汽车、拖拉机、机床制造业、农业机械及一般机械传动装置等
渐开线花键 GB/T 3478.1—2008	渐开线花键的齿廓为渐开线，受载时齿上有径向力，能起到自动定心作用，使各齿受力均匀，强度高、寿命长。加工工艺与齿轮相同，易获得较高精度和互换性。 渐开线花键的标准压力角有 30°、37.5° 和 45° 三种	用于载荷较大，定心精度要求较高，以及尺寸较大的连接

与单键相比，花键连接具有如下优点。

(1) 键与轴或孔为一体，强度高，负荷分布均匀，可传递较大的扭矩。

(2) 连接可靠，导向精度高，定心性好，易达到较高的同轴度要求。

但是，由于花键的加工制造比单键复杂，故其成本较高。

7.2.2　平键连接的精度设计与检测

1. 平键连接的尺寸公差与配合

在平键连接中，扭矩是通过键的侧面与键槽的侧面相互接触来传递的，因此它们的宽度 b 是主要配合尺寸。

由于平键为标准件（其尺寸公差见表 7-17），所以键与键槽宽 b 的配合采用基轴制（平键连接结构见图 7-9），通过规定键槽不同的公差带来满足不同的配合性能要求。按照配合的松紧不同，普通平键分为较松连接、一般连接（也称正常连接）和较紧连接。半圆键只分为一般连接（正常连接）和较紧连接。GB/T 1095—2003 对轴槽和轮毂槽各规定了 3 组公差带，构成三组配合，其公差带值从 GB/T 1800.2—2020 中选取。各种配合的性质及应用见表 7-18。平键连接的键宽与槽宽的公差带图见图 7-10。平键的键和键槽剖面尺寸及键槽宽的公差见表 7-19。

表 7-17　普通平键的尺寸与公差　　　　　　　　　　　　　（单位：mm）

宽度 b	公称尺寸	4	5	6	8	10	12	14	16	18	20	22	25	28
	极限偏差	$\begin{array}{c}0\\-0.018\end{array}$			$\begin{array}{c}0\\-0.022\end{array}$		$\begin{array}{c}0\\-0.027\end{array}$				$\begin{array}{c}0\\-0.033\end{array}$			

高度 h	极限偏差	公称尺寸	4	5	6	7	8	9	10	11	12	14	16
		矩形(h11)	—			$\begin{array}{c}0\\-0.090\end{array}$					$\begin{array}{c}0\\-0.110\end{array}$		
		方形(h8)	$\begin{array}{c}0\\-0.018\end{array}$			—					—		

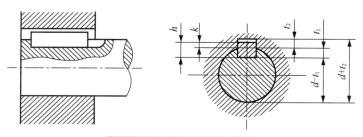

图 7-9　平键连接及主要尺寸

表 7-18　键宽与轴槽、轮毂槽宽的公差与配合

键的类型	配合种类	尺寸 b 的公差带			配合性质及应用
		键	轴槽	毂槽	
平键	较松连接	h8	H9	D10	键在轴上及轮毂中均能滑动，主要用于导向平键，轮毂需在轴上做轴向移动
	一般连接		N9	JS10	键在轴上及轮毂中固定，用于传递载荷不大的场合，一般机械制造中应用广泛
	较紧连接		P9	P9	键在轴上及轮毂固定，且较一般连接更紧，主要用于传递重载、冲击载荷及双向传递扭矩的场合
半圆键	一般连接		N9	JS9	定位及传递扭矩
	较紧连接		P9		

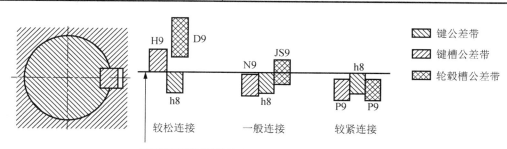

图 7-10　平键连接键宽与键槽宽的公差带图

2. 平键连接的几何公差及表面粗糙度

键（槽）的位置误差会影响可装配性、连接的松紧程度、工作面负荷不均匀性和导向精度等。因此国标作了如下规定。

（1）轴槽对轴、轮毂槽对孔轴线的对称度，根据不同要求和宽宽 b，按 GB/T 1184—1996 中的对称度公差 7～9 级选取。

表 7-19　平键的键与键槽剖面尺寸及键槽宽的公差　　　　　　（单位：mm）

轴	键	键槽											
公称直径 d	公称尺寸 b×h	宽度 B						深度				半径	
		键宽 b	轴槽宽与毂槽宽的极限偏差					轴槽深 t_1		毂槽深 t_2		最小	最大
			较松连接		一般连接		较紧连接						
			轴 H9	毂 D10	轴 N9	毂 JS9	轴和毂 P9	公称	偏差	公称	偏差		
>6~8	2×2	2	+0.025 / 0	+0.060 / +0.020	-0.004 / -0.029	±0.0125	-0.006 / -0.031	1.2	+0.10 / 0	1	+0.10 / 0		
>8~10	3×3	3						1.8		1.4			
>10~12	4×4	4	+0.030 / 0	+0.078 / +0.030	0 / -0.030	±0.015	-0.012 / -0.042	2.5		1.8			
>12~17	5×5	5						3.0		2.3			
>17~22	6×6	6						3.5		2.8			
>22~30	8×7	8	+0.036 / 0	+0.098 / +0.040	0 / -0.036	±0.018	-0.015 / -0.051	4.0	+0.2 / 0	3.3	+0.20 / 0	0.16	0.25
>30~38	10×8	10						5.0		3.3			
>38~44	12×8	12	+0.043 / 0	+0.120 / +0.050	0 / -0.043	±0.0215	-0.018 / -0.061	5.0		3.3		0.25	0.40
>44~50	14×9	14						5.5		3.8			
>50~58	16×10	16						6.0		4.3			
>58~65	18×11	18						7.0		4.4			
>65~75	20×12	20	+0.052 / 0	+0.149 / +0.065	0 / -0.052	±0.026	-0.022 / -0.074	7.5		4.9		0.40	0.60
>75~85	22×14	22						9.0		5.4			
>85~95	25×14	25						9.0		5.4			
>95~110	28×16	28						10.0		6.4			
>110~130	32×18	32	+0.062 / 0	+0.180 / +0.080	0 / -0.062	±0.031	-0.026 / -0.088	11.0	+0.30 / 0	7.4	+0.30 / 0	0.7	1.00
>130~150	36×22	36						12.0		8.4			
>150~170	40×22	40						13.0		9.4			
>170~200	45×25	45						15.0		10.4			
>200~230	50×28	50						17.0		11.4			

（2）当键长 L 与键宽 b 之比大于或等于 8 时，键槽两侧面对轴线的平行度，应符合 GB/T 1184—1996 中的规定，当 $b \leqslant 6$ 时，按 7 级；$b \geqslant 8 \sim 36$ 时，按 6 级；$b \geqslant 40$ 时，按 5 级。

表面粗糙度 Ra 的选用，对于配合表面一般取 $1.6 \sim 6.3\mu m$，非配合表面取 $12.5\mu m$。

3. 平键连接的精度设计示例

【例 7-2】某机构采用普通平键正常连接的 $\phi25H8$Ⓔ孔，$\phi25h7$Ⓔ轴传递扭矩，查表确定键槽剖面尺寸和公差，并将它们标注在零件图上。

【解】

（1）根据平键为正常连接和 $D(d) = \phi25$ 查表 7-17、表 7-18、表 7-19 得

键尺寸及公差为 $8h8(^{0}_{-0.022})$；

轴槽尺寸及公差为 $8N9(^{0}_{-0.036})$，轴槽深为 $t_1 = 4^{+0.2}_{0}$，可计算得出 $d - t_{1-0.2}^{0} = 21^{0}_{-0.2}$；

毂槽尺寸及公差为 $8JS9(\pm 0.018)$，毂槽深为 $t_2 = 3.3^{+0.2}_{0}$，可计算得出 $D + t_2{}^{+0.2}_{0} = 28.3^{+0.2}_{0}$。

（2）由第 3 章相关表格查得孔 $\phi25H8(^{+0.033}_{0})$，

案例 7-2 分析

（1）键宽度尺寸可查表 7-19 根据轴的公称直径来确定，由轴直径 $\phi56$ 可得键公称尺寸取为 16×10，键宽度为 16；键宽度尺寸公差带只有 h8 一种，具体数值可查表 7-17。

（2）轮毂槽宽度尺寸公差带查表 7-18，由配合种类确定，本案例中取为 16JS9；具体数值可查表 7-19。

（3）轴槽宽度尺寸公差带查表 7-18，由配合种类确定，本案例中取为 16N9；具体数值可查表 7-19。

轴 $\phi25h7\left(^{\ 0}_{-0.021}\right)$。

(3) 由第 4 章表 4-12 查得键槽两侧面对其轴线的对称度公差(若取 8 级)$t = 0.015\text{mm}$。

(4) 键槽侧面粗糙度轮廓 Ra 上限值为 $1.6 \sim 3.2\mu\text{m}$,取 $3.2\mu\text{m}$,键槽侧底面粗糙度轮廓 Ra 上限值取 $6.3\mu\text{m}$。

(5) 将上述各项尺寸及公差要求在图样上进行标注,如图 7-11 所示。

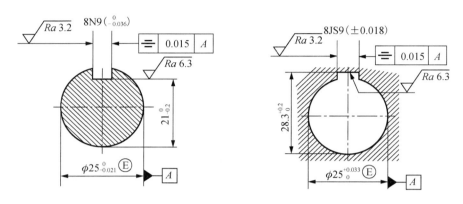

图 7-11　键槽尺寸和公差的设计标注示例

4. 键及键槽的检测

(1) 键的检测。若无特殊要求,键的检测可用游标卡尺、千分尺等通用量具测量,也可用卡规检验各部分的尺寸。

(2) 键槽尺寸的检测。单件、小批量生产时,键槽深度与宽度一般用通用量具测量;大批量生产时,则用专用量规检验,如图 7-12 所示。

(3) 键槽对称度误差的测量。单件、小批量生产时,采用通用量具进行测量。大批量生产时,则用专用量规进行检验,如图 7-13 所示。

图 7-12　轮毂槽深的极限量规

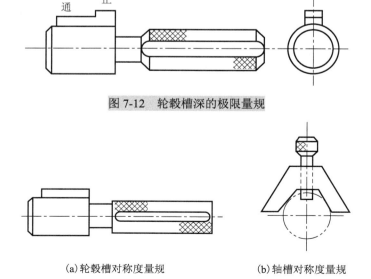

(a) 轮毂槽对称度量规　　　　　(b) 轴槽对称度量规

图 7-13　检验键槽对称度误差的量规

7.2.3　矩形花键连接的精度设计与检验

1. 矩形花键的主要尺寸

矩形花键的几何参数有大径 D、小径 d、键数 N 和键宽 B（图 7-14）。GB/T 1144—2001 规定了矩形花键连接的公称尺寸系列、定心方式、公差与配合、标注方法和检验规则。为了便于加工和测量，取矩形花键的键数 N 为偶数，有 6、8、10 共三种。按承载能力的不同，分为中、轻两个系列，中系列的键高尺寸大，承载能力强，轻系列的键高尺寸较小，承载能力较弱。矩形花键的尺寸系列如表 7-20 所示。

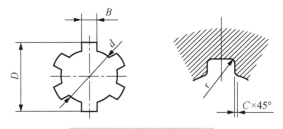

图 7-14　矩形花键公称尺寸

表 7-20　矩形花键公称尺寸系列　　　　　　　　　　　　（单位：mm）

小径 d	轻系列				中系列			
	规格 $N×d×D×B$	键数 N	大径 D	键宽 B	规格 $N×d×D×B$	键数 N	大径 D	键宽 B
23	6×23×26×6	6	26	6	6×23×28×6	6	28	6
26	6×26×30×6		30		6×26×32×6		32	
28	6×28×32×7		32	7	6×28×34×7		34	7
32	6×32×36×6	8	36	6	8×32×38×6	8	38	6
36	8×36×40×7		40	7	8×36×42×7		42	7
42	8×42×46×8		46	8	8×42×48×8		48	8
46	8×46×50×9		50	9	8×46×54×9		54	9
52	8×52×58×10		58	10	8×52×60×10		60	10
56	8×56×62×10		62		8×56×65×10		65	
62	8×62×68×12		68		8×62×72×12		72	
72	10×72×78×12	10	78	12	10×72×82×12	10	82	12
82	10×82×88×12		88		10×82×92×12		92	
92	10×92×98×14		98	14	10×92×102×14		102	14
102	10×102×108×16		108	16	10×102×112×16		108	16
112	10×112×120×18		120	18	10×112×125×18		125	18

2. 矩形花键连接的定心方式

花键连接的主要要求是保证内、外花键连接后具有较高的同轴度，并能传递扭矩。使矩形花键的三个主要尺寸参数都起定心作用很困难，而且没有必要。定心尺寸应按较高的精度制造，以保证定心精度。非定心精度尺寸则可按较低的精度制造。由于传递扭矩是通过键和键槽侧面进行的，因此，键和键槽不论是否作为定心尺寸，都要求较高的尺寸精度。

根据定心要求的不向，有 3 种定心方式：小径 d 定心、大径 D 定心和键宽 B 定心。GB/T 1144—2001 规定了矩形花键用小径 d 定心，因为用小径定心有一系列优点。当用大径定心时，内花键定心表面的精度依靠拉刀保证。在单件、小批量及大规格花键生产中，用拉刀加工经济性差。用小径定心时，热处理后的变形可通过内圆磨削修复，而且内圆磨可到达更高的尺寸精度和更高的表面粗糙度要求。因而用小径定心的定心精度高，定心稳定性好，花键使用寿命长，有利于产品质量的提高。外花键可用小径定心，精度可用成形磨削加工保证。

3. 矩形花键连接的公差与配合

GB/T 1144—2001 规定，矩形花键的尺寸公差采用基孔制，目的是减少拉刀的数目。矩形花键选用尺寸公差带的一般原则是：①当定心精度高时，应选择高精度传递用尺寸公差带，反之可选用一般用尺寸公差带；②当要求传递扭矩较大或经常需要正反转时，应选择较紧一些的配合，反之选择松一些的配合；③当内、外花键需要频繁相对滑动或配合长度较大时，可选择松一些的配合。其公差带如表 7-21 所示。

表 7-21 内、外花键的尺寸公差带

内花键				外花键			装配形式
d	D	B		d	D	B	
		拉削后不热处理	拉削后热处理				
一般用							
H7	H10	H9	H11	f7	d10		滑动
				g7	f9		紧滑动
				h7	h10		固定
精密传动用							
H5	H10	H7、H9		f5	d8		滑动
				g5	f7		紧滑动
				h5	h8		固定
H6				f6	d8		滑动
				g6	f7		紧滑动
				h6	d8		固定

注：外花键 D 列对应 a11。

4. 矩形花键的图样标注

矩形花键连接在图样上的标注，按顺序包括以下项目：键数 N、小径 d、大径 D、键宽 B、花键的公差代号及标准代号。

对于 $N=6$，$d=23\dfrac{H7}{f7}$，$D=26\dfrac{H6}{a11}$，$B=6\dfrac{H11}{d10}$ 的花键标记如下。

花键规格：$N×d×D×B$ $6×23×26×6$；

花键副：$6×23\dfrac{H7}{f7}×26\dfrac{H6}{a11}×6\dfrac{H11}{d10}$；

内花键：$6×23H7×26H6×6H11$；

外花键：$6×23f7×26a11×6d10$。

以小径定心时，花键各表面的表面粗糙度如表 7-22 所示。

表 7-22　花键表面粗糙度推荐值

加工表面	内花键	外花键
	Ra 不大于/μm	
小径	1.6	0.8
大径	6.3	3.2
键侧	6.3	1.6

5. 矩形花键的几何公差

内、外花键除尺寸公差外，还有几何公差要求，包括小径 d 的形状公差和花键的位置度公差等。

1）小径的极限尺寸应遵守包容要求

小径 d 是花键连接中的定心配合尺寸，保证花键的配合功能，其定心表面的几何公差和尺寸公差的关系应遵守包容要求。即当小径 d 的实际尺寸处于最大实体状态时，它必须具有理想形状。只有当小径 d 的实际尺寸偏离最大实体状态时，才允许有形状误差。

2）花键的位置度公差遵守最大实体要求

花键的位置度公差综合控制花键各键之间的角位置、各花键对中心线的对称度误差，以及各键对中心线的平行度误差等。位置度公差遵守最大实体要求，其图样标注如图 7-15 所示。

国家标准对键和键槽规定的位置度公差如表 7-23 所示。

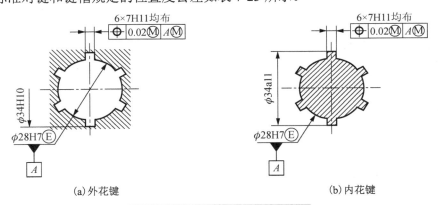

(a) 外花键　　　　　　　　　　　　　(b) 内花键

图 7-15　矩形花键位置度公差标注

表 7-23　矩形花键位置度公差　　　　　　　　　(单位：mm)

键槽宽或键宽 *B*		3	3.5~6	7~10	12~18
		t_1			
键槽宽		0.010	0.015	0.020	0.025
键宽	滑动、固定	0.010	0.015	0.020	0.025
	紧滑动	0.006	0.010	0.013	0.016

3）键和键槽的对称度公差遵守独立原则

为保证装配并能传递转矩和运动，一般应使用综合花键量规检验、控制花键的几何公差，但在单件、小批量生产时没有综合量规，这时，为控制花键几何公差，一般在图样上分别规定花键的对称度公差。

花键的对称度公差遵守独立原则,其对称度公差在图样上的标注如图 7-16 所示,选择标准如表 7-24 所示。

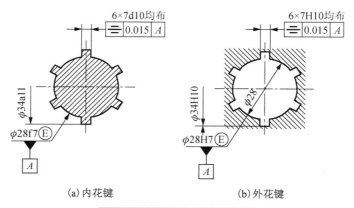

(a) 内花键   (b) 外花键

图 7-16   花键对称度公差标注

表 7-24   矩形花键的对称度公差   (单位:mm)

键槽宽或键宽 B	3	3.5~6	7~10	12~18
	t_2			
一般用	0.010	0.015	0.020	0.025
精密传动用	0.006	0.008	0.009	0.011

6. 矩形花键的检验

单件、小批量生产时,没有专用花键量规检验,可用通用量具分别对 d、D、B 的各尺寸进行单项测量,并检测键宽的对称度和大、小径的同轴度等几何误差项目。

大批量生产时,一般都采用综合量规(对内花键为塞规、对外花键为环规)如图 7-17 所示,来综合检验小径 d、大径 D 和键(键槽)B 的作用尺寸。即包括位置度误差(包含有分度误差和对称度误差)和同轴度误差等几何误差。

用单项止端量规(或其他量具)分别检验 d、D、B 的实际尺寸。如果通规能通过,止规不能通过,则 d、D、B 合格。

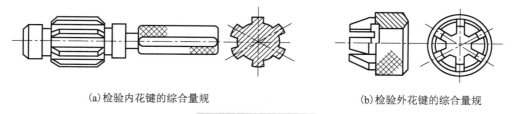

(a) 检验内花键的综合量规   (b) 检验外花键的综合量规

图 7-17   花键综合量规

7.3   螺纹连接的精度设计与检测

螺纹是机电产品中应用最广泛的连接结构之一,它是一种最典型的具有互换性的连接结构,本节主要介绍使用最广泛的普通螺纹的公差、配合及其应用,涉及的标准如下。

(1) GB/T 196—2003《普通螺纹　基本尺寸》；

(2) GB/T 197—2018《普通螺纹　公差》；

(3) GB/T 9144—2003《普通螺纹　优选系列》；

(4) GB/T 9145—2003《普通螺纹　中等精度、优选系列的极限尺寸》；

(5) GB/T 192—2003《普通螺纹　基本牙型》；

(6) GB/T 193—2003《普通螺纹　直径与螺距系列》；

(7) GB/T 14791—2013《螺纹　术语》；

(8) GB/T 2516—2023《普通螺纹　极限偏差》；

7.3.1　螺纹的种类及使用要求

螺纹有许多种类，按其结合性和使用要求分为如下三类。

(1) 紧固螺纹：这类螺纹主要是用于连接和紧固零部件，如公制普通螺纹等。这是使用最广泛的一种螺纹，对这种螺纹连接的主要要求是可旋合性(即易于旋入和拧出，以便装配和拆换)和连接的可靠性(连接强度)。

(2) 传动螺纹：传动螺纹的作用是用于传递精确的位移和传递动力，如机床的丝杠和螺母、量仪的测微螺纹。对传动螺纹的互换件要求是传递动力的可靠性、传动比的正确性和稳定性(传动精度)，并要求保证有一定的间隙，可储存润滑油，使转动灵活。

(3) 紧密螺纹：这种螺纹用于密封连接，其互换性要求主要是连接紧密，不漏水、不漏气、不漏油，当然也必须有足够的连接强度，如气、液管道连接螺纹，容器接口或封口螺纹等。对这类螺纹连接的主要要求是具有良好的旋合性和密封性。

7.3.2　普通螺纹的基本牙型和主要几何参数

螺纹的牙型是指轴剖面内螺纹轮廓的形状。其基本牙型是以标准规定的削平高度、削去原始三角形的顶部和底部后得到的牙型。公制普通螺纹的基本牙型如图 7-18 中粗实线所示，该牙型具有螺纹的公称尺寸。

(1) 基本大径(D 或 d)：大径是与外螺纹牙顶或内螺纹牙底相重合的假想圆柱的直径。对外螺纹而言，大径为顶径，对内螺纹而言，大径为底径。普通螺纹基本大径为螺纹的公称直径。

(2) 基本小径(D_1 或 d_1)：小径是与外螺纹的牙底或内螺纹的牙顶相重合的假想圆柱面的直径。对外螺纹而言，小径为底径，对内螺纹而言，小径为顶径。

(3) 基本中径(D_2 或 d_2)：中径是一个假想圆柱的直径，该圆柱的母线通过螺纹牙型上沟槽和凸起宽度相等的地方，此假想圆柱称为中径圆柱。

上述三种直径的符号中，大写英文字母表示内螺纹，小写英文字母表示外螺纹。在同一连接中，内、外螺纹的大径、小径、中径的公称尺寸对应相同。

(4) 单一中径(D_{2s} 或 d_{2s})：单一中径是一个假想圆柱直径，该圆柱的母线通过牙型上沟槽宽度等于二分之一某个螺距的地方(图 7-19)。

当螺距无误差时，单一中径和实际中径相等；当螺距有误差时，则两者不相等，如图 7-19 所示。

(5) 螺距(P)：螺距是指相邻两牙在小径上对应两点间的轴向距离。

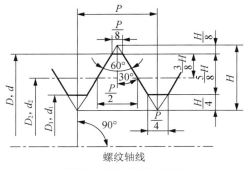

图 7-18 普通螺纹基本牙型

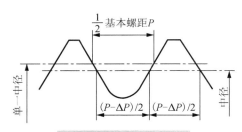

图 7-19 螺纹的单一中径

(6)导程(L):导程是指同一螺旋线上的相邻两牙在中径线上对应两点间的轴向距离。对单线螺纹,导程与螺距相等。对多线螺纹,导程等于螺距 P 与螺纹线数 n 的乘积,即 $L = nP$。

(7)原始三角形高度 H 和牙型高度:原始三角形高度 H 是原始三角形顶点到底边的距离($H = \sqrt{3}P/2$);牙型高度指在螺纹牙型上牙顶和牙底之间在垂直于螺纹轴线方向上的距离,如图 7-18 中的 $5H/8$。

(8)牙型角(α)和牙型半角($\alpha/2$):牙型角 α 是指螺纹牙型上相邻两牙侧间的夹角,牙型半角 $\alpha/2$ 是在螺纹牙型上牙侧与螺纹轴线的垂线间的夹角。公制普通螺纹的牙型角 $\alpha = 60°$,牙型半角 $\alpha/2 = 30°$。

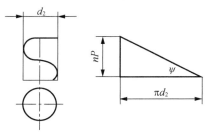

图 7-20 螺纹升角

(9)螺纹升角(ψ):螺纹升角 ψ 是指在中径圆柱上螺旋线的切线与垂直于螺纹轴线的平面的夹角(图 7-20)。它与螺距 P 和中径 d_2 之间的关系为

$$\tan\psi = nP/(\pi d_2) \tag{7-3}$$

式中,n 为螺纹线数;P 为螺距。

(10)旋合长度:螺纹的旋合长度是指两个相互配合的螺纹,沿螺纹轴线方向相互旋合部分的长度。

为了应用方便,表 7-25 给出了普通螺纹直径系列的公称尺寸,供设计时参考使用。

表 7-25 普通螺纹直径系列的公称尺寸 （单位：mm）

公称直径 D、d			螺距	中径	小径	公称直径 D、d			螺距	中径	小径
第一系列	第二系列	第三系列	P	D_2、d_2	D_1、d_1	第一系列	第二系列	第三系列	P	D_2、d_2	D_1、d_1
10			<u>1.5</u>	9.026	8.376		22		<u>2.5</u>	20.376	19.294
			1.25	9.188	8.647				2	20.701	19.835
			1	9.350	8.917				1.5	21.026	20.376
			0.75	9.513	9.188				1	21.350	20.917
		11	<u>1.5</u>	10.026	9.276	24			<u>3</u>	22.051	20.752
			1	10.350	9.917				2	22.701	21.835
			0.75	10.513	10.188				1.5	23.026	22.376
12			<u>1.75</u>	10.863	10.106				1	23.350	22.917
			1.5	11.026	10.376				2	23.701	22.835
			1.25	11.188	10.647			25	1.5	24.026	23.376
			1	11.350	10.917				1	24.350	23.917

续表

公称直径 D、d			螺距	中径	小径	公称直径 D、d			螺距	中径	小径
第一系列	第二系列	第三系列	P	D_2、d_2	D_1、d_1	第一系列	第二系列	第三系列	P	D_2、d_2	D_1、d_1
	14		2	12.701	11.835			26	1.5	25.026	24.376
			1.5	13.026	12.376		27		3	25.051	23.752
			1.25	13.188	12.647				2	25.701	24.835
			1	13.350	12.917				1.5	26.026	25.376
		15	1.5	14.026	13.376				1	26.350	25.917
			1	14.350	13.917			28	2	26.701	25.835
16			2	14.701	13.835				1.5	27.026	26.376
			1.5	15.026	14.376				1	27.350	26.917
			1	15.350	14.917		30		3.5	27.727	26.211
		17	1.5	16.026	15.376				(3)	28.051	26.752
			1	16.350	15.917				2	28.701	27.835
	18		2.5	16.376	15.294				1.5	29.026	28.376
			2	16.701	15.835				1	29.350	28.917
			1.5	17.026	16.376			32	2	30.701	29.835
			1	17.350	16.917				1.5	31.026	30.376
20			2.5	18.376	17.294		33		3.5	30.727	29.211
			2	18.701	17.835				(3)	31.051	29.752
			1.5	19.026	18.376				2	31.701	30.835
			1	19.350	18.917				1.5	32.026	31.376

注：① 直径优先选用第一系列，其次第二系列，第三系列尽可能不用。
　　② 有下画线的数字为粗牙螺距。括号内的螺距尽可能不用。

7.3.3　普通螺纹几何参数误差对互换性的影响

从使用性能来看，首先要求螺纹能够顺利旋合，同时要满足强度要求。螺纹的误差与光滑圆柱体误差不同，它不是单一的一项误差。螺纹误差有中径误差、大径误差、小径误差、螺距误差以及牙型半角误差五项，大、小径误差类似于光滑圆柱体误差，可以分别保证。

就螺纹使用要求分析，要求外螺纹的大、小径分别小于内螺纹的大、小径，这样可以保证相配的螺纹大、小径处均有一定的间隙，使内、外螺纹自由旋合。但是，如果外螺纹的大、小径之差过小，或者内螺纹的大、小径之差过大，都会使螺纹牙型处接触过少而影响连接强度。外螺纹的实际中径并不是等于或小于内螺纹的实际中径，内、外螺纹就可以自由旋合，这是因为除中径误差外，螺距误差、牙型半角误差也直接影响螺纹的旋合性。这就必须对中径的加工误差、螺距误差、牙型半角误差加以限制，因此，在螺纹的五个主要几何参数中，尽管这些参数的误差对螺纹的互换性都有影响，但影响不同，其中螺距误差、中径误差和牙型半角误差是影响互换性的主要几何参数。

1. 螺距误差对互换性的影响

对紧固螺纹来说，螺距误差主要影响螺纹的可旋合性和连接的可靠性；对传动螺纹来说，螺距误差直接影响传动精度，影响螺牙上负荷分布的均匀性。

螺距误差包括局部误差和累积误差，前者与旋合长度无关，后者与旋合长度有关。

螺距误差包括单个螺距误差和螺距累积误差。单个螺距误差是指一牙螺距的实际值与其标准值之间代数差的绝对值，它与旋合长度无关。螺距累积误差是指旋合长度内，包括若干螺距的螺距误差，具体包括多少个螺牙是未知的，要视哪两个螺牙之间的实际距离与其基本值差距最大，由于螺距误差有正负，故不一定包含的螺牙数越多累积的误差值就越大。定义中的螺距累积误差是指其中的最大值，应该是绝对值。它直接影响螺纹的旋合性，也影响传动精度及连接可靠性。

为便于说明，以图 7-21 中的普通螺纹为例。假设内螺纹只有理想牙型，与之相配的外螺纹的中径和牙型半角与理想内螺纹相同，仅螺距有误差，即螺距 $P_{外}$ 或大于或小于理想螺纹的螺距 P。若在 n 个螺牙间，外螺纹的轴向长度为 $L_{外}=nP\pm\Delta P_\Sigma$，内螺纹的轴向长度为 $L_{内}=nP$，比较后得知 $L_{外}$ 的误差值最大，它的绝对值便是外螺纹的螺距累积误差：$\Delta P_\Sigma=L_{外}-nP$，它会使内、外螺纹牙侧产生干涉而不能旋入。

如图 7-21(a)所示，当 $L_{外}>L_{内}$ 时，在外螺纹牙型左侧发生干涉，使内、外螺纹起作用的中径尺寸皆增大。

实际生产中，为了使有螺距累积误差 ΔP_Σ 的外螺纹旋入标准的内螺纹，只得把外螺纹中径减少一个数值 f_P，使综合后的作用中径尺寸不超过其最大实体边界。同理，当内螺纹螺距有误差时，为了保证旋合性，应把内螺纹的中径加大(即向材料内缩入)一个数值 f_P。此值称为螺距累积误差的中径当量值(中径补偿值)。

由图 7-21(b)中的 $\triangle ABC$ 可以看出，$f_P=\Delta P_\Sigma\cot\dfrac{\alpha}{2}$，对于牙型角 $\alpha=60°$ 的普通螺纹有

$$f_P=1.732\left|\Delta P_\Sigma\right| \tag{7-4}$$

式中，f_P 的单位取决于 ΔP_Σ，两者一致。

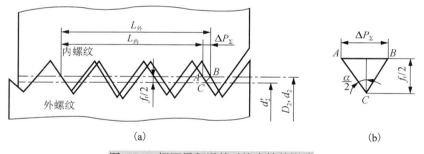

图 7-21 螺距累积误差对旋合性的影响

2. 中径误差的影响

中径的大小决定了牙侧的径向位置，中径误差将影响螺纹配合的松紧程度。对于外螺纹，中径过大将使配合过紧，甚至不能旋合；中径过小，将会导致配合过松，难以保证牙侧接触良好，且密封性差。

3. 牙型半角误差对互换性的影响

牙型半角误差是指牙型半角的实际值对公称值的偏离。它主要是由加工时切削刀具本身的角度误差及安装误差等因素造成的。牙型半角误差也影响内、外螺纹连接时的旋合性和接触均匀性。如图 7-22 所示为一理想内螺纹与仅有牙型半角误差的外螺纹结合时，螺纹牙型间发生干涉的情形。

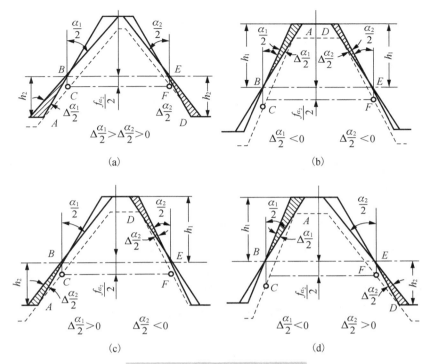

图 7-22　半角误差对旋合性的影响

当实际牙型半角大于牙型半角公称值时，干涉发生在外螺纹牙根；当外螺纹实际牙型半角小于牙型半角公称值时，干涉发生在外螺纹牙顶。欲摆脱干涉，必须将外螺纹中径减小一个数值 $f_{\frac{\alpha}{2}}$，其减小量 $f_{\frac{\alpha}{2}}$ 称为牙型半角误差的中径补偿量。即将牙型半角误差折算到中径上。根据图 7-22，可推导出公式：

$$f_{\frac{\alpha}{2}} = \frac{P}{4}\left(K_1 \left| \Delta\frac{\alpha_1}{2} \right| + K_2 \left| \Delta\frac{\alpha_2}{2} \right| \right)$$

式中，P 为螺距；$\Delta\frac{\alpha_1}{2}$ 为左侧牙型半角误差；$\Delta\frac{\alpha_2}{2}$ 为右侧牙型半角误差。

若 P 以 mm 计，$\Delta\alpha_1/2$ 和 $\Delta\alpha_2/2$ 以分（′）计，$f_{\alpha/2}$ 以 μm 表示，则上式可写为

$$f_{\frac{\alpha}{2}} = 0.073P\left(K_1 \left| \Delta\frac{\alpha_1}{2} \right| + K_2 \left| \Delta\frac{\alpha_2}{2} \right| \right) \tag{7-5}$$

牙型半角误差可分四种情况，如图 7-22 所示。式(7-5)对于外螺纹，当牙型半角均为正时，K_1、K_2 均为 2；当牙型半角误差均为负时，K_1、K_2 均为 3；对于内螺纹，当牙型半角误差均为正时，K_1、K_2 均为 3；当牙型半角误差均为负时，K_1、K_2 均为 2。

在普通螺纹国家标准中，没有单独规定螺距公差和牙型半角公差，而是将螺距误差和牙型半角误差折算到中径上，用中径公差来间接控制螺距和牙型半角的制造误差。可见，中径公差是一项综合控制中径误差、螺距误差和牙型半角误差的公差项目。

4. 作用中径及中径综合公差

实际上螺纹同时存在中径误差、螺距误差和牙型半角误差。为了保证旋合性，对普通螺纹，螺距误差和牙型半角误差的控制是通过式(7-4)和式(7-5)，将误差折算到中径上，用中径

综合公差予以控制的。因此,螺纹标准中规定的中径公差,实际上是同时限制上述三项误差的综合公差。

对外螺纹,有

$$T_{d_2} = T_{d_2'} + T_{f_P} + T_{f_{\frac{\alpha}{2}}} \tag{7-6}$$

对内螺纹,有

$$T_{D_2} = T_{D_2'} + T_{f_P} + T_{f_{\frac{\alpha}{2}}} \tag{7-7}$$

式中,T_{d_2}、T_{D_2} 为内、外螺纹中径综合公差,即标准表中所列的内、外螺纹中径公差;$T_{d_2'}$、$T_{D_2'}$ 为内、外螺纹中径本身的制造公差;T_{f_P}、$T_{f_{\frac{\alpha}{2}}}$ 为以当量形式限制的螺距误差、牙型半角误差。

既然中径公差是一项综合公差,即它综合控制中径误差、螺距误差、牙型半角误差,那么,在这三项误差间就存在相互补偿的关系,即在其中某项参数误差较大时,可适当提高其他参数的精度进行补偿,以满足中径总公差的要求。从这种意义上讲,中径公差是相关公差,如在公差配合中引入作用尺寸概念一样,在螺纹结合中引入作用中径概念。它由实际中径与螺距误差、牙型半角误差的中径当量决定,是一个假想的螺纹中径。

对外螺纹,有

$$d_{2m} = d_{2a} + (f_P + f_{\frac{\alpha}{2}}) \tag{7-8}$$

对内螺纹,有

$$D_{2m} = D_{2a} - (f_P + f_{\frac{\alpha}{2}}) \tag{7-9}$$

式中,d_{2m}、D_{2m} 为内、外螺纹的作用中径;d_{2a}、D_{2a} 为内、外螺纹的实际中径。

因此,作用中径是在规定的旋合长度内,与含有螺距误差与牙型半角误差的实际螺纹外接的,具有基本牙型的假想螺纹的中径,如图 7-23 所示。

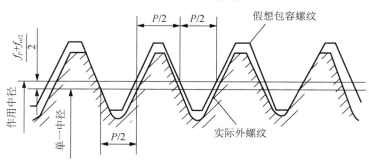

图 7-23 螺纹作用中径与单一中径

螺纹的实际中径,在测量中用螺纹的单一中径代替,单一中径是一个假想圆柱的直径,该圆柱的母线通过牙型上沟槽宽度等于基本螺距一半的地方,如图 7-23 所示。

5. 普通螺纹合格性的判断

在螺纹连接中,为保证内、外螺纹的正常旋合,必须使外螺纹的作用中径不大于内螺纹的作用中径,即 $d_{2m} \not> D_{2m}$。为此,必须使内、外螺纹的作用中径不超出其最大实体中径,内、外螺纹的单一中径(实际中径)不超出最小实体中径,这是泰勒原则在螺纹上的再现,也是普通螺纹中径的合格判定条件。

对外螺纹，有

$$d_{2m} \leqslant d_{2max}, \qquad d_{2\text{单一}} \geqslant d_{2min} \tag{7-10}$$

对内螺纹，有

$$D_{2m} \geqslant D_{2min}, \qquad D_{2\text{单一}} \leqslant D_{2max} \tag{7-11}$$

7.3.4　普通螺纹的精度设计

1. 普通螺纹公差

从互换性的角度来看，螺纹的基本几何要素有五个，即大径、小径、中径、螺距和牙侧角。但普通螺纹在内、外螺纹配合以后，在大径之间和小径之间实际上都是有间隙的，对螺距和牙侧角不单独规定公差，而是用中径公差来综合控制。这样，在普通螺纹中，为了满足互换性的要求，就只需规定大径、中径和小径公差。但由于外螺纹和内螺纹的底径（d_1 和 D_1）在加工时和中径一起由刀具切出，其尺寸由刀具保证，因此也不规定公差。这样在螺纹公差标准中，就只规定了 d、d_2 和 D_2、D_1 的公差。其各自的公差等级见表 7-26，公差值见表 7-27 和表 7-28。

表 7-26　普通螺纹公差等级

内螺纹直径	内螺纹公差等级	外螺纹直径	外螺纹公差等级
内螺纹小径 D_1	4、5、6、7、8	外螺纹大径 d	4、6、8
内螺纹中径 D_2	4、5、6、7、8	外螺纹中径 d_2	3、4、5、6、7、8、9

表 7-27　普通螺纹中径公差

公称直径 D、d/mm		螺距	内螺纹中径公差 T_{D_2} /μm					外螺纹中径公差 T_{d_2} /μm						
>	≤	P/mm	公差等级					公差等级						
			4	5	6	7	8	3	4	5	6	7	8	9
5.6	11.2	0.75	85	106	132	170	—	50	63	80	100	125	—	—
		1	95	118	150	190	236	56	71	90	112	140	180	224
		1.25	100	125	160	200	250	60	75	95	118	150	190	236
		1.5	112	140	180	224	280	67	85	106	132	170	212	265
11.2	22.4	1	100	125	160	200	250	60	75	95	118	150	190	236
		1.25	112	140	180	224	280	67	85	106	132	170	212	265
		1.5	118	150	190	236	300	71	90	112	140	180	224	280
		1.75	125	160	200	250	315	75	95	118	150	190	236	300
		2	132	170	212	265	335	80	100	125	160	200	250	315
		2.5	140	180	224	280	355	85	106	132	170	212	265	335
22.4	45	1	106	132	170	212	—	63	80	100	125	160	200	250
		1.5	125	160	200	250	315	75	95	118	150	190	236	300
		2	140	180	224	280	355	85	106	132	170	212	265	335
		3	170	212	265	335	425	100	125	160	200	250	315	400
		3.5	180	224	280	355	450	106	132	170	212	265	335	425
		4	190	236	300	375	475	112	140	180	224	280	355	450
		4.5	200	250	315	400	500	118	150	190	236	300	375	475

表7-28 普通螺纹顶径公差

螺距 P/mm	内螺纹小径公差 T_{D_1} 公差等级/μm					外螺纹大径公差 T_d 公差等级/μm		
	4	5	6	7	8	4	6	8
0.75	118	150	190	236	—	90	140	—
0.8	125	160	200	250	315	95	150	236
1	150	190	236	300	375	112	180	280
1.25	170	212	265	335	425	132	212	335
1.5	190	236	300	375	475	150	236	375
1.75	212	265	335	425	530	170	265	425
2	236	300	375	475	600	180	280	450
2.5	280	355	450	560	710	212	335	530
3	315	400	500	630	800	236	375	600
3.5	355	450	560	710	900	265	425	670
4	375	475	600	750	950	300	475	750
4.5	425	530	670	850	1060	315	500	800

2. 普通螺纹基本偏差

内、外螺纹的公差带相对于基本牙型的位置和极限与配合的公差带位置一样，由基本偏差来确定。对于外螺纹，基本偏差是上偏差(es)；对于内螺纹，基本偏差是下偏差(EI)。

$$外螺纹下偏差：ei = es - T$$
$$内螺纹上偏差：ES = EI + T$$

式中，T 是螺纹公差。

在普通螺纹标准中，对内螺纹规定了两种公差带位置，其基本偏差分别为 G、H；对外螺纹规定了四种公差带位置，其基本偏差分别为 e、f、g、h。如图 7-24 所示，H、h 的基本偏差为零，G 的基本偏差为正值，e、f、g 的基本偏差为负值。各基本偏差的数值见表 7-29。

3. 普通螺纹旋合长度

标准中径螺纹的旋合长度分为三组，即短旋合长度(S)、中等旋合长度(N)和长旋合长度(L)，一般采用中等旋合长度。普遍螺纹旋合长度见表 7-31。

螺纹的旋合长度与螺纹的精度密切相关。旋合长度增加，螺纹牙侧角误差和螺距误差就可能增加，以同样的中径公差值加工就会更困难。显然，衡量螺纹的精度应包括旋合长度。

内、外螺纹选用的公差带可以任意组合，为了保证足够的接触高度，加工好的内、外螺纹最好组成 H/g、H/h 或 G/h 的配合。一般情况采用最小间隙为零的 H/h 配合；对用于经常拆卸、工作温度高或需涂镀的螺纹，通常采用 H/g 或 G/h，它们是具有保证间隙的配合。

4. 普通螺纹的标记

普通螺纹的完整标记由螺纹代号、螺纹公差带代号和螺纹旋合长度代号所组成，三个代号之间用短横号 "-" 分开。

螺纹代号：粗牙普通螺纹用 "M" 及公称直径表示，细牙普通螺纹还应加注螺距，用 "×" 连接。左旋螺纹应在螺纹代号后加注 "左"，右旋螺纹则不标注。

螺纹公差带代号：包括中径公差带代号和顶径公差带代号。若两者代号相同，则只标注一个代号。若两者代号不同，则前者为中径公差带代号，后者为顶径公差带代号。

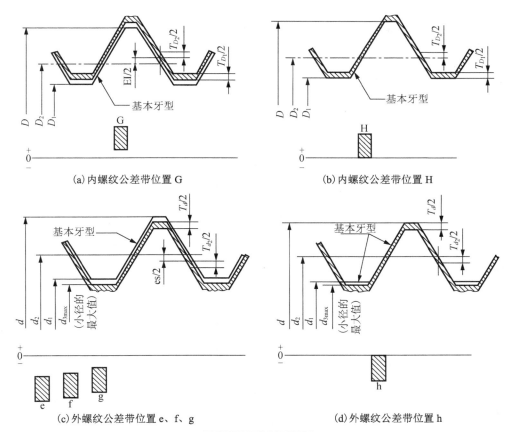

(a) 内螺纹公差带位置 G

(b) 内螺纹公差带位置 H

(c) 外螺纹公差带位置 e、f、g

(d) 外螺纹公差带位置 h

图 7-24　螺纹公差带

表 7-29　普通螺纹基本偏差

螺距 P/mm	内螺纹的基本偏差 EI/μm		外螺纹的基本偏差 es/μm			
	G	H	e	f	g	h
0.75	+22		−56	−38	−22	
0.8	+24		−60	−38	−24	
1	+26		−60	−40	−26	
1.25	+28		−63	−42	−28	
1.5	+32		−67	−45	−32	
1.75	+34		−71	−48	−34	
2	+38	0	−71	−52	−38	0
2.5	+42		−80	−58	−42	
3	+48		−85	−63	−48	
3.5	+53		−90	−70	−53	
4	+60		−95	−75	−60	
4.5	+63		−100	−80	−63	

表 7-31　普遍螺纹旋合长度　　　　　　　　　　(单位：mm)

公称直径 D、d		螺距 P	旋合长度			
			S	N		L
>	≤		≤	>	≤	>
5.6	11.2	0.75	2.4	2.4	7.1	7.1
		1	3	3	9	9
		1.25	4	4	12	12
		1.5	5	5	15	15
11.2	22.4	1	3.8	3.8	11	11
		1.25	4.5	4.5	13	13
		1.5	5.6	5.6	16	16
		1.75	6	6	18	18
		2	8	8	24	24
		2.5	10	10	30	30
22.4	45	1	4	4	12	12
		1.5	6.3	6.3	19	19
		2	8.5	8.5	25	25
		3	12	12	36	36
		3.5	15	15	45	45
		4	18	18	53	53
		4.5	21	21	63	63

螺纹旋合长度代号：此项可标注旋合长度代号，也可直接标注旋合长度数值，当采用中等旋合长度时，"N"省略不标。

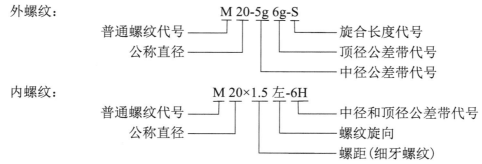

内、外螺纹装配在一起，它们的公差带代号用斜线分开，左边为内螺纹公差带代号，右边为外螺纹公差带代号，如 M20×2-6H/6g：6H—内螺纹公差带代号；6g—外螺纹公差带代号。

5. 普通螺纹表面粗糙度要求

螺纹牙侧表面粗糙度主要根据中径公差等级来确定。表 7-32 列出了螺纹牙侧表面粗糙度 Ra 的推荐上限值，供设计时参考。

表 7-32　螺纹牙侧表面粗糙度 *Ra* 的上限值　　　　　　　　（单位：μm）

工件	螺纹中径公差等级		
	4，5	6，7	8，9
	Ra		
螺栓、螺钉和螺母的螺纹	1.6	3.2	3.2～6.3
轴、拉杆及套筒上的螺纹	0.8～1.6	1.6	3.2

6. 普通螺纹的精度设计示例

【例 7-3】 有一螺母 M24-6H，大径 D 为 24mm，中径 $D_2 = 22.051$mm，螺距为 3mm，螺母中径的公差带为 6H，加工后测得尺寸为：单一中径 $D_{2单一} = 22.285$mm，螺距误差 $\Delta P_\Sigma = +50$μm，牙型半角误差 $\Delta\alpha_1 = -80'$，$\Delta\alpha_2 = +60'$。试画出中径公差带图，并判断该螺母是否合格。

【解】 根据已知条件，查表 7-27、表 7-29 得，基本偏差 EI = 0，中径公差 $T_{D2} = 265$μm。则中径的上偏差 ES = EI + T_{D2} = +265μm，所以

$$D_{2max} = D_2 + T_{D2} = (22.051 + 0.265)\,\text{mm} = 22.316\text{mm}$$

$$D_{2min} = D_2 = 22.051\text{mm}$$

由式(7-4)、式(7-5)可计算螺距误差和牙侧角误差的中径当量值，即

$$f_P = 1.732\left|\Delta P_\Sigma\right| = 1.732 \times 50$$

$$= 86.6 \approx 86(\text{mm}) = 0.086(\text{mm})$$

$$f_{\frac{\alpha}{2}} = 0.073P\left(K_1\left|\Delta\frac{\alpha_1}{2}\right| + K_2\left|\Delta\frac{\alpha_2}{2}\right|\right)$$

$$= 0.073 \times 3 \times (2 \times 80 + 3 \times 60)$$

$$= 74(\text{μm}) = 0.074(\text{mm})$$

由式(7-9)可计算螺母的作用中径：

$$D_{2m} = D_{2a} - \left(f_P + f_{\frac{\alpha}{2}}\right)$$

$$= 22.285 - (0.086 + 0.074)$$

$$= 22.125(\text{mm})$$

$D_{2m} = 22.125\text{mm} \geqslant D_{2min} = 22.051\text{mm}$

$D_{2单一} = 22.285\text{mm} \leqslant D_{2max} = 22.316\text{mm}$

故该螺母合格，满足互换性要求。其公差带图如图 7-25 所示。

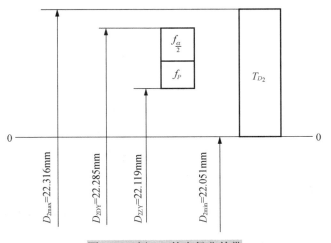

图 7-25　例 7-3 的中径公差带

7.3.5　普通螺纹精度的检测

验收普通螺纹的精度可以采用单项测量或综合检验。现将几种常用的螺纹检测方法的基本原理叙述如下。

1. 单项测量

螺纹的单项测量是指分别测量螺纹的各个几何参数。单项测量用于螺纹工件的工艺分析以及螺纹量规、螺纹刀具和精密螺纹。

单项测量螺纹参数的方法中，三针法和影像法的应用最为广泛。

1）三针法

用三针法可以精确地测量外螺纹的单一中径 d_{2s}，如图 7-26 所示。利用三根直径相同的量针，将其中一根放在被测螺纹的牙槽中，另外两根放在对边相邻的两牙槽中，然后用指示式量仪测出针距 M，并根据已知被测螺纹的螺距基本尺寸 P、牙侧角基本值 $\alpha/2$ 和量针直径 d_m 的数值计算出被测螺纹的单一中径 d_{2s} 为

$$d_{2s} = M - d_m\left(1 + 1\Big/\sin\frac{\alpha}{2}\right) + \frac{P}{2}\cot\frac{\alpha}{2} \tag{7-12}$$

对于普通螺纹 $\alpha/2 = 30°$，因此式（7-12）简化为

$$d_{2s} = M - 3d_m + 0.866P \tag{7-13}$$

在影响三针法测量精度的诸因素中，除了所用量仪的示值误差和量针本身的误差，还有检测螺纹的螺距偏差和牙侧角偏差，而牙侧角偏差的影响又与量针直径 d_m 有关。为了避免牙侧角偏差影响测量结果，就必须选择量针的最佳直径，使量针与被测螺纹牙槽接触的两个切点间的轴向距离等于 $P/2$，如图 7-26（b）所示。量针最佳直径 d_m 的计算式为

$$d_m = P\Big/\left(2\cos\frac{\alpha}{2}\right) \tag{7-14}$$

2）影像法

影像法测量螺纹是指用工具显微镜将被测螺纹的牙型轮廓放大成像，按被测螺纹的影像测出其螺距、牙侧角和中径的实际值。

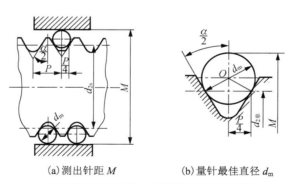

(a) 测出针距 M (b) 量针最佳直径 d_m

图 7-26 三针法测量外螺纹的单一中径

2. 综合检验

螺纹的综合检验是指使用螺纹量规检验被测螺纹某些几何参数偏差的综合结果。螺纹量规按泰勒原则设计，分为通规和止规，如图 7-27 和图 7-28 所示。螺纹通规用来检验被测螺纹的作用中径，因此它应模拟被测螺纹的最大实体牙型，并具有完全的牙型，其长度等于被测螺纹的旋合长度。此外，螺纹通规还用来检验被测螺纹的底径。螺纹止规用来检验被测螺纹的单一中径，因此它采用截短的牙型，其螺纹圈数也很少，以尽量避免被测螺纹螺距偏差和牙侧角偏差对检验结果的影响。

螺纹通规应与被测螺纹旋合通过。螺纹止规只允许与被测螺纹的两端旋合，旋合量不得超过两个螺距。这样就表示被测螺纹的作用中径和单一中径都合格。

对于被测螺纹的顶径，内螺纹的小径可用光滑极限塞规检验(图 7-27)，外螺纹的大径可用光滑极限卡规检验(图 7-28)。

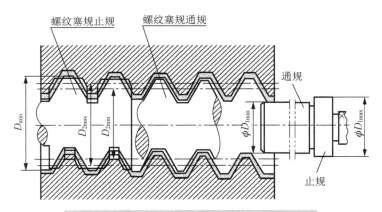

图 7-27 用螺纹塞规和光滑极限塞规检验内螺纹

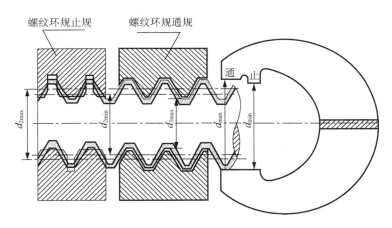

图 7-28 用螺纹环规和光滑极限塞规检验外螺纹

7.3.6 梯形螺纹公差

各种传动螺纹如机床丝杆、起重机螺杆等，其螺纹牙型多采用梯形螺纹。这是因为梯形螺纹传动有效率高、精度高和加工方便等优点，并能够满足传动螺纹的使用要求。

梯形螺纹结合属于间隙配合性质，在中径、大径和小径处都有一定的保证间隙，用以储存润滑油。

1. 梯形螺纹基本尺寸

梯形螺纹的特点是内、外螺纹仅中径公称尺寸相同，而小径和大径的公称尺寸不同，这与普通螺纹是不一样的。梯形螺纹的牙型与基本尺寸按 GB/T 5796.3—2022 规定，其牙型分为基本牙型和设计牙型，如图 7-29 所示为梯形螺纹的设计牙型；其设计牙型基本尺寸的名称、代号及关系式见表 7-33。

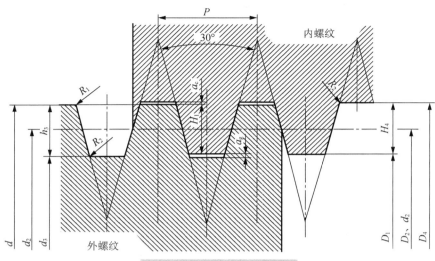

图 7-29　梯形螺纹的设计牙型

表 7-33　梯形螺纹设计牙型基本尺寸的名称、代号及关系式

名称	代号	关系式	名称	代号	关系式
外螺纹大径(公称直径)	d		外螺纹中径	d_2	$d_2 = d - 2Z = d - 0.5P$
			内螺纹中径	D_2	$D_2 = d - 2Z = d - 0.5P$
螺距	P		外螺纹小径	d_3	$d_3 = d - 2h_3$
牙顶间隙	a_c		内螺纹小径	D_1	$D_1 = d - 2H_1 = d - P$
基本牙型高度	H_1	$H_1 = 0.5P$	内螺纹大径	D_4	$D_4 = d - 2a_c$
外螺纹牙高	h_3	$h_3 = H_1 + a_c = 0.5P + a_c$	外螺纹牙顶圆角	R_1	$R_{1max} = 0.5a_c$
内螺纹牙高	H_4	$H_4 = H_1 + a_c = 0.5P + a_c$	牙底圆角	R_2	$R_{2max} = a_c$

各直径基本尺寸系列见表 7-34。

表 7-34　梯形螺纹的尺寸系列　　　　　　　　　　　　　　　　（单位：mm）

公称直径		螺距	中径	大径	小径		公称直径		螺距	中径	大径	小径	
第一系列	第二系列	P	$d_1 = D_2$	D_4	d_3	D_1	第一系列	第二系列	P	$d_1 = D_2$	D_4	d_3	D_1
8		1.5	7.25	8.30	6.20	6.50			3	24.50	26.50	22.50	23.00
	9	1.5	8.25	9.30	7.20	7.50		26	5	23.50	26.50	20.50	21.00
		2	8.00	9.50	6.50	7.00			8	22.00	27.00	17.00	18.00
10		1.5	9.25	10.30	8.20	8.50			3	26.50	28.50	24.50	25.00
		2	9.00	10.50	7.50	8.00	28		5	25.50	28.50	22.50	23.00
	11	2	10.00	11.50	8.50	9.00			8	24.00	29.00	19.00	20.00
		3	9.50	11.50	7.50	8.00			3	28.50	30.50	26.50	27.00
12		2	11.00	12.50	9.50	10.00		30	6	27.00	31.00	23.00	24.00
		3	10.50	12.50	8.50	9.00			10	25.00	31.00	19.00	20.00
	14	2	13.00	14.50	11.50	12.00			3	30.50	32.50	28.50	29.00
		3	12.50	14.50	10.50	11.00	32		6	29.00	33.00	25.00	26.00
16		2	15.00	16.50	13.50	14.00			10	27.00	33.00	21.00	22.00
		4	14.00	16.50	11.50	12.00			3	32.50	34.50	30.50	31.00
	18	2	17.00	18.50	15.50	16.00		34	6	31.00	35.00	27.00	28.00
		4	16.00	18.50	13.50	14.00			10	29.00	35.00	23.00	24.00

续表

公称直径		螺距 P	中径 $d_1=D_2$	大径 D_4	小径		公称直径		螺距 P	中径 $d_1=D_2$	大径 D_4	小径	
第一系列	第二系列				d_3	D_1	第一系列	第二系列				d_3	D_1
20		2	19.00	20.50	17.50	18.00	36		3	34.50	36.50	32.50	33.00
		4	18.00	20.50	15.50	16.00			6	33.00	37.00	29.00	30.00
	22	3	20.50	22.50	18.50	19.00			10	31.00	37.00	25.00	26.00
		5	19.50	22.50	16.50	17.00		38	3	36.50	38.50	34.50	35.00
		8	18.00	23.00	13.00	14.00			7	34.50	39.00	30.00	31.00
24		3	22.50	24.50	20.50	21.00			10	33.00	39.00	27.00	28.00
		5	21.50	24.50	18.50	19.00	40		3	38.50	40.50	36.50	37.00
		8	20.00	25.00	15.00	16.00			7	36.50	41.00	32.00	33.00
									10	35.00	41.00	29.00	30.00

注：D 为内螺纹，d 为外螺纹。

2. 梯形螺纹公差

1) 公差带位置与基本偏差

国标 GB/T 5796.4—2022《梯形螺纹　第 4 部分：公差》规定梯形螺纹外螺纹的上偏差 es 及内螺纹的下偏差 EI 为基本偏差。公差带的位置由基本偏差确定。

对内螺纹的大径 D_4、中径 D_2 及小径 D_1 规定了一种公差带位置 H，其基本偏差为零，如图 7-30 所示。

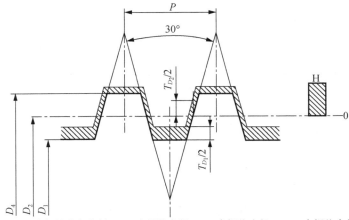

D_4-内螺纹大径；T_{D_1}-内螺纹小径公差；D_2-内螺纹中径；D_1-内螺纹小径；T_{D_2}-内螺纹中径公差；P-螺距

图 7-30　内螺纹公差带

对外螺纹的中径 d_2 规定了两种公差带位置 e 和 c，对大径 d 和小径 d_3，只规定了一种公差带位置 h，h 的基本偏差为零，e 和 c 的基本偏差为负值，如图 7-31 所示。

内、外螺纹各直径的基本偏差数值见表 7-35。

2) 公差带大小及公差带等级

内、外螺纹各直径公差等级见表 7-36。

内螺纹小径的公差数值及外螺纹大径的公差数值见表 7-37。

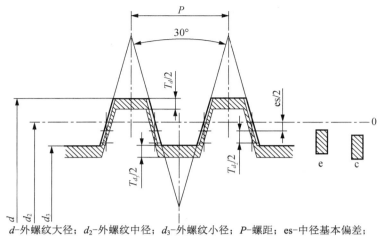

d-外螺纹大径；d_2-外螺纹中径；d_3-外螺纹小径；P-螺距；es-中径基本偏差；
T_d-外螺纹大径公差；T_{d_2}-外螺纹中径公差；T_{d_3}-外螺纹小径公差

图 7-31　外螺纹公差带

表 7-35　内、外螺纹各直径的基本偏差　　（单位：μm）

螺距 P/mm	基本偏差				螺距 P/mm	基本偏差			
	内螺纹	外螺纹				内螺纹	外螺纹		
	D_4、D_2、D_1	d_2		d、d_3		D_4、D_2、D_1	d_2		d、d_3
	H(EI)	c(es)	e(es)	h(es)		H(EI)	c(es)	e(es)	h(es)
1.5	0	−140	−67	0	7	0	−250	−125	0
2	0	−150	−71	0	8	0	−265	−132	0
3	0	−170	−85	0	9	0	−280	−140	0
4	0	−190	−95	0	10	0	−300	−150	0
5	0	−212	−106	0	12	0	−335	−160	0
6	0	−236	−118	0	14	0	−335	−180	0

表 7-36　梯形螺纹公差等级

直径	公差等级	直径	公差等级
内螺纹小径 D_1	4	外螺纹中径 d_2	7、8、9
外螺纹大径 d	4	外螺纹小径 d_3	7、8、9
内螺纹中径 D_2	7、8、9		

表 7-37　内螺纹小径公差（T_{D_1}）和外螺纹大径公差（T_d）　　（单位：μm）

螺距 P/mm	T_{D_1} 4级公差	T_d 4级公差	螺距 P/mm	T_{D_1} 4级公差	T_d 4级公差
1.5	190	150	7	560	425
2	236	180	8	630	450
3	315	236	9	670	500
4	375	300	10	710	530
5	450	335	12	800	600
6	500	375	14	900	670

内、外螺纹中径公差数值见表 7-38。

表 7-38　内、外螺纹中径公差 T_{D_2}、T_{d_2}　　　　　　（单位：μm）

公称直径 D、d/mm		螺距 P/mm	公差等级					
			T_{D_2}			T_{d_2}		
>	≤		7	8	9	7	8	9
5.6	11.2	1.5	224	280	355	170	212	265
		2	250	315	400	190	236	300
		3	280	355	450	212	265	335
11.2	22.4	2	265	355	425	200	250	315
		3	300	375	475	224	280	355
		4	355	450	560	265	355	425
		5	375	475	600	280	355	450
		8	475	600	750	355	450	560
22.4	45	3	355	425	530	250	315	400
		5	400	500	630	300	375	475
		6	450	560	710	335	425	530
		7	475	600	750	355	450	560
		8	500	630	800	375	475	600
		10	530	670	850	400	500	630
		12	560	710	900	425	530	670

外螺纹小径公差数值见表 7-39。

表 7-39　外螺纹小径公差 T_{d_3}　　　　　　（单位：μm）

公称直径/mm		螺距 P/mm	中径公差带位置为 c			中径公差带位置为 e		
			公差等级			公差等级		
>	≤		7	8	9	7	8	9
5.6	11.2	1.5	352	405	471	279	332	398
		2	338	445	525	309	366	446
		3	435	501	589	350	416	504
11.2	22.4	2	400	462	544	321	383	465
		3	450	520	644	365	435	529
		4	521	609	690	426	514	595
		5	562	656	775	456	550	669
		8	709	828	965	576	695	832
22.4	45	3	482	564	670	397	479	585
		5	587	681	806	481	575	700
		6	655	767	899	537	649	781
		7	694	813	950	569	688	825
		8	734	859	1015	601	726	882
		10	800	925	1087	650	775	937
		12	866	998	1223	691	823	1048

3) 旋合长度

旋合长度按梯形螺纹公称直径和螺距的大小分为 N、L 两组。N 为中等旋合长度，L 为长旋合长度。梯形螺纹旋合长度数值见表 7-40。

表 7-40 梯形螺纹旋合长度 （单位：mm）

公称直径/mm		螺距 P	旋合长度组		
			N		L
>	≤		>	≤	>
5.6	11.2	1.5	5	15	15
		2	6	19	19
		3	10	28	28
11.2	22.4	2	8	24	24
		3	11	32	32
		4	15	43	43
		5	18	53	53
		8	30	85	85
22.4	45	3	12	36	36
		5	21	63	63
		6	25	75	75
		7	30	85	85
		8	34	100	100
		10	42	125	125
		12	50	150	150

4) 螺纹精度与公差带的选用

由于标准对内螺纹小径 D_1 和外螺纹大径只规定一种公差带(4H、4h)；标准还规定外螺纹小径 d_3 的公差位置永远为 h，公差等级数与中径公差等级数相同，故梯形螺纹仅选择并标记中径公差带，代表梯形螺纹公差带。

标准对梯形螺纹规定了中等和粗糙两种精度，其选用原则是：一般用途采用中等精度，对精度要求不高时，采用粗糙精度。

螺纹精度与公差带一般应按表 7-41 规定选用中径公差带。

5) 螺纹标记

完整的梯形螺纹的标记是由螺纹特征代号、尺寸代号、公差带代号及旋合长度代号组成的。梯形螺纹的螺纹特征代号用"Tr"表示。

尺寸代号由公称直径和导程的毫米值、螺距代号"P"和螺距毫米值组成。公称直径与导程之间用"×"分开；螺距代号"P"和螺距值用圆括号括上(对单线螺纹省略)。

梯形螺纹的公差带代号仅包括中径公差带代号，公差带代号由公差等级数字和公差带位置字母(内螺纹用大写字母，外螺纹用小写字母)组成。螺纹尺寸代号与公差带代号间用"-"号分开。

对标准左旋梯形螺纹，其标记内应添加左旋代号"LH"。右旋梯形螺纹不标记旋向代号。

当旋合长度为中等旋合长度时，不标注旋合长度代号。当旋合长度为长旋合长度时，应将组别代号 L 写在公差带代号的后面，并用"-"隔开。特殊需要时可用具体旋合长度数值代替组别代号 L。

【标记示例】

(1) 公称直径为 40mm、导程和螺距为 7mm、中径公差带为 7H 的右旋单线梯形内螺纹标记为：Tr40×7-7H。

(2) 公称直径为 40mm、导程为 14mm、螺距为 7mm、中径公差带为 7H 的右旋双线梯形内螺纹标记为：Tr40×14(P7)-7H。

(3) 公称直径为 40mm、导程为 14mm、螺距为 7mm、中径公差带为 7e 的左旋双线梯形外螺纹标记为：Tr40×14(P7)LH-7e。

(4) 公称直径为 40mm、导程为 14mm、螺距为 7mm、中径公差带为 7e、长旋合长度的左旋双线梯形外螺纹标记为：Tr40×14(P7)LH-7e-L。

在装配图中，梯形螺纹的公差带要分别注出内、外螺纹的公差带代号。前面是内螺纹公差带代号，后面是外螺纹公差带代号，中间用斜线分开，如 Tr40×7-7H/7e。

【标记示例】

公称直径为 40mm、导程为 14mm、螺距为 7mm、旋合长度为 120mm、内螺纹中径公差带为 7H、外螺纹中径公差带为 7e 的左旋双线梯形螺纹标记为：Tr40×14(P7)LH-7H/7e-120。

多线螺纹的顶径公差和底径公差与单线螺纹相同，多线螺纹的中径公差是在单线螺纹中径公差的基础上按线数不同分别乘一系数而得，各种不同线数的系数见表 7-42。

表 7-41　内、外螺纹选用中径公差带

精度	内螺纹		外螺纹	
	N	L	N	L
中等	7H	8H	7e	8e
粗糙	8H	9H	8c	9c

表 7-42　多线螺纹的线数的系数

线数	2	3	4	≥5
系数	1.12	1.25	1.4	1.6

图 7-32 是丝杆工作图的标注示例。

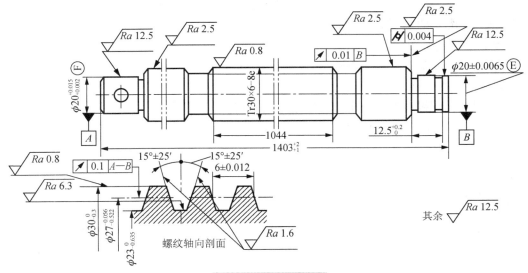

图 7-32　丝杆工作图

7.4 圆锥配合概述

圆锥配合是机器结构中常用的典型结构,它具有较高的同轴度,配合自锁性好、密封性好,可以自由调整间隙和过盈等特点,因而在工业生产中得到了广泛的应用。为了满足圆锥配合的使用要求,保证圆锥配合的互换性,我国发布了一系列标准。

1. 圆锥配合的特点

(1)保证结合件自动定心。不仅要使结合件的轴线很好重合,而且经多次装拆也不受影响。

(2)配合间隙或过盈的大小可以调整。在圆锥配合中,通过调整内、外圆锥的轴向相对位置,可以改变其配合间隙或过盈的大小,得到不同的配合性质。

(3)配合紧密而且便于拆卸。要求在使用中有一定过盈,而在装配时又有一定间隙,这对于圆柱配合,是难于办到的。但在圆锥配合中,轴向拉紧内、外圆锥,可以完全消除间隙,乃至形成一定过盈;而将内、外圆锥沿轴向放松,又很容易拆卸。由于配合紧密,圆锥配合具有良好的密封性,可防止漏气、漏水或漏油。有足够的过盈时,圆锥配合还具有自锁性,能够传递一定的扭矩,甚至可以取代花键结合,使传动装置结构简单、紧凑。

2. 圆锥配合种类及应用

圆锥孔轴配合种类有三类,各有不同的使用场合。

(1)间隙配合:这类配合有间隙、零件易拆开,相互配合的内、外圆锥能相对运动。如机床顶尖、车床主轴的圆锥轴颈与滑动轴承的配合。

(2)过渡配合:指可能具有间隙,也可能具有过盈的配合。其中,要求内、外圆锥面紧密接触,间隙为零或稍有过盈的配合称为紧密配合,这类配合很严密,可防止漏水和漏气,主要用于对中定心或密封,如内燃机中气门与气门座的配合。为了使配合的圆锥面有良好的密封性,对内、外圆锥面的形状精度要求很高,通常是配对研磨,因而这类圆锥不具有互换性。

(3)过盈配合:这类配合具有自锁性,用以传递扭矩。内、外锥体没有相对运动,过盈大小也可调整,而且装卸方便。如机床上刀具(钻头、立铣刀等)的锥柄与机床主轴锥孔的配合。

3. 圆锥体配合的主要参数

1)常用术语及定义

(1)圆锥表面:与轴线成一定角度且一端相交于轴线的一条直线段(母线),围绕着该轴线旋转形成的表面,如图7-33所示。

(2)圆锥:由圆锥表面与一定尺寸所限定的几何体。圆锥分为外圆锥和内圆锥。外圆锥是外部表面为圆锥表面的几何体,如图7-34所示;内圆锥是内部表面为圆锥表面的几何体,如图7-35所示。

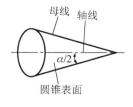

图7-33 圆锥表面

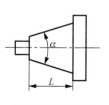

图7-34 外圆锥

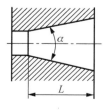

图7-35 内圆锥

2) 圆锥结合的主要参数

(1) 圆锥角 α：在通过圆锥轴线的截面内两条素线间的夹角(图 7-34 和图 7-35)，称为圆锥角，用代号 α 表示，圆锥角的一半称为斜角，代号为 $\alpha/2$，如图 7-33 所示。

(2) 圆锥直径：圆锥在垂直轴线截面上的直径(图 7-36)称为圆锥直径。常用的圆锥直径有：最大圆锥直径 D；最小圆锥直径 d；给定截面圆锥直径 d_x。

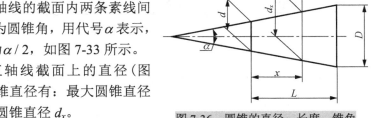

图 7-36　圆锥的直径、长度、锥角

(3) 圆锥长度 L：最大圆锥直径与最小圆锥直径之间的轴向距离，称为圆锥长度(图 7-34 和图 7-35)。

(4) 锥度 C：两个垂直于圆锥轴线截面的直径差与该两截面间的轴向距离之比，称为锥度。即

$$C = \frac{D-d}{L}$$

锥度 C 与圆锥角 α 的关系为

$$C = 2\tan\frac{\alpha}{2} = 1:\left(\frac{1}{2}\cot\frac{\alpha}{2}\right) \tag{7-15}$$

锥度的关系式(7-15)反映了圆锥直径、圆锥长度、圆锥角和锥度之间的相互关系，这一关系式是圆锥的基本公式。

思 考 题

7-1　滚动轴承的互换性有何特点？

7-2　滚动轴承的精度等级划分的依据是什么？共有几级？代号是什么？

7-3　滚动轴承内圈与轴颈、外圈与外壳孔的配合，分别采用何种基准制？有什么特点？

7-4　滚动轴承的内径公差带分布有何特点？为什么？

7-5　与滚动轴承配合时，负荷大小对配合的松紧影响如何？

7-6　各种键连接的特点是什么？主要使用在哪些场合？

7-7　单键与轴槽、轮毂槽的配合分为几类？如何选择？

7-8　为什么矩形花键只规定小径定心一种定心方式？其优点何在？

7-9　矩形内、外花键除规定尺寸公差外，还规定哪些位置公差？

7-10　螺纹中径、单一中径和作用中径三者有何区别和联系？

7-11　普通螺纹结合中，内、外螺纹中径公差是如何构成的？如何判断中径是否合格？

7-12　对普通紧固螺纹，标准中为什么不单独规定螺距公差与牙型半角公差？

7-13　普通螺纹的实际中径在中径极限尺寸内，中径是否就合格？为什么？

7-14　为什么要把螺距误差和牙型半角误差折算成中径上的当量值？其计算关系如何？

7-15　影响螺纹互换性的参数有哪几项？如何进行控制？

7-16　普通螺纹和梯形传动螺纹的基本牙型和公差带有何异同？

第8章 渐开线圆柱齿轮的精度设计与检测

齿轮传动是机械传动中最常用的传动方式。具有平行轴线的渐开线圆柱齿轮是齿轮传动中应用最为广泛的一种齿轮。

渐开线圆柱齿轮的几何要素属于传动要素，与结合要素不同，传动要素不是由相互包容的一对要素所形成的配合，而是通过一对要素间的相对运动来实现传递运动和载荷的功能要求。对于传动要素，主要应给出运动要求和承载能力的综合规范。由于工艺和检测原因，通常也可分别规定构成传动要素的各基本几何特征的尺寸、形状、方向和位置精度的规范，因而传动要素规范的构成与应用要比结合要素规范复杂得多。

图 8-1(a)所示为圆柱齿轮结构及参数，其传动要素是一组在圆柱面上沿圆周均匀分布的渐开面，该渐开面沿轴向可以平行于圆柱轴线(直齿)，也可以为螺旋面(斜齿)。

一对互啮齿轮与齿轮箱、轴承、轴等共同构成完整的齿轮传动。运动和载荷由主动轴 1 输入，经轮齿间啮合，逐齿传递到从动轴 2 输出，实现传动功能，如图 8-1(b)所示。

本章知识要点 ▶▶

(1)渐开线圆柱齿轮传动的主要使用要求。
(2)齿轮加工误差产生的原因及误差特性。
(3)单个齿轮的偏差项目及其选择。
(4)齿轮副的偏差项目及其选择。
(5)齿轮精度设计方法和步骤。

兴趣实践 ▶▶

观察在减速器拆装或测绘过程中，不同精度的齿轮或齿轮副对齿轮的装配有哪些不同现象，不同精度的齿轮或齿轮副装配完成后运转时的齿轮传动的噪声及传动平稳性或均匀性有哪些变化。

探索思考 ▶▶

在各种机械传动形式中，渐开线圆柱齿轮传动应用最为广泛。这种齿轮传动在工作过程中对机器的使用功能会产生哪些影响？在齿轮结构设计完成以后进行的精度设计对齿轮的正常使用又会产生什么影响？如何通过合理的精度设计来达到经济地满足齿轮的使用功能要求？

预习准备 ▶▶

请预先复习以前在机械原理与机械设计课程中学过的有关渐开线圆柱齿轮传动啮合原理等基本概念及相关基础知识。

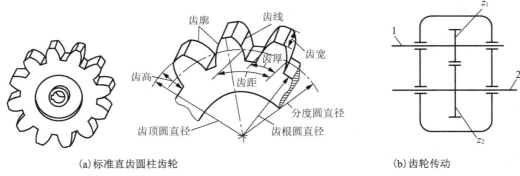

(a)标准直齿圆柱齿轮　　　　　　　　　　(b)齿轮传动

图 8-1　标准圆柱齿轮及圆柱齿轮传动

由图 8-1 可以看出，齿轮传动是由齿轮副、轴、轴承、机座等有关零件组成的，而组成齿轮传动装置的这些主要零件在制造和安装时，不可避免地存在着误差，因此，齿轮传动的精度不仅与齿轮的制造精度有关，还与轴、轴承、机座等有关零件的制造精度以及整个传动装置的安装精度有关，但齿轮齿面的制造精度及齿轮副的安装精度是最基本的。本章以渐开线圆柱齿轮的传动为例，讲述齿轮及齿轮副的精度设计和检测的基本方法。

8.1　齿　轮　概　述

在机械产品中，齿轮传动的应用极为广泛，通常用来传递运动或动力。凡是使用齿轮传动的机械产品，其工作性能、承载能力、使用寿命及工作精度等都与齿轮的制造和装配精度有密切关系。为了保证齿轮传动质量，就要规定相应公差。本章涉及的渐开线圆柱齿轮精度标准主要有：

（1）GB/T 10095.1—2022《圆柱齿轮　ISO 齿面公差分级制　第 1 部分：齿面偏差的定义和允许值》。

（2）GB/T 10095.2—2023《圆柱齿轮　ISO 齿面公差分级制　第 2 部分：径向综合偏差的定义和允许值》。

（3）GB/Z 18620.1—2008《圆柱齿轮　检验实施规范　第 1 部分：轮齿同侧齿面的检验》。

（4）GB/Z 18620.2—2008《圆柱齿轮　检验实施规范　第 2 部分：径向综合偏差、径向跳动、齿厚和侧隙的检验》。

（5）GB/Z 18620.3—2008《圆柱齿轮　检验实施规范　第 3 部分：齿轮坯、轴中心距和轴线平行度的检验》。

（6）GB/Z 18620.4—2008《圆柱齿轮　检验实施规范　第 4 部分：表面结构和轮齿接触斑点的检验》。

（7）GB/T 13924—2008《渐开线圆柱齿轮精度　检验细则》。

8.1.1　齿轮传动的主要使用要求

尽管齿轮传动的类型很多，应用领域广泛，使用要求各不相同，但是对齿轮传动的使用要求可归结为以下四个方面。

案例 8-1

减速器是现代机械中的常见部件，齿轮是其中的核心传动元件。现在请你思考一下，如何完成减速器传动系统的齿轮设计。

问题：

（1）在齿轮设计中如何考虑精度要求？

（2）齿轮精度设计的实施步骤是什么？

1. 传递运动的准确性（运动精度）

由机械原理可知，理想齿廓的渐开线齿轮在传递运动时可保持恒定的传动比。但由于各种加工误差的影响，加工后得到的实际齿轮，其齿廓相对于旋转中心分布不均匀，且齿廓形状也偏离理想的渐开线，因而使从动轮的实际转角产生了转角误差。传递运动的准确性，即要求最大转角误差应限制在一定范围内，使齿轮在该范围内的传动比变动尽量小，以保证从动齿轮与主动齿轮的运动协调。

2. 传动的平稳性（平稳性精度）

渐开线齿轮的传动比，不但要求在传动全过程中保持恒定，同时要求在任何瞬时都要保持恒定。齿轮瞬时传动比的变化，会使从动轮的转速发生变化，从而产生瞬时加速度和惯性冲击力，引起齿轮传动中的冲击、振动和噪声。为保证齿轮传动的平稳性要求，应控制齿轮在转过一个齿的过程中和换齿传动时的转角误差。齿轮传动的平稳性是高速轻载传动装置中齿轮的主要要求。

3. 载荷分布的均匀性（接触精度）

齿轮在传递载荷时，若齿面上的载荷分布不均匀，将会因载荷作用的接触面积过小而导致应力集中，引起局部齿面的磨损加剧、点蚀甚至轮齿折断。载荷分布的均匀性就是要求齿轮传动时工作齿面的接触面积应有一定大小，以使轮齿均匀承载，从而提高齿轮的承载能力和使用寿命。

4. 合理的传动侧隙

一对齿轮啮合时，在非工作齿面间应留有合理的间隙，也称齿轮副侧隙。侧隙主要用于补偿齿轮的加工误差、装配误差以及齿轮承载受力后产生的弹性变形和热变形，防止齿轮传动发生卡死或烧伤现象，保证齿轮正常传动。侧隙还用于在齿面上形成润滑油膜，以保持良好的润滑。

上述前 3 项是针对齿轮本身提出的精度要求，第 4 项是对齿轮副的，它是独立于精度之外的另一类问题，无论齿轮精度如何，都应根据齿轮传动的工作条件确定适当的侧隙。

一般而言，由于齿轮传动的工作场合不同，对上述四方面的要求也有所侧重。例如，精密机床的分度机构、测量仪器的读数机构、自动控制系统使用的齿轮等，这类齿轮的工作载荷与转速都不大，但传动精度的要求很高，主要的使用要求是齿轮传递运动的准确性。对于普通机器的传动齿轮，如汽车、拖拉机，通用减速器中的齿轮和机床的变速齿轮，主要的使用要求是传动的平稳性和载荷分布的均匀性，而对传递运动的准确性要求可低一些，同时应有足够大的齿侧间隙，以便保持润滑油畅通，避免因温度升高而发生咬死故障；但对于需要经常正反转双向传动的齿轮副，则应考虑尽量减小齿侧间隙，以减小反转时的空程误差。对于低速、重载的传力齿轮，如轧钢机、矿山机械、起重机械中的低速、重载齿轮，主要用于传递扭矩，它们的主要使用要求是保证载荷分布的均匀性，同时齿轮副的侧隙也应较大，以补偿受力变形和受热变形，而对于其他方面的要求可适当降低。

8.1.2　齿轮误差的主要来源

　　齿轮加工误差与加工方法有关。齿轮的切削加工方法较多，按照齿廓成形原理可分为仿形法和展成法。仿形法是通过逐齿间断分度来完成整个齿轮齿圈的加工，而且切齿刀具的刀刃形状与被加工齿轮的渐开线齿廓相同，如用成形铣刀铣齿、成形磨齿等。展成法是通过专用齿轮加工机床的展成运动形成渐开线齿面，如滚齿、插齿、磨齿、剃齿、珩齿、研齿等。齿轮加工通常采用展成法。

　　齿轮在加工过程中总是存在加工误差。齿轮制造误差主要包括齿坯的制造与安装误差、安装调整误差、齿轮加工机床误差、刀具的制造与安装误差和夹具误差等。各种加工方法都有多种复杂的工艺误差因素，其误差规律也不尽相同。如图 8-2 所示，以滚齿加工为例讨论齿轮加工误差的主要来源。

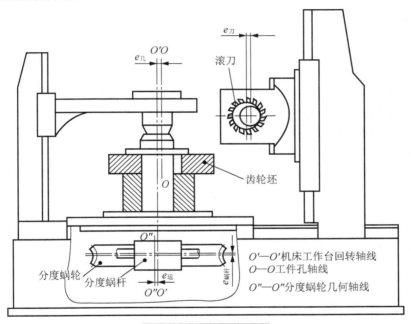

图 8-2　滚齿加工示意图

　　在滚齿加工过程中，主要存在以下四项误差。

1. 几何偏心

　　几何偏心是指齿坯在机床上安装后，齿坯基准孔轴线 $O—O$ 与机床工作台回转轴线 $O'—O'$ 不重合而产生的安装偏心 $e_几$，如图 8-2 所示。几何偏心将导致齿轮齿圈的基准轴线与齿轮工作时的旋转轴线不重合。在滚齿加工过程中，几何偏心造成齿坯基准孔轴线与滚刀的距离发生变化，使切出的齿轮轮齿一边短而宽，另外一边窄而长，齿面位置相对于齿轮基准中心在径向发生变化，使被加工齿轮产生径向偏差，产生径向跳动。

2. 运动偏心

　　滚齿加工时，由于齿轮加工机床分度蜗轮本身的制造误差以及安装偏心会影响被加工齿轮，使齿轮产生运动偏心，如图 8-2 所示。机床分度蜗轮几何轴线 $O''—O''$ 与机床工作台回转轴线 $O'—O'$ 不重合就形成了运动偏心 $e_运$。

齿轮在加工过程中，分度蜗杆匀速旋转，蜗杆与蜗轮啮合节点的线速度相同，但运动偏心使得蜗轮上啮合节点的半径不断改变，使分度蜗轮和齿坯产生不均匀回转，角速度以一转为周期不断变化。齿坯的不均匀回转使被加工齿廓沿切向产生位移和变形，导致齿距分布不均匀。运动偏心并不产生径向偏差，而是使齿轮产生切向偏差。

3. 滚齿机传动链的高频误差

当存在机床传动链误差(如分度蜗杆的安装误差)时，由于分度蜗杆转速高，分度蜗轮产生短周期的角速度变化，会使被加工齿轮齿面产生波纹，造成实际齿廓形状与标准的渐开线齿廓形状的差异，即齿廓总偏差。

4. 滚刀的加工误差和安装误差

滚齿加工时，滚刀安装误差会使滚刀与被加工齿轮的啮合点脱离正常啮合线，使齿轮产生由基圆误差引起的基圆齿距偏差和齿廓总偏差。滚刀旋转一转，齿轮转过一个齿，因而滚刀安装误差使齿轮产生以一齿为周期的短周期误差。滚刀的制造误差，如滚刀的齿距和齿形误差、刃磨误差等也会使齿轮基圆半径发生变化，从而产生基圆齿距偏差和齿廓总偏差。

8.1.3 齿轮加工误差的分类

齿轮加工过程中加工误差的来源很多，所产生的齿轮加工误差也很多。为了研究分析齿轮加工误差对齿轮传动质量的影响，常常将齿轮的加工误差从多个不同角度进行分类。

1. 按照误差的方向特征分类

按照误差相对于齿轮的方向特征，将齿轮加工误差分为径向误差、切向误差和轴向误差。

(1)径向误差：在齿轮加工过程中，切齿刀具与齿坯之间的径向距离变化而产生的加工偏差，称为径向误差。几何偏心和运动偏心都会引起径向误差。

(2)切向误差：在齿轮加工过程中，分度蜗轮的运动偏心、分度蜗杆的径向跳动和轴向跳动以及滚刀的轴向跳动等，使得滚刀的运动相对于齿坯回转速度不均匀，导致齿廓沿切线方向产生的误差，称为齿廓的切向误差。

(3)轴向误差：在齿轮加工过程中由于刀架导轨与加工机床工作台回转轴线不平行、齿坯安装歪斜等，切齿刀具沿被加工齿轮轴线方向进给运动偏斜而产生的加工误差，称为轴向误差。

2. 按照误差的周期或频率特征分类

齿轮为圆周分度零件，其误差具有周期性，按照误差在齿轮一转中出现的周期或频率，将齿轮加工误差分为长周期误差和短周期误差。

(1)长周期误差(低频误差)：以齿轮一转为周期的长周期误差，它主要影响传递运动的准确性。

(2)短周期误差(高频误差)：以齿轮一齿为周期的短周期误差，它主要影响工作平稳性。实际齿轮同时存在长周期误差和短周期误差。

3. 按照误差在轮齿上的表现特征分类

按照误差在齿轮轮齿上不同部位的表现特征，将齿轮加工误差分为齿距误差、齿廓误差、齿向误差和齿厚误差。

(1)齿距误差：指齿廓相对于齿轮的旋转中心分布不均匀程度。

(2)齿廓误差：指加工出来的齿廓与理论渐开线齿廓的偏离程度。齿廓误差主要是由于齿轮加工刀具本身的切削刃廓形误差、齿形角误差、齿轮刀具的轴向窜动和径向跳动、齿坯的径向跳动以及在滚齿机工作台每转一个齿距角内的转速不均等误差引起的。

(3)齿向误差：指加工后的齿面沿基准轴线方向上的形状和位置误差。齿向误差主要是由于刀具进给运动的方向歪斜，以及齿坯安装偏斜等误差引起的。

(4)齿厚误差：指加工出来的齿轮齿厚在整个齿圈上不一致。齿厚误差主要是由于刀具铲形面对齿坯中心的位置误差，以及齿轮加工刀具本身的齿廓分布不均引起的。

4. 按照包含误差因素的多少分类

按照包含误差因素的多少，将齿轮加工误差分为单项误差和综合误差。

8.2　渐开线圆柱齿轮的精度检验项目

由于渐开线齿轮的加工误差，与图样上设计的理想齿轮相比，制得的齿轮齿形及几何参数都存在误差。因此，首先应该了解和掌握控制这些误差的检验评定项目。

渐开线圆柱齿轮精度国家标准(GB/T 10095.1—2022 和 GB/T 10095.2—2023)所规定的渐开线圆柱齿轮精度的评定参数可分为轮齿同侧齿面偏差、径向综合偏差和径向跳动(表 8-1)。

表 8-1　渐开线圆柱齿轮精度评定参数一览表

单个齿轮轮齿同侧齿面偏差	齿距偏差	单个齿距偏差 f_p，齿距累积偏差 F_{pk}，齿距累积总偏差 F_p
	齿廓偏差	齿廓总偏差 $F_α$，齿廓形状偏差 $f_{fα}$，齿廓倾斜偏差 $f_{Hα}$
	螺旋线偏差	螺旋线总偏差 $F_β$，螺旋线形状偏差 $f_{fβ}$，螺旋线倾斜偏差 $f_{Hβ}$
	切向综合偏差	切向综合总偏差 F_{is}，一齿切向综合偏差 f_{is}
径向综合偏差和径向跳动		径向综合总偏差 F_{id}，一齿径向综合偏差 f_{id}，径向跳动 F_r

国家标准将齿轮误差、偏差统称为齿轮偏差，同一项目的偏差和公差用下标"T"区别，如 $F_α$ 表示齿廓总偏差，$F_{αT}$ 表示齿廓总公差。单项要素测量所用的偏差符号用小写字母(如 f)加上相应的下标表示；由若干单项要素偏差组合而成的"累积"或"总"偏差符号则用大写字母(如 F)加上相应的下标表示。

为了评定侧隙的大小，通常检测齿厚偏差或公法线长度偏差。

8.2.1　轮齿同侧齿面偏差

1. 齿距偏差

1)单个齿距偏差(f_p)

在端平面上接近齿高中部的一个与齿轮轴线同心的圆上，实际齿距与理论齿距的代数差，如图 8-3 所示，图中 f_p 为第 1 个齿距的齿距偏差。

2)齿距累积偏差(F_{pk})

任意 k 个齿距的实际弧长与理论弧长的代数差，如图 8-3 所示，理论上它等于 k 个齿距的各单个齿距偏差的代数和，一般情况下 $±F_{pk}$ 适用于齿距数 k 为 2 到 $z/8$ 的范围，通常 k 取 $z/8$ 就足够了。

齿距累积偏差实际上是控制在圆周上的齿距累积偏差，如果此项偏差过大，将产生振动和噪声，从而影响平稳性精度。

3)齿距累积总偏差(F_p)

齿距同侧齿面任意弧段($k=1$ 到 $k=z$)内的最大齿距累积偏差，它表现为齿距累积偏差曲线的总幅值，如图 8-3(b) 所示。齿距累积总偏差 F_p 可反映齿轮转一转过程中传动比的变化，因此它影响齿轮的运动精度。

齿距偏差的检验一般在齿距比较仪上进行，属于相对测量法。

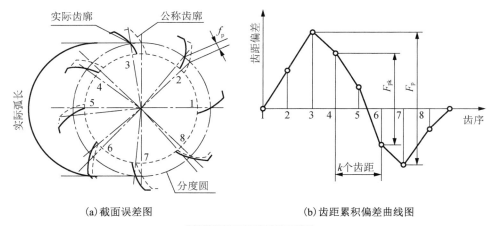

(a) 截面误差图　　　　　　　　(b) 齿距累积偏差曲线图

图 8-3　齿距累积总偏差

2. 齿廓偏差

实际齿廓偏离设计齿廓的量，在端平面内并且垂直于渐开线齿廓的方向计值。

1) 齿廓总偏差(F_α)

在计值范围内，包容实际齿廓迹线的两条设计齿廓迹线间的距离，如图 8-4(a) 所示。齿廓总偏差 F_α 主要影响齿轮平稳性精度。

2) 齿廓形状偏差($f_{f\alpha}$)

在计值范围内，包容实际齿廓迹线的两条与平均齿廓迹线完全相同的曲线间的距离，并且两条曲线与平均齿廓迹线的距离为常数，如图 8-4(b) 所示。图中点画线为设计轮廓，粗实线为实际轮廓，虚线为平均轮廓。该项偏差不是必检项目。

3) 齿廓倾斜偏差($f_{H\alpha}$)

在计值范围的两端与平均齿廓迹线相交的两条设计齿廓迹线间的距离，如图 8-4(c) 所示。

在齿轮设计中，对于高速传动齿轮，为减少基圆齿距偏差和轮齿弹性变形所引起的冲击、振动和噪声，经常采用以理论渐开线齿形为基础的修正齿形，如修缘齿形、凸齿形等，所以设计齿形可以是渐开线齿形，也可以是这种修正齿形。

齿廓偏差的检验也称为齿形检验，通常是在渐开线检查仪上进行的。

3. 螺旋线偏差

在端面基圆切线方向上测得的实际螺旋线偏离设计螺旋线的量。

1) 螺旋线总偏差(F_β)

在计值范围内，包容实际螺旋线迹线的两条设计螺旋线迹线间的距离，如图 8-5 所示，该项目主要影响齿面接触精度。

2) 螺旋线形状偏差($f_{f\beta}$)

在计值范围内，包容实际螺旋线迹线的两条与平均螺旋线迹线完全相同的曲线间的距离，如图 8-5 所示。平均螺旋线迹线是在计值范围内，按最小二乘法确定的(图 8-5 中的曲线 3)，该偏差不是必检项目。

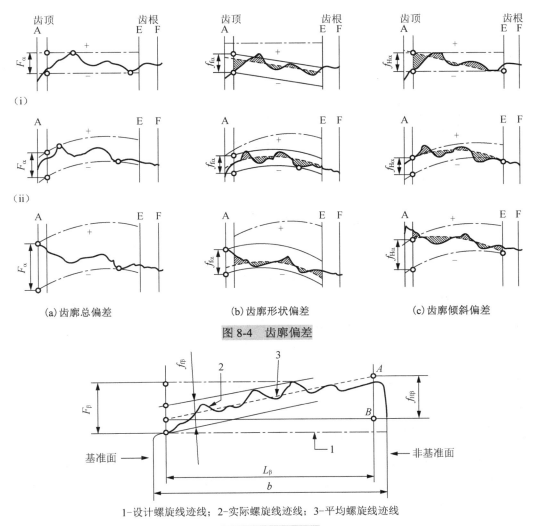

（a）齿廓总偏差　　　　　（b）齿廓形状偏差　　　　　（c）齿廓倾斜偏差

图 8-4　齿廓偏差

1-设计螺旋线迹线；2-实际螺旋线迹线；3-平均螺旋线迹线

图 8-5　螺旋线偏差

3）螺旋线倾斜偏差（$f_{\mathrm{H\beta}}$）

在计值范围的两端与平均螺旋线迹线相交的设计螺旋线迹线间的距离（图 8-5 中 A、B 间的距离），该偏差不是必检项目。

对直齿圆柱齿轮，螺旋角 $\beta = 0$，此时 F_{β} 称为齿向偏差。

螺旋线偏差用于评定轴向重合度的宽斜齿轮及人字齿轮，一般适用于评定传递功率大、速度高的高精度宽斜齿轮。

4．切向综合偏差

1）切向综合总偏差（F_{is}）

F_{is} 是指被测齿轮与测量齿轮单面啮合检验时，被测齿轮一转内齿轮分度圆上实际圆周位移与理论圆周位移的最大差值，如图 8-6 所示。F_{is} 是反映齿轮运动精度的检查项目，但不是必检项目。

图 8-6 是在单面啮合测量仪上画出的切向综合偏差的曲线图，图中横坐标表示被测齿轮

转角,纵坐标表示偏差。如果齿轮没有偏差,偏差曲线应该是与横坐标平行的直线。在齿轮一转范围内,经过曲线最高点、最低点作与横坐标平行的两条直线,则此平行线间的距离即为偏差值。

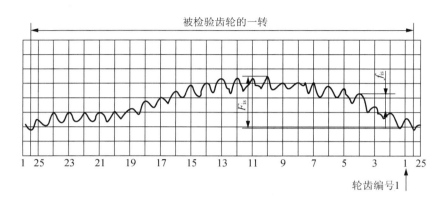

图 8-6　切向综合偏差

2)一齿切向综合偏差(f_{is})

在一个齿距角内,过偏差曲线的最高点、最低点作与横坐标平行的两条直线,此平行线间的距离即为f_{is},如图 8-6 所示。f_{is}(取所有齿的最大值)是检验齿轮平稳性精度的项目,但不是必检项目。

切向综合偏差包括切向综合总偏差F_{is}和一齿切向综合偏差f_{is},一般在单啮仪上完成检验工作。

8.2.2　径向综合偏差和径向跳动

1. 径向综合总偏差(F_{id})

径向综合总偏差F_{id}是在径向(双面)综合检验时,被测齿轮的左、右齿面同时与测量齿轮接触,并转过一整圈时出现的中心距最大值和最小值之差,如图 8-7 所示。

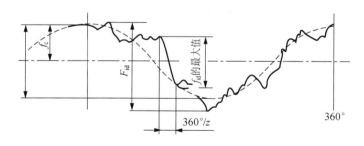

图 8-7　径向综合偏差

2. 一齿径向综合偏差(f_{id})

一齿径向综合偏差f_{id}是被测齿轮与测量齿轮啮合一整圈(径向综合检验)时,对应一个齿距角($360°/z$)的径向综合偏差值,如图 8-7 所示。被测齿轮所有轮齿的f_{id}的最大值不应超过规定的允许值。

f_{id}反映齿轮工作平稳精度,但不是必检项目。

3. 径向跳动（F_r）

齿轮径向跳动为测头（球形、圆柱形、锥形）相继置于每个齿槽内时，相对于齿轮基准轴线的最大和最小径向距离之差。如图 8-8（a）所示，检查时测头在近似齿高中部与左、右齿面接触，根据测量数值可画出如图 8-8（b）所示的径向跳动曲线图。

F_r 主要反映齿轮的几何偏心，它是检测齿轮运动精度的项目，但不是必检项目。

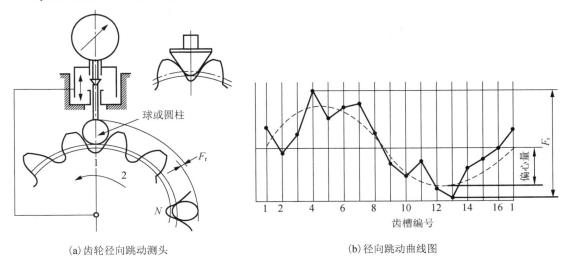

(a)齿轮径向跳动测头　　　　　　　(b)径向跳动曲线图

图 8-8　径向跳动

8.2.3　齿厚偏差与公法线平均长度偏差

1. 齿厚偏差（E_{sn}）

齿厚偏差是指在分度圆上，实际齿厚与公称齿厚（齿厚理论值）之差。

齿厚可以用齿厚游标卡尺测量，如图 8-9 所示。用齿厚卡尺测齿厚时，首先将齿厚卡尺的高度游标卡尺调至相应于分度圆弦齿高 $\bar{h}$ 位置，然后用宽度游标卡尺测出分度圆弦齿厚 $\bar{S}$ 值，将其与理论值比较即可得到齿厚偏差 E_{sn}。对于非变位直齿轮，$\bar{h}$ 和 $\bar{S}$ 的计算公式为

$$\bar{h} = m + \frac{zm}{2}\left(1 - \cos\frac{90°}{z}\right) \tag{8-1}$$

$$\bar{S} = mz\sin\frac{90°}{z} \tag{8-2}$$

对于变位直齿轮，$\bar{h}$ 和 $\bar{S}$ 的计算公式为

$$\bar{h}_{变} = m + \frac{zm}{2}\left(1 - \cos\frac{90° + 41.7°x}{z}\right) \tag{8-3}$$

$$\bar{S}_{变} = mz\sin\frac{90° + 41.7°x}{z} \tag{8-4}$$

式中，x 为变位系数。

对于斜齿轮，应测量其法向齿厚，其计算公式与直齿轮相同，只是应以法向参数即 m_n、a_n、x_n 和当量齿数 z_v 代入相应公式计算。

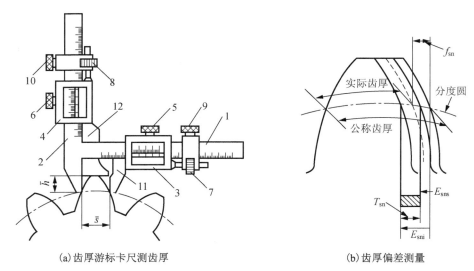

(a)齿厚游标卡尺测齿厚　　　　　　　　　(b)齿厚偏差测量

1-水平主尺；2-垂直主尺；3、4-游框；5、6-游框紧固螺钉；

7、8-微调螺旋；9、10-微调紧固螺钉；11-量爪；12-定位高度尺

图 8-9　齿厚偏差及测量

2. 公法线平均长度偏差（E_{wm}）

公法线平均长度偏差是指公法线长度测量的平均值与设计值之差。

公法线长度 W_k 是在基圆柱切平面上 k 个齿（对外齿轮）或 k 个齿槽（对内齿轮）在接触到一个齿的右齿面和另一个齿的左齿面的两个平行平面之间测得的距离。公法线长度的设计值计算公式为

$$W_k = m\cos\alpha \left[\pi(k - 0.5) + z\,\mathrm{inv}\,\alpha \right] + 2xm\sin\alpha \tag{8-5}$$

式中，x 为变径向变位系数；$\mathrm{inv}\,\alpha$ 为 α 角的渐开线函数；m 为模数；z 为齿数；k 为测量时的跨齿数，$k = z/9 + 0.5$（四舍五入取整）。

对标准齿轮，公法线长度的设计值计算公式为

$$W_k = m \left[1.476(2k - 1) + 0.014z \right] \tag{8-6}$$

齿厚偏差和公法线平均长度偏差是用来评定齿轮侧隙合理性的项目。

8.3　渐开线圆柱齿轮精度标准

8.3.1　齿轮的精度等级

1. 轮齿同侧齿面偏差的精度等级

对于分度圆直径为 5～15000mm、法向模数为 0.5～70mm、齿宽为 4～1200mm 的渐开线圆柱齿轮的 11 项同侧齿面偏差，包括切向综合总偏差 F_{is}、一齿切向综合偏差 f_{is}、单个齿距偏差 f_p、齿距累积偏差 F_{pk}、齿距累积总偏差 F_p、齿廓形状偏差 $f_{f\alpha}$、齿廓倾斜偏差 $f_{H\alpha}$、螺旋线形状偏差 $f_{f\beta}$、螺旋线倾斜偏差 $f_{H\beta}$、齿廓总偏差 F_α 和螺旋线总偏差 F_β，国家标准 GB/T 10095.1—2022 规定了 1、2、……、11 共 11 个精度等级。其中 1 级最高，11 级最低。

2. 径向综合偏差的精度等级

对于齿数不小于 3，分度圆直径不大于 600mm 的渐开线圆柱齿轮的径向综合总偏差 F_{id} 和一齿径向综合偏差 f_{id}，国家标准 GB/T 10095.2—2023 规定了 R30、R31、……、R50 共 21 个精度等级。其中，R30 级最高，R50 级最低。

3. 径向跳动的精度等级

对于分度圆直径从 5～15000mm、法向模数从 0.5～70mm 的渐开线圆柱齿轮的径向跳动公差 F_{rT}，国家标准 GB/T 10095.1—2022 在附录 E 中规定了 1、2、……、11 共 11 个精度等级的公差值，其中，1 级最高，11 级最低。

齿轮精度等级中，1～2 级的齿轮精度要求非常高，目前国内只有极少数单位能够制造和检测，一般单位尚不能制造；3～5 级为高精度等级，5 级为基本等级，是计算其他等级偏差允

> **案例 8-1 分析**
> （1）要完成减速器传动系统的齿轮设计，首先需要考虑各齿轮的精度等级要求，根据减速器使用性能和机械加工方式选择适合的精度等级。
> （2）齿轮精度设计的实施步骤一般包括：①确定齿轮精度等级；②确定检验项目及其允许值；③计算齿厚偏差；④确定齿轮坯精度；⑤绘制出齿轮零件图。

许值的基础；6～8 级为中等精度等级，使用最为广泛；9 级为较低精度等级；10～11 级为低精度等级。

8.3.2 各项偏差允许值

国家标准 GB/T 10095.1—2022 和 GB/T 10095.2—2023 规定，公差表格中的数值是用对 5 级精度规定的公差值乘以级间公比计算出来的。两相邻精度等级的级间公比等于 $\sqrt{2}$，5 级精度未圆整的计算值乘以 $\sqrt{2}^{(A-5)}$，即可得到齿轮任一精度等级的偏差允许值，其计算公式为

$$T_A = T_5 \cdot \sqrt{2}^{(A-1)} \tag{8-7}$$

式中，T_A 为 A 级精度的偏差计算值；T_5 为 5 级精度的偏差计算值；A 为表示 A 级精度的阿拉伯数字。

表 8-2 是齿轮各种偏差允许值的计算公式。

表 8-2　齿轮各种偏差允许值（公差）的计算公式

齿轮项目代号	允许值计算公式
单个齿距公差 f_{pT}	$f_{pT} = (0.001d + 0.4m_n + 5)\sqrt{2}^{A-5}$
齿距累积总公差 F_{pT}	$F_{pT} = (0.002d + 0.55\sqrt{d} + 0.7m_n + 12)\sqrt{2}^{A-5}$
齿廓倾斜公差 $f_{H\alpha T}$	$f_{H\alpha T} = (0.4m_n + 0.001d + 4)\sqrt{2}^{A-5}$
齿廓形状公差 $f_{f\alpha T}$	$f_{f\alpha T} = (0.55m_n + 5)\sqrt{2}^{A-5}$
齿廓总公差 $F_{\alpha T}$	$F_{\alpha T} = \sqrt{f_{H\alpha T}^2 + f_{f\alpha T}^2}$
螺旋线倾斜公差 $f_{H\beta T}$	$f_{H\beta T} = (0.05\sqrt{d} + 0.35\sqrt{b} + 4)\sqrt{2}^{A-5}$
螺旋线形状公差 $f_{f\beta T}$	$f_{f\beta T} = (0.07\sqrt{d} + 0.45\sqrt{b} + 4)\sqrt{2}^{A-5}$
螺旋线总公差 $F_{\beta T}$	$F_{\beta T} = \sqrt{f_{H\beta T}^2 + f_{f\beta T}^2}$
一齿切向综合公差 f_{isT}	$f_{isT} = f_{is(design)} \pm (0.375m_n + 5)\sqrt{2}^{A-5}$

续表

齿轮项目代号	允许值计算公式
切向综合总公差 F_{isT}	$F_{isT} = F_{pT} + f_{is(design)} + (0.375m_n + 5)\sqrt{2}^{A-5}$
一齿径向综合公差 f_{idT}	$f_{idT} = (0.08\dfrac{z_c m_n}{\cos\beta} + 64)2^{[(R-R_x-44)/4]} = \dfrac{F_{idT}}{2^{(R_x/4)}}$ $z_c = \min(|z|, 200)$ $R_x = 5\left\{1 - 1.12^{[(1-z_c)/1.12]}\right\}$
径向综合总公差 F_{idT}	$F_{idT} = \left(0.08\dfrac{z_c m_n}{\cos\beta} + 64\right)2^{[(R-44)/4]}$
径向跳动公差 F_{rT}	$F_{rT} = 0.9F_{pT} = 0.9(0.002d + 0.55\sqrt{d} + 0.7m_n + 12)\sqrt{2}^{A-5}$

注：A 为指定齿面公差等级。

  应用表 8-2 中的公式计算公差值时，应按下述规则圆整：各计算公式中 m_n（法向模数）、d（分度圆直径）、b（齿宽）都应取该参数分段界限值的几何平均值，如果计算值大于 $10\mu m$，则圆整到最接近的整数，如果小于 $10\mu m$，则圆整到最接近的尾数为 $0.5\mu m$ 的小数或整数，如果小于 $5\mu m$，则圆整到最接近的 $0.1\mu m$ 的一位小数或整数。

8.4 齿轮副的精度检验项目和公差

8.4.1 齿轮副精度

1. 中心距极限偏差 $\pm f_a$

  齿轮副中心距极限偏差 $\pm f_a$ 是指在齿轮副的齿宽中间平面内，实际中心距与公称中心距之差，齿轮副中心距的尺寸偏差大小不但会影响齿轮侧隙，而且对齿轮的重合度产生影响，因此必须加以控制。GB/Z 18620.3—2008 未提供中心距极限偏差数值表，可借鉴有关成熟产品的设计来确定。表 8-3 给出了供参考的中心距极限偏差数值。

表 8-3 中心距极限偏差 $\pm f_a$ （单位：μm）

中心距 a/mm	齿轮精度等级		
	5～6	7～8	9～10
≥6～10	7.5	11	18
>10～18	9	13.5	21.5
>18～30	10.5	16.5	26
>30～50	12.5	19.5	31
>50～80	15	23	37
>80～120	17.5	27	43.5
>120～180	20	31.5	50
>180～250	23	36	57.5
>250～315	26	40.5	65
>315～400	28.2	44.5	70
>400～500	31.5	48.5	77.5

2. 轴线平行度偏差 $f_{\Sigma\delta}$、$f_{\Sigma\beta}$

  如果一对啮合的圆柱齿轮的两条轴线不平行，则形成空间的异面（交叉）直线，将影响齿轮的接触精度和齿轮副侧隙，必须加以控制。由于轴线平行度与其向量的方向有关，所以规定了轴线平面内的平行度偏差 $f_{\Sigma\delta}$ 和垂直平面上的平行度偏差 $f_{\Sigma\beta}$，如图 8-10 所示。

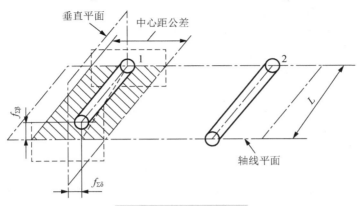

图 8-10　轴线平行度偏差

轴线平面内的平行度偏差 $f_{\Sigma\delta}$ 是在两轴线的公共平面上测量的；垂直平面上的平行度偏差 $f_{\Sigma\beta}$ 是在与轴线公共平面相垂直平面上测量的。$f_{\Sigma\delta}$ 和 $f_{\Sigma\beta}$ 的最大推荐值为

$$f_{\Sigma\delta} = 2f_{\Sigma\beta} \tag{8-8}$$

$$f_{\Sigma\beta} = 0.5\frac{L}{b}F_{\beta} \tag{8-9}$$

式中，L 为轴承跨距；b 为齿宽。

3. 接触斑点

齿轮副的接触斑点是指安装好的齿轮副，在轻微制动下运转所产生齿面上分布的接触痕迹。对于在齿轮箱体上安装好的配对齿轮所产生的接触斑点大小，可用于评估齿面接触精度。也可以将被测齿轮安装在机架上与测量齿轮在轻载下测量接触斑点，可评估装配后齿轮螺旋线精度和齿廓精度。如图 8-11 所示为接触斑点分布示意图。图中 b_{c1} 为接触斑点的较大长度，b_{c2} 为接触斑点的较小长度，h_{c1} 为接触斑点的较大高度，h_{c2} 为接触斑点的较小高度。

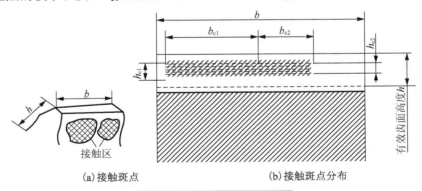

(a)接触斑点　　　　　　　(b)接触斑点分布

图 8-11　接触斑点分布示意图

作为定量和定性控制齿轮齿长方向配合精度的方法，接触斑点常用于工作现场没有检查仪及大齿轮不能装在现有检查仪上的场合。表 8-4 给出了直齿轮装配后齿轮副接触斑点的最低要求。

表 8-4 齿轮装配后接触斑点(摘自 GB/Z 18620.4—2008) (单位：%)

精度等级	$b_{c1}/b \times 100\%$		$h_{c1}/h \times 100\%$		$b_{c2}/b \times 100\%$		$h_{c2}/h \times 100\%$	
	直齿轮	斜齿轮	直齿轮	斜齿轮	直齿轮	斜齿轮	直齿轮	斜齿轮
4 级及更高	50	50	70	50	40	40	50	30
5 和 6	45	45	50	40	35	35	30	20
7 和 8	35	35	50	40	35	35	30	20
9~12	25	25	50	40	25	25	30	30

8.4.2 齿轮副侧隙及其确定

为保证齿轮润滑、补偿齿轮的制造误差、安装误差以及热变形等造成的误差，必须在非工作齿面留有侧隙。轮齿与配对齿间的配合相当于圆柱体孔、轴的配合，这里采用的是"基中心距制"，即在中心距一定的情况下，用控制轮齿的齿厚的方法获得必要的侧隙。

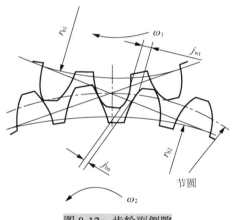

图 8-12 齿轮副侧隙

齿侧间隙通常有两种表示方法，即圆周侧隙 j_{wt} 和法向侧隙 j_{bn}，如图 8-12 所示。

圆周侧隙 j_{wt} 是指安装好的齿轮副，当其中一个齿轮固定时，另一齿轮所能转过的节圆弧长的最大值。

法向侧隙 j_{bn} 是指当两个齿轮的工作齿面互相接触时，非工作齿面之间的最短距离。

测量 j_{bn} 需在基圆切线方向，即在啮合线方向上测量，一般可以通过压铅丝方法测量，即齿轮啮合过程中在齿间放入一块铅丝，啮合后取出压扁了的铅丝测量其厚度。也可以用塞尺直接测量 j_{bn}。

理论上法向侧隙 j_{bn} 与圆周侧隙 j_{wt} 存在以下关系：

$$j_{bn} = j_{wt}\cos\alpha_{wt}\cos\beta_b \tag{8-10}$$

式中，α_{wt} 为端面工作压力角；β_b 为基圆螺旋角。

所有相啮合的齿轮必定都有一定的侧隙，以保证非工作齿面不会相互接触。在齿轮啮合传动中侧隙会随着速度、温度和负载等变化。在静态可测量的条件下，必须有足够的侧隙，以保证在带负载运行于最不利的工作条件下仍有足够的侧隙。

齿轮副的实际侧隙值与齿轮副中相互啮合的两个齿轮的实际齿厚、齿轮副中心距以及安装和应用情况有关，还受齿轮的形状和位置偏差以及轴线平行度偏差等的影响。

8.4.3 齿厚极限偏差的计算

1. 最小法向侧隙 j_{bnmin} 的确定

最小法向侧隙是当一个齿轮的齿以最大允许实效齿厚的齿与一个也具有最大允许实效齿厚的相配齿在最紧的允许中心距时相啮合时，在静态条件下存在的最小允许法向侧隙。

齿轮传动设计中，必须保证有足够的最小法向侧隙，以确保齿轮机构正常工作，保证良好的润滑，避免因安装误差和温升而引起卡死现象。确定齿轮副最小法向侧隙的主要依据是工作条件，一般有以下三种方法。

1) 经验法

参考国内外同类产品中齿轮副的侧隙值来确定最小侧隙。

2) 查表法

对于用黑色金属材料齿轮和黑色金属材料箱体的齿轮传动，工作时齿轮节圆线速度小于 15m/s，其箱体、轴和轴承都采用常用的商业制造公差。GB/Z 18620.2—2008 列出了对工业传动装置推荐的最小侧隙（表 8-5）。

表 8-5　对于中、大模数齿轮最小侧隙 j_{bnmin} 的推荐数据（摘自 GB/Z 18620.2—2008）　（单位：mm）

模数 m_n	最小中心距 a_i					
	50	100	200	400	800	1600
1.5	0.09	0.11	—	—	—	—
2	0.10	0.12	0.15	—	—	—
3	0.12	0.14	0.17	0.24	—	—
5	—	0.18	0.21	0.28	—	—
8	—	0.24	0.27	0.34	0.47	—
12	—	—	0.35	0.42	0.55	—
18	—	—	—	0.54	0.67	0.94

表 8-5 中的最小侧隙数值，也可以用式（8-11）进行计算：

$$j_{bnmin} = \frac{2}{3}(0.06 + 0.0005a_i + 0.03m_n) \qquad (8-11)$$

式中，a_i 为中心距；m_n 为法向模数。

3) 计算法

根据齿轮副的工作条件，如工作速度、温度、负载、润滑和安装等条件来计算齿轮副最小法向侧隙。

为了补偿由温度变化引起的齿轮及箱体热变形所必需的最小法向侧隙，按式（8-12）确定：

$$j_{bnmin1} = 1000a(\alpha_1 \Delta t_1 - \alpha_2 \Delta t_2)2\sin\alpha_n \qquad (8-12)$$

式中，a 为齿轮副中心距；α_1、α_2 为齿轮及箱体材料的线膨胀系数；Δt_1、Δt_2 为齿轮温度 t_1 和箱体温度 t_2 分别与标准温度（20℃）之差；α_n 为法向压力角。

为保证正常润滑所必需的最小法向侧隙 j_{bnmin2}，其值取决于润滑方式及工作速度，见表 8-6。

表 8-6　最小法向侧隙 j_{bnmin2} 推荐值

润滑方式	齿轮圆周速度/(m/s)			
	≤10	>10~25	>25~60	>60
喷油润滑	$10m_n$	$20m_n$	$30m_n$	$(30{\sim}50)m_n$
油池润滑	$5{\sim}10m_n$			

由设计计算得到最小法向侧隙 j_{bnmin} 为

$$j_{bnmin} = j_{bnmin1} + j_{bnmin2} \qquad (8-13)$$

2. 齿厚上偏差 E_{sns} 的确定

在考虑中心距偏差、齿轮和齿轮副的加工和安装误差后，齿厚上偏差 E_{sns} 的计算公式为

$$E_{sns1} + E_{sns2} = -2f_a \tan\alpha_n - \frac{j_{bnmin} + k}{\cos\alpha_n} \qquad (8-14)$$

式中，f_a 为中心距偏差；k 为齿轮制造误差和齿轮副安装误差对侧隙减小的补偿量。

$$k = \sqrt{f_{pb1}^2 + f_{pb2}^2 + 2(F_\beta \cos\alpha_n)^2 + (f_{\Sigma\delta}\sin\alpha_n)^2 + 2(f_{\Sigma\beta}\cos\alpha_n)^2} \quad (8\text{-}15)$$

$$f_{pb1} = f_{pt1}\cos\alpha_n \quad (8\text{-}16)$$

$$f_{pb2} = f_{pt2}\cos\alpha_n \quad (8\text{-}17)$$

在式(8-15)~式(8-17)中，f_{pb1} 为大齿轮的基节偏差；f_{pb2} 为小齿轮的基节偏差；f_{pt1} 为大齿轮单个齿距的极限偏差；f_{pt2} 为小齿轮单个齿距的极限偏差；F_β 为大小齿轮的螺旋线总偏差；$f_{\Sigma\delta}$ 为齿轮副轴线平面内的平行度偏差；$f_{\Sigma\beta}$ 为齿轮副轴线垂直平面上的平行度偏差；α_n 为法向压力角，一般为 $20°$。

> **小提示 8-1**
>
> 在式(8-18)中，L 为轴承跨距，b 为齿轮宽度。为得到简化式(8-18)，需要将式(8-15)中的 $f_{\Sigma\delta}$、$f_{\Sigma\beta}$ 用式(8-8)及式(8-9)代入其中，即可得到式(8-18)。

将式(8-16)、式(8-17)、式(8-8)、式(8-9)和 $\alpha_n = 20°$ 代入式(8-15)，得

$$k = \sqrt{0.88(f_{pt1}^2 + f_{pt2}^2) + [2 + 0.34(L/b)^2]F_\beta^2} \quad (8\text{-}18)$$

通常为了方便设计与计算，取主动轮和从动轮的齿厚上偏差相等，即 $E_{sns1} = E_{sns2} = E_{sns}$，则由式(8-14)可推得齿厚上偏差为

$$E_{sns} = -\left(\frac{j_{bn\min} + k}{2\cos\alpha_n} + |f_a|\tan\alpha_n\right) \quad (8\text{-}19)$$

3. 齿厚下偏差 E_{sni} 的确定

为了使齿侧间隙不致过大，在齿轮加工中还需根据加工设备的情况适当地控制齿厚下偏差 E_{sni}，E_{sni} 可按式(8-20)求得

$$E_{sni} = E_{sns} - T_{sn} \quad (8\text{-}20)$$

式中，T_{sn} 为齿厚公差。

齿厚公差 T_{sn} 大体上与齿轮精度无关，当对最大侧隙有要求时，就必须进行计算。齿厚公差的选择要适当，公差过小势必增加齿轮制造成本；公差过大会使侧隙加大，使齿轮正、反转时空行程过大。齿厚公差 T_{sn} 可按式(8-21)求得

$$T_{sn} = \sqrt{F_r^2 + b_r^2} \times 2\tan\alpha_n \quad (8\text{-}21)$$

式中，F_r 为径向跳动公差；b_r 为切齿径向进刀公差，可按表8-7选取。

表 8-7　切齿径向进刀公差 b_r 值

齿轮精度等级	4	5	6	7	8	9
b_r 值	1.26IT7	IT8	1.26IT8	IT9	1.26IT9	IT10

4. 公称齿厚的计算

公称齿厚 h 是指齿厚的理论值，内、外齿轮的公称齿厚计算公式分别为

$$s_{n1} = m_{n1}(\pi/2 - 2x\tan\alpha_{n1}) \quad (8\text{-}22)$$

$$s_{n2} = m_{n2}(\pi/2 - 2x\tan\alpha_{n2}) \quad (8\text{-}23)$$

式中，x 为齿轮的变位系数；α_n 为法向压力角。

对于标准齿轮，公称齿厚计算公式为

$$s_n = m_n\pi/2 \tag{8-24}$$

5. 公法线长度极限偏差(E_{bns}，E_{bni})的计算

齿轮齿厚的变化必然引起公法线长度的变化，测量公法线长度同样也可以控制侧隙。公法线长度偏差是指公法线长度的实际值与公称值之差。常用公法线千分尺或公法线指示卡规来测量公法线长度。

对标准齿轮，公法线长度的公称值 W_k(式(8-6))及跨齿数 k 的计算公式为

$$W_k = m[1.476(2k-1) + 0.014z]$$
$$k = z/9 + 0.5 \tag{8-25}$$

式中，m 为齿轮的模数；k 为跨齿数；z 为齿轮的齿数。

公法线长度上偏差 E_{bns} 和下偏差 E_{bni}，可由齿厚极限偏差计算：

$$E_{bns} = E_{sns}\cos\alpha_n - 0.72F_r\sin\alpha_n \tag{8-26}$$
$$E_{bni} = E_{sni}\cos\alpha_n + 0.72F_r\sin\alpha_n \tag{8-27}$$

与测量齿厚偏差不同，公法线长度偏差测量简便，不受齿顶圆误差的影响，因而公法线长度偏差常用于代替齿厚偏差。

8.5　齿轮坯的精度

齿轮坯(齿坯)是指在轮齿加工前供制造齿轮用的工件。齿轮坯的尺寸偏差和齿轮箱体的尺寸偏差对于齿轮副的接触条件和运行状况影响极大。由于加工齿轮坯和箱体时保持较小的公差，比加工高精度的轮齿要经济得多。因此，应首先根据拥有的制造设备条件，尽量使齿轮坯和箱体的制造有较小的公差，可使加工的齿轮有较大的公差，从而获得更经济的整体设计。

满足此要求的最常用方法是确定基准轴线使其与工作轴线重合，即将安装面作为基准面。

8.5.1　确定基准轴线

1. 有关术语定义

(1)工作安装面：用来安装齿轮的面。

(2)制造安装面：齿轮制造或检测时用来安装齿轮的面。

(3)工作轴线：齿轮在工作时绕其旋转的轴线，它是由工作安装面的中心确定的。工作轴线只有在考虑整个齿轮组件时才有意义。

(4)基准轴线：制造者(检验者)用来确定单个轮齿几何形状的轴线。设计者的责任是确保基准轴线得到足够清楚的表达，以便在制造(检测)中精确体现，从而保证齿轮相对于工作轴线的技术要求得以满足。

(5)基准面：用来确定基准轴线的面。基准轴线是由基准面中心确定的。齿轮依此轴线来确定齿轮的细节，特别是确定齿距、齿廓和螺旋线偏差的允许值。

2. 确定基准轴线的方法

确定基准轴线的基本方法有以下三种。

(1)用两个"短的"圆柱或圆锥形基准面上设定的两个圆的圆心来确定轴线上的两个点，如图 8-13 所示。

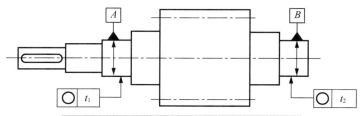

图 8-13　用两个"短的"基准面确定基准轴线

（2）用一个"长的"圆柱或圆锥形面来同时确定轴线的方向和位置，如图 8-14 所示。

（3）轴线的位置用一个"短的"圆柱形基准面上的一个圆的圆心来确定，而其方向则用垂直于此轴线的一个基准端面来确定，如图 8-15 所示。

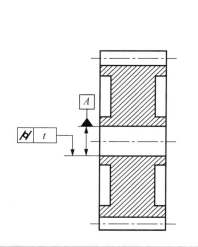

图 8-14　用一个"长的"基准面确定基准轴线　　　图 8-15　用一个圆柱面和一个端面确定基准轴线

8.5.2　齿坯公差的选择

1. 基准面和安装面的尺寸公差

齿轮内孔或齿轮轴的轴承安装面是工作安装面，也常作基准面和制造安装面，它们的尺寸公差可参照表 8-8。

表 8-8　基准面和安装面的尺寸公差

齿轮精度等级	6	7	8	9
孔	IT6	IT7		IT8
轴颈	IT5	IT6		IT7
顶圆柱面	IT8			IT9

齿顶圆柱面若作为测量齿厚的基准，其尺寸公差也可按表 8-8 选取；若齿顶圆不作为测量齿厚的基准，尺寸公差可按 IT11 给定。

2. 基准面和安装面的形状公差

基准面和安装面的形状公差，不应大于表 8-9 中所规定的数值。

表 8-9　基准面和安装面的形状公差

确定轴线的基准面	公差项目		
	圆度	圆柱度	平面度
用两个"短的"圆柱或圆锥形基准面	$0.04(L/b)F_\beta$ 或 $0.1F_p$，取两者中之小值		
一个"长的"圆柱或圆锥形面		$0.04(L/b)F_\beta$ 或 $0.1F_p$，取两者中之小值	
一个"短的"圆柱面和一个端面	$0.06F_p$		$0.06(D_d/b)F_\beta$

注：(1) 齿轮坯的公差应减至能经济地制造的最小值；
　　(2) L 为较大的轴承跨距；D_d 为基准面直径；b 为齿宽。

3. 安装面的跳动公差

当工作安装面或制造安装面与基准面不重合时，必须规定它们对基准面的跳动公差，其数值不应大于表 8-10 中规定的数值。

表 8-10　安装面的跳动公差（摘自 GB/Z 18620.3—2008）

确定轴线的基准面	跳动量（总的指示幅度）	
	径向	轴向
仅圆柱或圆锥形基准面	$0.15(L/b)F_\beta$ 或 $0.3F_p$，取两者中之大值	
一个圆柱基准面和一个端面基准面	$0.3F_p$	$0.2(D_d/b)F_\beta$

4. 齿坯各表面的表面粗糙度

齿坯各表面的表面粗糙度可参考表 8-11 选取。

表 8-11　齿坯各表面粗糙度 Ra 的推荐值　　　　（单位：μm）

齿轮精度等级	6	7	8	9
基准孔	1.25	1.25～5		5
基准轴颈	0.63	1.25	2.5	
基准端面	2.5～5		5	
顶圆柱面	5			

8.5.3　齿轮齿面表面粗糙度

齿轮表面粗糙度影响齿轮的传动精度、表面承载能力和弯曲强度，必须加以控制。GB/Z 18620.4—2008 规定了轮齿齿面表面粗糙度的检测方法、推荐极限值和表面结构的评定过程。表 8-12 是国家标准推荐的轮齿齿面轮廓的算术平均偏差 Ra 和轮廓的最大高度 Rz 的参数值。

表 8-12　齿面表面粗糙度允许值（摘自 GB/Z 18620.4—2008）　　（单位：μm）

齿轮精度等级	Ra		Rz	
	$m_n<6$	$6\leqslant m_n\leqslant25$	$m_n<6$	$6\leqslant m_n\leqslant25$
5	0.5	0.63	3.2	4.0
6	0.8	1.00	5.0	6.3
7	1.25	1.60	8.0	10.0
8	2.0	2.5	12.5	16
9	3.2	4.0	20	25
10	5.0	6.3	32	40
11	10.0	12.5	63	80
12	20	25	125	160

8.5.4 齿轮精度在图纸上的标注

齿轮精度标准规定，在技术文件中需叙述齿轮精度要求时，应注明标准编号。关于齿轮精度等级和齿厚偏差的标注建议如下。

1. 齿轮精度等级的标注

当齿轮的检验项目同为某一精度等级时，可标注精度等级和标准编号。若齿轮检验项目同为 7 级，则标注为 7 GB/T 10095.1—2022，7 GB/T 10095.2—2023。

若齿轮检验项目的精度等级不同，如齿廓总偏差 F_α 为 6 级，而齿距累积总偏差 F_p 和螺旋线总偏差 F_β 均为 7 级，则标注为 6(F_α)、7(F_p、F_β) GB/T 10095.1—2022。

2. 齿厚偏差的标注

按照 GB/T 6443—1986《渐开线圆柱齿轮图样上应注明的尺寸数据》的规定，应将齿厚偏差(或公法线长度极限偏差)标注在图样右上角参数表中。

8.6　圆柱齿轮的精度设计及示例

8.6.1 齿轮精度设计方法及步骤

1. 选择齿轮的精度等级

1)计算法

依据齿轮传动用途的主要要求，计算确定出其中一种使用要求的精度等级，再按其他方面要求，作适当协调，来确定其他使用要求的精度等级。

2)类比法

类比法(经验法)是依据以往产品设计、性能试验及使用过程中所积累的经验，以及较可靠的各种齿轮精度等级选择的技术资料，经过与所设计的齿轮在用途、工作条件及技术性能上作对比后，选定其精度等级。

目前常用类比法，表 8-13 给出了部分齿轮精度等级的应用，可供设计时参考。

表 8-13　机械采用的齿轮的精度等级

应用范围	精度等级	应用范围	精度等级
精密仪器、测量齿轮	2～5	拖拉机	6～10
汽轮机减速器	3～6	通用减速器	6～9
金属切削机床	3～8	轧钢设备	5～10
内燃机车、电气机车	5～8	矿用绞车	8～10
轻型汽车	5～8	起重机械	6～10
重型汽车	6～9	农业机械	8～11
航空发动机	3～7	工程机械	6～9

在机械传动中应用最多的齿轮是既传递运动又传递动力，其精度等级与圆周速度密切相关，因此可计算出齿轮的最高圆周速度，根据最高圆周速度参考表 8-14 来确定。表 8-14 列出了 3～9 级齿轮的应用范围、与传动平稳性的精度等级相适应的齿轮圆周速度范围及切齿方法，供设计时参考。

2. 选择齿轮的精度检验项目

齿轮精度检验项目选用时的主要考虑因素：

(1) 齿轮精度等级和用途；

(2) 检查目的（工序检验或最终检验）；

(3) 齿轮的切齿加工工艺；

(4) 齿轮的生产批量；

(5) 齿轮的结构形式和尺寸；

(6) 企业现有测量设备条件和检测费用等。

表 8-14　圆柱齿轮精度等级的适用范围

精度等级	圆周速度/(m/s)		齿面的终加工	工作条件
	直齿	斜齿		
3 级	到 40	到 75	特精密的磨削和研齿；用精密滚刀或单边剃齿后的大多数不经淬火的齿轮	要求特别精密的或在最平稳且无噪声的特别高速情况下工作的齿轮传动；特别精密机构中的齿轮；特别高速传动齿轮（透平齿轮）；检测 5～6 级齿轮用的测量齿轮
4 级	到 35	到 70	精密磨齿；用精密滚刀和挤齿或单边剃齿后的大多数齿轮	特别精密分度机构中或在最平稳且无噪声的极高速情况下工作的齿轮；特别精密分度机构中的齿轮；高速汽轮机齿轮；检测 6～7 级齿轮用的测量齿轮
5 级	到 20	到 40	精密磨齿；大多数用精密滚刀加工，进而挤齿或剃齿的齿轮	精密分度机中或要求极平稳且无噪声的高速工作的齿轮；精密分度机构用齿轮；高速汽轮机齿轮；检测 8～9 级齿轮用测量齿轮
6 级	到 16	到 30	精密磨齿或剃齿的齿轮	要求最高效率且无噪声的高速下平稳工作的齿轮；分度机构的齿轮；特别重要的航空、汽车齿轮；读数装置中特别精密传动的齿轮
7 级	到 10	到 15	无须热处理仅用精确刀具加工的齿轮；至于淬火齿轮必须精整加工（磨齿、挤齿、珩齿等）	增速和减速用齿轮传动；金属切削机床进刀机构用齿轮；高速减速器用齿轮；航空、汽车用齿轮；读数装置用齿轮
8 级	到 6	到 10	不磨齿，必要时光整加工或对研	无须特别精密的一般机械制造用齿轮；包括在分度链中的机床传动齿轮；航空、汽车制造业中不重要的齿轮；起重机械用齿轮；农业机械中的小齿轮；通用减速器齿轮
9 级	到 2	到 4	无须特殊光整加工	用于粗糙工作的齿轮

选择齿轮精度项目时，应当在保证满足齿轮功能要求的前提下，充分考虑测量的经济性。

在检验中，测量全部轮齿要素的偏差既不经济也不必要，因为其中有些要素偏差对于待测定齿轮的功能没有明显影响。有些测量项目可代替别的一些项目，如切向综合偏差检验能代替齿距偏差检验，径向综合偏差检验能代替径向跳动检验。质量控制时测量项目的减少须由采购方和供货方协商确定。

精度等级较高的齿轮，应该选用同侧齿面的精度项目，如齿廓公差、齿距公差、螺旋线公差、切向综合公差等。精度等级较低的齿轮，可以选用径向综合公差或径向跳动公差等双侧齿面的精度项目。这是因为同侧齿面的精度项目较接近齿轮的实际工作状态，而双侧齿面的精度项目受非工作齿面精度的影响，反映齿轮实际工作状态的可靠性较差。

当运动精度选用切向综合总偏差 F_{is} 时，传动平稳性最好选用一齿切向综合偏差 f_{is}，当运动精度选用齿距累积总偏差 F_p 时，传动平稳性最好选用单个齿距偏差 f_p，因为它们可采用同一种测量方法检验。当检验切向综合总偏差和一齿切向综合偏差时，可不必检验单个齿距偏差和齿距累积总偏差。当检验径向综合总偏差和一齿径向综合偏差时，可不必重复检验径向跳动。

GB/T 10095.1—2022 明确指出，通过检验同侧齿面的单个齿距偏差、齿距累积总偏差、齿廓总偏差和螺旋线总偏差来确定齿轮的精度等级。它虽然也提出了齿轮单面啮合测量参数、双面啮合测量参数、径向跳动等，但明确指出切向综合偏差(F_{is}，f_{is})、齿廓和螺旋线的形状偏差与倾斜偏差($f_{f\alpha}$，$f_{H\alpha}$，$f_{f\beta}$，$f_{H\beta}$)都不是必检项目，而是出于某种目的，如为检测方便、提高检测效率等而派生的替代项目，有时可作为有用的参数和评定值。

GB/T 10095.2—2023 规定了单个渐开线圆柱齿轮有关的径向综合总偏差 F_{id}、一齿径向综合偏差 f_{id}，它们均只适用于单个齿轮的各要素，而不包括相互啮合的齿轮副精度。检验径向综合偏差不能确定同侧齿面的单项偏差，但是包含了两侧齿面的偏差成分，可迅速提供由于生产用机床、工具或产品齿轮装夹而导致的质量缺陷信息。

虽然齿轮精度国家标准及其指导性技术文件中所给出的精度项目和评定参数很多，但是作为评价齿轮制造质量的客观标准，齿轮精度检验项目应当以单项指标为主。

为了评定单个齿轮的加工精度，必检项目为齿距累积总偏差、单个齿距偏差、齿廓总偏差及螺旋线总偏差，还应检验齿厚偏差以控制齿轮副侧隙，而齿厚极限偏差由设计者按齿轮副侧隙计算确定。

根据我国多年来生产实践及目前齿轮生产的质量控制水平，建议供求双方依据齿轮的功能要求、生产批量和检验条件参考表 8-15 选取一个组来评价齿轮的精度等级。

表 8-15　齿轮检验组(供参考)

检验组	检验项目	适用等级	测量仪器	备注
1	F_p、F_α、F_β、E_{sn} 或 E_{bn}	3～9	齿距仪、齿形仪、齿向仪或导程仪、齿厚卡尺或公法线千分尺	单件小批量
2	F_p、F_{pk}、F_α、F_β、E_{sn} 或 E_{bn}	3～9	齿距仪、齿形仪、齿向仪或导程仪、齿厚卡尺或公法线千分尺	单件小批量
3	F_p、F_{pt}、F_α、F_β、E_{sn} 或 E_{bn}	3～9	齿距仪、齿形仪、齿向仪或导程仪、齿厚卡尺或公法线千分尺	单件小批量
4	F_{id}、f_{id}、F_β、E_{sn} 或 E_{bn}	6～9	双面啮合测量仪、齿厚卡尺或公法线千分尺、齿向仪或导程仪	大批量
5	F_{is}、f_{is}、F_β、E_{sn} 或 E_{bn}	3～6	单啮仪、齿向仪或导程仪、齿厚卡尺或公法线千分尺	大批量
6	F_r、F_{pt}、F_β、E_{sn} 或 E_{bn}	10～11	摆差测定仪、齿距仪、齿向仪、齿厚卡尺或公法线千分尺	

3. 选择最小侧隙、计算齿厚偏差

参照本章 8.4 节的内容，具体计算步骤如下：

(1)根据齿轮副两个啮合齿轮的齿数和模数计算出中心距 a；

(2)依据齿轮模数及中心距查表 8-5 得出或由式(8-11)计算出最小法向侧隙 j_{bnmin}；

(3)根据齿轮精度等级、模数和分度圆直径由表 8-2 计算得到 f_{p1}、f_{p2} 及 F_β；

(4)根据 f_{p1}、f_{p2} 及 F_β 和齿轮宽度 b、轴承跨距 L，由式(8-15)或式(8-18)计算出齿轮制造误差和齿轮副安装误差对侧隙减小的补偿量 k；

(5)根据式(8-19)计算出齿厚上偏差 E_{sns}；

(6)根据式(8-21)计算出齿厚公差 T_{sn}；

(7)根据式(8-20)计算出齿厚下偏差 E_{sni}；

(8)也可以根据式(8-5)及式(8-25)～式(8-27)将齿厚上偏差和齿厚下偏差换算成公法线长度极限偏差。

4. 确定齿坯公差和表面粗糙度

根据齿轮的工作条件和使用要求，参照本章 8.5 节的内容确定齿坯的尺寸公差、几何公差和表面粗糙度。

5. 绘制齿轮工作图

绘制齿轮工作图，填写齿轮参数规格数据表，标注相应的技术要求。

8.6.2　齿轮精度设计示例

【例 8-1】某机床主轴箱传动轴上的一对直齿圆柱齿轮，$z_1 = 26$，$z_2 = 56$，$m = 2.75$，$b_1 = 28$，$b_2 = 24$，两轴承中间跨距 L 为 90mm，$n_1 = 1650$r/min，齿轮材料为钢，箱体材料为铸铁，单件小批量生产，试进行小齿轮的精度设计，并绘制出齿轮工作图。

【解】(1)确定齿轮精度等级。

因该齿轮为机床主轴箱传动齿轮，由表 8-13 可以大致得出，齿轮精度在 3～8 级，进一步分析，该齿轮为既传递运动又传递动力，因此可根据线速度确定其精度等级。

$$v = \frac{\pi d n_1}{1000 \times 60} = \frac{3.14 \times 2.75 \times 26 \times 1650}{1000 \times 60} = 6.2(\text{m/s})$$

参考表 8-14，确定该齿轮精度等级为 7 级，则齿轮精度表示为 7 GB/T 10095.1—2022。

(2)确定齿轮精度检验项目及其允许值。

该齿轮属小批量生产，中等精度，没有对局部范围提出更严格的噪声、振动的要求，因此可选用第 3 检验组，即检验 F_p、F_α、F_β、$\pm f_p$。计算得 $\pm f_p = \pm 0.012$，$F_p = 0.038$、$F_\alpha = 0.016$、$F_\beta = 0.017$。

(3)确定齿轮副侧隙和齿厚偏差。

该齿轮副中心距为

$$a = \frac{m(z_1 + z_2)}{2} = \frac{2.75 \times (26 + 56)}{2} = 112.75$$

按式(8-11)计算最小侧隙(或查表 8-5 按插入法求得)：

$$j_{\text{bn min}} = \frac{2}{3}(0.06 + 0.0005a + 0.03m_n)$$

$$= \frac{2}{3}(0.06 + 0.0005 \times 112.75 + 0.03 \times 2.75) = 0.133\,(\text{mm})$$

根据齿轮精度 7 级、模数 2.75 和分度圆直径($\phi 71.25$mm、$\phi 154$mm)得出 $f_{p1} = 0.012$，$f_{p2} = 0.013$mm，$F_\beta = 0.017$mm，由题意知，$L = 90$mm，$b = 28$mm。由式(8-18)计算出齿轮制造误差和齿轮副安装误差对侧隙减小的补偿量 k：

$$k = \sqrt{0.88(f_{\text{pt1}}^2 + f_{\text{pt2}}^2) + [2 + 0.34(L/b)^2]F_\beta^2}$$

$$= \sqrt{0.88(0.012^2 + 0.013^2) + [2 + 0.34(90/28)^2]0.017^2}$$

$$= 0.043(\text{mm})$$

查表 8-3，$f_a = 0.027$mm，由式(8-19)求齿厚上偏差：

$$E_{\text{sns}} = -\left(\frac{j_{\text{bn min}} + k}{2\cos\alpha_n} + |f_a|\tan\alpha_n\right) = -\left(\frac{0.133 + 0.043}{2\cos 20°} + 0.027\tan 20°\right) = -0.103(\text{mm})$$

由表 8-2 计算得径向跳动公差 $F_r = 0.030$mm。

由表 8-7 和标准公差数据表，查得切齿径向进刀公差 $b_r = \text{IT9} = 0.074$mm。

按式(8-21)计算齿厚公差为

$$T_{sn} = \sqrt{F_r^2 + b_r^2} \times 2\tan\alpha_n = \sqrt{0.03^2 + 0.074^2} \times 2\tan 20° = 0.058\,(\text{mm})$$

则由式(8-20)得齿厚下偏差:

$$E_{sni} = E_{sns} - T_{sn} = -0.103 - 0.058 = -0.161\,(\text{mm})$$

通常用检查公法线长度极限偏差来代替齿厚偏差:

上偏差 $E_{bns} = E_{sns}\cos\alpha_n - 0.72F_r\sin\alpha_n = -0.103 \times \cos 20° - 0.72 \times 0.3 \times \sin 20° = -0.104\,(\text{mm})$

下偏差 $E_{bni} = E_{sni}\cos\alpha_n - 0.72F_r\sin\alpha_n = -0.161 \times \cos 20° + 0.72 \times 0.3 \times \sin 20° = -0.144\,(\text{mm})$

计算跨齿数 $k = \dfrac{z}{9} + 0.5 = \dfrac{26}{9} + 0.5 = 3.4$,取 $k = 3$。

由式(8-6)得公法线长度的公称值:

$$W_k = m[1.476(2k-1) + 0.014z] = 2.75[1.476(6-1) + 0.014 \times 26] = 21.296\,(\text{mm})$$

则公法线长度及偏差为 $W_k = 21.296_{-0.144}^{-0.104}$。

(4)确定齿轮副精度。

① 中心距极限偏差 $\pm f_a$。

由表 8-3 查得,中心距极限偏差:

$$\pm f_a = \pm 0.027$$

则

$$a = 112.75 \pm 0.027\text{mm}$$

② 轴线平行度偏差 $f_{\Sigma\delta}$ 和 $f_{\Sigma\beta}$。

由式(8-8)得

$$f_{\Sigma\beta} = 0.5(L/b)F_\beta = 0.5 \times (90/28) \times 0.017 = 0.028\,(\text{mm})$$

由式(8-9)得

$$f_{\Sigma\delta} = 2f_{\Sigma\beta} = 2 \times 0.027 = 0.054\,(\text{mm})$$

③ 轮齿接触斑点。

由表 8-4 查得轮齿接触斑点要求:在齿长方向上的 $b_{c1}/b \geqslant 35\%$;在齿高方向上的 $h_{c1}/h \geqslant 35\%$,$h_{c2}/h \geqslant 30\%$。

中心距极限偏差和轴线平行度差在箱体图纸上注出。

(5)齿坯精度。

① 齿轮内孔(基准孔)的尺寸公差和形状公差。

已知齿轮精度等级为 7 级,并采用包容要求,则内孔尺寸偏差为:$\phi 30\text{H7}\left(^{+0.021}_{0}\right)$ⓔ。

齿轮内孔的圆柱度公差 t_1:根据推荐得

$$0.04\,(L/b)F_\beta = 0.04(90/28) \times 0.017 \approx 0.002\,(\text{mm})$$

$$0.1F_p = 0.1 \times 0.038 \approx 0.004\,(\text{mm})$$

取以上两值中之小者,则内孔圆柱度公差为:$t_1 = 0.002\text{mm}$。

② 齿顶圆的尺寸公差和几何公差。

齿顶圆直径为:$d_a = m_n(z+2) = 2.75 \times (26+2) = 77\,(\text{mm})$,按表 8-8 取 IT8,即 $\phi 77\text{h8}\left(^{0}_{-0.046}\right)$。

齿顶圆的圆柱度公差为:$t_2 = 0.002\text{mm}$(同齿轮内孔)。

则齿顶圆的径向圆跳动公差,$t_r = 0.3F_p = 0.3 \times 0.038 = 0.011\text{mm}$。如果齿顶圆不作基准,齿顶圆的圆柱度公差和径向圆跳动公差则不作要求,图纸中就不必标注出。

③ 基准端面的圆跳动公差。

基准端面对基准孔的轴向圆跳动公差：

$$t_i = 0.2(D_d/b)F_\beta = 0.2(65/28) \times 0.017 = 0.008\,(mm)$$

④ 齿轮内孔（基准孔）的径向圆跳动公差。

由于齿顶圆圆柱面作为测量和加工基准，因此，不必另选径向基准面。

⑤ 齿坯及齿面的表面粗糙度。

可由表 8-11 和表 8-12 查得，齿面表面粗糙度 Ra 的允许值为 1.25μm，确定齿坯内孔 Ra 的允许值为 1.25μm，端面 Ra 的允许值为 12.5μm，顶圆 Ra 的允许值为 3.2μm，其余表面 Ra 的允许值为 12.5μm。

该齿轮的零件工作图如图 8-16 所示。

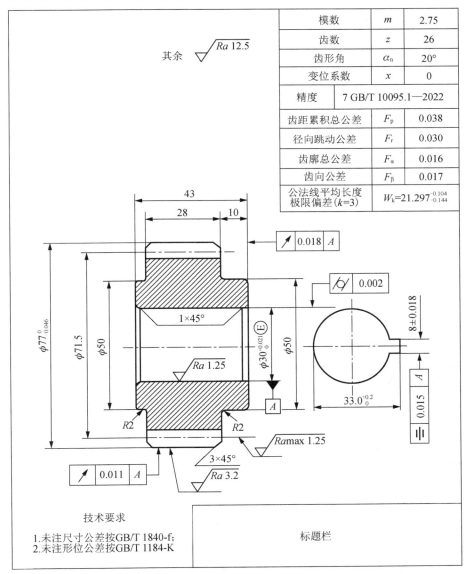

模数	m	2.75
齿数	z	26
齿形角	α_n	20°
变位系数	x	0
精度	\multicolumn{2}{c}{7 GB/T 10095.1—2022}
齿距累积总公差	F_p	0.038
径向跳动公差	F_r	0.030
齿廓总公差	F_α	0.016
齿向公差	F_β	0.017
公法线平均长度极限偏差(k=3)	\multicolumn{2}{c}{$W_k=21.297^{-0.104}_{-0.144}$}

技术要求

1. 未注尺寸公差按GB/T 1840-f；
2. 未注形位公差按GB/T 1184-K

标题栏

图 8-16　齿轮零件工作图

8.7　齿轮精度检测

齿轮精度的检测包括齿轮副的检测和单个齿轮的检测，以下讲述完工后的单个齿轮主要检验项目的检测方法。

8.7.1　齿圈径向跳动的测量

齿圈径向跳动的测量通常在摆差测定仪上进行，如图 8-17 所示。被测齿轮装在测量心轴上并顶在仪器前后顶尖间，由带有测头的指示表依次测量各齿间的示值。测头的形状可以是球形的(也可是锥角为 $2\alpha_n$ 的锥形的)，为了使测头尽可能地在齿轮的分度圆附近接触，球形测头的直径可近似地取 $d_n = 1.68m_n$。将测量一圈后指示表的最大值和最小值相减就得到径向跳动偏差 F_r，有时为了进行工艺分析，可以画出 F_r 偏差曲线，并从中分析出齿轮的偏心量(图 8-17(b))。

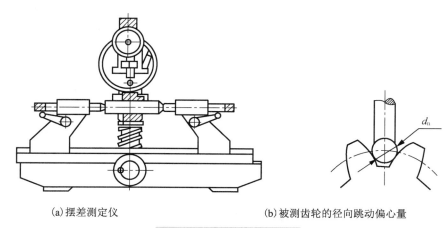

(a)摆差测定仪　　　　　　　　　　(b)被测齿轮的径向跳动偏心量

图 8-17　齿轮径向跳动测量

8.7.2　齿距的测量

齿距偏差的测量可分为绝对测量法和相对测量法两类。

1. 齿距偏差的绝对测量法

齿距偏差的绝对测量法是直接测出齿轮各齿的齿距角偏差，再换算成线值，其测量原理

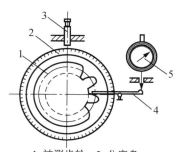

1-被测齿轮；2-分度盘；
3-显微镜；4-测量杆；5-指示表

图 8-18　绝对测量法测量齿距偏差

如图 8-18 所示。被测齿轮 1 同轴地装在分度盘 2 上，其每次转角可由显微镜 3 读出，被测齿轮的分度定位由测量杆 4 和指示表 5 完成。测头在分度圆附近与齿面接触，每次转角都由指示表指零位，依次读出各齿距的转角。测量示例及数据处理见表 8-16。

由表 8-16 中得出相对应于齿距累积偏差最大值的最大角距累积总偏差 $\Delta\varphi_{\Sigma max} = (+5') - (-4') = 9'$，发生在第 6 与第 2 齿距间，角齿距误差最大值 $\Delta\varphi_{max} = -4'$，发生在第 5 齿距。跨 k 个角齿距($k = 3$)累积偏差最大值差为-8'(发生在第 3～5 或第 4～6 齿距上)。

表 8-16　绝对测量法测齿距偏差数据处理示例（$m = 2$，$z = 8$，k 取 3）

齿距序号 i	理论转角 φ	实际转角 φ_{ui}	角齿距累积总偏差 $\Delta\varphi_{\Sigma} = \varphi_{ui} - \varphi$	单个角齿距偏差 $\Delta\varphi_i = \varphi_{u(i+1)} - \varphi_{ui}$	角齿距累积偏差 $\Delta\varphi_{\Sigma k} = \sum\limits_{i-k+1}^{i}\Delta\varphi_i$
1	45°	45°2′	+ 2′	+ 2′	+ 6′(7～1)
2	90°	90°5′	+ 5′	+ 3′	+ 6′(8～2)
3	135°	135°4′	+ 4′	− 1′	+ 4′(1～3)
4	180°	180°1′	+ 1′	− 3′	− 1′(2～4)
5	225°	224°57′	− 3′	− 4′	− 8′(3～5)
6	270°	269°56′	− 4′	− 1′	− 8′(4～6)
7	315°	314°59′	− 1′	+ 3′	− 2′(5～7)
8	360°	360°0′	0′	+ 1′	+ 3′(6～8)

可将上述结果按下式换算成线值。

（1）齿距累积总偏差为

$$F_{\mathrm{p}} = \frac{mz \cdot \Delta\varphi_{\Sigma} \times 60}{2 \times 206.3} = \frac{2 \times 8 \times 9 \times 60}{2 \times 206.3} \approx 21(\mu\mathrm{m})$$

（2）单个齿距偏差为

$$f_{\mathrm{pt}} = \frac{mz \cdot \Delta\varphi \times 60}{2 \times 206.3} = \frac{2 \times 8 \times (-4) \times 60}{2 \times 206.3} \approx -9(\mu\mathrm{m})$$

（3）齿距累积偏差为

$$F_{\mathrm{pk}} = \frac{mz \cdot \Delta\varphi_{\Sigma k} \times 60}{2 \times 206.3} = \frac{2 \times 8 \times (-8) \times 60}{2 \times 206.3} \approx -19(\mu\mathrm{m})$$

2. 齿距偏差的相对测量法

齿距偏差的相对测量法一般是在万能测齿仪或齿距仪上测量的，如图 8-19 所示。齿距仪的测头 3 为固定测头，活动测头 2 与指示表 7 相连，测量时按齿距仪与被测齿轮平放在检验平板上，用两个定位杆 4 顶在齿轮顶圆上，调整测头 2 和 3 使其大致在分度圆附近接触，以任一齿距作为基准齿距并将指示表对零，然后逐个齿距进行测量，得到各齿距相对于基准齿距的偏差 $P_{相}$，见表 8-17，然后求出平均齿距偏差 $P_{平}$ 为

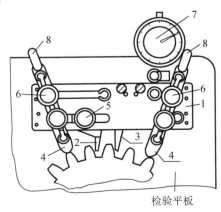

(a) 齿距仪测量原理图

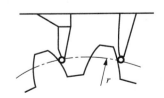

(b) 被测齿轮的齿距偏差曲线

1-齿距仪；2-活动测头；3-固定测头；4-定位杆；5-锁紧螺钉；6-锁紧螺钉；7-指示表；8-锁紧螺钉

图 8-19　用齿距仪测齿距偏差

$$\Delta P = \frac{\sum_{i=1}^{z} \Delta P_i}{z} = \frac{1}{8}\left[0+3+(-2)+3+5+(-2)+3+(-2)\right] = +1(\mu m)$$

然后求出 $\Delta P_{i绝} = \Delta P_{i相} - \Delta P_{平}$ 各值,将 $\Delta P_{i绝}$ 值累积后得到齿距累积偏差 ΔF_{Pi} ,从 ΔF_{Pi} 中找出最大值、最小值,其差值即为齿距总偏差 ΔF_p ,发生在第 3 和第 5 齿距间,即

$$\Delta F_p = \Delta F_{Pi\,max} - \Delta F_{Pi\,min} = (+4)-(-2) = 6(\mu m)$$

在 $\Delta P_{i绝}$ 中找出绝对值的最大值即为单个齿距偏差,发生在第 5 齿距,即 $\Delta f_{pt} = +4(\mu m)$ 。

将 ΔF_{Pi} 值每相邻 3 个数字相加即得出 $k=3$ 时的 ΔF_{pk} 值,取其齿距累积偏差,此例中最大值为 $|-4|$,发生在第 3~5 齿距间,即 $\Delta F_{pk} = -4(\mu m)$ 。

表 8-17　相对测量法测齿距误差数据处理示例

齿距序号 i	齿距仪读数 $\Delta P_{i相}$	单个齿距偏差 $\Delta P_{i绝} = \Delta P_{i相} - \Delta P_{平}$	齿距累积总偏差 $\Delta F_{Pi} = \sum_{i=1}^{i} \Delta P_{绝}$	齿距累积偏差 $\Delta F_{pk} = \sum_{i-k+1}^{i} \Delta P_{绝}$
1	0	−1	−1	−2(7~1)
2	+3	+2	+1	−2(8~2)
3	−2	−3	−2	−2(1~3)
4	+3	+2	0	+1(2~4)
5	+5	+4	+4	+3(3~5)
6	−2	−3	+1	+3(4~6)
7	+3	+2	+3	+3(5~7)
8	−2	−3	0	−4(6~8)

8.7.3　齿廓偏差的测量

齿廓偏差测量也称为齿形测量,通常是在渐开线检查仪上进行测量的。渐开线检查仪可分为万能渐开线检查仪和单盘式渐开线检查仪两类,如图 8-20 所示为单盘式渐开线检查仪。该仪器是用比较法进行齿形偏差测量的,即将被测齿形与理论渐开线进行比较,从而得出齿廓偏差。被测齿轮 1 与可更换的基圆盘 2 装在同一轴上,基圆盘直径等于被测齿轮的理论基圆直径,并与装在滑板 4 上的直尺 3 相切,具有一定的接触力。当转动丝杆 5 使滑板 4 移动时,直尺 3 便与基圆 2 做纯滚动,此时齿轮也同步转动。在滑板 4 上装有测量杠杆 6,它的一端为测量头,与被测齿面接触,其接触点刚好在直尺 3 与基圆盘 2 相切的平面上,它走出的轨迹应为理论渐开线,但是由于齿面存在齿形偏差,因此在测量过程中测头就产生了附加位移并通过指示表 7 指示出来,或者由记录器画出齿廓偏差曲线、按 f_α 定义可以从记录曲线上求出 f_α 数值。有时为了进行工艺分析或应订货方要求,也可以从曲线上进一步分析出 $f_{f\alpha}$ 和 $f_{H\alpha}$ 数值。

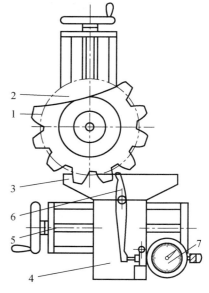

1-被测齿轮;2-基圆盘;3-直尺;

4-滑板;5-丝杆;6-杠杆;7-指示表

图 8-20　单盘式渐开线检查仪

8.7.4　齿向和螺旋线偏差的测量

直齿圆柱齿轮的齿向偏差 F_β 可用如图 8-21 所示的方法测量。齿轮连同测量心轴安装在具有前后顶尖的仪器上，将直径大致等于 $1.68m_n$ 的测量棒分别放入齿轮相隔 $90°$ 的 1、2 位置的齿槽间，在测量棒两端打表，测得的两次示值差就可近似地作为齿向误差 F_β。

斜齿轮的螺旋线偏差可在导程仪或螺旋角测量仪上测量，如图 8-22 所示。当滑板 1 沿齿轮轴线方向移动时，其上的正弦尺 2 带动滑板 5 做径向运动，滑板 5 又带动与被测齿轮 4 同轴的圆盘 6 转动，从而使齿轮与圆盘同步转动，此时装在滑板 1 上的测头 7 相对于被测齿轮 4 来说，其运动轨迹为理论螺旋线，它与齿轮面实际螺旋线进行比较从而测出螺旋线或导程偏差，并由指示表 3 示出或记录器画出偏差曲线。可按 f_β 定义从偏差曲线上求出 f_β 值，有时为进行工艺分析或应订货方要求可以从曲线上进一步分析出 $f_{f\beta}$ 或 $f_{H\beta}$ 值。

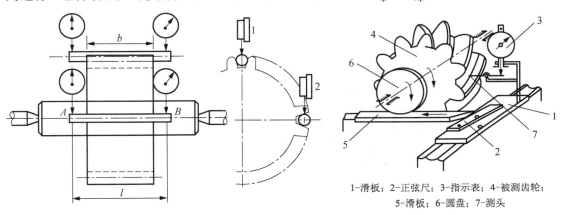

1-滑板；2-正弦尺；3-指示表；4-被测齿轮；
5-滑板；6-圆盘；7-测头

图 8-21　圆柱直齿轮齿向偏差测量示意图　　图 8-22　导程仪测量斜齿轮螺旋线偏差示意图

8.7.5　公法线长度的测量

测量公法线长度可以得出公法线长度变动量 F_W 和公法线长度偏差 E_{bn}。

如图 8-23(a)所示为用公法线千分尺测量，将公法线千分尺的两个互相平行的测头按事先算好的卡量齿数插入相应的齿间，并且与两异名齿面相接触。从千分尺上读出公法线的长度值，沿齿轮一周所得的测量值最大、最小之差即为 F_W，而将所有测量值求和并求平均值，则得到平均公法线长度值与公法线理论值之差即为 E_{bn}。理论上应测出沿齿轮一周的所有公法线值，但为了简便起见，可测圆周均匀分布的 6 个公法线值进行计算。

如图 8-23(b)所示为公法线指示卡规，在卡规本体圆柱 5 上有两个平面测头 7 与 8，其中测头 8 是活动的，并且通过片弹簧 9 及杠杆 10 与测微表 1 相连，调节测头 7 可在本体圆柱 5 上调整轴向位置并固紧，3 为固定框架，2 为拔销，6 为调节手柄，把它从圆柱 5 上拧下，插入套筒 4 的开口中，拧动后可调节测头 7 的轴向位置。测量时首先用等于公法线理论长度的量块调整卡规的零位，然后按预定的卡量齿数将两测头插入相应的齿槽内并与两异名齿面相接触，然后摆动卡规从测微表上找到转折点，则可测得该测点上的 E_{bn}。取沿齿轮圆周各点测得其偏差值，各测点的最大值和最小值之差即为 F_W。

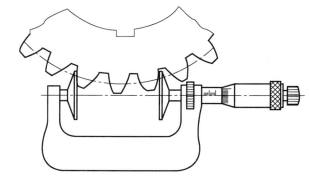

(a) 公法线千分尺测量

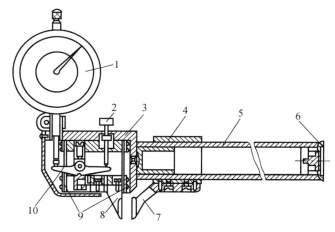

(b) 公法线指示卡规测量

1-测微表；2-拔销；3-固定框架；4-套筒；5-本体圆柱；6-调节手柄；7-调节测头；8-活动测头；9-片弹簧；10-杠杆

图 8-23　测量公法线长度示意图

8.7.6　齿厚的测量

齿厚可用齿厚游标卡尺测量，如图 8-24 所示，也可用精度更高的光学测齿仪测量。

用齿厚游标卡尺测齿厚时，首先将齿厚游标卡尺的高度游标卡尺调至相应于分度圆弦齿高 $\overline{h}_a$ 的位置，然后用宽度游标卡尺调出分度圆弦齿厚 $\overline{S}$ 值，将其与理论值比较即可得到齿厚偏差 E_{sn}。

对于斜齿轮应测量其法向齿厚，其计算公式与直齿轮相同，只是应以法向参数即 m_n、α_n、x_n 和当量齿数 z_v 代入相应公式计算。

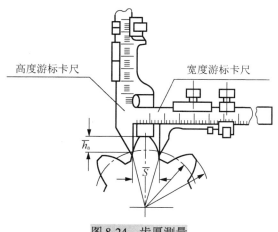

图 8-24　齿厚测量

8.7.7　单面啮合综合测量

在齿轮单啮仪上可测得切向综合偏差 F_{is} 和一齿切向综合偏差 f_{is}。如图 8-25(a) 所示为光栅式单啮仪原理图，它是由两个圆光栅盘建立标准传动，将被测齿轮与标准蜗杆单面啮合组成实际传动的。电动机通过传动系统带动标准蜗杆和圆光栅盘 I 转动。标准蜗杆带动被测齿轮及其同轴上的圆光栅盘 II 转动。高频圆光栅盘 I 和低频圆光栅盘 II 分别通过信号发生器 I 和 II 将标准蜗杆和被测齿轮的角位移转变成电信号，并根据标准蜗杆头数 k 及被测齿轮的齿数 z，通过分频器将高频电信号(f_1)做 z 分频，低频电信号(f_2)做 k 分频，于是将圆光栅盘 I 和 II 发出的脉冲信号变成同频信号。

被测齿轮的偏差以回转角误差的形式反映出来，此回转角的微小角位移误差变为两电信号的相位差，两电信号输入比相器进行比相后输入电子记录器中记录，便得出被测齿轮的偏差曲线图，如图 8-25(b) 所示，此误差曲线是在圆记录纸上画的(有的单啮仪可在长记录纸上画出误差曲线)，以记录纸中心 O 为圆心，画出误差曲线的最大内切圆和最小外接圆，则此两圆的半径差为切向综合偏差 F_{is}，相邻两齿的曲线最大波动为一齿切向综合偏差 f_{is}。

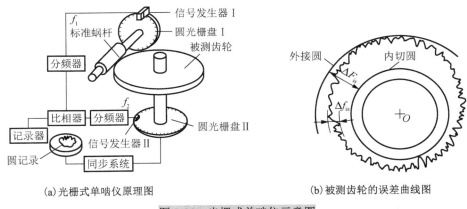

(a) 光栅式单啮仪原理图　　　　　　　　(b) 被测齿轮的误差曲线图

图 8-25　光栅式单啮仪示意图

8.7.8　双面啮合综合测量

在齿轮双啮仪上可以测得径向综合偏差 F_{id} 和一齿径向综合偏差 f_{id}。如图 8-26(a) 所示为双啮仪测量原理图，被测齿轮安装在固定拖板的心轴上，理想精确的测量齿轮安装在浮动拖板的心轴上，在弹簧力的作用下，两者达到紧密无间隙的双面啮合，此时的中心距为度量中心距 a'。当二者转动时由于被测齿轮存在加工误差，度量中心距发生变化，此变化通过测量台架的移动传到指示表或由记录装置画出偏差曲线，如图 8-26(b) 所示。从偏差曲线上可读到 F_{id} 与 f_{id}。径向综合偏差包括左、右齿面啮合偏差的成分，它不可能得到同侧齿面的单向偏差。该方法可用于大量生产的中等精度齿轮及小模数齿轮的检测。

双啮测量中的标准齿轮，不但精度要比被测齿轮高 2～3 级，而且对其啮合参数也要精心设计，以保证它能与被测齿轮充分、全面地啮合，达到全面检查的目的，详见 GB/T 10095.2—2023。

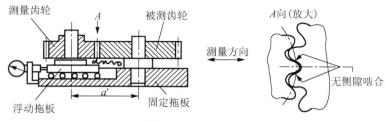

(a) 双啮仪测量原理图

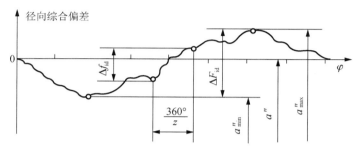

(b) 被测齿轮的偏差曲线图

图 8-26　齿轮双啮仪测量示意图

思　考　题

8-1 为什么要规定齿坯公差？齿坯要求检验哪些精度项目？

8-2 齿轮传动有哪些使用要求？

8-3 齿轮加工误差产生的原因有哪些？

8-4 齿轮副精度评定指标有哪些？

8-5 齿轮传动中的侧隙有什么作用？用什么评定指标来控制侧隙？

8-6 如何选择齿轮的精度等级？从哪几个方面考虑选择齿轮的检验项目？

8-7 评定齿轮各项精度指标的必检参数是哪些？说明其代号。

8-8 齿轮各项精度参数的精度等级分几级？如何表示精度等级？

第9章 尺寸链的精度设计

在机器装配过程中，经常遇到最终的装配要求必须在各零部件保证正确尺寸关系的前提下才能够得到满足。在零件加工过程中，也经常遇到最终的设计尺寸要求必须在各工序尺寸保证合理精度的前提下才能得到满足。如图 9-1 所示的车床主轴轴线与尾架轴线高度差的允许值 A_0 是装配要求，而这个要求是依靠尾架顶尖轴线到底面的高度 A_1、与床面相连的底板的厚度 A_2、床面到主轴轴线的距离 A_3 间接保证的。

本章知识要点 ▶▶

(1) 掌握工艺尺寸链的基本概念。
(2) 了解尺寸链的基本类型和特性。
(3) 掌握建立直线尺寸链的基本方法和步骤。
(4) 掌握运用完全互换法对尺寸链进行设计计算和校核计算。
(5) 了解运用大数互换法对尺寸链进行设计计算。

兴趣实践 ▶▶

阅读减速器总装图，对其中某一传动轴上装配的相关零件的配合关系进行梳理，观察哪些零件的尺寸变动可能会对装配质量产生影响，通过建立轴向尺寸链并分析尺寸链的组成及计算尺寸链中各尺寸的尺寸公差，并从中感受尺寸链设计的重要意义。

探索思考 ▶▶

机器或部件是由许多零件组成的，在设计、制造和装配过程中，零件的设计尺寸与工序尺寸之间，各零件与部件或整机之间的精度往往有内在联系，并相互作用。从几何参数互换的角度出发，通过什么方法或途径才能对这种内在联系进行全面分析，经济、合理地确定各组成件的尺寸精度与机械精度？

预习准备 ▶▶

请预先复习以前学过的尺寸公差、几何公差的相关知识。

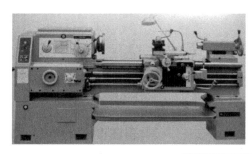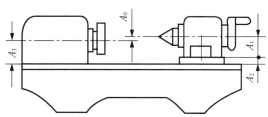

图 9-1　车床装配尺寸链示意图

通过本章的学习，你能想到如何设计对装配精度产生影响的零件相关的基本尺寸及公差吗？如何合理设计工序的基本尺寸及公差？几何公差对装配精度及零件精度会产生哪些影响？答案就在本章。

9.1　尺寸链的基本概念

 案例 9-1

减速器中的从动轴是典型轴结构，其轴头部分的键槽的加工过程涉及多个加工工序。

轴头段的常用加工工艺过程为：车外圆—铣键槽—磨外圆。

问题：

(1) 在轴头加工过程中，封闭环尺寸是哪个尺寸？

(2) 该如何分配三道工序的工序尺寸及公差，并最终保证键槽深度尺寸满足设计要求？

在机械产品设计过程中，设计人员根据某一部件或总的使用性能，规定了必要的装配精度(技术要求)，这些装配精度，在零件制造和装配过程中是如何经济可靠地保证的，装配精度和零件精度有何关系，零件的尺寸公差和几何公差又是如何制定出来的。所有这些问题都需要借助尺寸链原理来解决。因此对产品设计人员来说，尺寸链原理是必须掌握的重要工艺理论之一。

机械零件无论在设计或制造中，一个重要的问题就是如何保证产品的质量。也就是说，设计一部机器，除了要正确选择材料，进行强度、刚度、运动精度计算外，还必须进行机械精度计算，合理地确定机器零件的尺寸、几何形状和相互位置公差，在满足产品设计预定技术要求的前提下，能使零件、机器经济地加工和顺利地装配。为此，需对设计图样上要素与要素之间，零件与零件之间有相互尺寸、位置关系要求，且能构成首尾衔接、形成封闭形式的尺寸组加以分析，研究它们之间的变化；计算各个尺寸的极限偏差及公差；以便选择保证达到产品规定公差要求的设计方案与经济的工艺方法。

尺寸链主要是研究尺寸公差与位置公差的计算和达到产品公差要求的设计方法与工艺方法。

本章涉及的尺寸链标准是《尺寸链 计算方法》(GB/T 5847—2004)。

9.1.1　尺寸链的有关术语

1. 尺寸链

在机器装配或零件加工过程中，由相互连接的尺寸形成封闭的尺寸组，该尺寸组称为尺寸链（dimensional chain）。如图 9-2（a）所示，零件经过加工依次得到尺寸 A_1、A_2 和 A_3，则尺寸 A_0 也就随之确定。A_0、A_1、A_2 和 A_3 形成尺寸链；如图 9-2（b）所示。

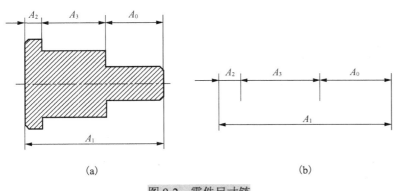

图 9-2　零件尺寸链

> **小提示 9-1**
>
> 尺寸链是由各组成环尺寸构成一个封闭的尺寸系统，但在零件图上标注尺寸时是不允许形成封闭的尺寸标注的。通常，A_0 尺寸在工序图上一般是不标注的。

如图 9-3（a）所示，车床主轴轴线与尾架顶尖轴线之间的高度差 A_0，尾架顶尖轴线高度 A_1、尾架底板高度 A_2 和主轴轴线高度 A_3 等设计尺寸相互连接成封闭的尺寸组，形成尺寸链，如图 9-3（b）所示。

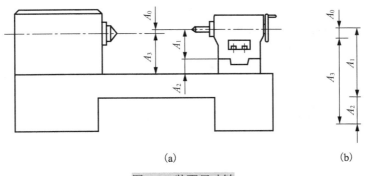

图 9-3　装配尺寸链

2. 环

（1）环（link）：列入尺寸链中的每一个尺寸。如图 9-2 和图 9-3 中的 A_0、A_1、A_2 和 A_3，都是环。

（2）封闭环（closing link）：尺寸链中，由装配或加工过程最后形成的一环。它也是确保机器装配精度要求或零件加工质量的一环，封闭环加下角标"0"表示。任何一个尺寸链中，只有一个封闭环。如图 9-2 和图 9-3 所示的 A_0 都是封闭环。

（3）组成环（component link）：尺寸链中，对封闭环有影响的全部环。在这些环中，任一环的变动必然引起封闭环的变动，如图 9-2 和图 9-3 中的 A_1、A_2 和 A_3。组成环用拉丁字母 A、B、C 等或希腊字母 α、β、γ 等再加下角标"i"表示，序号 $i = 1,2,3,\cdots,m$。同一尺寸链的各组成环，一般用同一字母表示。

(4)增环(increasing link)：尺寸链中的组成环，由于该环的变动引起封闭环的同向变动。同向变动指该环增大时，封闭环也增大，该环减小时，封闭环也减小。如图 9-2 中的 A_1 和图 9-3 中的 A_1、A_2。

(5)减环(decreasing link)：尺寸链中的组成环，由于该环的变动引起封闭环的反向变动。反向变动指该环增大时，封闭环会减小，该环减小时，封闭环会增大。如图 9-2 中的 A_2、A_3 和图 9-3 中的 A_3。

(6)补偿环(compensating link)：尺寸链中，预先选定的某一组成环，可以通过改变其大小或位置使封闭环达到规定的要求。如设计中经常用到的调整垫片的厚度及修配件的修配尺寸。

(7)传递系数(scaling factor, transformation ratio)：表示各组成环对封闭环影响大小的系数。尺寸链中封闭环与各组成环的关系可表示为：$L_0 = f(L_1, L_2, \cdots, L_m)$。设第 i 个组成环的传递系数为 ζ_i，则 $\zeta_i = \partial f / \partial L_i$。对于增环，$\zeta_i$ 为正值；对于减环，ζ_i 为负值。如图 9-2 所示的尺寸链，$A_0 = A_1 - A_2 - A_3$，则 $\zeta_1 = +1$，$\zeta_2 = -1$，$\zeta_3 = -1$。如图 9-3 所示的尺寸链，$A_0 = A_1 + A_2 - A_3$，则 $\zeta_1 = +1$，$\zeta_2 = +1$，$\zeta_3 = -1$。

9.1.2 尺寸链的分类

1. 长度尺寸链和角度尺寸链

(1)长度尺寸链：全部环为长度尺寸的尺寸链。

(2)角度尺寸链：全部环为角度尺寸的尺寸链。如图 9-4 为由各角度所组成的封闭多边形，这时 α_1、α_2、α_3 及 α_0 构成一个角度尺寸链。

2. 装配尺寸链、零件尺寸链与工艺尺寸链

(1)装配尺寸链：全部组成环为不同零件设计尺寸所形成的尺寸链，如图 9-3 所示的尺寸链。

(2)零件尺寸链：全部组成环为同一零件设计尺寸所形成的尺寸链，如图 9-2 所示的尺寸链。

(3)工艺尺寸链：全部组成环为同一零件工艺尺寸所形成的尺寸链，如图 9-5 所示的尺寸链。

> **小 提 示 9-2**
>
> 装配尺寸链与零件尺寸链，统称为设计尺寸链。设计尺寸指零件图上标注的尺寸；工艺尺寸指工序尺寸、定位尺寸与测量尺寸等。

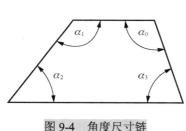

图 9-4　角度尺寸链　　　　　图 9-5　工艺尺寸链

3. 基本尺寸链与派生尺寸链

(1)基本尺寸链：全部组成环皆直接影响封闭环的尺寸链，如图 9-6 所示由 β_0、β_1、β_2、β_3 组成的尺寸链。

(2)派生尺寸链：一个尺寸链的封闭环为另一尺寸链的组成环所形成的尺寸链，如图 9-6 所示由 α_0、α_1、α_2、α_3 组成的尺寸链。

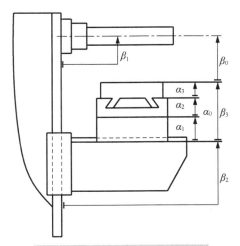

图 9-6　基本尺寸链及派生尺寸链

4. 直线尺寸链、平面尺寸链与空间尺寸链

(1) 直线尺寸链：全部组成环平行于封闭环的尺寸链，如图 9-1、图 9-2、图 9-3 所示。

(2) 平面尺寸链：全部组成环位于一个或几个平行平面内，但某些组成环不平行于封闭环的尺寸链，如图 9-7 所示的尺寸链。

案例 9-1 分析

　　在从动轴轴头部分加工过程中，最终图纸要求的键槽深度为封闭环。

　　如下图，在公差分配过程中图纸外圆尺寸为最终磨削工序尺寸 A_3，可以考虑先将该段车削至尺寸 A_1，并预留磨削余量，再利用尺寸链计算方法得到的铣削深度 A_2 完成键槽的铣削加工，最后磨削外圆至设计尺寸 A_3，同时可保证键槽深度满足设计要求 A_0。

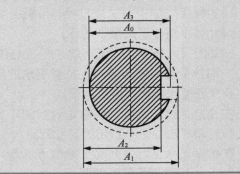

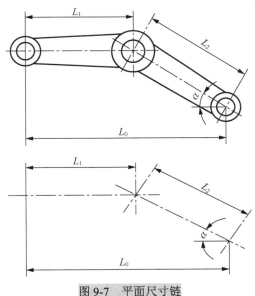

图 9-7　平面尺寸链

(3) 空间尺寸链：组成环位于几个不平行平面内的尺寸链。

平面尺寸链和空间尺寸链的分析计算较为复杂，本课程不作讨论。

9.2　尺寸链的建立

正确建立和描述尺寸链是进行尺寸链分析计算的基础。建立装配尺寸链时，应了解产品的装配关系、产品装配方法及产品装配性能要求;建立工艺尺寸链时,应了解零部件的设计要求及其制造工艺过程,同一零件的不同工艺过程所形成的尺寸链是不同的。在尺寸链的建立中,封闭环的判定和组成环的查找是非常重要的,因为封闭环的判定错误,整个尺寸链的解算将得出错误的结果;组成环查找不对,将得不到最少链环的尺寸链,解算的结果也是错误的。下面将分别予以讨论。

9.2.1 确定封闭环

在工艺尺寸链中,封闭环是加工过程中最后自然形成的尺寸。因此,封闭环是随着零件加工方案的变化而变化的。封闭环的判定必须根据零件加工的具体方案,紧紧抓住"自然形成"这一要领。

在零件尺寸链中,未标尺寸(环)就是封闭环,该尺寸一般为零件尺寸链中精度要求最低的环。

在装配尺寸链中,封闭环就是产品上有装配精度要求的尺寸。如同一部件中各零件之间相互位置要求的尺寸或保证相互配合零件配合性能要求的间隙或过盈量。

在确定封闭环之后,应确定对封闭环有影响的各个组成环,使之与封闭环形成一个封闭的尺寸回路。

在建立尺寸链时,几何公差也可以是尺寸链的组成环。在一般情况下,几何公差可以理解为基本尺寸为零的线性尺寸。几何公差参与尺寸链分析计算的情况较为复杂,应根据几何公差项目及应用情况分析确定。

必须指出,在建立尺寸链时应遵守"最短尺寸链原则",即对于某一封闭环,当存在多个尺寸链时,应选择组成环数最少的尺寸链进行分析计算。一个尺寸链中只有一个封闭环。

> **小提示 9-3**
>
> 工艺尺寸链的封闭环是加工过程中间接获得的尺寸。
>
> 装配尺寸链的封闭环一般是在零件装配中要保证的相关技术要求,如间隙、过盈、位置精度等。
>
> 零件尺寸链的封闭环通常是设计图样中未标明的尺寸。

9.2.2 查找组成环

组成环是对封闭环有直接影响的那些尺寸,与此无关的尺寸要排除在外。一个尺寸链的环数应尽量少。

查找装配尺寸链的组成环时,先从封闭环的任意一端开始,找相邻零件的尺寸,然后再找与第一个零件相邻的第二个零件的尺寸,这样一环接一环,直到封闭环的另一端,从而形成封闭的尺寸组。

查找零件尺寸链的组成环时,从封闭环的两端同时找起,直至找到同一个尺寸界线。其中找到的每一个尺寸都是一个组成环,它们与封闭环连接形成一个封闭的尺寸组,即尺寸链。

查找工艺尺寸链的组成环时,从封闭环的两端面开始,分别向前查找该表面最近一次加工的尺寸,之后再进一步向前查找,直到两条路线最后得到的加工尺寸的工序基准重合(即两者的工序基准为同一表面)形成封闭的尺寸组,所经过的尺寸都为该尺寸链的组成环。

查找组成环必须掌握的基本特点为:组成环是加工过程中"直接获得"的,而且对封闭环有影响。

如图 9-3(a)所示的车床主轴轴线与尾架轴线高度差的允许值 A_0 是装配技术要求,为封闭环。组成环可从尾架顶尖开始查找,尾架顶尖轴线到底面的高度 A_1、与床面相连的底板的厚

度 A_2、床面到主轴轴线的距离 A_3，最后回到封闭环。A_1、A_2 和 A_3 均为组成环。

一个尺寸链中最少要有两个组成环。组成环中，可能只有增环没有减环，但不可能只有减环没有增环。

在封闭环有较高技术要求或几何误差较大的情况下，建立尺寸链时，还要考虑几何误差对封闭环的影响。

9.2.3　画尺寸链图、判断增减环

1. 画尺寸链图

为清楚表达尺寸链的组成，通常不需要画出零件或部件的具体结构，也不必按照严格的比例，只需将链中各尺寸依次画出，形成封闭的图形即可，这样的图形称为尺寸链线图，如图 9-3(b) 所示。具体步骤如下。

(1)绘制封闭的尺寸线连接图。根据装配图或零件图，从任一尺寸开始逐次画出各尺寸线的连接图(暂不绘制尺寸线箭头)，最后要形成一个封闭的图形。

(2)绘制单向箭头。从任一尺寸线开始朝任一方向画出第一个单向箭头，然后按箭头连箭尾的规则依次画出其余尺寸线的单向箭头。

(3)标出封闭环。根据定义找出封闭环，并用不同颜色或不同粗细的线标出。

(4)判断增、减环。对于直线尺寸链，按照以上规则绘制的尺寸链图，还要对组成环中的增环和减环进行判断。

2. 判断增减环

判断组成环中的增环和减环，常用以下两种方法。

(1)采用尺寸链的定义进行判断。根据增、减环的定义，对每个组成环，分析其尺寸的增减对封闭环尺寸的影响，以判断其是增环还是减环。此种方法的缺点是比较麻烦，尤其是在环数较多、链的结构复杂时，容易产生差错。

(2)采用回路法进行判断。采用回路法判断增环和减环是一种比较方便和实用的方法。具体的方法是在封闭环符号 A_0 上面按任意方向画一个箭头，从封闭环 A_0 开始顺着一定的路线按已定箭头方向在每个组成环符号上各画一箭头，使所画各箭头依次彼此首尾相连，凡是箭头方向与封闭环的箭头方向相反的环，便是增环，箭头方向与封闭环的箭头方向相同的环，便为减环。

如图 9-8 所示，A_1、A_3、A_5 和 A_7 为增环，A_2、A_4、A_6 为减环。

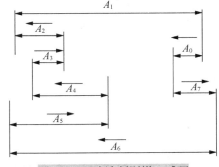

图 9-8　回路法判别增、减环

9.3　尺寸链的计算

1. 尺寸链的计算种类

在机械设计与制造中，尺寸链的分析计算包括以下几种。

(1)设计计算(反计算)：即根据装配技术要求设计计算各组成环的公差和极限偏差。部分文献将其称为公差分配计算。设计计算的结果是不唯一的，它取决于设计方法，如等公差法、

等精度法以及成本优化法等。有时还应根据其他专业课程的知识或实践经验，对计算结果进行适当的调整。

（2）校核计算（正计算）：即已知各组成环的基本尺寸、极限偏差和公差，求封闭环的基本尺寸、极限偏差和公差。部分文献将其称为公差分析或公差验证。校核计算用于检查所设计的各组成环尺寸是否满足封闭环的要求。

（3）中间计算：即已知封闭环和某些组成环的基本尺寸、极限偏差和公差，求另外一些组成环的基本尺寸、极限偏差和公差。有些文献将其称为部分公差分配或部分公差综合。中间计算多用于解零件尺寸链和工艺尺寸链。

正确地运用尺寸链理论，可以合理地确定零部件相关尺寸的公差和极限偏差，使之用最经济的方法达到一定的技术要求。

2. 尺寸链的计算方法

按产品设计要求、结构特征、公差大小与生产条件，可以采用不同的达到封闭环公差要求的方法。

按互换程度的不同，互换法分为完全互换法和大数互换法。

1）完全互换法（极值法）

在全部产品中，装配时各组成环不需要挑选或改变其大小或位置，装入后即能达到封闭环的公差要求。该方法采用极值公差公式计算。从尺寸链各环的最大与最小极限尺寸出发进行尺寸链计算，不考虑各环实际尺寸的分布情况。按此法计算出来的尺寸加工各组成环，装配时各组成环不需要挑选或辅助加工，装配后即能满足封闭环的公差要求，即可实现完全互换。

完全互换法是尺寸链计算中最基本的方法。

2）大数互换法（概率法）

在绝大多数产品中，装配时各组成环不需要挑选或改变其大小或位置，装入后即能达到封闭环的公差要求。该方法采用统计公差公式计算。

大数互换法以保证大多数互换为出发点，以一定置信水平为依据。通常，封闭环趋近正态分布，取置信水平 $P = 99.73\%$，这是相对分布系数 $k_0 = 1$，在某些生产条件下，要求适当放大组成环公差时，可取较低的 P 值。P 与 k_0 相应数值如表 9-1 所示。

表 9-1　置信水平与相对分布系数对照表

置信水平 P/%	99.73	99.5	99	98	95	90
相对分布系数 k_0	1	1.06	1.16	1.29	1.52	1.82

生产实践和大量统计资料表明，在大量生产且工艺过程稳定的情况下，各组成环的实际尺寸趋近公差带中间的概率大，出现在极限值的概率小，增环与减环以相反极限值形成封闭环的概率就更小。所以，用极值法解尺寸链，虽然能实现完全互换，但往往是不经济的。

采用概率法，不是在全部产品中，而是在绝大多数产品中，装配时不需要挑选或修配，就能满足封闭环的公差要求，即保证大数互换。

按大数互换法，在相同封闭环公差条件下，可使组成环的公差扩大，从而获得良好的技术经济效益，也比较科学合理，常用在大批量生产的情况。

采用大数互换法时，应有适当的工艺措施，排除个别产品超出公差范围或极限偏差。

9.4　用完全互换法计算尺寸链

9.4.1　用完全互换法计算尺寸链的基本方法

完全互换法是按各环的极限值进行尺寸链计算的方法。这种方法的特点是从保证完全互换着眼，由各组成环的极限尺寸计算封闭环的极限尺寸，从而求得封闭环公差。设尺寸链的组成环数为 m，其中 n 个增环，$m-n$ 个减环，A_0 为封闭环的基本尺寸，A_i 为组成环的基本尺寸，则对于直线尺寸链有如下公式。

(1) 封闭环的基本尺寸：

$$A_0 = \sum_{i=1}^{n} A_i - \sum_{j=n+1}^{m} A_j \tag{9-1}$$

即封闭环的基本尺寸等于所有增环的基本尺寸之和减去所有减环的基本尺寸之和。

(2) 封闭环的极限尺寸：

$$A_{0\max} = \sum_{i=1}^{n} A_{i\max} - \sum_{j=n+1}^{m} A_{j\min} \tag{9-2}$$

$$A_{0\min} = \sum_{i=1}^{n} A_{i\min} - \sum_{j=n+1}^{m} A_{j\max} \tag{9-3}$$

即封闭环的最大极限尺寸等于所有增环的最大极限尺寸之和减去所有减环最小极限尺寸之和；封闭环的最小极限尺寸等于所有增环的最小极限尺寸之和减去所有减环的最大极限尺寸之和。

(3) 封闭环的极限偏差：

$$ES_0 = \sum_{i=1}^{n} ES_i - \sum_{j=n+1}^{m} EI_j \tag{9-4}$$

$$EI_0 = \sum_{i=1}^{n} EI_i - \sum_{j=n+1}^{m} ES_j \tag{9-5}$$

即封闭环的上偏差等于所有增环上偏差之和减去所有减环下偏差之和；封闭环的下偏差等于所有增环下偏差之和减去所有减环上偏差之和。

(4) 封闭环的公差：

$$T_0 = \sum_{i=1}^{m} T_i \tag{9-6}$$

即封闭环的公差等于所有组成环公差之和。

由式 (9-6) 可以看出，$T_0 > T_i$，即封闭环公差最大，精度最低。因此在零件尺寸链中应尽可能选取最不重要的尺寸作为封闭环。在装配尺寸链中，封闭环往往是装配后应达到的要求，不能随意选定；当 T_0 一定时，组成环数越多，则各组成环公差必然越小，经济性越差。因此，设计中应遵守"最短尺寸链"原则，即使组成环数尽可能少。

9.4.2　用完全互换法计算尺寸链的工程应用案例

1. 校核计算

校核计算是根据各组成环的基本尺寸和极限偏差，求封闭环的基本尺寸和极限偏差，以校核机械精度设计的正确性。

校核计算的步骤是：根据装配要求确定封闭环；寻找组成环；画尺寸链线图；判别增减环；由各组成环的基本尺寸和极限偏差验算封闭环的基本尺寸和极限偏差。

【例 9-1】在图 9-9(a)所示齿轮部件中，轴是固定的，齿轮在轴上回转，设计要求齿轮左右端面与挡环之间有间隙，现将此间隙集中在齿轮右端面与右挡环左端面之间，按工作条件，要求 $A_0 = 0.10\sim0.45$mm，已知：零件尺寸如图 9-9(b)所示。试问所规定的零件公差及极限偏差能否保证齿轮部件装配后的技术要求？

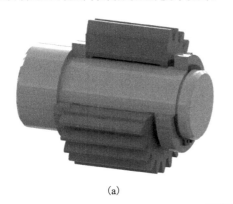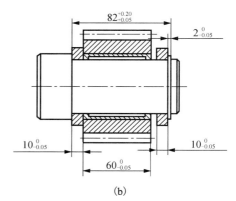

(a)　　　　　　　　　　(b)

图 9-9　齿轮装配图

【解】(1)画尺寸链图，区分增环、减环。

齿轮部件的间隙 A_0 是装配过程最后形成的，是尺寸链的封闭环，$A_1\sim A_5$ 是 5 个组成环，如图 9-10 所示，其中 A_3 是增环，A_1、A_2、A_4、A_5 是减环。

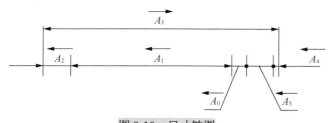

图 9-10　尺寸链图

(2)计算封闭环的基本尺寸。

将各组成环的基本尺寸代入式(9-1)得

$$A_0 = A_3-(A_1 + A_2 + A_4 + A_5) = 82-(60 + 10 + 2 + 10) = 0\,(\text{mm})$$

(3)计算封闭环的极限偏差。

由式(9-4)和式(9-5)得

$$\text{ES}_0 = \text{ES}_3-(\text{EI}_1 + \text{EI}_2 + \text{EI}_4 + \text{EI}_5) = 0.2-(-0.1-0.05-0.18-0.05) = 0.58\,(\text{mm})$$

$$\text{EI}_0 = \text{EI}_3-(\text{ES}_1 + \text{ES}_2 + \text{ES}_4 + \text{ES}_5) = 0.05-(0 + 0 + 0.06 + 0) = -0.01\,(\text{mm})$$

(4)计算封闭环的公差。

将各组成环的公差代入式(9-6)得

$$T_0 = T_1 + T_2 + T_3 + T_4 + T_5 = 0.1 + 0.05 + 0.15 + 0.24 + 0.05 = 0.59\,(\text{mm})$$

校核结果表明，封闭环的上、下偏差及公差均已超过规定范围，必须调整组成环的极限偏差。

小 思 考 9-1

在校核计算中，如果必须调整组成环的极限偏差，则组成环的公差是否能任意给定，为什么？如何调整组成环的极限偏差？

2. 设计计算

设计计算是根据封闭环的极限尺寸和组成环的基本尺寸确定各组成环的公差和极限偏差，最后再进行校核计算。

在具体分配各组成环的公差时，可采用等公差法和等精度法。

等公差法是假设各组成环的公差值是相等的，按照已知的封闭环公差 T_0 和组成环环数 m，计算各组成环的平均公差 T，即

$$T = \frac{T_0}{m} \tag{9-7}$$

在此基础上，根据各组成环的尺寸、加工的难易程度对各组成环公差作适当调整，并满足组成环公差之和等于封闭环公差的关系。

等精度法是假设各组成环的公差等级是相等的。对于基本尺寸≤500mm，公差等级在 IT5～IT18 范围内，标准公差的计算公式为：$IT = \alpha \cdot i$（参考第 3 章的式(3-16)），即各环公差等级系数相等，设其值均为 α，则

$$\alpha_1 = \alpha_2 = \cdots = \alpha_n = \alpha \tag{9-8}$$

按照已知的封闭环公差 T_0 和各组成环的公差因子 i_i，计算各组成环的平均公差等级系数 α，即

$$\alpha = \frac{T_0}{\sum i_i} \tag{9-9}$$

为方便计算，各尺寸分段的 i 值列于表 9-2。

表 9-2　尺寸≤500mm，各尺寸分段的公差因子值

分段尺寸/mm	≤3	>3～6	>6～10	>10～18	>18～30	>30～50	>50～80	>80～120	>120～180	>180～250	>250～315	>315～400	>400～500
i/μm	0.54	0.73	0.90	1.08	1.31	1.56	1.86	2.17	2.52	2.90	3.23	3.54	3.89

求出 α 值后，将其与标准公差计算公式表相比较，得出最接近的公差等级后，可按该等级查标准公差表，求出组成环的公差值，从而进一步确定各组成环的极限偏差。

各组成环的极限偏差确定方法是先留一个组成环作为调整环，其余各组成环的极限偏差按"入体原则"确定，即包容尺寸的基本偏差为 H，被包容尺寸的基本偏差为 h，一般长度尺寸用 js。

进行公差设计计算时，最后必须进行校核，以保证设计的正确性。

【例 9-2】图 9-11 所示为某齿轮箱的一部分，根据使用要求，间隙 $A_0 = 1～1.75$mm，若已知：$A_1 = 140$mm，$A_2 = 5$mm，$A_3 = 164$mm，$A_4 = 13$mm，$A_5 = 5$mm。试按极值法计算 $A_1～A_5$ 各尺寸的极限偏差与公差。

【解】(1)画尺寸链图，区分增环、减环。

间隙 A_0 是装配过程最后形成的，是尺寸链的封闭环，$A_1～A_5$ 是 5 个组成环，如图 9-12 所示，其中 A_3 是增环，A_1、A_2、A_4、A_5 是减环。

(2)计算封闭环的基本尺寸。

将各组成环的基本尺寸代入式(9-1)得

$$A_0 = A_3 - (A_1 + A_2 + A_4 + A_5) = 164 - (140 + 5 + 13 + 5) = 1 \,(\text{mm})$$

所以封闭环的尺寸为 $A_0 = 1^{+0.75}_{0}$ mm，$T_0 = 0.75$mm。

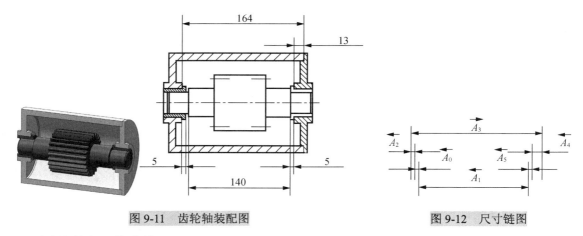

图 9-11　齿轮轴装配图　　　　　　　　　　　　　图 9-12　尺寸链图

（3）计算各环的公差。

首先计算各组成环的平均公差等级系数α，由式(9-9)并查表 9-2 得

$$\alpha = \frac{T_0}{\sum i_i} = \frac{750}{2.52 + 0.73 + 2.52 + 1.08 + 0.73} = 98.9$$

由表 3-1 标准公差数值的计算公式表中查得，$\alpha = 98.9$ 在 IT10 级和 IT11 级之间。根据实际情况，箱体零件尺寸大，难加工，衬套尺寸易控制，故选 A_1、A_3、A_4 为 IT11 级，A_2 和 A_5 为 IT10 级。

根据各组成环的基本尺寸，从表 3-2 标准公差数值表中查得各组成环的公差为 $T_1 = 250\mu m$，$T_2 = T_5 = 48\mu m$，$T_3 = 250\mu m$，$T_4 = 110\mu m$。

$$T_0 = T_1 + T_2 + T_3 + T_4 + T_5 = 250 + 48 + 250 + 110 + 48 = 706\,(\mu m) < 750\,(\mu m)$$

故封闭环为 $1^{+0.706}_{0}$ mm。

（4）确定各组成环的极限偏差。

根据"入体原则"，由于 A_1、A_2、A_5 相当于被包容尺寸，故取其上偏差为零，即 $A_1 = 140^{\,0}_{-0.25}$ mm，$A_2 = A_5 = 5^{\,0}_{-0.048}$ mm。A_3、A_4 均为同向平面间距离，留 A_3 为调整环，取 A_4 下偏差为零，即 $A_4 = 13^{+0.11}_{0}$ mm。

计算组成环 A_3 的极限偏差，由式(9-4)和式(9-5)得

$$ES_0 = ES_3 - (EI_1 + EI_2 + EI_4 + EI_5)$$
$$0.706 = ES_3 - (-0.25 - 0.048 - 0 - 0.048)$$
$$ES_3 = 0.36\,mm$$
$$EI_0 = EI_3 - (ES_1 + ES_2 + ES_4 + ES_5)$$
$$0 = EI_3 - (0 - 0 + 0.11 - 0)$$
$$EI_3 = 0.11\,mm$$

所以 $A_3 = 164^{+0.36}_{+0.11}$ mm。

9.5　用大数互换法计算尺寸链

9.5.1　用大数互换法计算尺寸链的基本方法

封闭环的基本尺寸计算公式与完全互换法相同。

1. 封闭环的公差

根据概率论关于独立随机变量合成规则，各组成环（独立随机变量）的标准偏差 σ_i 与封闭环的标准偏差 σ_0 的关系为

$$\sigma_0 = \sqrt{\sum_{i=1}^{m} \sigma_i^2} \tag{9-10}$$

如果组成环的实际尺寸都按正态分布，且分布范围与公差宽度一致，分布中心与公差带中心重合，则封闭环的尺寸也按正态分布，各环公差与标准偏差的关系为

$$T_0 = 6\sigma_0 \tag{9-11}$$

$$T_i = 6\sigma_i \tag{9-12}$$

将此关系代入式(9-10)得

$$T_0 = \sqrt{\sum_{i=1}^{m} T_i^2} \tag{9-13}$$

即封闭环的公差等于所有组成环公差的平方和开方。当各组成环为不同于正态分布的其他分布时，应当引入一个相对分布系数 K，即

$$T_0 = \sqrt{\sum_{i=1}^{m} K_i^2 T_i^2} \tag{9-14}$$

不同形式的分布，K 的值也不同，常见的相对分布系数 K 的数值见表 9-3。

2. 封闭环的中间偏差

上偏差与下偏差的平均值为中间偏差，用 Δ 表示，即

$$\Delta = \frac{1}{2}(\mathrm{ES} + \mathrm{EI}) \tag{9-15}$$

当各组成环为对称分布时，封闭环中间偏差为所有增环中间偏差之和减去所有减环中间偏差之和，即

$$\Delta_0 = \sum_{i=1}^{n} \Delta_i - \sum_{i=n+1}^{m} \Delta_i \tag{9-16}$$

当组成环为偏态分布或其他不对称分布时，平均偏差相对中间偏差之间偏移量为 $e \cdot T_i / 2$，e 称为相对不对称系数（对称分布 $e = 0$），这时式(9-13)应改为

$$\Delta_0 = \sum_{i=1}^{n} (\Delta_i + e \cdot T_i / 2) - \sum_{i=n+1}^{m} (\Delta_i + e \cdot T_i / 2) \tag{9-17}$$

常见的集中分布曲线及其相对不对称系数 e 的数值见表 9-3。

表 9-3　典型分布曲线与 K、e 值

分布特征	正态分布	三角分布	均匀分布	瑞利分布	偏态分布 外尺寸	偏态分布 内尺寸
分布曲线						
e	0	0	0	-0.28	0.26	-0.26
K	1	1.22	1.73	1.14	1.17	1.17

3. 封闭环的极限偏差

封闭环上偏差等于中间偏差加二分之一封闭环公差,下偏差等于中间偏差减二分之一封闭环公差,即

$$ES_0 = \Delta_0 + \frac{1}{2}T_0 \tag{9-18}$$

$$EI_0 = \Delta_0 - \frac{1}{2}T_0 \tag{9-19}$$

9.5.2 用大数互换法计算尺寸链的工程应用案例

1. 校核计算

【例 9-3】用大数互换法解例 9-1。假设各组成环按正态分布,且分布范围与公差带宽度一致,分布中心与公差带中心重合。

【解】步骤(1)和步骤(2)与 9.4.2 节中的例 9-1 相同。

(1)计算封闭环的公差。

根据式(9-13)得

$$T_0 = \sqrt{\sum_{i=1}^{5}T_i^2} = \sqrt{0.1^2 + 0.05^2 + 0.15^2 + 0.24^2 + 0.05^2} = 0.308(\text{mm}) < 0.35(\text{mm})$$

封闭环公差符合要求。

(2)计算封闭环的中间偏差。

因 $\Delta_1 = -0.05\text{mm}$, $\Delta_2 = \Delta_5 = -0.025\text{mm}$, $\Delta_3 = +0.125\text{mm}$, $\Delta_4 = -0.06\text{mm}$

故,根据式(9-16),得

$$\Delta_0 = +0.285\text{mm}$$

(3)计算封闭环的极限偏差。

根据式(9-18)和式(9-19)得

$$ES_0 = \Delta_0 + \frac{T_0}{2} = +0.285 + \frac{0.308}{2} = +0.439(\text{mm})$$

$$EI_0 = \Delta_0 - \frac{T_0}{2} = +0.285 - \frac{0.308}{2} = +0.131(\text{mm})$$

校核结果表明,封闭环的上、下偏差满足间隙为 0.10~0.45mm 的要求。

2. 设计计算

用大数互换法解尺寸链的设计计算和完全互换法在目的、方法和步骤等方面基本相同。其目的仍是如何把封闭环的公差分配到各组成环上;其方法也有"等公差法"和"等公差等级法",只是由于封闭环的公差 $T_0 = \sqrt{\sum_{i=1}^{m}T_i^2}$,所以在采用"等公差法"时,各组成环的公差为

$$T = \frac{T_0}{m} \tag{9-20}$$

采用"等公差等级法"时,各组成环的公差等级系数为

$$\alpha = \frac{T_0}{\sqrt{\sum_{i=1}^{m}i_i^2}} \tag{9-21}$$

【例9-4】用大数互换法中的"等公差等级法"解例 9-2。同样假设各组成环按正态分布,且分布范围与公差带宽度一致,分布中心与公差带中心重合。

【解】步骤(1)和步骤(2)与 9.4.2 节中的例 9-2 相同。

(3)确定各组成环公差。

$$\alpha = \frac{T_0}{\sqrt{\sum_{i=1}^{5} i_i^2}} = \frac{750}{\sqrt{2.5^2 + 0.73^2 + 2.5^2 + 1.08^2 + 0.73^2}} = 194$$

由标准公差计算公式(表 3-1)查得，$\alpha = 194$ 在 IT12 级和 IT13 级之间。选全部尺寸公差等级为 IT12 级。

根据各组成环的基本尺寸，从标准公差表(表 3-2)查得各组成环的公差为 $T_1 = 0.4\text{mm}$，$T_2 = T_5 = 0.12\text{mm}$，$T_3 = 0.4\text{mm}$，$T_4 = 0.18\text{mm}$，即

$$T_0 = \sqrt{0.4^2 + 0.12^2 + 0.4^2 + 0.18^2 + 0.12^2} = 0.617(\text{mm}) < 0.75(\text{mm})$$

故封闭环为 $1^{+0.617}_{0}\text{mm}$。

(4)确定各组成环的极限偏差。

留 A_3 为调整环，其余各环按"入体原则"确定极限偏差，即

$$A_1 = 140^{0}_{-0.4}\text{mm}, \quad A_2 = A_5 = 5^{0}_{-0.12}\text{mm}, \quad A_4 = 13^{+0.18}_{0}\text{mm}$$

各环的中间偏差为

$\Delta_1 = -0.2\text{mm}$，$\Delta_2 = \Delta_5 = -0.06\text{mm}$，$\Delta_4 = +0.09\text{mm}$，$\Delta_0 = +0.309\text{mm}$

因 $\quad \Delta_0 = \Delta_3 - (\Delta_1 + \Delta_2 + \Delta_4 + \Delta_5)$

故 $\quad \Delta_3 = +0.079\text{mm}$

$$\text{EI}_3 = \Delta_3 + \frac{T_3}{2} = +0.079 - \frac{0.4}{2} = 0.279(\text{mm})$$

$$\text{EI}_3 = \Delta_3 - \frac{T_3}{2} = +0.079 - \frac{0.4}{2} = -0.121(\text{mm})$$

所以 $A_3 = 164^{+0.329}_{-0.071}\text{mm}$。

> **小 提 示 9-4**
>
> 用大数互换法计算尺寸链，可以在不改变技术要求所规定的封闭环公差的情况下，组成环公差放大约 60%，而实际上出现不合格件的可能性却很小(仅有 0.27%)，这会给生产带来显著的经济效益。

9.6 计算装配尺寸链的其他方法

1. 分组互换法

分组互换法是把组成环的公差扩大 N 倍，使之达到经济加工精度要求，然后将完工后的零件实际尺寸分成 N 组，装配时根据大配大、小配小的原则，按对应组进行装配，以满足封闭环要求。

例如，设基本尺寸为 $\phi 18\text{mm}$ 的孔、轴配合间隙要求为 $x = 3 \sim 8\mu\text{m}$，这意味着封闭环的公差 $T_0 = 5\mu\text{m}$，若按完全互换法，则孔、轴的制造公差只能为 $2.5\mu\text{m}$。如图 9-13 所示。

若采用分组互换法，将孔、轴的制造公差扩大 4 倍，公差为 $10\mu\text{m}$，将完工后的孔、轴按实际尺寸分为四组，按对应组进行装配，各组的最大间隙均为 $8\mu\text{m}$，最小间隙为 $3\mu\text{m}$，故能满足要求。

分组互换法一般适用于大批量生产中的高精度、零件形状简单易测、环数少的尺寸链。另外，由于分组后零件的形状误差不会减小，这就限制了分组数，一般为 $2 \sim 4$ 组。

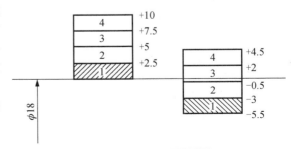

图 9-13 孔轴公差带图

2. 修配法

修配法是根据零件加工的可能性，对各组成环规定经济可行的制造公差，装配时，通过修配方法改变尺寸链中预先规定的某组成环的尺寸（该环称为补偿环），以满足装配精度要求。

如图 9-1 所示，将 A_1、A_2 和 A_3 的公差放大到经济可行的程度，为保证主轴和尾架等高性能的要求，选面积最小、重量最轻的尾架底座 A_2 为补偿环，装配时通过对 A_2 环的辅助加工（如铲、刮等）切除少量材料，以抵偿封闭环上产生的累积误差，直到满足 A_0 要求。

补偿环切莫选择各尺寸链的公共环，以免因修配而影响其他尺寸链的封闭环精度。

> **小提示 9-5**
>
> 调整法和修配法的精度在一定程度上取决于装配工人的技术水平。

3. 调整法

调整法是将尺寸链各组成环按经济公差制造，由于组成环尺寸公差放大而使封闭环上产生的累积误差，可在装配时采用调整补偿环的尺寸或位置来补偿。

常用的补偿环可分为两种。

（1）固定补偿环。在尺寸链中选择一个合适的组成环作为补偿环（如垫片、垫圈或轴套等）。补偿环可根据需要按尺寸分为若干组，装配时，从合适的尺寸组中取一补偿环，装入尺寸链中预定的位置，使封闭环达到规定的技术要求。当齿轮的轴向窜动量有严格要求而无法用完全互换装配法保证时，就在结构中加入一个尺寸合适的固定补偿件（A_0 补）来保证装配精度。

（2）可动补偿环。装配时调整可动补偿环的位置以达到封闭环的精度要求。这种补偿环在机械设计中应用很广，结构形式很多，如机床中常用的镶条、调节螺旋副等。

调整法的主要优点是：加大组成环的制造公差，使制造容易，同时可得到很高的装配精度；装配时不需要修配；使用过程中可以调整补偿环的位置或更换补偿环，以恢复机器原有精度。它的主要缺点是：有时需要额外增加尺寸链零件数（补偿环），使结构复杂，制造费用增高，降低结构的刚性。

调整法主要应用在封闭环精度要求高、组成环数目较多的尺寸链，尤其是对使用过程中，组成环的尺寸可能由于磨损、温度变化或受力变形等而产生较大变化的尺寸链，调整法具有独到的优越性。

思 考 题

9-1 什么是尺寸链？尺寸链中，环、封闭环、组成环、增环和减环各有何特性？

9-2 如何确定尺寸链的封闭环？怎样区分增环与减环？一个长度尺寸链中是否既要有增环，也要有减环？

9-3 按功能要求，尺寸链分为装配尺寸链、零件尺寸链和工艺尺寸链，它们各有什么特征？并举例说明。

9-4 按尺寸链各环的相互位置，尺寸链分为直线尺寸链、平面尺寸链和空间尺寸链，它们各有什么特征？并举例说明。

9-5 建立尺寸链时，为什么要遵循"最短尺寸链原则"？

9-6 尺寸链计算中的设计计算和校核计算的内容是什么？

9-7 用完全互换法和用大数互换法计算尺寸链各自的特点是什么？它们的应用条件有何不同？

9-8 分组互换法、修配法和调整法解尺寸链各有何特点？

第 10 章　机械精度设计综合工程实例

机械产品的精度和使用性能在很大程度上取决于机械零部件的精度及零部件之间结合的正确性。机械零件的精度是零件的主要指标之一。因此，零件精度设计在机械设计中占有重要地位。

机械精度设计包括机械零件的尺寸精度设计、机械精度设计、表面粗糙度设计以及互相结合的零部件之间的装配精度设计，同时，将精度设计内容正确地标注在装配图与零件图上。

本章以单级减速器为例，结合前面各章内容的学习，根据零件在机构和系统中的功能要求，完成对单级减速器主要零部件配合部位的精度分析与选择，包括装配图中主要配合尺寸的配合代号的确定、零件各要素的尺寸精度选择、几何公差项目及数值的确定以及表面粗糙度参数值的选取，通过实例分析，阐述机械零件精度设计的具体过程和方法，为今后的精度设计工作奠定基础。

本章知识要点 ▶▶

(1)熟悉装配图设计时，机械精度设计的设计要求、主要内容、基本方法和设计步骤。

(2)熟悉零件图设计时，机械精度设计的设计要求、主要内容、基本方法和设计步骤。

(3)通过工程实际案例学习，能正确运用本课程的相关知识进行产品装配图和零件图的机械精度设计。

兴趣实践 ▶▶

以机械制图课程中设计的减速器为例，选择其中绘制好基本图形的一张图纸进行标注，将其变成一张合格的工程图纸。

在装配图或零件图的基本图形绘制完成以后，如何进行正确标注才能将基本图形的图纸变成一张合格的工程图纸。

探索思考 ▶▶

在机械制图或机械设计课程设计中，通常会绘制或设计某个一级齿轮减速器，在这时绘制出来的图纸并不是一张完整的工程图纸，严格来说这样的图纸最多只完成总体设计、运动设计、结构设计的符合视图关系的基本图形，无法用于生产。在装配图或零件图的基本图形绘制完成以后，如何进行正确标注才能将符合视图关系的基本图形变成一张合格的工程图纸。

预习准备 ▶▶

请预先复习本书前几章所学过的机械精度设计的相关知识、重点复习第 2 章、第 4 章及第 5 章所讲述的相关基础知识。

10.1　装配图中的精度设计

10.1.1　装配图中确定极限与配合的方法及原则

1. 精度设计中极限与配合的选用方法

装配图中的配合关系在图纸设计中占有较为重要的地位。一般来说,装配图除了标明各部件的位置关系和结构外,很重要的一点,就是确定各零部件之间的配合关系,特别是决定机械工作精度及性能方面的尺寸,要注意标明它们之间的配合关系。否则,机械的性能是无法保证的。

当进行装配图设计时,确定极限公差与配合的方法有类比法、计算法和试验法。计算法和试验法是通过计算或者试验的手段,确定出配合关系的方法,它具有可靠、精确、科学的特点,但是须花费大量的费用和时间,不太经济。类比法是根据零部件的使用情况,参照同类机械已有配合的经验资料确定配合的一种方法。其基本点是统计调查,调查同类型相同结构或类似结构零部件的配合及使用情况,再进行分析类比,进而确定其配合。

类比法简单易行,所选配合注重于继承过去设计及制造的实际经验,而且大都经过了实际验证,可靠性高,又便于产品系列化、标准化生产,工艺性也较好。由于以上的优点,在极限配合的确定上一直以此作为一种行之有效的方法。当前,这种方法仍是机械设计与制造的主要方法,本章讨论如何使用类比法进行精度设计。

2. 精度设计中极限与配合的选用原则

首先回顾一下前面章节所述的极限与配合的使用原则:

(1)在一般情况下,优先选用基孔制的配合,其轴的公差等级应比相应的孔的等级高一级。

(2)当零部件与标准件配合时,以标准件为配合基准,当标准件为轴类时,按基轴制配合,当标准件为孔类时,就按基孔制配合。例如,零件与滚动轴承的配合关系。

(3)对于多孔与同一轴配合,且轴为同一公称尺寸时,宜选基轴制配合。

(4)对公称尺寸为大尺寸之间的配合,可按基孔制配合,也可按基轴制配合。

(5)对于不须标注配合的孔轴部分,按基孔制配合对待。

(6)孔轴的公差等级还应考虑配合性质,是间隙配合还是过渡配合、过盈配合。在同样情况下,过渡配合、过盈配合应比间隙配合的公差等级高。

在装配图精度设计中,极限与配合中的公差等级与机械产品的工作精度及使用性能要求密切相关。极限与配合的选用需要对设计制造的技术可行性和制造的经济性两者进行综合考虑,选用原则上要求保证机械产品的性能优良,制造上经济可行。也就是说,公差与配合要求的确定应使机械产品的使用价值与制造成本综合效果达到最好。因此,选择的好坏将直接影响力学性能、寿命及成本。

例如,仅就加工成本而言,对某一零件,当公差为0.08时,用车削就可达到要求;若公差减小到0.018,则车削后需增加磨削工序,相应成本将增加25%;当公差减小到只有0.005时,需按车—磨—研磨工序加工,其成本是车削时的5~8倍。由此可见,在满足使用性能要求的提下,不可盲目地提高机械精度。

极限与配合的选用应遵守有关极限与配合标准。国家标准所制定的尺寸公差、几何公差、表面粗糙度是一种科学的机械精度表示方法，它便于设计和制造，可满足一般精度设计的选择要求。在精度设计时，应经过分析类比，按标准选择各精度参数。

10.1.2　精度设计中的误差影响因素

当实际设计时，对影响配合的因素是比较难以定量确定的，一般从如下几方面综合考虑。

1. 热变形影响

国标中的极限与配合中的数值均为标准温度为 + 20℃时的值。当工作温度不是 + 20℃，特别是孔、轴温度相差较大或采用不同线胀系数的材料时，应考虑热变形的影响。这对于在低温或高温下工作的机械尤为重要。

【例 10-1】 铝制活塞与钢制缸体的配合，其基本尺寸为 $\phi 110$mm。工作温度：缸体为 $t_H = 120$℃，活塞为 $t_s = 185$℃；线胀系数：缸体为 $\alpha_H = 12 \times 10^{-6}(1/℃)$，活塞为 $\alpha_s = 24 \times 10^{-6}(1/℃)$。要求工作时，间隙量保持在 + 0.105～0.285mm。在 + 20℃的条件下装配，试选择装配条件下的配合。

【解】 工作时，由于热变形引起的间隙量的变化为

$$\delta = 110 \times [12 \times 10^{-6} \times (120-20) - 24 \times 10^{-6} \times (185-20)] = -0.3036 \text{mm}$$

装配时的间隙量应为

$$X_{\min} = 0.105 - (-0.3036) = +0.4086 \text{mm}$$
$$X_{\max} = 0.285 - (-0.3036) = +0.5886 \text{mm}$$

选基孔制配合，根据 $X_{\min} = \text{EI-es}$，EI = 0，轴的基本偏差 es = - 0.4086mm，查基本偏差表，选择基本偏差为 a：es = -0.410mm。

$$T_f = 0.5886 - 0.4086 = 0.180 \geqslant T_H + T_s = T_f$$

公差分配按 $\qquad T_H = T_s \leqslant 0.090 \text{mm}$

查公差表取精度为 IT9 = 0.087mm，得装配条件下的配合为 $\phi 150 \text{H9/a9}$，$X_{\min} = +0.410 \text{mm}$，$X_{\max} = +0.584 \text{mm}$。

工作条件下的间隙量为

$$X'_{\min} = +0.410 - 0.3036 = +0.1064 \text{mm} > +0.105 \text{mm}$$
$$X'_{\max} = +0.584 - 0.3036 = +0.2804 \text{mm} < +0.285 \text{mm}$$

所以满足工作条件下的间隙量要求。

2. 尺寸分布的影响

尺寸分布与加工方式有关。一般大批量生产或用数控机床自动加工时，多用调整法加工，尺寸分布可接近正态分布。而正态分布往往靠近对刀尺寸，这个尺寸一般在公差带的平均位置上，如图 10-1(a)所示；而单件小批量生产，则采用试切法加工，加工出的孔、轴尺寸，其分布中心多偏向最大实体尺寸，如图 10-1(b)所示。因此，对同一配合，是用调整法加工还是用试切法加工，其实际的配合间隙或过盈有很大的不同。后者往往比前者紧得多。

例如，某单位按国外图纸生产铣床，原设计规定齿轮孔与轴的配合用 $\phi 50 \text{H7/js6}$，生产中装配工人反映配合过紧而装配困难，而国外样机此处配合并不过紧，装配时也不困难。从理论上说，这种配合平均间隙为 + 0.0135，获得过盈的概率只有千分之几，应该不难装配。分析后发现，由于生产时用试切法加工，其平均间隙要小得多，甚至基本都是过盈。此后，将配合调整为 $\phi 50 \text{H7/h6}$，则装配比较容易，配合效果也很好。

3. 装配变形

在机械结构中，常遇到套筒变形问题。如图 10-2 所示结构，套筒外表面与机座孔的配合为过渡配合$\phi70H7/m6$，套筒内表面与轴的配合为间隙配合$\phi60H7/f7$。由于套筒外表面与机座上的配合有过盈，当套筒压入机座孔后，套筒内孔即收缩，直径变小，当过盈量为 0.03 时，套筒内孔可能收缩 0.045，若套筒内孔与轴之间原有最小间隙为 0.03，则由于装配变形，此时将有 0.015 的过盈量，不仅不能保证配合要求，甚至无法自由装配。

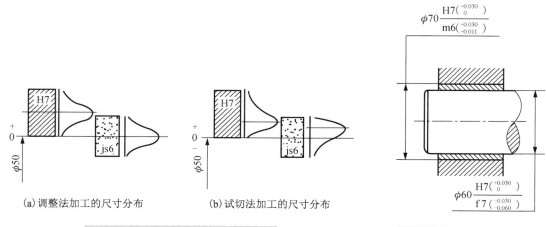

(a)调整法加工的尺寸分布   (b)试切法加工的尺寸分布

图 10-1 尺寸分布特性对配合的影响   图 10-2 有装配变形的配合

一般装配图上规定的配合应是装配以后的要求，因此，对有装配变形的套筒类零件，在绘图时，应对公差带进行必要的修正。例如，将内孔公差带上移，使孔的尺寸加大，或用工艺措施保证。若装配图上规定的配合是装配以前的，则应将装配变形的影响考虑在内，以保证装配后达到设计要求。本例就可在零件图中将套筒内孔$\phi60H7(^{+0.030}_{0})$的公差带上移 + 0.045，变为$\phi60(^{+0.075}_{+0.045})$，即可满足设计要求。

4. 精度储备

在进行机械设计时，不仅要考虑机构的强度储备，即安全系数的取值，而且还需要考虑机械的使用寿命，也就是要在重要配合部分留有一定的允差储备，即精度储备。

精度储备可用于孔、轴配合，特别适用于间隙配合的运动副。此时的精度储备主要为磨损储备，以保证机械的使用寿命。例如，某精密机床的主轴，经过试验，间隙在 0.015 以下时都能正常工作而不降低精度。那么可以在设计时，将间隙确定为 0.008。这样可以保证在正常使用一定时间后，间隙仍不会超过 0.015，从而保证了机床的使用寿命。

从实际机械设计的观点看，以上影响因素在精度设计时，应根据实际情况，找出对公差与配合影响最大的因素，应避免面面俱到、不分主次，陷入个别烦琐而费时的公式推导或计算中。

10.1.3 装配图精度设计实例

装配图中精度设计一般采用类比法进行，经过设计计算，查阅有关设计手册，并综合各方面影响因素，才可确定有关配合精度。在精度设计时，要理论联系实际，多进行实际调研对比，然后进行必要的理论计算，对于复杂的机械设计，还需要进行必要的实验验证。总之，精度设计是一个系统性、综合性、复杂性的工程，一定要认真对待。

在分析确定各结合部分的公差与配合时，毫无疑问，应从如何保证机械工作的性能要求开始，反向推出各结合部分的极限配合要求。具体方法是找出机械制造误差的传递路线，特别是影响力学性能的各处尺寸及配合，也就是寻找所谓的主要尺寸。

配合设计选取顺序比较重要。它是设计分析的思路，一般实际操作按如下顺序进行：主要配合件→定位件、基准→非关键件。设计时要逐一分析，按要求标注，不可遗漏。

1. 设计实例

【例 10-2】对第 1 章中图 1-1 所示的单级直齿圆柱齿轮减速器进行精度设计并分析求解过程。

图 1-1 所示为经过运动设计和结构设计后所绘制的单级直齿圆柱齿轮减速器。它用在一般传动机械中，主要由齿轮、轴、轴套、轴承、轴承盖、键、箱体等零部件组成。该减速器的主要技术参数见表 10-1。

表 10-1　减速器的主要技术参数

输入功率 /kW	输入转速 /(r/min)	传动比 i	齿轮参数				
			主动齿轮齿数 Z_1	从动齿轮齿数 Z_2	模数 m	压力角 α	变位系数 x
3.9	572	4.63	111	24	2	20°	0

【解】单级直齿圆柱齿轮减速器为一种常见的减速装置，其结构简单，动力传递可靠。该装配图的配合关系较简单，没有特殊的精度及配合要求，可以经过设计计算，查阅设计手册，并且对比同类减速器的精度要求及配合，选择齿轮精度为 8 级。从制造经济性来讲，减速器精度不宜定得过高，选择配合时，将公差定为中等经济精度 7～9 级中的 8 级即可。

在本例中，其主要作用尺寸为主动轴、单键连接→$\phi 20$ 配合面→两个滚动轴承 6206→齿轮轴主动齿轮→从动齿轮→齿轮孔 $\phi 38$ 与从动轴、单键连接→从动轴→从动轴支承两个轴承 6207→连接尺寸 $\phi 25$ 及单键连接。它们所形成的这一作用链，主要影响减速器的性能及精度，由它们形成的尺寸即为主要配合尺寸。

1）工作部位配合及精度

该部位直接决定了齿轮能否正常平稳地工作，啮合是否正常。因此，应首先确定其精度及配合。确定圆柱直齿齿轮，查阅齿轮设计等有关手册，可以确定为 8 级；两种轴承为 6206 和 6207，可根据负荷大小、负荷类型及运转时的径向跳动等项目，查阅手册确定两种轴承均为 P6 级精度。

(1) 齿轮孔与从动轴的配合（$\phi 38 \text{H7/r6}$）。齿轮孔与从动轴的配合为一般光滑圆柱体孔、轴配合，根据配合基准选用的一般原则，优先选用基孔制，可确定配合基准为基孔制。该配合有单键附加连接以传递转矩，工作时要求耐冲击，且要便于安装拆卸。对于这类配合，一般不允许出现间隙，因此适宜稍紧的过渡配合（指公差带过盈概率较大的过渡配合）。考虑其配合为保证齿轮精度，可以对照齿轮的精度等级要求，选择齿轮孔的精度等级为 7 级，然后，按工艺等价的原则，选择相配合的轴等级为 IT6 级，所以，选择 $\phi 38 \text{H7/r6}$，从安装的角度分析，安装拆卸比较困难，所选过盈配合偏紧，但是配合稳定性好。本例也可选小过盈配合 $\phi 38 \text{H7/p6}$ 或选偏于过盈的过渡配合 $\phi 38 \text{H7/n6}$。

齿轮孔与轴配合的单键。这个单键工作时起传递转矩及运动的功能，其毂（这里指齿轮孔部件）、轴共同与单键侧面形成同一尺寸的配合，按多键配合的选用原则，用基轴制配合，键宽为共同尺寸，查设计手册，可直接选轴槽与键、毂槽与键的配合均为 P9/h9。

(2) 主动轴（齿轮轴 $\phi 20 \text{r6}$）、从动轴（$\phi 25 \text{r6}$）。这个配合用于传递有冲击的载荷，为与外部的配合连接尺寸，内单键附加传递转矩，安装拆卸要方便，因此一般不允许有间隙，可用偏于过盈的过渡配合，或者用小过盈的过盈配合，选择理由及方法同 $\phi 38 \text{H7/r6}$，也可选 $\phi 20 \text{n6}$ 或 $\phi 25 \text{n6}$。

2）支承定位部分

滚动轴承有两种：6206（$\phi 30/\phi 62$）和6207（$\phi 35/\phi 72$）。已经初步确定了轴承精度等级为P6，减速器为中等精度。分析认为，轴承对负荷的承受也没有特别过高的要求，外圈承受固定负荷的作用，内圈承受旋转负荷的作用。因此，按常规的光滑圆柱体与标准件的配合规定，以轴承为配合基准，即轴承外壳孔与轴承外圈的配合按基轴制配合，内圈与轴颈的配合按类似于基孔制的配合。

对于配合性质的确定，根据承受负荷类型及负荷大小，外圈与壳孔的配合按过渡或小间隙（如g、h类）配合选用，内圈与轴颈的配合需选用较小过盈的配合（也可直接查表7-9、表7-10确定），这样，外圈在工作时有部分游隙，可以消除轴承的局部磨损，内圈在上偏差为零的单向布置下可保证有少许过盈，工作时可有效保证连接的可靠性。对于配合精度，可根据轴承的精度等级，查阅设计手册，直接确定壳孔精度等级为IT7，轴颈精度等级为IT6。因此，选择壳孔为$\phi 62H7$和$\phi 72H7$，轴颈为$\phi 30k6$和$\phi 35k6$。

3）非关键件

非关键件并不是没有精度要求，它们同样对机械的性能有影响，只是与工作部分、定位部分相比，其重要性不如它们罢了。对于非关键件的各处配合，宜在满足性能的基础上，优先考虑加工时的经济性要求。

本设计有两处非关键件配合$\phi 62H7/f8$和$\phi 72H7/f8$。2个端盖与轴承外壳孔处于同一尺寸孔，为多件配合。透盖用于防尘密封，防尘密封处可以有较大允许误差。按多件配合的选用原则，应以它们的共同尺寸部件（孔）为配合基准，选基孔制配合。其精度从经济性考虑，可降低精度等级为IT8～IT9。选择此配合时，还要考虑安装拆卸方便。因此，选f或g小间隙均可，这里用f8。最后确定配合为$\phi 62H7/f8$和$\phi 72H7/f8$。

4）特性尺寸

减速器的特性尺寸主要是指传动件的中心距及其上、下偏差。该减速器的中心距可由齿轮副的齿数和模数计算得出为135mm，其上、下偏差可由齿轮精度等级及中心距查表8-3查出为±0.0315mm。在装配图中标注中心距及其上、下偏差为(135±0.0315)mm。

5）安装尺寸

安装尺寸是指减速器在机械系统中与其他零部件装配相关的尺寸。安装尺寸包括减速器的中心高、箱体上地脚螺栓孔的直径及位置、减速器输入轴端部轴颈的公差带代号及长度、减速器输出轴端部轴颈的公差带代号及长度等。

图10-3为该单级齿轮减速器完成精度设计后的装配图（俯视图）。

在配合标注时，并不是所有的配合都需要给出，一般只需要标注出影响力学性能的配合尺寸，而对那些基本不影响力学性能的自由尺寸的配合，可以不予注出。

标注完极限配合与公差后，验证装配尺寸链是否满足要求也是非常重要的一环，如果不符合机械的使用性能要求，或者不符合公差分配及工艺要求，就需要调整其配合及精度等（具体验证、计算可见尺寸链部分），以使所选配合既满足设计性能要求，又要符合制造工艺性要求。

本书所指的主要配合尺寸，是指影响力学性能及精度的尺寸，是首先需要得到保证的尺寸。由例10-2分析可见，在精度设计中，公差与配合的选择应根据机械的性能及工作精度要求，区分配合的主要部分和次要部分，区别哪些是主要尺寸，哪些是非主要尺寸。只有抓住影响力学性能及工作精度的主要尺寸中的关键尺寸，确定出孔、轴的配合精度等级和配合偏差，才能保证整个机械的设计要求。而对非关键件，应兼顾其经济性，适当降低精度要求，以提高其制造的经济性。

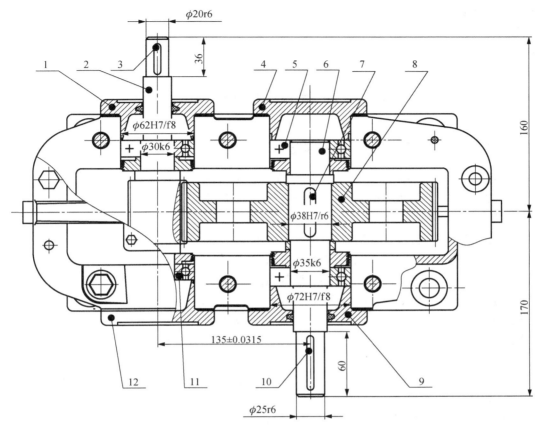

1、4、9、12—轴承端盖；2—齿轮轴；3、7、10—平键；5—6206 轴承；6—输出轴；8—齿轮；11—6207 轴承

图 10-3　单级直齿圆柱齿轮减速器装配图

2．装配图精度设计的步骤

从以上案例的分析求解，可以总结出装配图的精度设计工作步骤如下。

步骤 1：分析设计所给误差性能指标、工作环境等因素，类比同类零部件后，通过查阅有关手册，计算各项性能参数，确定出一般零部件装配后的误差允许值。对于关键件部分，还须进行尺寸链计算。

步骤 2：依靠步骤 1 所确定整机性能的设计要求（几何量），计算运动件装配后需要达到的工作精度（这里指装配图中运动件所需达到的精度），以及定位件配合需要的定位精度。

步骤 3：根据步骤 1、步骤 2 的结果，确定主要尺寸的配合性质（间隙配合、过渡配合、过盈配合）、精度等级（即配合公差大小）、拆装要求，以及定位是否可行。查阅极限配合及公差手册，得出间隙或过盈的数值范围。

步骤 4：查极限配合及公差表，确定非关键尺寸各零件部位的极限配合类型及公差等级。例如，静连接件、紧固件、连接的结合面等。

步骤 5：复验各部分配合类型及精度是否合适，配合公差分配是否合理；用装配尺寸链对主要尺寸进行验算；考察是否有非关键件精度过高或关键件定位精度过低，是否存在定位间隙过大，以及是否存在过盈配合的装配问题等，最后对配合及公差进行调整。

步骤 6：对配合影响的其他方面因素的修正。例如，必须估计机器工作温度对配合性能的影响是多大，不同材质之间的配合与同材质配合有多大的不同，确定制造方法是采用调整法加工还是试切法加工，所加工的零件尺寸分布怎样，以及设计时机械的精度储备等，这些均需综合后才能对配合进行修正。

步骤 7：在装配图中还要标注特性尺寸和安装尺寸。

10.2 零件图中的精度设计

10.2.1 零件图中精度确定的方法及原则

零件图中基准、公差项目、公差数值的确定，同样需要根据零件各部分尺寸在机械中的作用来确定，主要用类比的方法进行，必要时还需要尺寸链的计算验证。

1. 尺寸公差的确定方法

理论上，零件图上每一个尺寸都应标注出公差，但这样做会使零件图的尺寸标注失去了清晰性，不利于突出那些重要尺寸的公差数值，因此，一般的做法只是对重要尺寸和精度要求比较高的主要尺寸标注出公差数值。这样可使制造人员把主要精力集中于主要尺寸上，而对于非主要尺寸，或者精度要求比较低的部分，可不标出公差值，或在技术要求中做统一说明。

在零件图中，所谓的主要尺寸，是指装配图中参与装配尺寸链的尺寸，这些尺寸一般都具有较高的精度要求，它的误差对机械精度以及力学性能的影响比较大。还有一类尺寸，它属于工作尺寸，其精度对力学性能有直接影响，例如，水下推进系统的螺旋桨叶片，可直接影响推进系统的效率，并且影响螺旋桨的噪声水平，尽管它们不参与装配尺寸链，但需要严格控制其误差。

确定并标注各部位公差项目顺序很重要，若不按要求的顺序进行，往往会造成标注的公差项目混乱，或精度要求不协调，在需要高精度的地方精度不高；相反，在不重要的部分反倒提得很高，甚至出现标注不全或重复标注的现象。因此，要注意按以下精度设计顺序进行工作：当选择确定零件的精度时，应区分主要尺寸部分和非主要尺寸部分，按尺寸公差—几何公差—表面粗糙度顺序进行。应尽量做到设计基准、工艺基准及测量基准重合，分析时区分出主要尺寸与次要尺寸，这样可以优先保证主要尺寸中的关键部分。

零件各部位尺寸精度项目应按尺寸公差选择→几何公差标注→表面粗糙度选择顺序确定。

确定了零件的基本尺寸以后，需要对尺寸精度做出选择，即选择适当的尺寸公差。可从如下几个方面考虑：

(1)装配图中已标注出配合关系及精度要求，一般直接从装配图中的配合及公差中得出。例如，例 10-2 中轴承端盖零件图，直接从 $\phi 62H7/f\,8$ 查 $\phi 62f\,8$ 就可得到尺寸公差要求。

(2)装配图中没有直接要求的尺寸，但它是主要配合尺寸，在零件图中影响设计基准、定位基准以及机械的工作精度，须按尺寸链计算，以求出尺寸公差值，如基准的不重合误差等。

(3)为了方便加工，测量的工艺基准及与配合相关的尺寸公差可以通过尺寸链计算得出，如轴两端面的中心孔等。

2. 几何公差的确定方法

几何公差对机械的使用性能有很大影响。在精度设计中，用几何公差与尺寸公差共同保证零件的机械精度。正确选择几何公差项目和合理确定公差数值，能保证零件的使用要求，同时经济性好。确定零件图中几何公差可以从以下几个方面考虑。

(1) 从保证尺寸精度考虑，对零件图中有较高尺寸公差要求的部分，一般根据尺寸精度，给予对应几何公差等级。例如，与轴承内圈配合的轴部分尺寸，为保证接触良好，需给出该轴处圆度和素线直线度或圆柱度要求。

(2) 机械的配合面有运动要求，或装配图中有性能要求的，根据性能要求给予几何公差。例如，机床导轨面支承滑动的工作台运动，从运动及承载要求考虑，其平面误差对性能影响较大，因此提出平面度要求。

(3) 主要尺寸之间及主要尺寸与基准之间(设计基准、工艺基堆、测量基准)需控制位置的，以及基准不重合可能引起的误差，则根据它们之间相对位置要求，用尺寸链计算，给出所需几何公差。

根据精度设计的特点，一般情况下几何公差的确定，可参照尺寸公差等级，直接查几何公差表得出。对于工作部分尺寸，必须根据机械的工作精度要求和尺寸链计算确定。

需要注意：不要求对图中每一个尺寸给出几何公差，只需要给出并标注制造时需要保证的有关尺寸，或者这些尺寸对机器工作精度影响较大。未注几何公差部分，可以根据未注几何公差的规定保证。

3. 表面粗糙度的确定方法

零件图中标注过尺寸公差及几何公差之后，需确定出控制表面质量的指标——表面粗糙度。表面粗糙度主要从以下几个方面考虑选取：

(1) 根据零件图中尺寸公差、几何公差等级所对应的表面粗糙度，可用查表法直接给出。

(2) 在力学性能上有专门要求，需根据使用要求专门给出，如滑动轴承配合面用 Ra、Rz 保证了工作时油膜厚度的均匀性。

10.2.2　零件图精度设计实例

零件图精度设计的顺序为尺寸公差→设计基准、工艺基准、尺寸公差→一般尺寸公差→工作部分几何公差(指与基准的关系)→基准部分的几何公差→一般部分的几何公差→表面粗糙度。

1. 轴类零件的精度设计

【例 10-3】对图 10-3 中的一级直齿圆柱齿轮减速器的齿轮轴零件进行精度设计，零件材料为 45 钢，完成精度设计以后的零件图如图 10-4 所示。

【解】(1) 确定齿轮轴上齿轮的精度等级。

齿轮精度等级的确定一般采用类比法。首先从表 8-13 中可知该齿轮精度为 6～9 级。进一步可计算其圆周速度，然后根据齿轮圆周速度查表 8-14 确定其精度等级。

由于齿轮轴上的齿轮分度圆直径 $\phi48mm$，齿轮轴转速为 572r/min，因此，齿轮圆周速度为
$$v = \pi d_1 n_1 = 3.14 \times 48 \times 572/(1000 \times 60) = 1.43m/s$$

由表 8-14 可确定其精度等级为 8 级，即 8 GB/T 10095.1—2022。

(2) 确定齿轮轴上的齿轮必检偏差项目的允许值。

因该齿轮为一般减速器的齿轮，必检项目应为单个齿距偏差 f_p、齿距累积总偏差 F_p、齿廓总偏差 F_α 和螺旋线总偏差 F_β。

查表 8-2 计算得出齿轮轴上的齿轮必检偏差项目的允许值；$f_p = \pm14\mu m$，$F_p = 41\mu m$，$F_\alpha = 15\mu m$，$F_\beta = 27\mu m$。

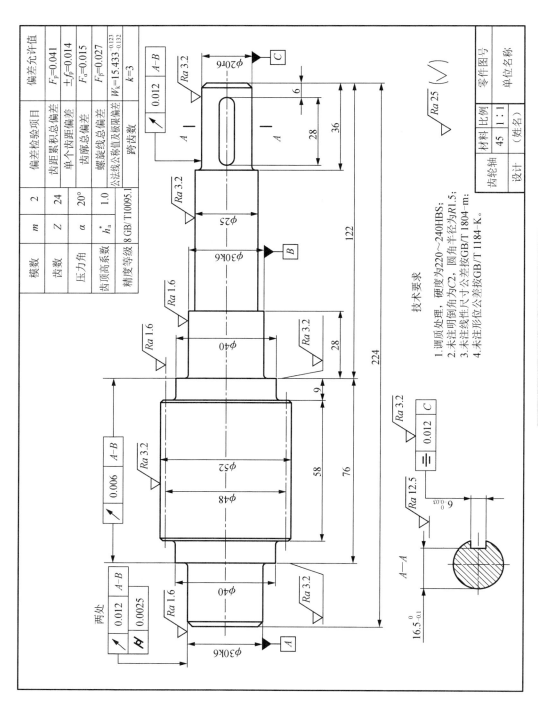

模数	m	2		偏差检验项目	偏差允许值
齿数	Z	24		齿距累积总偏差	$F_p=0.041$
压力角	α	20°		单个齿距偏差	$\pm f_{pt}=0.014$
齿顶高系数	h_a^*	1.0		齿廓总偏差	$F_\alpha=0.015$
精度等级		8 GB/T10095.1		螺旋线总偏差	$F_\beta=0.027$
				公法线公称值及极限偏差	$W_k=15.433^{-0.123}_{-0.132}$
				跨齿数	k=3

技术要求

1. 调质处理，硬度为220~240HBS；
2. 未注明倒角为C2，圆角半径为R1.5；
3. 未注线性尺寸公差按GB/T 1804—m；
4. 未注形位公差按GB/T 1184- K。

	齿轮轴	零件图号	
材料	比例		单位名称
45	1：1		
设计		（姓名）	

图 10-4 完成精度设计的齿轮轴零件图

(3) 确定齿轮的最小法向侧隙和齿厚极限偏差。

① 最小法向侧隙 j_{bnmin} 的确定。

由齿轮中心距 $a = 135mm$，参考表 8-3，可按式(8-11)计算可得 $j_{bnmin} = 0.125mm$。

② 齿厚极限偏差的计算。

首先计算补偿齿轮和齿轮箱体的制造、安装误差所引起的法向侧隙减小量 k。由表 8-2 计算得到 $f_{pb1} = 14\mu m$，$f_{pb2} = 17\mu m$，$F_\beta = 27\mu m$，由 $L = 117mm$，$b = 55mm$ 可求得：$f_{\Sigma\beta} = 0.5(L/b)F_\beta = 28.5\mu m$，$f_{\Sigma\delta} = (L/b)F_\beta = 57\mu m$。按式(8-15)，计算得：

$$k = \sqrt{f_{pb1}^2 + f_{pb2}^2 + 2(F_\beta \cos\alpha_n)^2 + (f_{\Sigma\delta}\sin\alpha_n)^2 + 2(f_{\Sigma\beta}\cos\alpha_n)^2}$$
$$= \sqrt{14^2 + 17^2 + 2(27\cos20°)^2 + (57\sin20°)^2 + 2(28.5\cos20°)^2}$$
$$= 60(\mu m)$$

由式(8-19)，取大小两个齿轮的齿厚上偏差相等，求得齿厚上偏差为

$$E_{sns} = -\left(\frac{j_{bn min} + k}{2\cos\alpha_n} + f_a\tan\alpha_n\right) = -\left(\frac{0.125 + 0.060}{2\cos20°} + 0.0315\tan20°\right) = -0.110(mm)$$

由表 8-2 计算得到 $F_r = 0.032mm$，由表 8-7 查表 $b_r = 1.26×IT9 = 1.26×0.062 = 0.078mm$，因此，按式(8-21)，齿厚公差为

$$T_{sn} = \sqrt{b_r^2 + F_r^2} × 2\tan20° = \sqrt{0.032^2 + 0.078^2} × 2\tan20° = 0.061(mm)$$

最后可得齿厚下偏差为

$$E_{sni} = E_{sns} - T_{sn} = -0.110 - 0.061 = -0.171(mm)$$

③ 公法线长度及其极限偏差的计算。

通常对于中等模数的齿轮，测量公法线长度比较方便，且测量精度较高，故用检查公法线长度偏差来代替齿厚偏差。

首先计算公称公法线长度，非变位斜齿轮公法线长度 W_k 按式(8-5)计算：

$$W_k = m_n\cos\alpha_n\left[\pi(k - 0.5) + zinv\alpha_t\right] = 2\cos20°[\pi(3 - 0.5) + 24inv20°] = 15.433(mm)$$

公法线长度上、下偏差可由式(8-26)及式(8-27)计算得

$$E_{bns} = E_{sns}\cos\alpha_n - 0.72F_r\sin\alpha_n = -0.110\cos20° - 0.72×0.078\sin20° = -0.123(mm)$$

$$E_{bni} = E_{sni}\cos\alpha_n + 0.72F_r\sin\alpha_n = -0.171\cos20° + 0.72×0.078\sin20° = -0.132(mm)$$

则公法线长度及偏差为

$$W_k = 15.433_{-0.132}^{-0.123}$$

(4) 确定各要素的尺寸公差要求。

① 齿顶圆(不作基准)：公差取 $0.1m_n = 0.2mm$，因此得

$$d_a = \phi52_{-0.2}^{0}$$

② 与滚动轴承配合的两轴颈：由于要保证配合性质，故采用包容要求，由图 10-3 得

$$2×\phi30k6 \,Ⓔ = 2×\phi30_{-0.004}^{+0.009} \,Ⓔ$$

③ 与皮带轮配合的轴颈：要求保证配合性质，采用包容要求，由图 10-3 得

$$2×\phi20r6 \,Ⓔ = 2×\phi20_{+0.028}^{+0.041} \,Ⓔ$$

(5) 确定各要素的几何公差要求。

① 与 6 级滚动轴承配合的两轴肩对其公共轴线的轴向圆跳动公差和轴颈的圆柱度公差：由表 7-13 得，轴向圆跳动公差为 0.006mm，圆柱度公差为 0.0025mm。

② 与 6 级滚动轴承配合的两轴颈对其公共轴线的径向圆跳动公差：由表 8-10 得，$t = 0.3F_p = 0.012mm$。

③ 与皮带轮配合的轴颈对 $2\times\phi30(A\text{-}B)$ 公共轴线的径向圆跳动公差：用类比法得 $t = 0.012\text{mm}$。

④ 与皮带轮配合的单键槽尺寸公差为 IT9，选对称度为 8 级，即为 0.012mm。

(6)确定各要素表面的表面粗糙度要求。

① 齿轮齿面和齿顶圆轮廓算术平均偏差：由表 8-11 及表 8-12 得，齿面 $Ra = 1.6\mu\text{m}$，齿顶圆 $Ra = 3.2\mu\text{m}$。

② 与 6 级滚动轴承配合的两轴颈表面端面的轮廓算术平均偏差：由表 7-19 得，轴颈表面 $Ra = 0.8\mu\text{m}$，端面 $Ra = 3.2\mu\text{m}$。

③ 与皮带轮配合的轴颈表面的轮廓算术平均偏差：用类比法，取轴颈表面 $Ra = 0.8\mu\text{m}$。

④ 与皮带轮配合的单键槽侧面：$Ra = 3.2\mu\text{m}$，单键槽底面：$Ra = 12.5\mu\text{m}$。

⑤ 其他表面的轮廓算术平均偏差：取 $Ra = 25\mu\text{m}$。

2. 箱体类零件的精度设计

箱体主要起支撑作用，为了保证传动件的工作性能，箱体不仅应具有一定要求的强度和支承刚度，还应具有规定的尺寸精度和机械精度。特别是箱体上安装输出轴和齿轮轴的轴承孔，应根据齿轮传动的精度要求，规定它们的中心距允许偏差，以及它们的轴线间的平行度公差，这些孔尺寸精度主要根据滚动轴承外圈与箱体轴承孔的配合性质确定。为了防止安装在这些孔中的轴承外圈产生过大的变形，还应对它们分别规定圆柱度公差。为了保证箱盖和箱座上的通孔能够与螺栓顺利安装，箱体上这些通孔和螺孔也应分别规定位置度公差。为了保证箱盖与箱座连接的紧密性，应规定它们的结合面的平面度公差。为了保证轴承端盖在箱体轴承孔中的位置正确，应规定箱体上轴承孔端面对轴承孔轴线的垂直度公差。箱体精度设计还包括确定螺纹公差和箱体各部位的表面粗糙度参数值。

【例 10-4】 现以图 10-3 所示减速器中下箱体为例说明箱体精度的设计。

【解】 (1)确定尺寸精度。

① 轴承孔的公差带。

由图 10-3 可知，箱体四个轴承孔分别与滚动轴承外圈配合，前者的公差带主要根据轴承精度、负荷大小和运转状态来确定。该减速器中轴承工作时承受定向负荷的作用，外圈与箱体孔固定，不旋转。因此，该外圈承受定向负荷的作用。由上述输出轴精度设计可知，输出轴上两个 6 级 6207$(d\times D\times B = 35\times72\times17)$深沟球轴承的负荷状态属于轻负荷。同理，可分析确定齿轮轴上两个 6 级 6206$(d\times D\times B = 30\times62\times16)$的深沟球轴承的负荷状态也属于轻负荷状态，同时，考虑减速器箱体为剖分式，根据表 7-10 确定箱体上分别支承齿轮轴和输出轴的轴承孔的公差带代号为 $\phi62\text{H7}(^{+0.030}_{0})$ 和 $\phi72\text{H7}(^{+0.030}_{0})$。

② 中心距极限偏差。

根据减速器中齿轮的精度等级按 8 级，查表 8-3 可得齿轮副的中心距 135mm 的极限偏差 $\pm f_a = 31.5\mu\text{m}$，而箱体齿轮孔轴线的中心距极限偏差 f_a' 一般取为 $(0.7\sim0.8)f_a$，本例取 $\pm f_a' = 0.8 f_a = \pm25\mu\text{m}$。

③ 螺纹公差。

箱体轴承孔端面上安装轴承端盖螺钉的 M8 螺孔和箱座右侧安装油塞的 M18×1.5 螺孔精度要求不高，按表 7-30 选取它们的精度等级为中等级，采用优先选用的螺纹公差带 6H，它们的螺纹代号分别为 M8-6H 和 M18×1.5-6H(6H 可省略标注)。安装油标的 M12 螺孔的精度要求较低，选用粗糙级，采用公差带 7H，螺纹代号为 M12-7H。

(2)确定几何公差。

为了保证齿轮传动载荷分布的均匀性，应规定箱体两对轴承孔的轴线的平行度公差。根据齿轮精度为 8 级和式(8-8)、式(8-9)已求得轴线平面内的平行度公差 $f_{\Sigma\delta}$ 和垂直平面上的平行度公差 $f_{\Sigma\beta}$ 分别为 $f_{\Sigma\delta}=0.058\text{mm}$，$f_{\Sigma\beta}=0.029\text{mm}$。实际箱体轴线平行公差，一般取 $f'_{\Sigma\beta}=f_{\Sigma\beta}=0.029\text{mm}$，$f'_{\Sigma\delta}=f_{\Sigma\delta}=0.058\text{mm}$。若箱体上支承同一根轴的两个轴承孔分别采用包容要求，即使按包容要求检验合格，但控制不了它们的同轴度误差，而同轴度误差会影响轴承孔与轴承外圈的配合性质。因此，一对轴承孔可采用最大实体要求的零几何公差给出同轴度公差，以保证要求的配合性质。此外，对该轴承孔应进一步规定圆柱度公差。查表 7-13 确定 $\phi62\text{H}7$ 和 $\phi72\text{H}7$ 轴承孔的圆柱度公差为 0.005mm。

减速器的箱盖和箱座用螺栓连接成一体。对箱体结合面上的螺栓孔(通孔)应规定位置度公差，公差值为螺栓大径与通孔之间最小间隙数值。所使用的螺栓为 M12，通孔的直径为 $\phi13\text{H}12$，故取箱盖和箱座的位置度公差值分别为 $\phi1\text{mm}$，并采用最大实体要求。

为了保证轴承端盖在箱体轴承孔中的正确位置，根据经验规定轴承孔端面对轴承孔轴线的垂直度公差 8 级，其公差值由表 4-11 查得为 0.1mm。为了保证箱盖与箱座结合面的紧密性，这两个结合面要求平整。因此，应对这两个结合表面分别规定平面度公差也是 8 级。查表 4-9 得平面度公差值为 0.06mm。

为了能够用 6 个螺钉分别顺利穿过均布在轴承端盖上的 6 个通孔，将它紧固在箱体上，对箱体轴承孔端上的螺孔应规定位置度公差。位置度公差值为轴承端盖通孔与螺钉之间最小间隙数值的一半。所使用的螺钉为 M8，通孔直径为 $\phi9\text{H}12$。取位置度公差值为 $t=(9-8)/2=\phi0.5\text{mm}$，该位置度公差以轴承孔端面为第一基准，以轴承孔轴线为第二基准，并采用最大实体要求。

(3)确定表面粗糙度参数值。

按表 7-14 选取 $\phi62\text{H}7$ 和 $\phi72\text{H}7$ 轴承孔的表面粗糙度参数 Ra 的上限值皆为 1.6μm，轴承孔端面的表面粗糙度参数 Ra 的上限值为 3.2μm。

根据经验，箱盖和箱座结合面的表面粗糙度参数 Ra 的上限值取为 3.2μm，箱座底平面的表面粗糙度参数 Ra 的上限值取为 12.5μm，其余表面粗糙度参数的上限值为 50μm，如图 10-5 所示。

(4)箱体未注尺寸公差及几何公差。

分别按 GB/T 1804-m 和 GB/T 1184-k 给出，并在零件图"技术要求"中加以说明。本例箱体的箱座零件图如图 10-5 所示，箱盖零件图上公差的标注与箱座类似。

3. 轴承端盖的精度设计

(1)轴承端盖圆柱面的尺寸公差带。

轴承端盖用于轴承外圈的轴向定位。它与轴承孔的配合要求为装配方便且不产生较大的偏心。因此，该配合宜采用间隙配合。由于轴承孔的公差带已经按轴承要求确定(H7)，故应以轴承孔公差带为基准来选择轴承端盖圆柱面的公差带，由表 10-2 可知，轴承端盖圆柱面的基本偏差代号为 f；另外考虑加工成本，轴承端盖圆柱面的标准公差等级应比轴承孔低 2 级为 9 级。因此可以确定两对轴承孔处的轴承端盖圆柱面的公差带分别为 $\phi62\text{f}9$ 和 $\phi72\text{f}9$。

表 10-2　轴承端盖圆柱面、定位套筒孔的基本偏差

轴承孔的基本偏差代号	轴承端盖圆柱面的基本偏差代号	轴颈的基本偏差代号	套筒孔的基本偏差代号
H	f	h	F
J	e	j	E
K、M、N	d	k、m、n	D

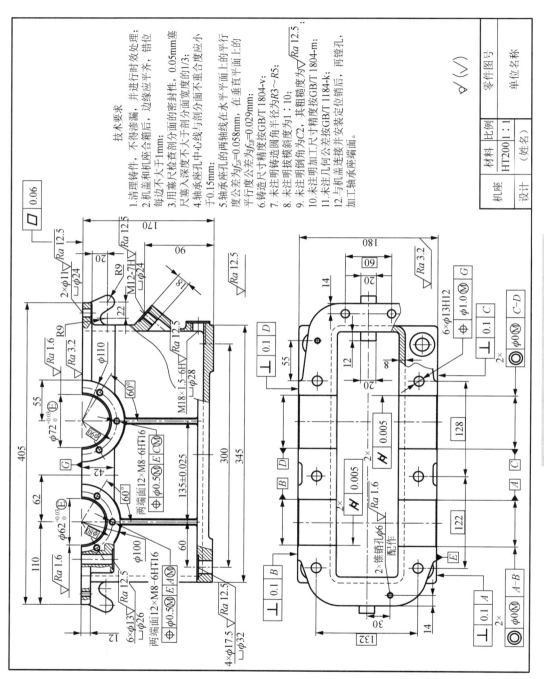

图 10-5　已完成精度设计的减速器箱体零件图

(2)轴承端盖上 6 个通孔的位置度公差。

对轴承端盖上的 6 个通孔应规定位置度公差,所使用的螺钉为 M8,通孔直径为 $\phi 9$,由式(4-24)得位置公差值为

$$t = 0.5 X_{\min} = 0.5 \times (9-8) = 0.5$$

并采用最大实体要求。

(3)轴承端盖上主要接触面的表面粗糙度。

根据箱体与轴承端盖配合处($\phi 62$ 或 $\phi 72$)、箱体与轴承端盖接触面(基准面 A)的表面粗糙度参数值,应用类比法确定 $\phi 62f9$ 圆柱面的表面粗糙度 Ra 的上限值为 3.2μm,基准面 A 的表面粗糙度 Ra 的上限值为 3.2μm。

(4)轴承端盖未注的尺寸公差和未注的几何公差均采用最低级,其余的表面粗糙度轮廓 Ra 上限值为 12.5μm。

已完成精度设计的轴承端盖零件图如图 10-6 所示。

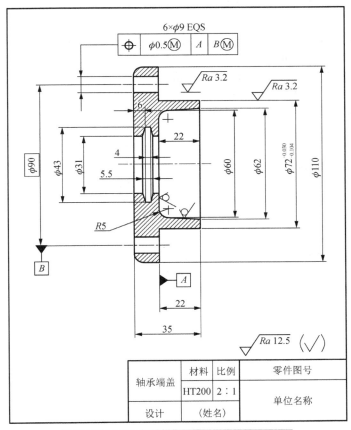

图 10-6　已完成精度设计的轴承端盖零件图

思　考　题

10-1 机械零件的精度设计包括哪些内容?

10-2 在减速器装配图上要标注哪些配合代号和尺寸?

10-3 对减速器中的传动轴各轴径应标注哪些尺寸精度和机械精度?

10-4 对减速器的箱体应标注哪些尺寸精度和机械精度?

参 考 文 献

甘永立，2013．几何量公差与检测．10 版．上海：上海科学技术出版社．

韩进宏，等，2010．互换性与技术测量．北京：机械工业出版社．

何永熹，2006．机械精度设计与检测．北京：国防工业出版社．

黄云清，2007．公差配合与测量技术．2 版．北京：机械工业出版社．

李必文，等，2012．机械精度设计与检测．2 版．长沙：中南大学出版社．

李彩霞，2004．机械精度设计与检测技术．上海：上海交通大学出版社．

李军，2010．互换性与测量技术基础．2 版．武汉：华中科技大学出版社．

廖念钊，古莹菴，莫雨松，2012．互换性与技术测量．6 版．北京：中国计量出版社．

刘斌，储伟俊，2011．机械精度设计与检测基础．北京：国防工业出版社．

刘笃喜，2012．机械精度设计与检测．西安：西北工业大学出版社．

刘笃喜，王玉，2012．机械精度设计与检测技术．2 版．北京：国防工业出版社．

刘丽华，李争平，2012．机械精度设计与检测基础．哈尔滨：哈尔滨工业大学出版社．

刘美华，张秀娟，2013．互换性与测量技术．武汉：华中科技大学出版社．

刘品，张也晗，2012．机械精度设计与检测基础．8 版．哈尔滨：哈尔滨工业大学出版社．

毛平淮，2011．互换性与测量技术基础．2 版．北京：机械工业出版社．

孟兆新，马惠萍，2012．机械精度设计基础．3 版．北京：科学出版社．

秦大同，谢里阳，2013．现代机械设计手册：单行本——机械制图及精度设计．北京：化学工业出版社．

孙全颖，唐文明，2012．机械精度设计与质量保证．2 版．哈尔滨：哈尔滨工业大学出版社．

王伯平，2014．互换性与测量技术基础．4 版．北京：机械工业出版社．

杨沿平，2013．机械精度设计与检测技术基础．2 版．北京：机械工业出版社．

于峰，2008．机械精度设计与测量技术．北京：北京大学出版社．

俞立钧，徐解民，2006．机械精度设计基础及应用．上海：上海大学出版社．

张帆，宋绪丁，曹源文，2006．机械精度设计与检测．西安：陕西科学技术出版社．

张铁，李旻，2010．互换性与测量技术．北京：清华大学出版社．

张远平，2012．互换性与测量技术．西安：西安电子科技大学出版社．

赵树忠，吴慧娟，周建辉，2013．互换性与技术测量．北京：科学出版社．